全国高职高专机电类专业创新型规划教材

水轮机机组安装与检修

（第2版·修订本）

主　编　周厚全　张文福　陈炳森
副主编　李爱民　童文勇　唐正权
主　审　梁建和

黄河水利出版社
·郑　州·

内 容 提 要

本书是全国高职高专机电类专业创新型规划教材,是根据教育部对高职高专教育的教学基本要求及中国水利教育协会职业技术教育分会高等职业教育教学研究会组织制定的水轮机机组安装与检修课程标准编写完成的。全书共分10个项目,主要介绍水轮机、水轮机机组安装与检修的基本工艺和安装程序,对安装与检修中的主要环节,以及网络技术在安装中的应用作了较详细的叙述,同时介绍了水轮发电机机组经常出现的故障及原因分析和处理方法等。本书在编写过程中能有效针对高职高专学生的特点并满足教学要求。本书以理论适度够用、强化实践技能为原则,对部分理论内容进行了删减,增加了新设备、新技术的介绍。

本书可作为高职高专水利水电类专业相关课程的教材,也可作为水电站安装、检修人员的培训教材,亦可供有关工程技术人员参考。

图书在版编目(CIP)数据

水轮机机组安装与检修/周厚全,张文福,陈炳森主编.—2版.—郑州:黄河水利出版社,2020.12 (2023.8修订本重印)

全国高职高专机电类专业创新型规划教材

ISBN 978-7-5509-2876-3

Ⅰ.水… Ⅱ.①周…②张…③陈… Ⅲ.①水轮机-机组-安装-高等职业教育-教材②水轮机-机组-检修-高等职业教育-教材 Ⅳ.①TK730

中国版本图书馆CIP数据核字(2020)第242786号

组稿编辑:王路平 电话:0371-66022212 E-mail:hhslwlp@163.com
韩莹莹 66025553 hhslhyy@163.com

出 版 社:黄河水利出版社 网址:www.yrcp.com
地址:河南省郑州市顺河路黄委会综合楼14层 邮政编码:450003
发行单位:黄河水利出版社
发行部电话:0371-66026940、66020550、66028024、66022620(传真)
E-mail:hhslcbs@126.com
承印单位:河南承创印务有限公司
开本:787 mm×1 092 mm 1/16
印张:19
字数:440千字 印数:3 101—5 000
版次:2009年7月第1版 印次:2023年8月第2次印刷
2020年12月第2版
2023年8月修订本

定价:43.00元

第 2 版前言

本书是贯彻落实《国家中长期教育改革和发展规划纲要(2010~2020 年)》、《国务院关于加快发展现代职业教育的决定》(国发〔2014〕19 号)、《现代职业教育体系建设规划(2014~2020 年)》等文件精神,在中国水利教育协会精心组织和指导下,由中国水利教育协会职业技术教育分会高等职业教育教学研究会组织编写的机电类专业创新型规划教材。该套教材以学生能力培养为主线,体现出实用性、实践性、创新性的教材特色,是一套理论联系实际、教学面向生产的高职教育精品规划教材。

为了不断提高教材质量,编者于 2023 年 8 月,根据近年来国家及行业最新颁布的规范、标准,以及在教学实践中发现的问题和错误,对全书进行了修订、完善。本次修订以习近平新时代中国特色社会主义思想为指导,贯彻落实党的二十大精神,全面落实立德树人根本任务。全书增加了课程思政内容,融入了党的二十大精神。

水轮机机组安装与检修是水利水电类专业主干课程。第 2 版是在原版基础上提炼了“项目导读”“项目目标”,这样更加明确指导学生学习该课程的方向和意义。书中内容具有实践性强、应用性广的特点,在编写过程中充分考虑了高职高专教学特点,本着理论适度够用、强化实践技能的原则,对部分理论内容进行了删减,增加了新设备、新技术的介绍。本书可作为高职高专水利水电类专业学生的必修课教材,也可作为相关专业职业技术的培训教材。

全书比较系统、全面地介绍了水轮机机组安装与检修方面的基本知识,包括典型机组的安装程序和方法。由于水轮机机组种类很多,结构又千差万别,本书以中小型水电站为主,以立式混流式水轮机、悬式结构发电机为代表进行介绍。对轴流式、水斗式、贯流式水轮机,以及卧式发电机,则重点介绍它们的特点和安装中的相应方法。

全书编写人员和编写分工如下:三峡电力职业学院周厚全编写绪论、项目 8、项目 9、项目 10 及附录,广西水利电力职业技术学院陈炳森编写项目 1 及项目 2,四川水利职业技术学院李爱民编写项目 3,三峡电力职业学院张文福编写项目 4 及项目 6,福建水利电力职业技术学院童文勇编写项目 5,广西水利电力职业技术学院唐正权编写项目 7。本书由周厚全、张文福、陈炳森担任主编,由李爱民、童文勇、唐正权担任副主编。全书由广西水利电力职业技术学院梁建和担任主审。

本书在编写过程中还得到了葛洲坝集团机电建设有限公司、三峡电力职业学院领导及许多专业同行的帮助与支持,在此向他们表示衷心的感谢!

由于时间仓促,编者水平有限,书中错误和不足之处在所难免,恳请读者批评指正。

编　者

2023 年 8 月

目 录

绪 论 …………………………………………………………………………… (1)

项目 1 水轮机机组安装与检修的基础知识 …………………………… (4)

任务 1.1 水轮机机组安装与检修的基本要求 ……………………… (4)

任务 1.2 水电站常用的起重机具 ……………………………………… (5)

任务 1.3 零部件组合的基本工艺 ……………………………………… (19)

任务 1.4 水轮机机组安装与检修中的基本测量 …………………… (27)

复习思考题 ……………………………………………………………… (34)

项目 2 立式水轮机的安装 ……………………………………………… (35)

任务 2.1 水轮机的组成和安装程序 …………………………………… (35)

任务 2.2 埋设件的安装 ………………………………………………… (37)

任务 2.3 导水机构预装配 ……………………………………………… (47)

任务 2.4 水轮机转动部分组装 ………………………………………… (51)

任务 2.5 水轮机正式安装 ……………………………………………… (54)

任务 2.6 轴流式水轮机的安装 ………………………………………… (63)

复习思考题 ……………………………………………………………… (75)

项目 3 立式发电机的安装 ……………………………………………… (76)

任务 3.1 立式发电机的组成和安装程序 ……………………………… (76)

任务 3.2 发电机定子安装 ……………………………………………… (81)

任务 3.3 发电机转子组装与检查 ……………………………………… (91)

复习思考题 ……………………………………………………………… (98)

项目 4 轴承安装与发电机吊装 ………………………………………… (99)

任务 4.1 推力轴承安装 ………………………………………………… (99)

任务 4.2 发电机定子吊装 ……………………………………………… (104)

任务 4.3 发电机主轴及下机架安装 …………………………………… (107)

任务 4.4 发电机转子吊装 ……………………………………………… (110)

任务 4.5 上机架组装及吊装 …………………………………………… (113)

任务 4.6 发电机总装及盘车调整 ……………………………………… (115)

复习思考题 ……………………………………………………………… (121)

项目 5 卧式水轮发电机的安装 ………………………………………… (122)

任务 5.1 概 述 ………………………………………………………… (122)

任务 5.2 卧式混流式机组的安装 ……………………………………… (124)

任务 5.3 卧式发电机的安装 …………………………………………… (131)

任务 5.4 卧式机组轴线的检查和调整 ………………………………… (133)

任务5.5　卧式水斗式水轮机的安装……………………………………………………(143)
复习思考题 ……………………………………………………………………………(151)
项目6　贯流式水轮发电机机组的安装……………………………………………(152)
任务6.1　贯流式机组的基本特点和安装程序………………………………………(152)
任务6.2　埋设件安装……………………………………………………………………(156)
任务6.3　主轴及轴承的安装……………………………………………………………(159)
任务6.4　导水机构及转轮与转轮室的安装…………………………………………(163)
任务6.5　发电机的安装…………………………………………………………………(165)
任务6.6　轴伸贯流式机组的安装………………………………………………………(167)
复习思考题 ……………………………………………………………………………(171)
项目7　水轮机机组的启动试运行……………………………………………………(172)
任务7.1　机组启动试运行的目的和内容……………………………………………(172)
任务7.2　机组启动试运行中的检查试验过程及要求………………………………(173)
复习思考题 ……………………………………………………………………………(182)
项目8　水轮发电机机组的振动与平衡………………………………………………(184)
任务8.1　机组振动的原因和危害………………………………………………………(184)
任务8.2　机组振动的测量方法…………………………………………………………(187)
任务8.3　机组振动的分析方法…………………………………………………………(192)
任务8.4　水轮机转轮静平衡试验………………………………………………………(197)
复习思考题 ……………………………………………………………………………(203)
项目9　施工组织设计…………………………………………………………………(204)
任务9.1　网络计划技术简介……………………………………………………………(204)
任务9.2　网络计划技术在安装检修工作中的应用…………………………………(223)
任务9.3　施工作业计划的编制…………………………………………………………(226)
任务9.4　网络计划技术应用示例………………………………………………………(228)
复习思考题 ……………………………………………………………………………(244)
项目10　水轮机机组的检修 …………………………………………………………(245)
任务10.1　水轮机机组检修类别、周期与质量标准…………………………………(245)
任务10.2　水轮机泥沙磨损和气蚀破坏的一般情况 ………………………………(250)
任务10.3　水轮机泥沙磨损和气蚀破坏的主要修理方法及技术措施 ……………(255)
任务10.4　轴瓦的修复 …………………………………………………………………(263)
任务10.5　发电机检修 …………………………………………………………………(264)
任务10.6　机组经常出现的故障和处理方法 ………………………………………(268)
复习思考题 ……………………………………………………………………………(270)
附录　三峡电厂700 MW水轮发电机机组安装调试 ………………………………(271)
参考文献 ………………………………………………………………………………(298)

绪 论

我国幅员辽阔、山峦起伏、河流纵横、水力资源十分丰富。全国水能资源的总蕴藏量为6.8亿kW,其中可开发利用的水能蕴藏量为3.8亿kW,均居世界首位。水力发电是一种成本低、积累快、无污染、可再生能源,具有巨大的经济效益,是我国能源建设的主要组成部分。因此,大力开发水电,加快水电建设步伐,对我国国民经济的发展和社会主义现代化建设,有着极其重要的意义。

由于受到技术、经济、战争、政策等因素的影响,我国水电开发在中华人民共和国成立前发展比较缓慢。1912年在昆明滇池石龙坝建立第一座水电站;1925年中国自行设计施工的第一座水电站——四川泸县洞窝水电站投产发电,仅装有一台140 kW机组;1936年,石龙坝水电站安装水轮机机组6台,总装机容量2 200 kW,是当时中国自己经营管理的最大水电站。

中华人民共和国成立后,我国的水电建设得到了充分的重视,水电建设事业也发展很快。1949~1983年,我国已建成大中型水电站150余座,总装机容量达2 300万kW(未包括台湾省,下同),名列世界第六位,相当于1949年以前我国水电总装机容量16万kW的140多倍。水电发电量占总发电量的比重也愈来愈大,1983年已达863.6亿kWh,占总发电量的24.6%。水力发电量增加更快,1980~1983年平均每年增长13.5%。特别是近20多年来,我国的水电建设更是进入了突飞猛进的发展阶段,二滩水电站(装机容量330万kW)、三峡水电站(装机容量32×70 =2 240(万kW),世界之最)相继完工,向家坝水电站(装机容量600万kW)、溪洛渡水电站(装机容量1 260万kW)正在加紧建设,我国的水电装机容量在世界上已跃居第一。至今已开发和正在开发的水电站约占可开发资源的35%,还有大量的水力资源等待着我们开发利用。

随着我国水电事业的发展,水轮发电机的科研、设计、制造和安装也都从无到有、从小到大,得到了相应的发展,并且造就和锻炼出了一支庞大的水电安装技术队伍。水轮发电机的类型不断增多,单机容量不断加大。安装的水轮发电机有卧式、悬吊型、伞型、半伞型,还有空冷、定子冷、定子转子双水冷及水泵-水轮发电机(抽水蓄能电站使用)等各种型式。20世纪70年代前期我国就已自主设计、制造和安装了30万kW的水轮发电机组。虽然我国水轮发电机制造和安装发展速度很快,但与先进国家相比,无论是在数量上还是在设计制造和安装工艺上,都还有一定的差距,这需要我们发愤图强,依靠科学技术的进步,努力赶超世界先进水平。

当前,水轮发电机的设计、制造技术取得了重大的进展。以前限制单机容量增长的材料特性、机械压力、冷却方式和运输条件等控制因素均有所突破,新材料、新结构、新型推力轴承以及先进的励磁系统、冷却系统等不断被采用。目前,水轮发电机的主要发展趋势是:单机容量迅速增长(预计国外水轮发电机单机容量可达到100万kW,我国水轮发电机单机容量已达到70万kW),自动化程度更为提高。在安装工艺方面,则要求加快安装进度,千方百计缩短安装工期,实行土建和机组安装平行穿插作业,多台机组同时安装,尽早发电投产,以达到尽可能提前发挥水电站经济效益的目的。

水轮发电机的安装同其他一般机械设备安装比较,一个显著的特点就是:尺寸大,质量重,工艺复杂,技术要求严格。例如,某30万kW水轮发电机定子直径14 350 mm、转子质量650 t,这样大而重的部件给整体制造和运输带来了极大的困难,所以水轮发电机的大型部件都被分瓣、分件制造,待运到工地后再进行组装。首先,在安装过程中,有大量的组装、调整工作,如水平、高程、中心、圆度等的调整,轮毂的烧嵌,大型螺栓的紧固,轴线、轴承调整,投产前的试运转,静平衡、动平衡的计算和试验等,都是理论性和技术性很强的工作。其次,由于水轮发电机类型和构造的不同,安装要求和安装工艺也不尽相同,即使同一类型的水轮发电机,由于工地的施工条件、土建进度、设备到货情况和场地布置等客观条件的不同,在安装程序和安装方法上也会有所不同。此外,有时安装工艺还会因安装施工人员的技术水平和经验、习惯做法以及组织能力和管理水平的差异而有所区别。但是,概括起来,无论哪种类型和构造的水轮发电机的安装,从运抵工地的安装现场到具备发电条件投产,都必须经过设备开箱检查验收,安装专用工具准备,部件组合和安装(包括定子、转子、机架、轴瓦研刮等),发电机总装的调整、试运转和一系列试验等基本安装环节。因此,水轮发电机安装是一个既精细又复杂的施工过程,稍不注意就会影响机组的安装质量和发电能力。

水轮发电机安装的另一个显著特点是:规模大,交叉作业多,工期紧迫,同其他工种还要协同配合。例如,水轮机和水轮发电机安装是同时进行的上下交叉作业,两者既有密切的联系,又有明确的分工;水轮发电机安装工还要同电工、起重工、管道工、电焊工、气焊工、通风工、土建工等工种协同配合。没有这些工种的配合与协作,要搞好发电机安装和缩短安装工期是不可能的。一个水电站从破土动工、施工导流、截流、大坝筑成直到进入机组安装阶段,安装直线工期将直接影响水电站能否按期或提前发挥经济效益。因此,安装直线工期的紧迫程度,常以日、班、小时来计算和安排。

水轮发电机安装技工被要求熟练地掌握水轮发电机安装的基础理论和专业知识,熟悉几种主要类型的水轮发电机构造,根据水轮发电机的不同类型,确定合理的、切实可行的安装工艺,会熟练地运用各种安装操作技术,能完成各工序的施工,并保证质量。安装钳工工艺是水轮发电机安装的基本功,必须牢固掌握和熟练运用。

在水轮发电机的安装过程中,必须严格地按图施工,才能顺利进行安装工作。因此,水轮发电机安装工必须能看懂图纸(如零件图、部件图及总装配图),以及会确定实际安装位置和方向等。此外,水轮发电机安装工还必须能正确地使用和维护安装专用工器具、量具和仪表、仪器等,以便对安装进行检查和精确的调整。

安装水轮发电机,除遵守设备图纸和技术文件规定外,另一重要依据是《水轮发电机组安装技术规范》(GB/T 8564—2003),它是质量检查的准则,水轮发电机安装工应该熟悉并严格遵守之。

本课程是一门实用性很强的科学,它的许多内容都是直接来源于水电建设的生产实践,同时又要用来为生产实践服务。因此,必须采用理论联系实际的学习方法,既要学习理论知识,也要参加生产实践,还要学会运用所学理论去分析解决水电建设中的生产实际问题。

学习本课程还应注意,随着现代科学技术的发展,新结构、新技术、新工艺将会不断出现,本书中讲述的安装方法、安装工艺和安装规程,不能看成绝对的、静止的、一成不变的。我们应该在学好现有安装工艺的基础上,不断地了解新情况,钻研新问题,采纳和推广国内外的先进工艺及先进经验,同时要有勇于探索、敢于革新、敢于创造的精神,为不断提高我国水电安装技术水平做出贡献。

项目1 水轮机机组安装与检修的基础知识

【项目导读】

水轮机机组的安装是一项系统工程,由于水轮机机组一般尺寸大,质量重,工艺复杂,其安装技术要求比较严格。另外,由于工地的施工条件、土建进度、设备到货情况和场地布置等客观条件的不同,在安装程序和安装方法上也会有所不同。水轮机机组安装的一个显著特点是规模大,交叉作业多,工期紧迫,同其他工种还要协同配合。要求水轮发电机安装技工熟练地掌握水轮发电机安装的基础理论和专业知识,熟悉几种主要类型的水轮发电机构造,根据水轮发电机的不同类型,确定合理的、切实可行的安装工艺。安装钳工工艺是水轮发电机安装的基本功,必须牢固掌握和熟练地运用。在水轮机机组的安装过程中,必须严格地按图施工。因此,水轮机机组安装工必须能看懂图纸,如零件图、部件图及总装配图,以及会确定实际安装位置和方向等,此外,水轮发电机安装工还必须能正确地使用和维护安装专用工器具、量具和仪表、仪器等,以便对安装进行检查和精确的调整。

【项目目标】

知识目标:

1. 了解水轮机机组安装与检修的基本要求。
2. 熟悉常用的起重机具和基本工艺。
3. 掌握水轮机机组安装与检修中的基本测量方法。

技能目标:

1. 能说出各种常用的起重工器具及要求。
2. 初步学会平面的水平测量方法及垂直度测量方法。
3. 学会常用的绳结打结方法。

【课程思政】

党的二十大报告指出,大自然是人类赖以生存发展的基本条件。尊重自然、顺应自然、保护自然,是全面建设社会主义现代化国家的内在要求。必须牢固树立和践行绿水青山就是金山银山的理念,站在人与自然和谐共生的高度谋划发展。

在我国的发电结构中,火电一直占据较高的份额,占比一直保持在70%左右,而水力发电是我国的第二大发电方式,占比保持在20%左右,水力发电以我国丰富的水能资源作保障,以及其可再生性、清洁性等优点得到了较快发展。

任务1.1 水轮机机组安装与检修的基本要求

水轮发电机组的安装与检修和其他行业机电设备的安装与检修相比,有它的特殊性。

1.1.1　安装部件尺寸大、质量重、工艺复杂、技术条件要求高

水轮机使用的工作介质的单位载能效益较低,同其他同样功率的动力设备相比,水轮机的工作机构就庞大得多。为了保障足够的强度和刚度,零部件的尺寸和质量就要增加很多。例如:17 万 kW,ZZ 机组转轮直径 1 130 mm,质量 468 t;17 万 kW,发电机组定子直径 1 760 mm,质量 650 t;30 万 kW,发电机组定子直径 1 435 mm,质量 650 t;30 万 kW,HL 机组转轮直径 5 500 mm,质量 102 t。

由于水力机组尺寸大、质量重,给制造、运输、安装带来许多困难。例如:发电机转子,小型机组厂家安装后整体运至工地安装;大型机组转子要进行支臂安装、磁轭叠片、热打磁轭键和磁极安装等。对精度要求也很高,如葛洲坝机组 SF1250-96/1560 转子外径 1 496 cm,发电机气隙仅 20 mm(±1 mm)。

1.1.2　水轮机机组安装与检修是一个综合性的工程

水电设备的安装与土建施工交叉作业。一般地,水轮机的尾水管里衬、座环、蜗壳等部件,都是一边进行安装,一边进行混凝土施工,而且在安装过程中,需要钳工、焊工、管道安装工、起重工等工种联合作业,协同工作。

1.1.3　不同型式水轮机机组安装工艺和方式都有所不同

由于自然条件的差异,开发方式不同,各水电站装机型式是有差异的,因此各型式的机组安装方法和工艺都有一定的差异,例如,葛洲坝机组和乌江电厂机组。前者机组为轴流转桨式机组,后者为混流式机组。这两种型式的机组在操作油管、转轮等部件的安装就有所不同。立式机组和卧式机组的安装工艺也不一样。

1.1.4　理论性和技术性强

水轮机机组在安装工作中有大量的试验、调整和计算工作,所以工作中是需要一定的理论知识支撑的。例如:①各部件的水平、标高、中心和圆度测量调整;②轮毂烧嵌的温度计算;③转轮的焊接试验(HL 式)。此外,还有其他许多试验、调整,在此不一一列举。

任务 1.2　水电站常用的起重机具

起重机具,包括起重机和吊索、吊具,还包括临时使用的葫芦、千斤顶等。除少数重要吊具(如发电机转子吊具)由制造厂提供外,其余部分通常都是选用标准产品。

1.2.1　索具及拴连工具

1.2.1.1　麻绳、锦纶绳与绳结

1. 麻绳

麻绳在起重工作中主要用于捆绑重物或物品的人工搬抬,一般不作为起重机械的牵引索具。

麻绳是用大麻纤维拧成的,分浸油和不浸油(白麻绳)两种。浸油麻绳防腐性能好,多用于潮湿场所,白麻绳主要用于捆绑和搬抬。

麻绳的强度可用拉伸强度公式进行计算，但由于新旧麻绳的极限强度值相差甚大，同时在使用过程中，麻绳要受到拉伸、弯曲、挤压和扭转的作用，故很难精确计算。在现场作业中可根据表1-1中的公式进行估算。

表1-1　新麻绳允许受力

用途	允许受力 F(N)	举例
一般起吊	$7d^2$	若 d 为 20 mm，用于一般起吊，则允许受力 $F=7\times20^2=2\ 800$(N)
捆绑	$4.5d^2$	
吊人	$3d^2$	

注：d 为新麻绳直径，mm。

2. 锦纶绳

锦纶绳是化纤制品。其强度高于麻绳，并具有抗油、吸水少、耐腐蚀及弹性好的优点。在起重作业中它将逐渐替代麻绳。

锦纶绳除制成绳状外，还常制成一种定长带扣的锦纶带，或制成圈形不带扣，用作重物的起吊，其优点是可减少打绳结的麻烦。

锦纶绳分为浸胶和不浸胶两种，前者的强度高于后者。锦纶绳的强度可采用下式估算：

$$F=25d^2 \tag{1-1}$$

式中　F——允许受力，N；

d——锦纶绳直径，mm。

锦纶绳的强度大约是新麻绳的3.5倍。

3. 绳结

在使用绳索时，可根据不同的用途，打成各种不同的绳结。绳结要求打法方便、牢固，既容易解开，又能在受力情况下不松脱。常用的绳结如图1-1所示。

平结与组合结用于两绳头连接。前者不易解开，多用于不经常解开的绳接头；后者则多用在经常解开的绳接头。拴住结有两种：一种用于缆风绳固定端绳结，另一种用于溜放绳结。梯形结常用于物体的绑扎。8字结多用在长件的横吊。倒背结则用在长件的竖吊。板头结(跳板结)专用于跳板的悬吊。拔人结是专供系人用的，用此结系住人体可做短暂的悬空作业，有时也用来救人。双重组合结接头的牢固程度高于组合结。双套结主要用于长绳的中段做绳的固定。抬结用于抬物件时穿杠子用。

1.2.1.2　钢丝绳

钢丝绳多数是用优质高强度的碳素钢丝制成的，其结构见图1-2。它具有以下优点：质量轻、挠性好，能灵活应用；弹性大、韧性好，能承受冲击载荷；高速运行中没有噪声；破断前有断丝预兆等。因此，在起重运输工作中，钢丝绳是必不可少的牵引索具。

1. 种类及结构

钢丝绳按其绕的方向分为顺绕、逆绕和混合绕三种。

(1)顺绕钢丝绳是钢丝绕成股与股绕成绳的方向相同。这种钢丝绳由于股与绳所产生的扭转方向相同，故易自行扭转和松散。但它挠性大，表面光滑，磨损小。

(2)逆绕钢丝绳是钢丝绕成股与股绕成绳的方向相反，故不易自扭和松散，多用在起重机上。其缺点是挠性较差，易磨损。

(3)混合绕钢丝绳是将相邻的两股绕成反方向，兼有上述两种绕法的优点。

在钢丝绳中心有一根浸了油的用麻或棉制成的绳芯,其功用是润滑钢丝,防止锈蚀及增加钢丝的柔性。此外,也有用石棉和金属制成的绳芯,主要用在高温等特殊地方。

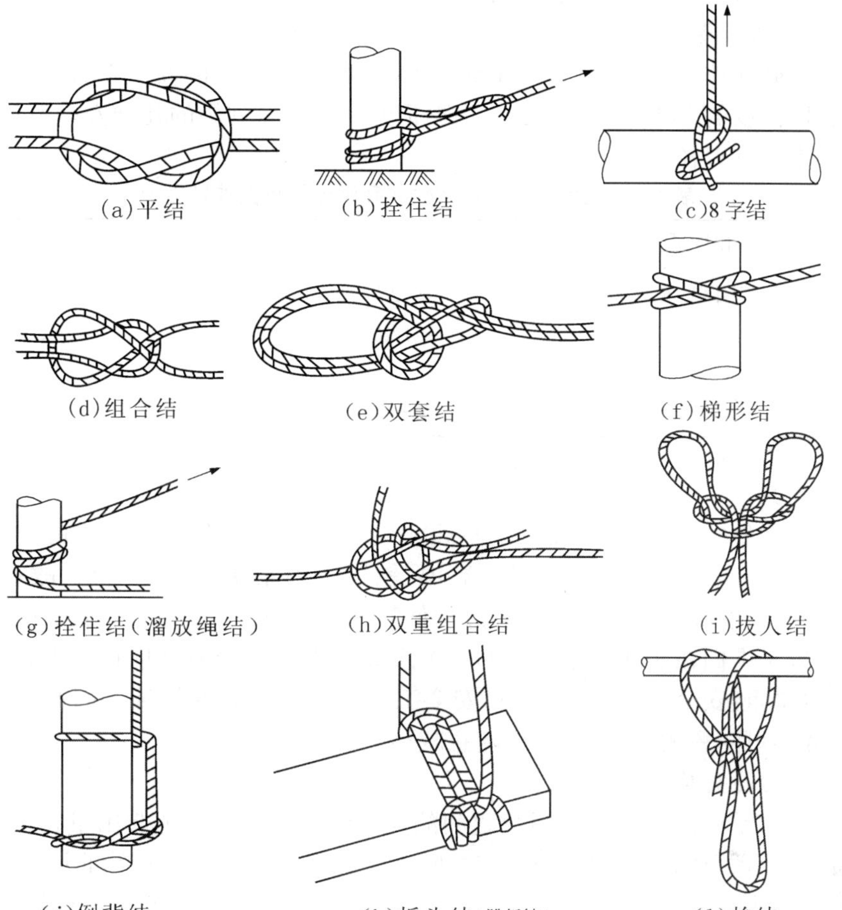

(a)平结 (b)拴住结 (c)8字结

(d)组合结 (e)双套结 (f)梯形结

(g)拴住结(溜放绳结) (h)双重组合结 (i)拔人结

(j)倒背结 (k)板头结(跳板结) (l)抬结

图1-1 常用的绳结

2.技术规范及代号

在起重工作中常用的钢丝绳,其直径一般为6.2~65 mm,钢丝直径为0.3~3 mm。钢丝拉伸强度极限为1 400~2 000 MPa,分为五个等级。

钢丝绳的代号是由三组数字组成的:第一组表示钢丝绳股数;第二组表示每股中的钢丝根数;第三组表示油浸绳芯数。如6×37+1,表示此钢丝绳有6股,每股37根钢丝,中间1根油浸绳芯。

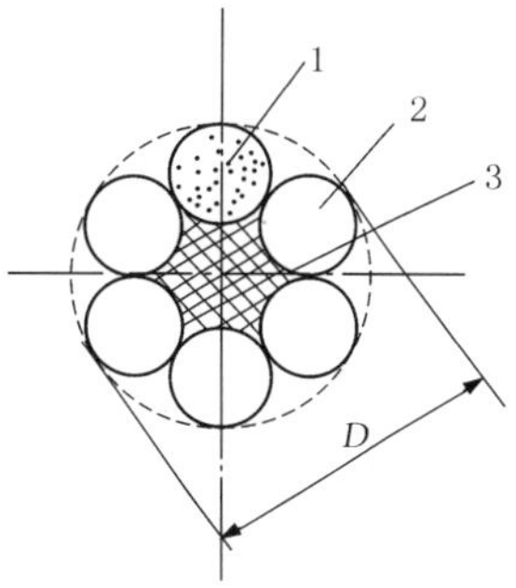

1—钢丝;2—绳股;3—绳芯

图1-2 钢丝绳

3.允许拉力的计算

钢丝绳的允许拉力F为:

$$F=\frac{F_{破坏}}{K}N \tag{1-2}$$

式中 $F_{破坏}$——钢丝绳的破断拉力,N;

K——安全系数。

钢丝绳的破断拉力在《机械设计手册》中可查到。钢丝绳的安全系数取决于其用途、牵引方式和挠曲度的大小等。表1-2是根据钢丝绳的用途列举的几种安全系数 K 及所用的滑轮的最小允许直径 D。

表1-2 钢丝绳的安全系数 K 和滑轮最小允许直径 D

钢丝绳的用途和性质	滑轮最小允许直径 D(mm)	安全系数 K
缆风绳和牵引绳	$\geqslant 12d$	3.5
人力驱动	$\geqslant 16d$	4.5
捆绑绳		10
载人或升降机	$\geqslant 40d$	>14

注:d 为钢丝绳直径,mm。

4. 安全系数

由于受力构件的材质不均,加工误差,设计考虑不周及在使用时外力的突然增加(振动、冲击),力的方向改变,构件的磨损,高温、锈蚀等因素所引起的后果,故在实际工作中,组成构件材料的破坏应力要大大超过构件的允许应力,二者之比称为安全系数。

安全系数是人们在实践中总结出的一个重要数据。安全系数取得过大,造成材料的浪费,构件也笨重;安全系数取得过小,安全工作得不到应有的保证。因此,在实际工作中,安全系数不可随意增大,更不允许随意减小。

5. 系绳受力与夹角的关系

系绳是指起重钩(或吊绳)与重物之间的连接绳。为了平稳地起吊重物,系绳的根数不应少于两根。系绳的受力状况与系绳之间夹角 α 有关。表1-3为系绳夹角 α 与受力系数 K 的关系。例如:系绳夹角为60°,查表1-3可得受力系数为1.2,即系绳的受力为物体重力的1.2倍;若系绳夹角为120°,则受力系数为2,即系绳的受力为物体重力的2倍。

在实际工作中,在可能的条件下,系绳的角度不宜过大,一般控制在90°以内为好。

表1-3 系绳夹角 α 与受力系数 K 的关系

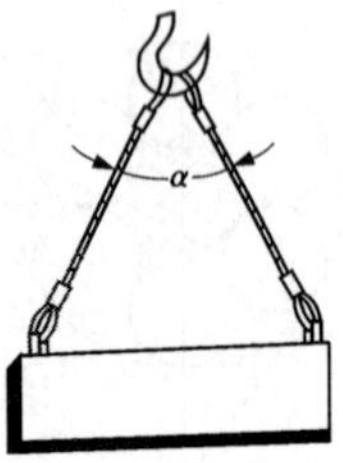	α	50°	60°	70°	80°	90°	100°	110°	120°
	K	1.1	1.2	1.25	1.3	1.4	1.55	1.75	2

1.2.1.3 **拴连工具**

1. 钢丝绳夹头

钢丝绳夹头又称钢丝绳卡子,用于钢丝绳终端头的固定,钢丝绳的连接及捆绑绳的固定等。常用的卡子结构如图 1-3 所示,其中以图 1-3(a)卡子的压紧力最强、应用最广,是国家的标准件。

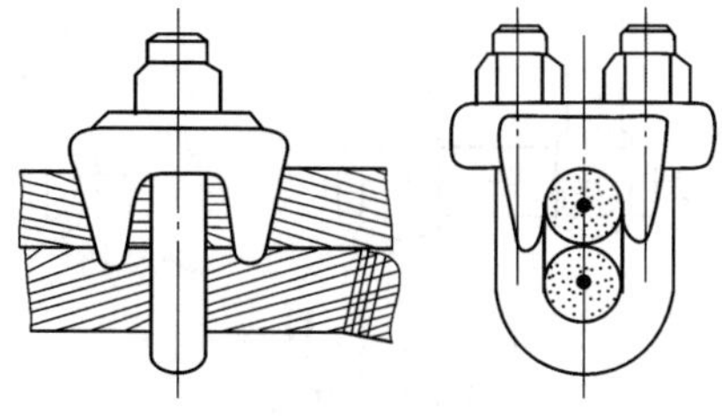

(a)标准夹头

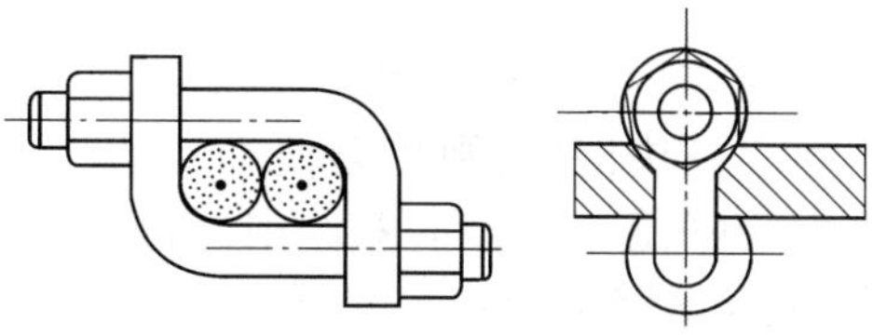

(b)对卡式

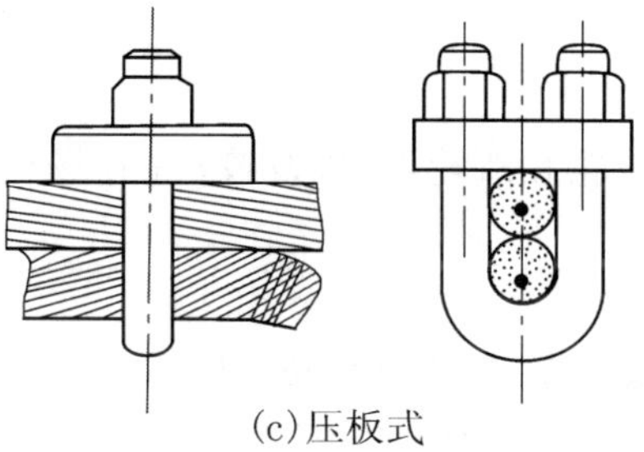

(c)压板式

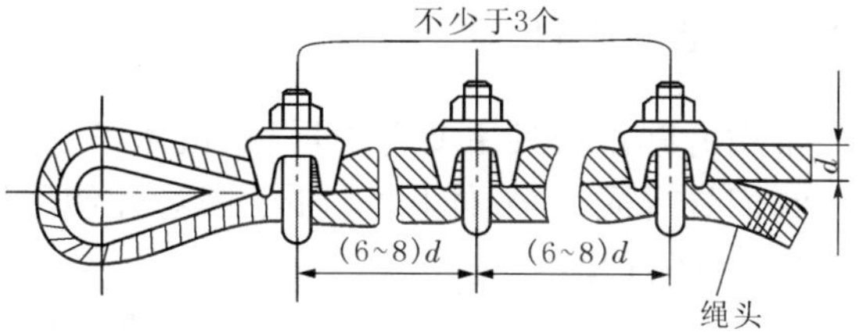

(d)夹头的使用

图 1-3　常用的卡子结构

在使用卡子时,其大小要适合钢丝绳的粗细。卡子之间距离为钢丝绳直径的 6~8 倍。卡子的 U 形圈应卡在绳头一边,如图 1-3(d)所示。U 形圈受力后,迫使绳头弯曲,绳头不易滑动。U 形圈上的螺帽一定要拧紧,直到钢丝绳被压扁 1/3 左右为止。

2. 吊环

吊环(见图 1-4(a))是起吊设备的一种专用工具。用吊环起吊设备,可减少捆绑的麻烦。它常作为设备的附件装在设备上,也可当作工具使用,在拆装设备时拧上,用后取下。

在使用吊环时,一定要将吊环的螺栓全部拧入设备螺孔内。当两个以上的吊点使用吊环时,钢丝绳间的夹角不宜过大,一般不要大于 60°,以防吊环受过大的水平分力而弯曲变形,甚至断裂,如图 1-4(b)所示。

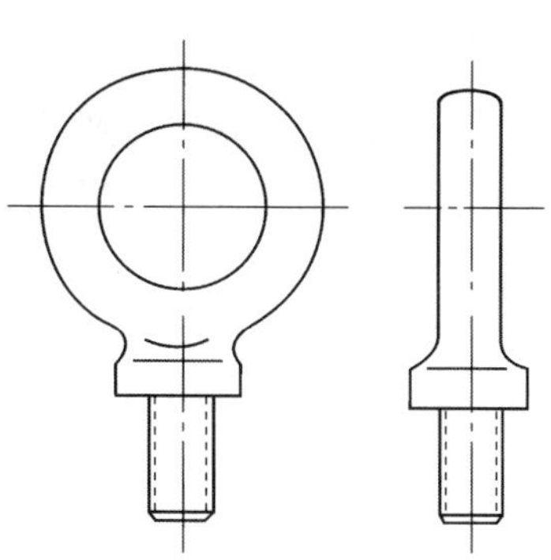

(a)吊环

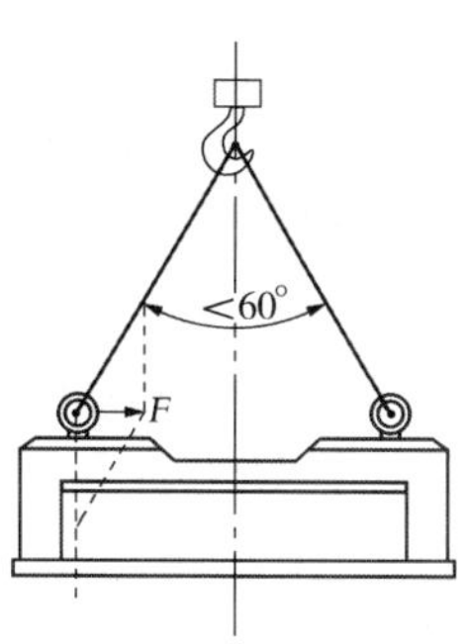

(b)吊环的使用

图 1-4　吊环设备

3. 卸卡

卸卡又称卡环或卸扣,是连接钢丝绳的主要工具,由弯环和横销两部件组成,如图1-5所示。

在使用卸卡时,应注意其受力情况。若不按正确的方法使用,则将会使卸卡的允许荷重大为降低。在起重工作中,对卸下的卸卡,应及时将横销拧入弯环内。

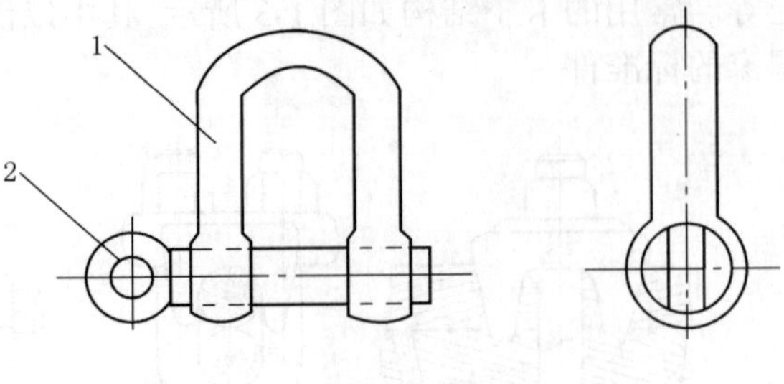

1—弯环;2—横销

图1-5 卸卡

1.2.2 起重机具

常用的起重机具主要有千斤顶、链条葫芦(倒链)、滑轮和滑轮组,以及绞车(卷扬机)等。它们具有质量轻、体积小、便于搬运和使用等优点。

1.2.2.1 千斤顶

千斤顶是一种轻便易携带的起重设备。它用在不太高的高度内升起重物,又可用来校正设备的安装位置和构件的变形。千斤顶有三种主要类型:油压式、螺旋式及齿条式。

1. 油压千斤顶

油压千斤顶是一部小型的油压机,如图1-6所示。其起重量为0.5~500 t,起重高度一般不超过200 mm。操作时,将压把提起,油室4的油经逆止阀8进入压力缸7。当压把向下压时,压力油把逆止阀9顶开并进入工作缸10,推动工作活塞2向上升,把重物顶起。下降时,只需将回油阀11拧开,工作缸10的油就回到油室。

当千斤顶需要顶着重物下降时,拧开回油阀要慢(略微旋转很少一点),使工作缸内的油极缓慢地回到油室。否则,重物就会迅速落下,产生冲击现象。

油压千斤顶的传动比用下式计算:

$$i=\frac{D^2L}{d^2a} \tag{1-3}$$

式中 L、a——臂长;

D、d——活塞直径。

传动比 i 值可高达6 000,这样高的传动比是一般机械传动很难达到的。油压千斤顶的可靠性取决于活塞和逆止阀的严密程度,因而在使用和保养时应特别注意。

2. 螺旋千斤顶

螺旋千斤顶的结构如图1-7所示。

螺旋千斤顶的螺杆只转动不升降,螺杆与大伞齿轮连接在一起;在螺母套筒的外圆铣有定向键槽,套筒只升降不转动。工作时,扳动摇把,通过棘齿拨动棘轮,带动伞齿轮旋转,螺杆转动;螺杆转动时,套筒就沿导向键升降。摇把处的换向棘齿,可控制伞齿轮的正反方向旋转。螺旋千斤顶顶起重物后可以自锁,其缺点是机械磨损大、效率低(约为40%)。

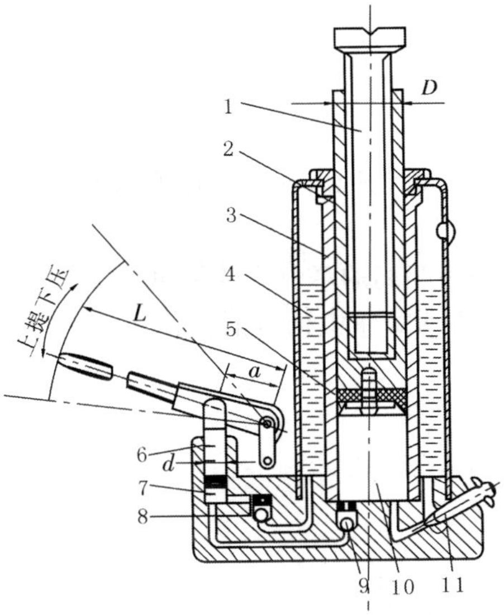

1—丝杆;2—工作活塞;3—缸套; 4—油室;
5—橡皮碗; 6—压力活塞;7—压力缸;
8,9—逆止阀;10—工作缸;11—回油阀

图 1-6　油压千斤顶

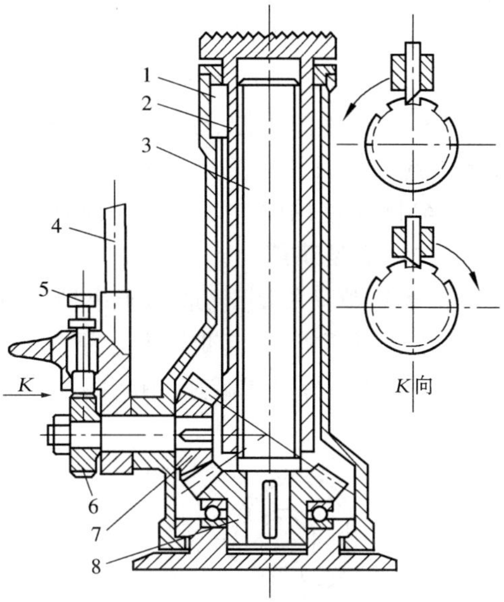

1—键; 2—螺母套筒; 3—方牙螺杆;
4—把手;5—棘齿把手; 6—棘轮;
7—小伞齿轮; 8—大伞齿轮

图 1-7　螺旋千斤顶

3. 齿条千斤顶

齿条千斤顶的结构如图 1-8 所示。该千斤顶除齿条的顶端可起升重物外,在齿条的下部还有一托钩,也可托起离地面很低的重物。

4. 使用千斤顶时的注意事项

(1)顶升重物时,千斤顶的底座应放在平整坚固的地方。若地面松软,应铺设垫板以增大承压面积。千斤顶的顶头和重物接触处应垫木块,以防滑移或损坏物体,并尽量使千斤顶的中心与被顶面垂直,如图 1-9 所示。

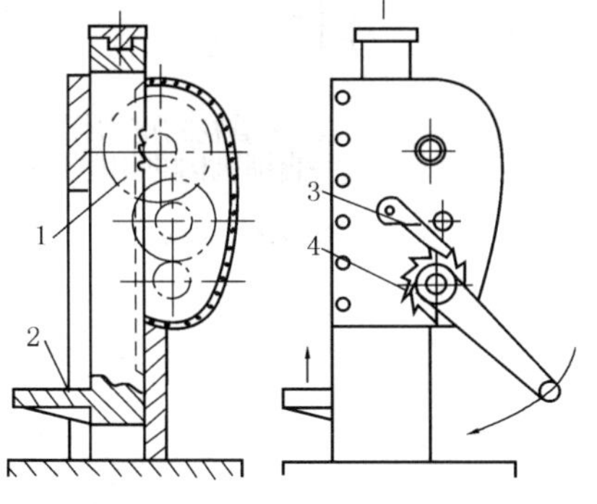

1—齿条; 2—托钩;3—棘齿;4—棘轮

图 1-8　齿条千斤顶

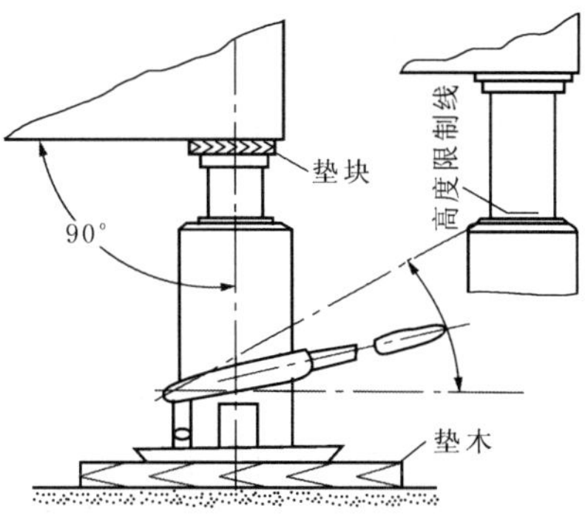

图 1-9　千斤顶的使用

(2)禁止用千斤顶作支撑物。当重物升起后,应立即用垫块(枕木)将重物垫好,并取出千斤顶。如果重物离地面较高,应事先在重物下面垫好垫块,随着重物的升高,垫块也相应地加厚,以防千斤顶失控或歪斜使重物翻倒。

(3)千斤顶的压把、摇把不许任意加长,也不许增加人力,以防千斤顶超载。顶升高度不要超过千斤顶的高度限制线(见图1-9)。

(4)同时使用两个以上千斤顶时,各千斤顶必须同时升高,使各千斤顶承重一致。

1.2.2.2 链条葫芦

链条葫芦又称倒链,适用于小型设备的吊装或短距离的牵引。链条葫芦由主链轮、手链轮、传动减速机构、起重链及上下吊钩等组成。传动减速机构目前已普遍采用行星式,图1-10是采用行星式减速的链条葫芦结构图。

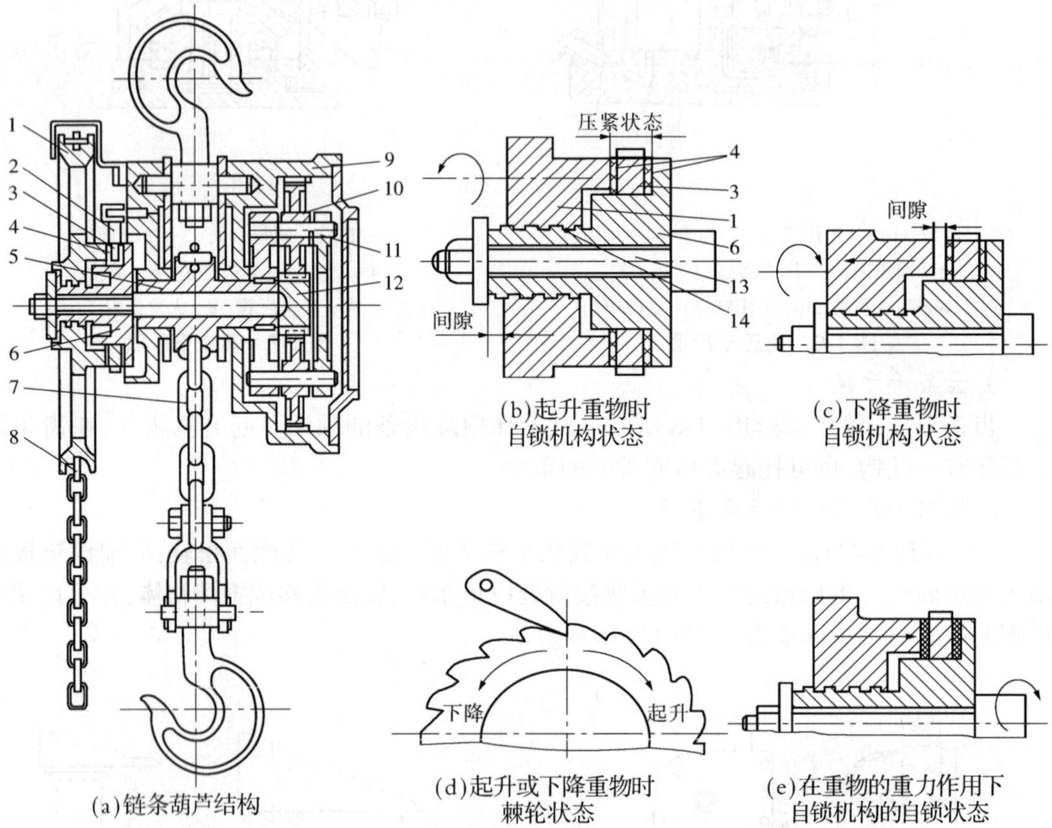

1—手链轮;2—棘齿;3—棘轮;4—摩擦片;5—主链轮;6—制动座;7—主链;8—手链;9—齿圈;10—齿轮;11—小轴;12—齿轮轴;13—花键轴;14—方牙螺纹

图1-10 链条葫芦

链条葫芦的制动是靠重物的反作用力带动一个自锁机构进行的。自锁机构的结构和制动如图1-10所示。有的链条葫芦不能自锁(滑链),主要是摩擦片磨损严重或进油而打滑造成的。

链条葫芦的使用与保养注意事项：①在使用前，应检查吊钩、主键是否有变形、裂纹等异常现象，传动部分是否灵活。②在链条葫芦受力之后，应检查制动机构是否能自锁。③在起吊重物时，手拉链不许两人同时拉，因为在设计链条葫芦时，是以一个人的拉力为准进行计算的，超过允许拉力，就相当于链条葫芦超载。以起重量为 3 t 的链条葫芦为例，其设计拉力为 350 N（相当于一个普通劳动力的正常拉力），当超过 350 N 时，就意味着重物已超过 3 t。④重物吊起后，若暂时不需放下，则此时应将手拉链拴在固定物上或主链上，以防制动机构失灵，发生滑链事故。⑤转动部位应定期加润滑油，但严防油渗进摩擦片内而失去自锁作用。

1.2.2.3　滑轮和滑轮组

1. 滑轮

滑轮的结构如图 1-11 所示，分为定滑轮和动滑轮两种。

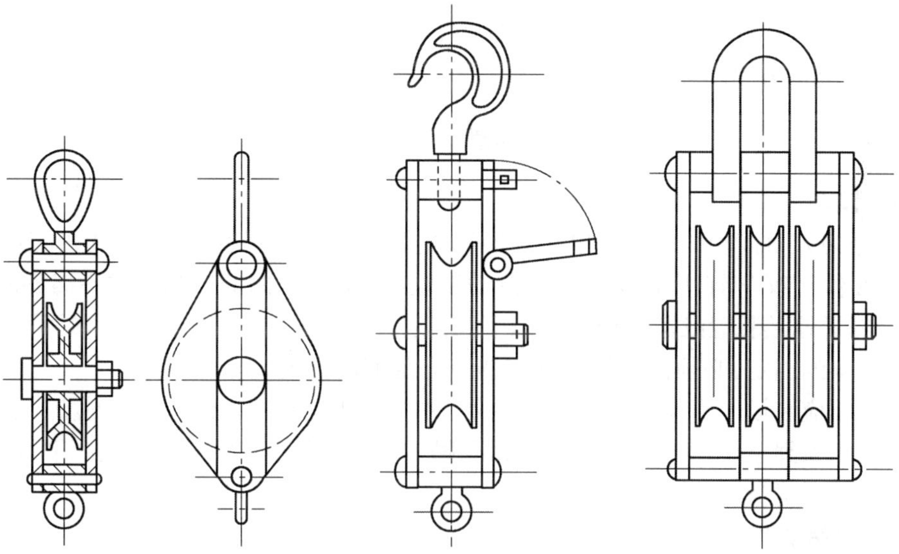

(a)单滑轮　(b)开口单滑轮　（c）三门滑轮

图 1-11　滑轮的结构

（1）定滑轮。滑轮安装在固定的轴上，常用来改变绳索的拉力方向，故又称转向滑轮，见图 1-12（a）。定滑轮不省力，也不改变绳索的牵引速度。

（2）动滑轮。滑轮安装在运动的轴上，和牵引的重物一起升降，但不能改变绳索的拉力方向。

动滑轮又可分为省力滑轮（见图 1-12（b））和增速滑轮（见图 1-12（c））两种。在起重作业中，大都采用省力滑轮。

2. 滑轮组

滑轮组是由一定数量的定滑轮和动滑轮及绳索组成的。它是起重设备的重要附件。在起重机上应用滑轮组可使轮毂（滚筒）高速旋转，这样就可以减小减速箱的速比和传动件的尺寸，从而使起重机的重量与动力消耗大为减小。此外，由于滑轮组可以使重物的重量均匀地分配在绳的数根分支上，因此可使用较细的钢丝绳。

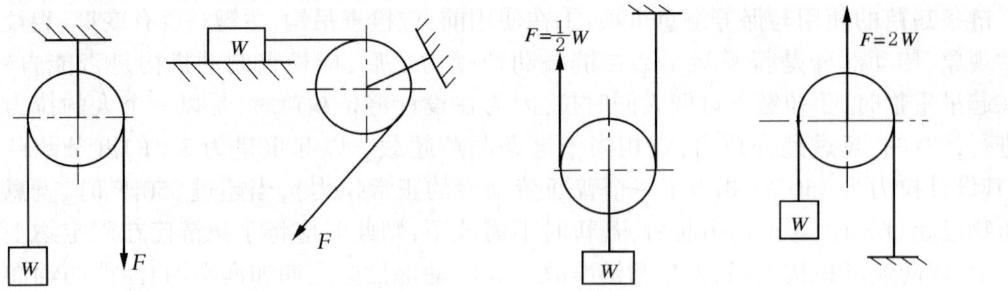

(a) 定滑轮　　(b) 动滑轮(省力滑轮)　(c) 动滑轮(增速滑轮)

图 1-12　滑轮

在滑轮组中,穿绕在动滑轮上的绳索根数称为有效分支数,也就是通常所说的“走数”。如动滑轮上穿绕三根绳索叫“走三”,穿绕四根绳索叫“走四”。

在计算滑轮组的拉力时,以动滑轮的有效分支数为省力倍数。例如,重力为 W 的重物用“走四”滑轮组起吊,其拉力 F 为:

$$F=\frac{W}{4}\times\text{滑轮组总效率} \tag{1-4}$$

1.2.2.4　绞车

绞车分为人力推动的绞磨与电动卷扬机两类。绞车与滑轮组配合使用可完成各种起重作业。在使用绞车前,应仔细检查其制动装置(刹车),以保证在起重时不出事故。

在检修场地上装置绞车时应注意以下几点:

(1)绞车的固定,必须保证绞车固定锚点有足够的强度。

(2)绞车应装设在滑轮组作用区域之外,并能清楚地看到物件起吊的地点。

(3)绞车及绳索不得妨碍设备的起吊与搬运,绞车的牵引绳索应和地面平行,并垂直于绞车滚筒的中心。

1.2.2.5　起吊支架

起吊支架种类很多,其中最简单的是桅杆(吊杆)。在吊装设备时,常遇到施工现场狭窄,吊车无法进行工作,或者现场无吊车、无悬挂供起吊用的横梁,在这种情况下就可采用桅杆。桅杆可用木料、钢管或型钢制作。

各种桅杆都需用缆绳固定,依靠缆绳的牵引力使桅杆处于稳定状态。桅杆的可靠性在很大程度上取决于缆绳的强度。

常用的桅杆有独脚形与人字形两种。

当起重量不很大时,宜采用三角支架,三角支架不用繁杂的绳索捆绑、缆绳固定,用时只要把它撑开,不用时收拢即可。三角支架特别适用于小型设备的安装,结构如图 1-13 所示。

1.2.2.6　水电站常用的桥式起重机

水电站的主厂房都装有桥式起重机,它们因用桁架或钢梁横跨主厂房成为桥机而得名。桥式起重机可在轨道上沿厂房长度方向移动,其行走部分称为大车。它的起重部分还可以在桥形结构上沿厂房的横向方向移动,这常称为小车。再加上起重部分使重物上升、下降,这就形成了三个方向的空间运动体系。

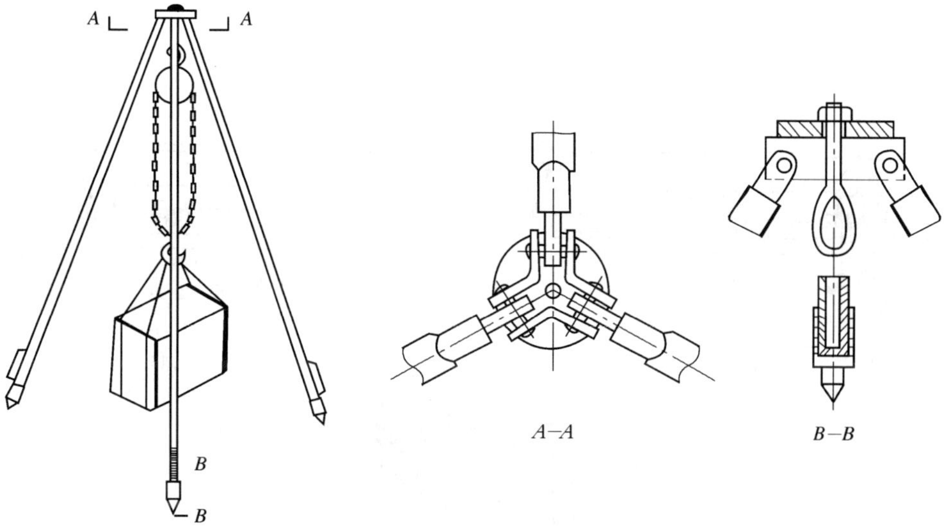

图 1-13　三角支架结构

桥式起重机按照结构不同、动力不同分为不同类型，水电站常用的有电动桥式起重机、电动双梁或电动单梁起重机，以及手动双梁或手动单梁起重机。

1. 电动桥式起重机

大中型水电站常用电动桥式起重机，低速单（双）钩桥式起重机外形图如图 1-14 所示。它有两根横跨主厂房的大梁，再加上卷扣机，具有主、副两个挂钩，主钩起重量大但升降缓慢，副钩起重量小而运行速度快。电动桥式起重机的起重量范围很大，运行平稳，但结构比较复杂，自身的尺寸和质量都很大。电动桥式起重机常在大车梁旁边设控制室，人在上面操作控制。

2. 电动双梁或电动单梁起重机

电动双梁或电动单梁起重机如图 1-15 所示，这是简化后的桥式起重机，经常应用于中小型电站。它用两根或者一根工字梁横跨主厂房，其大车的形式与桥式起重机类似，但起重部分多为电动葫芦，吊在主梁的下翼沿上，而小车也就得以相应简化。电动双梁或电动单梁起重机只有一个挂钩，但升降的速度可以分挡变化。而操作控制常为吊牌式的按钮开关，人在地面上操作。电动双梁的起重量较大，电动单梁的起重量较小，由于结构比桥式起重机简单，因而尺寸和自重较小，造价也降低不少，但运行的稳定性不如桥式起重机。

3. 手动双梁或手动单梁起重机

手动双梁或手动单梁起重机是由人力驱动的起重机，如图 1-16 所示，大车、小车靠人拉链条驱动，起重则靠手动葫芦。对机组容量小、台数又不多的水电站，它简单而且实用。手动单梁起重机的起重量一般不超过 10 t，而手动双梁起重机的起重量通常也在 15 t 以下。

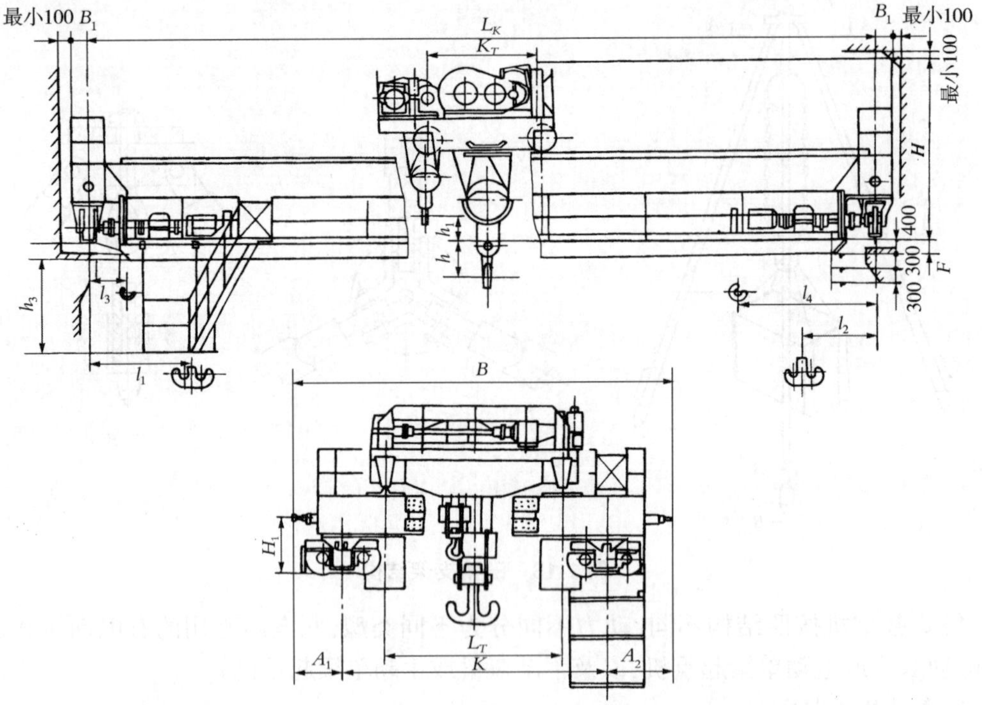

图 1-14 低速单(双)钩桥式起重机外形

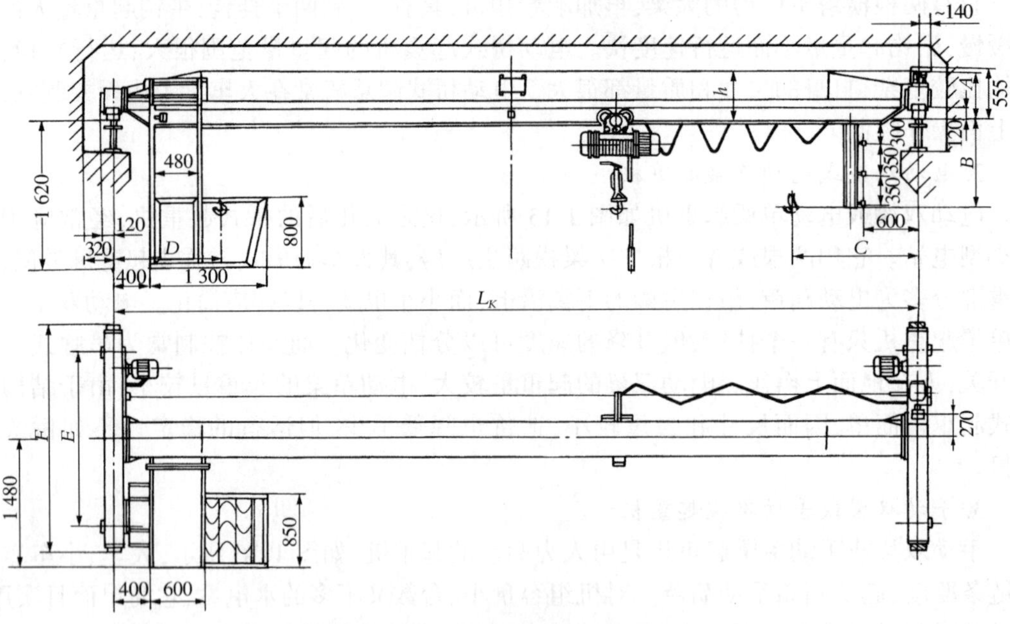

图 1-15 电动单梁起重机外形图

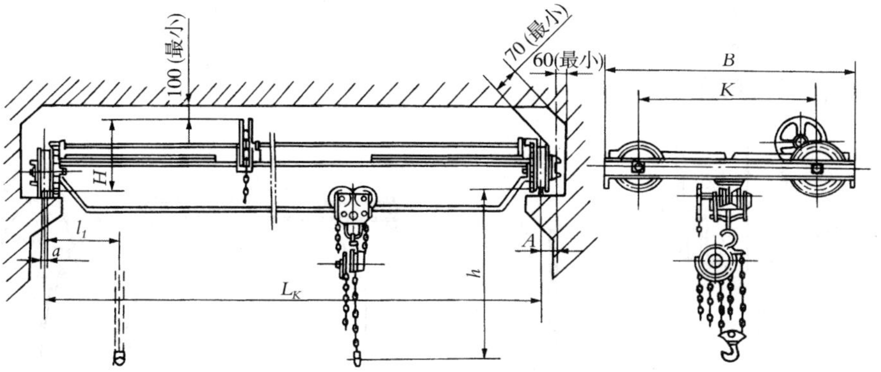

图 1-16 手动单梁起重机

1.2.3 起重作业中应注意的事项

起重在水轮发电机组安装与检修工作中是一个非常重要的工种。起重作业贯穿在整个工程的始末，其工作的成败影响着全局，因此要求起重人员应具有胆大、心细、耐劳、团结、服从等优良素质。由于在起重工作中的粗心大意及考虑不周而造成的人身、设备事故屡见不鲜。为了预防事故，在起重作业中应做到以下几点：

(1)起重作业前应先检查起重机具、索具是否完好，有问题的绝对不允许使用。各种起重机具、索具严禁超载使用。

(2)起重机具与索具应配套完全，如图 1-17 所示的是起吊设备的配套附件。

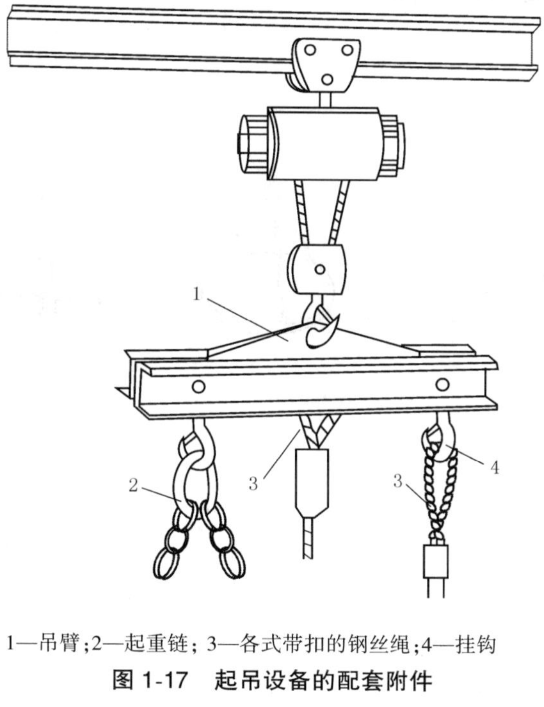

1—吊臂；2—起重链；3—各式带扣的钢丝绳；4—挂钩

图 1-17 起吊设备的配套附件

(3)重物的起吊与捆绑应符合常规,吊钩要挂在重物的重心上(起吊中心与重物重心在同一中心线上),吊钩、钢丝绳应保持垂直,禁止用吊钩斜吊或拖动重物。有关起吊、捆绑的方法及其注意事项详见图1-18~图1-21。

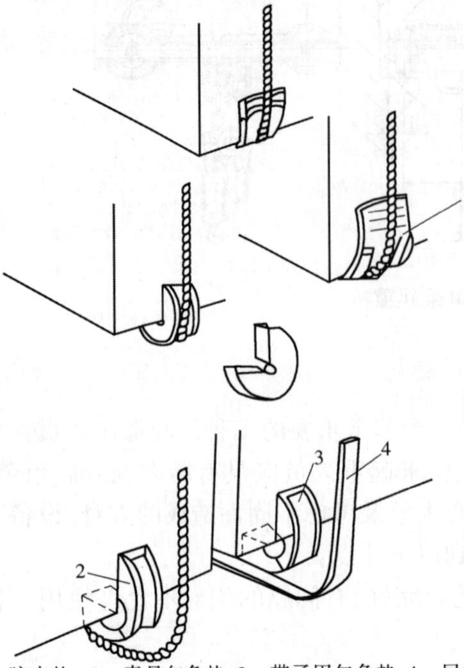

1—胶皮垫;2—索具包角垫;3—带子用包角垫;4—尼龙带

图1-18 棱角处所采用的包角垫

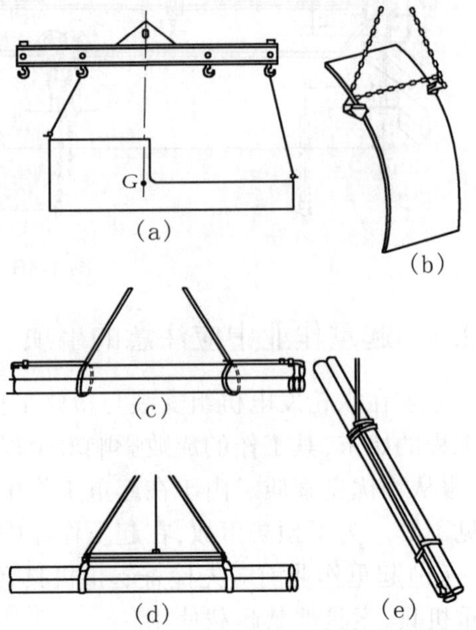

图1-19 重物的捆绑方法(一)

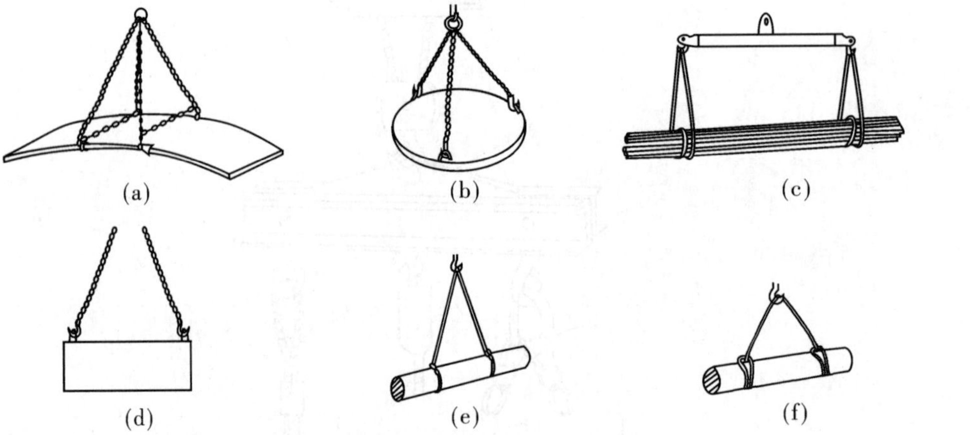

图1-20 重物的捆绑方法(二)

(4)吊运危险物品时,如压缩气瓶、易燃油类、有毒物品、强酸、强碱等,应采取专门的安全防护措施,并经技术安全部门同意,方可进行。

（5）重大物件的起吊、搬运作业，应在具有经验的起重负责人统一指挥下进行。参加人员必须熟悉起重方案和自己的职责。

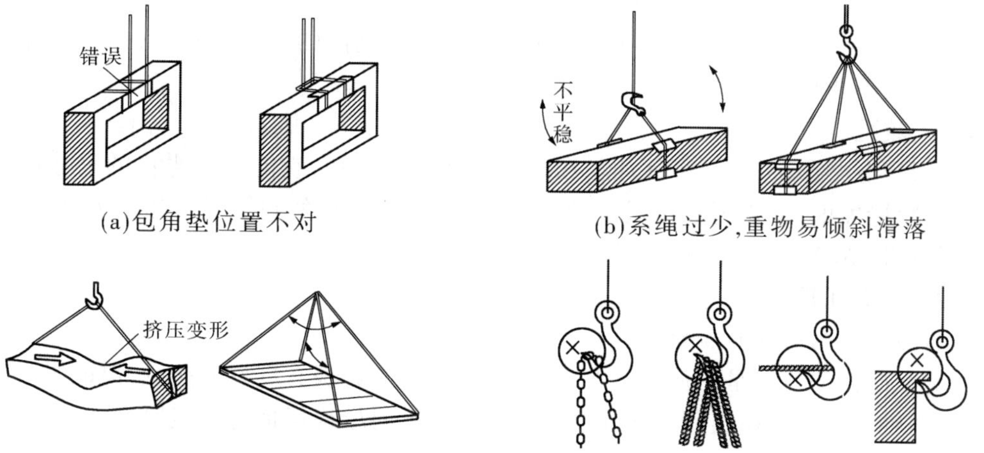

(a)包角垫位置不对　(b)系绳过少，重物易倾斜滑落

(c)系绳捆绑方向不对，根数过少，夹角过大，造成设备挤压变形　(d)错误的挂钩方法

图 1-21　起吊注意事项

（6）不许在大雾、照明不足、看不清指挥信号及六级以上大风下进行起重作业。

（7）各种起重机具的技术检查工作，每年应进行一次，并进行静载试验和动载试验。试验应有记录并有专人保管。

（8）起重作业结束后，应将机具、索具一一清点，并认真按技术规程规定进行保养、维护。存放处应做到规范化。

任务 1.3　零部件组合的基本工艺

在机电安装与检修方面，部件组合装配主要是钳工修配和连接，以保证机组各零部件按照一定技术要求组合起来，确保机组正常可靠地投入运行。

1.3.1　钳工修配

钳工修配包括凿、锉、锯、刮、研磨、钻铰孔和攻套丝。根据机电安装的实际，这里主要介绍刮削和研磨，这两种方法往往一起使用。

钳工修配工作的主要作用有以下三方面：

（1）利用手工凿削和锉削，使表面间的连接或机件之间的相对位置正确。这种钳工作业用于精度要求较低及加工量较大的场合，例如水轮机导叶间隙的调整。

（2）用装配销钉的方法，固定已调整好的机件的相对位置。例如，下部固定迷宫环、底环、顶盖与座环之间，当相对位置调整好以后，需用圆锥销定位。

用销钉定位，除可以保证机件之间相对位置正确外，还可使紧固用的连接螺钉只在拉力状态下工作，提高连接的可靠性。但应注意，此项作业应在确认机件之间的相对位置已经不需要做任何调整时才使用。

(3)对配合表面进行刮削和研磨,以便改善这些配合表面的接触条件,使接触均匀、紧密,提高光洁度,同时也使表面的几何形状正确。

刮削可达到相当高的精确度(0.005 mm),但手工刮削的劳动量很大,因此其加工量尽量小,一般不要超过0.05~0.1 mm。

1.3.1.1 铰孔

铰孔是利用铰刀进行精密孔加工和修整性加工的过程,它能提高零件的尺寸精度和减小表面粗糙度值,主要用来修复各种配合的孔,修复后其公差等级可达IT7~IT9,表面粗糙度值可达$Ra3.2$~0.8 μm。

1.3.1.2 推力瓦研刮

1.推力瓦研刮的目的和原理

推力瓦研刮的目的是使瓦面具有良好的平面性,与镜板有良好的接触,保证机组启动时,在推力轴瓦瓦面与镜板间迅速建立油膜并在运转时始终保持有一定厚度。

其原理是:通过推力瓦与具有很高精度、光洁度的镜板(粗刮时为小平板)研磨找出推力瓦表面的高点,用刮刀将其刮去,经过多次循环研磨,把高点、次高点刮去,使瓦表面的接触点增加,达到规定要求为止。刮刀对推力瓦表面起着推挤、切离和压光作用。每次刮削量均很少,保证瓦表面既光洁又细密。

2.轴瓦刮削的具体要求

(1)刮好的瓦面上,要求瓦面上达到2~3个/cm^2接触点,并要求接触点分布均匀。用一块有10 mm×10 mm方孔的纸板,把它盖在推力瓦面上任一位置,孔中都应当有2~3个接触点。每块瓦局部不接触面积,每处不得大于轴瓦面积的2%,其总和不超过该瓦面积的5%。

(2)瓦面应有刀花。目的是在接触间隙内存有少量的油,有利于油膜形成,造成好的润滑条件。刀花要求清晰,排列整齐,大小均匀分布。

(3)沿推力瓦进油边应刮成斜面。按图纸修刮进油边成斜面,如无明确规定,进油边可按宽10 mm、深0.5 mm刮削。斜边与接触面必须圆滑过渡,不能有台阶。轴瓦所有非进油边,为避免毛刺,可刮约0.3 mm的圆弧倒角。

(4)瓦面中部要刮低。刚性支柱式推力轴瓦,因工作时中间冷却较慢,温度较高,推力瓦运行时中间凸起,推力瓦产生变形后,接触面变坏。为了改善瓦变形后的接触状态,瓦面的中心要刮低,占轴瓦面积1/2的扇形面积的轴瓦中部,刮低0.02~0.03 mm,然后在1/4扇形面积处再刮低0.02~0.03 mm,最后修刮进油边,非进油边刮出约0.3 mm的圆弧倒角(但对于有液压减载装置的推力瓦不刮倒角),进油边刮宽10 mm、深0.5 mm的斜边,以便形成良好的油膜,斜边与接触面必须圆滑过渡,不能有台阶。

3.推力轴瓦研刮前的准备工作

1)场地选择

在室内进行,光线要适宜,能清楚地看清和辨别瓦面上的接触点子,刮瓦场地温度在20 ℃以上,不可低于5 ℃,要求室温变化不超过2 ℃,室内干燥、清洁,以防镜板生锈。刮瓦时使用易燃品(酒精、汽油及甲苯),场地设有灭火器、沙箱等防火设备。

2)起吊和研磨设备

研刮瓦时起吊镜板等的起重设备,厂内可用桥式起重机,在厂外可设电动葫芦和链式起重机。

3)刮削工具

(1)标准小平板。粗刮推力瓦用标准小平板(见图1-22)研瓦。其面积不小于瓦面面积的2/3。

(2)刮刀。它是刮瓦的主要工具,要求刀头部分具有足够的强度,刃口锋利。刮削推力瓦刮刀有平板刮刀和弹簧刮刀两种:①平板刮刀。用于研刮薄瓦和托瓦之间的接触面,以及推力瓦的粗刮,刮削量大。刮刀头部采用碳素工具钢或轴承钢,刀身用中碳钢,刀头与刀杆焊接在一起,如图1-23所示。②弹簧刮刀。用于推力瓦精刮,有一定弹性,刀头比刀身薄,适用于窄而长的刀花,手柄用硬木车制,刀身为弹簧钢,如图1-24所示。

(3)刮瓦架。推力轴放在刮瓦架上进行刮瓦,刮瓦架的高低必须考虑适合操作者的身高,一般是靠近腰部,便于操作者发挥力量。

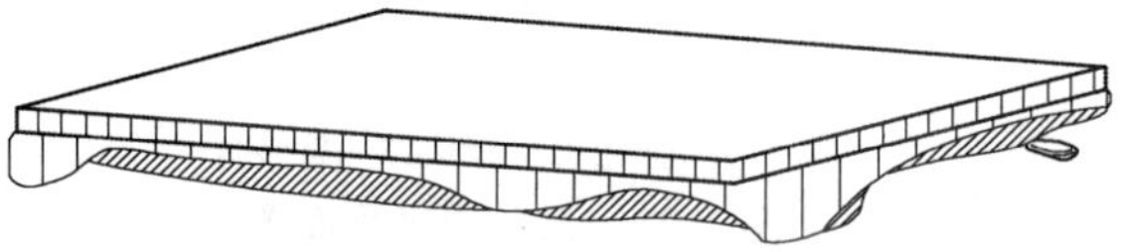

图1-22 标准小平板

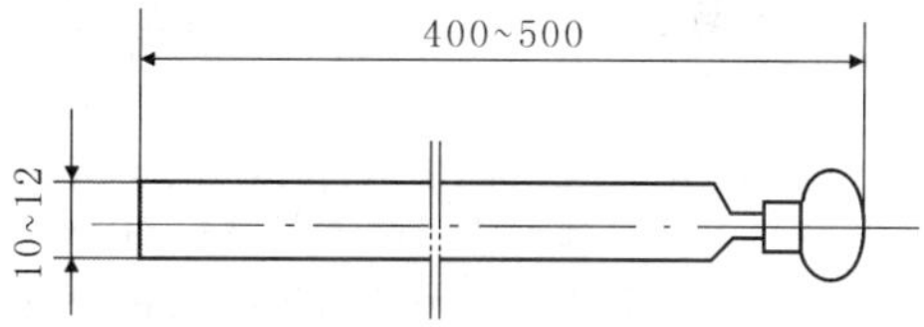

图1-23 平板刮刀 (单位:mm)

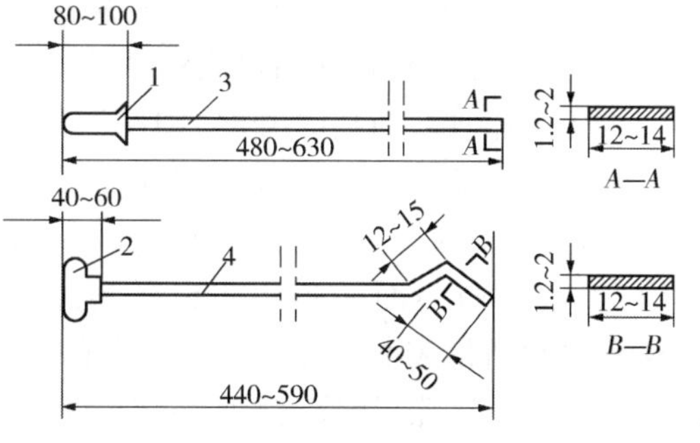

1—长柄;2—圆柄;3—平头弹簧刮刀;4—弯头弹簧刮刀

图1-24 弹簧刮刀 (单位:mm)

4.推力轴瓦研刮工艺

1)推力瓦和镜板的研磨

研磨方法有镜板研瓦和瓦研镜板两种,运用时应注意对镜板面保护。

(1)镜板研瓦。如图1-25所示,将推力轴承放在高度适当的木架上,使瓦面至地面高度为600~800 mm,以适应刮瓦操作需要。瓦架上先将三块轴瓦呈等边三角形方位安放,初步调整高度后吊上镜板,再利用这三块瓦的支柱螺栓调整镜板,使其水平达到0.2~0.3 mm/m。为防止镜板径向窜动,在瓦的外边装铝板加以限位。镜板与研磨机轴头要同心,装上旋转动臂,并与镜板连接,由研磨机带动镜板旋转就可进行研瓦。每次研磨应按机组旋转方向使镜板转动3~4圈。研磨后吊开镜板,翻身放在准备好的木架上(木架上放羊毛毡)。为保持镜板面清洁,可用甲苯或酒精擦洗镜板。然后将推力轴瓦分别吊在刮瓦木架上,即可进行刮削。经过多次反复研磨、刮削,直到符合刮瓦要求为止。当三块瓦研刮合格后,即换上未刮的瓦继续进行上述工作,直到研完所有瓦为止。

(2)瓦研镜板。如图1-26所示,将镜板的镜面朝上,并调平,中间安装研磨机,找好中心,将旋转臂吊在研磨机轴头上,再对吊放两块反扣过来的轴瓦开动研磨机,旋转臂带动轴瓦按机组旋转方向在镜板上旋转研磨。旋转4~5圈后吊起轴瓦,放在瓦架上进行刮削。研推力轴瓦时,如无研磨机,也可用人力代替,用瓦研镜板方法来研磨。

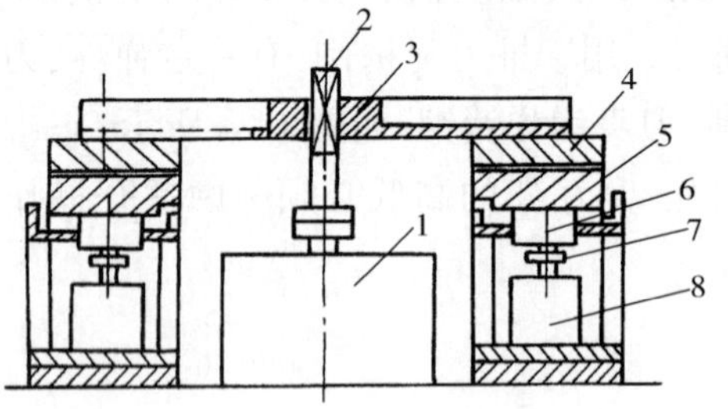

1—电动机;2—轴;3—转臂;4—镜板;5—推力瓦;6—托架;7—抗重螺栓;8—支柱螺栓

图1-25 推力轴瓦研磨布置图

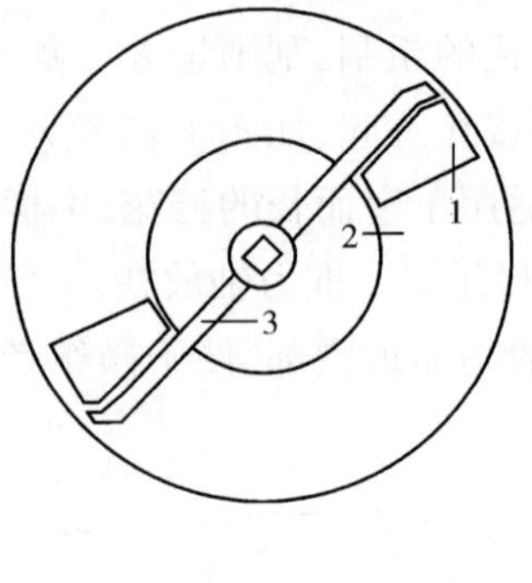

1—推力轴瓦;2—镜板;3—旋转臂

图1-26 瓦研镜板平面图

2)镜板维护和修整

当轴承运行时,油膜厚度只有0.03~0.07 mm,要求镜板有较高的精度和光洁度。若镜板光洁度低,则轴承摩擦损耗增加,镜面如有伤痕或锈蚀等缺陷,则可能破坏油膜,甚至造成烧瓦事故。镜板运到工地后的保管,刮瓦时开箱,清扫和推力瓦研磨,刮瓦后的保管及以后正式安装,都必须特别注意对镜面的检查、精心保护,保证其不受损伤。

镜板开箱时,不能把开箱工具、箱板等重物扔在镜面表面。剥去镜板保护层时,最好将镜板吊在悬空状态下进行。刮镜板表面油脂用非金属刮片(或在钢板尺上包数层白布)。油脂刮去后用纯苯或无水酒精将表面洗净,最后用甲苯、白布仔细擦拭镜板的摩擦面,使镜面光亮照人。镜板表面应无气孔、伤痕、锈蚀,镜板厚度方向的平行度应符合图纸要求。

镜板表面如有小点锈斑,或在研瓦中产生划痕,以及发现镜面模糊、光洁度降低时,则暂停研磨工作,进行修整。

修整时可用油石蘸上酒精顺划痕方向仔细修磨平整,再用包着细毛毡或呢子的研磨小平板研磨。研磨前,先将镜板用纯苯或无水酒精清洗,用白布擦干,再在镜板表面涂上研磨膏加酒精液进行长时间研磨,直至镜板恢复平整光亮。

推力轴瓦研磨结束后,镜板不马上安装,镜面涂中性凡士林或炮油保护。在镜板被擦净抹干后,将煮成液状的油脂用毛刷均匀涂刷。涂刷时不应有气泡,油脂与镜板紧密黏合,油层厚度为1.2~2 mm,在外表上再包上石蜡纸或桐油纸防潮。若安装相隔时间较长，应定期检查，观察油是否变质。

3）刮瓦的姿势和方法

（1）挺刮法。如图 1-27（a）所示，将刮刀柄顶在小腹右下侧肌肉处，双手握住刀身。刮削时，双手下压刮刀利用腿部和臀部力量，使刮刀对准研点向前推挤，在推动瞬间，右手引导刮刀方向，左手立即将刮刀提起，这就完成了刮削动作。

（2）手刮法。如图 1-27（b）所示，右手握刀柄，左手四指向下卷曲，握住刮刀近头部约 50 mm 处，刮刀和瓦面成 25°～30°，使刀刃抵住瓦面。左脚前跨一步，上身随着往前倾斜一些，可以增加左手压力，便于看清刮刀前面的研点情况，刮削时右臂利用上身摆动使刮刀向前推进，推进的同时，左手下压，引导刮刀前进的方向，当推进到所需的距离后，左手立即提起，这样就完成了一个手刮动作。

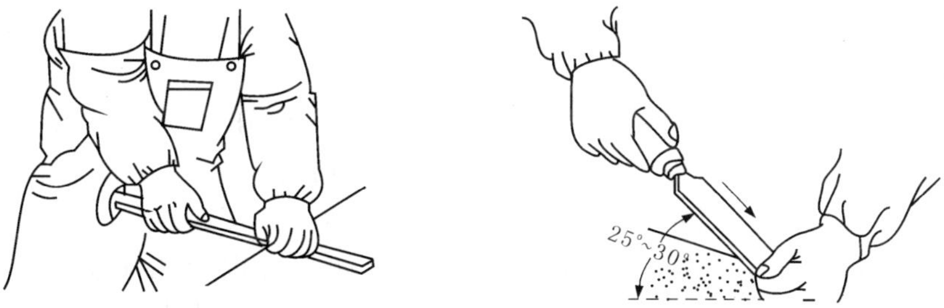

（a）挺刮法　　（b）手刮法

图 1-27　平面刮研

挺刮法是用右下腹肌肉施力，身体弯曲着操作的，每刀刮削量较大，身体容易疲劳。手刮法中推、压和提起动作，依靠两手臂的力量来完成，要求臂力大。若两种操作方法均掌握，可灵活采用。

4）研刮薄瓦和托瓦之间的接触面

薄瓦和托瓦之间的接触面，在瓦面正式刮削前，先研刮出 70%以上。研刮方法是将托瓦表面在标准小平板上研磨，用红丹显示剂检查并刮削托瓦表面，使托瓦表面接触面积达 80%以上；然后靠自身定位的平键导向，将托瓦固定住，涂上红丹显示剂，用人工使薄瓦放在托瓦上作往复运动，进行研磨；再将薄瓦抬开反过来，放在瓦架上，对薄瓦的背面进行刮削，经几次循环，直到合格为止。

5）推力轴瓦刮削的工艺工程

（1）粗刮。粗刮时用标准小平台暂代镜板研瓦。用红丹显示剂薄而均匀地涂在平板面上，显示剂必须清洁，不得有微小污物、砂粒、瓦屑等混入，避免损伤镜板和瓦面，在推磨小平板过程中，当小平板小于瓦面，平板落空部分不得超过其本身长度的 1/4，要经常调换方向，防止推磨时不均匀现象，保证点子的准确显示。

研磨完后用锋利的平面刮刀将瓦面上高点普遍刮掉。在粗刮时要做到以下几点：一是刮刀的端部要平，刮的刀迹要宽，一般应在 10 mm 以上，刀的行程为 10～15 mm 或更长一些；二是刮刀刀迹要连成一片，刀迹不可重复，否则会产生平面高低相差太大现象；三是经过几次研刮后，瓦面会显示出平整而光滑的接触状态。

(2)精刮。精刮时必须用镜板研磨,用弹簧刮刀刮削。每次研刮前用苯或酒精把瓦和镜板擦干净,保证镜板面光洁;刮刀的刃部须常磨,保持锋利和光滑,防止刮削时瓦表面出现丝纹;刀迹要按接触点分布情况,按一定方向依次刮削,连续两刀间,不必抬起刀头,连续两刮削方向交叉为90°;刮削时压力不宜大,刀迹宽度为4~5 mm,刀的行程约为5 mm;精刮时将点子分成三种类型刮削,最大最亮点子全部刮去,中等点子在中间刮去一小片,小的点子留下不刮,经研磨第二次刮削后,小点子会变大,中等点子分为两个点子,原来没有点子地方会出现新点子,经过几次反复,点子就会越来越多,直到接触点达到规定要求。

(3)刮花。在已刮好的瓦面上,经过有规律的刮削,使其形成各种花纹,刮花是精刮的最后阶段。常见花纹有三角形、旗形、燕尾形和月牙形,其中三角形刀花较为适用,且易学。整体观察清晰、美观、大方,这种花纹形大纹深,运动时易于存油。刮这种刀花时,要求刀身刚性较大,选用平头弹簧刮刀。为了使花纹中部边缘偏深,磨刀时使刀刃中部稍微带凸形圆弧。燕尾形和月牙形基本上属于一类,花纹较三角形窄而长,中部的深浅由操作者控制,采用弯头弹簧刮刀。

除选择合适的刀花形式外,还应注意下列问题:一是瓦面的处理,在刮瓦前,如发现瓦面有硬点或脱壳现象,应及时处理,对于局部硬点必须剔除,余留坑孔边缘应修刮成坡弧。二是避免刀迹重复,刀花尽量不带“旗杆”、毛刺,避免重刀和交错线。三是合理的刀花面积,刀花大些为好,每个刀花总面积约为0.2 cm^2。四是合理刀花深度,刀花最深处为0.03~0.05 mm,位置在下刀侧与花纹中部之间。刀花为缓弧,其边缘无毛刺或棱角。五是刀花方向,刮瓦时两次刀花应大致互成90°。六是点数稀密,单位面积上的点数,可按2~3个/cm^2 接触点来控制。

6)补充刮瓦

盘车时有一定载荷和温度,同运行时的条件有相似之处,可模拟机组实际运行状况,因此机组盘车后或经过72 h试运转后,应抽瓦检查瓦面情况,有变化时应进行补充刮瓦,改善运行时瓦面的接触状况。

5.导轴承瓦研刮

为方便分块导轴承瓦的研刮,安排在主轴竖立之前,在卧轴位置上进行。

导轴瓦研刮之前,先将轴领与轴瓦清洗干净,再在轴领上按导轴瓦实际运行位置设置导向挡块(铝箍或软质麻绳4~5圈),导向块与轴线垂直,作为研瓦时在轴领上来回移动的导路,见图1-28。

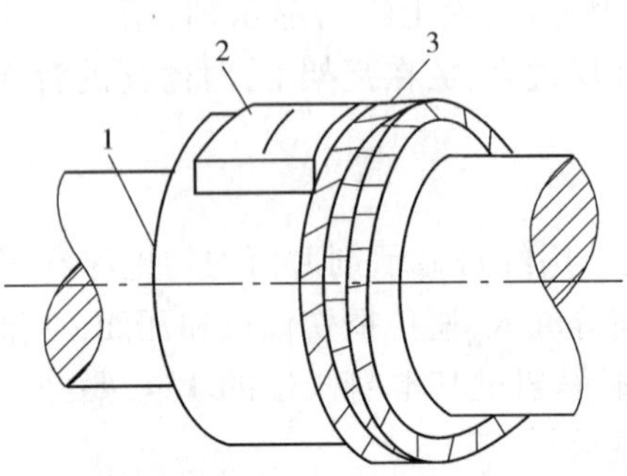

1—轴领;2—导轴瓦;3—软质麻绳

图1-28 导轴瓦研磨示意图

研磨时,先用苯或酒精再次清洗轴领和擦净轴瓦,然后将导轴瓦扣在轴领上,紧靠导向箍,用人工使导轴瓦做周向往复运动5~6次,运行时注意轴瓦底面应与轴领底面平行并尽可能与运行时的实际位置一致。再取下轴瓦,翻身放在刮瓦架上进行刮削,其刮削方法与推力轴瓦相同。最后要求接触面至少达到1个/cm^2 接触点。全部接触点的面积不应小于75%,瓦面刮削合格后,按图纸要求在进油侧刮削进油边。

导轴瓦研刮结束后，轴领表面须先用细毛毡、研磨膏进行长时间研磨，使其表面光洁，然后涂上凡士林并用白布或塑料薄膜缠绕保护。刮削后的瓦面上，应均匀地涂一层纯净的凡士林油或钙基脂，用桐油纸或石蜡纸覆盖或装箱保护。

6. 镜板研磨

轴承运行时，油膜厚度有0.03~0.07 mm。要求镜板有较高的精度和光洁度。若镜板光洁度低，则轴承摩擦损耗增加，镜面如有伤痕或锈蚀等缺陷，则可能配合油膜，甚至造成烧瓦事故。

研磨方法有两种：①化学研磨，即利用研磨剂中酸的作用，使其表面产生很软的氧化金属薄层，然后利用磨具的运动除去氧化层的加工方法。②机械研磨，是在研磨机上进行的，利用悬浮在液体中的研磨粉和磨具加工表面。磨料的晶粒有很大的硬度，通过晶粒锐边的切削作用达到研磨的目的。

研磨过程如下：①将镜板镜面朝上，放在推力轴承座上，用无水酒精清洗干净，用绸布擦干，涂上研磨剂。②把两个长条形，外面包有法兰尼的研磨平台放在镜板上，用螺栓与转臂连接。③启动电动机，使转臂带动两块研磨平台，顺机组转动方向旋转，转速控制在6~7 r/min，长时间旋转，直到表面成略为发暗的镜面——表面粗糙度 $Ra0.05$ 以下。④在磨光后的镜板表面涂猪油或其他不含酸碱的油脂，覆盖描图纸，再盖上毛毡保护，镜面朝上，水平放置。

1.3.2 部件连接组合

水力机组安装过程中常见的连接有两种方法，即过盈配合与螺栓连接。

1.3.2.1 过盈配合

过盈配合连接有两种：一是冷压法，二是热套法。

(1)冷压法。适用于零件不大的情况，用千斤顶、油压机在冷态下压入，或用大锤敲入孔中。例如，水轮机导水臂是在冷态下压入导叶上端轴的。

(2)热套法。当连接尺寸很大时，为安装方便，可将其零部件加热后套在轴上，例如推力头和主轴的连接就是采用热套法。

热套法的优点：①安装方便，不需要很大压力；②装配时接触面上的凸点不会被磨掉，显著提高了连接的强度。

热套法主要用于下列零件的连接：①直径大的零件；②具有薄壁结构的零件；③以脆性材料制成的零件；④过盈较大的零件。如发电机转子轮毂热套、推力头热套、水轮机分瓣转轮的轮箍等。

1.3.2.2 螺栓连接

1. 螺栓连接范围

螺栓连接主要指大型螺栓的连接，包括：①主轴与水轮机的转轮；②发电机轴与水轮机轴；③对于轴流转桨式水轮机来说还包括叶片和转轮体的连接。

2. 螺栓伸长值的计算

为确保螺栓连接的可靠性，螺栓的紧力必须符合规定的要求。如果紧力过小，不能保证连接件的紧密和牢固；如紧力过大，则可能引起螺栓的塑性变形而损坏。

一般来说,紧力不能超过螺栓材料的弹性极限,并要有一定的余量。一般制造厂对机组各部螺栓连接的紧力都有具体规定,即紧螺栓过程中,螺栓的伸长值要达到图纸的要求,使所有的螺栓紧力一致。

1)大型螺栓(中空)伸长度的测定

螺栓伸长值的测定见图1-29。螺栓伸长值测量工具:千分表、测伸长杆。

(1)原理。大型螺栓螺帽上有一装测杆的孔,孔两头都带有一反螺纹,在拧紧螺母之前,应先在孔中拧入测杆,在孔的另一端装好千分表架和千分表,千分表测杆要有一定的压缩量,随着螺栓被拉长,千分表测杆的长度也随之伸长,千分表测杆的伸长值即为所测螺杆伸长值,伸长值大小由千分表读出。

(2)测量方法。测量工具安装好后,按螺栓编号做好记录准备。

(3)测量伸长值应注意的问题:①接触面(千分表测杆与测杆接触面)要清洁;②每次测量,表架位置固定后,不允许再动,以免影响准确性。

2)小型实心螺栓伸长值的测定

小型实心螺栓伸长值用高度游标尺测量。当螺母初步拧紧,与法兰背面紧贴时,用高度游标尺测量螺栓端面到法兰背面的高度,在以后的拧紧过程中不断重复测量,高度的增加值就是螺栓的伸长值。

注意事项:一是游标卡尺应有足够的精度,如选用0.02 mm的高度游标尺;二是螺栓端面应平整并与其轴线垂直,每次测量游标卡尺都应在同一位置与法兰背面接触。

3.螺栓拧紧方法

螺钉的拧紧顺序为长形件从中间向两边进行,圆形件或方形件应对称进行拧紧。

螺钉拧紧施力方式为紧固成组螺栓时,为防止拧紧其他螺栓时使先拧紧螺栓产生过载现象,或使零件发生弯曲变形,不可一下子完全拧紧,而应按上述拧紧顺序对螺栓分几次拧紧。

(1)锤击法。专用扳手,用大锤或游锤,人工锤击,适于小型螺栓,锤击必须逐次进行,每次都按合理的顺序在对称方向均匀打紧,还应该由同一个人,用同样的力度打紧每一个螺栓。工程上一般使用风动扳手或电动扳手来拧紧,最后靠打紧时的声响和回弹的手感来判断螺栓的打紧程度。

(2)桥机法。套上扳手和导向滑轮组,将钢丝绳挂放在桥机吊钩上拉紧螺栓,如图1-30所示,用于大型螺栓,方便实用。

(3)液压拉伸器。主要是利用压力油将螺栓拉伸(一般为0.02 mm),手动上紧螺母,合格后撤除油压,多用于发电机-水轮机轴的连接。

(4)加热法。螺栓分为有中心孔和无中心孔。①有中心孔。用专用电阻加热器加热,加热前测量螺栓长度,加热15 min后打紧螺栓,待冷却后测螺栓伸长值,不合格再重复上述过程,直至合格为止。②无中心孔。用电炉加热至要求温度,将螺栓插入连接孔打紧即可。

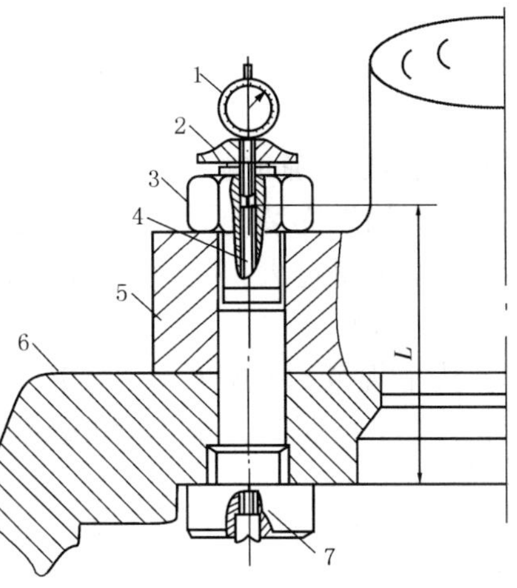

1—百分表；2—百分表架；3—螺母；
4—测量杆；5—大轴法兰；
6—转轮上冠法兰；7—联轴螺栓

图1-29　螺栓伸长值的测定

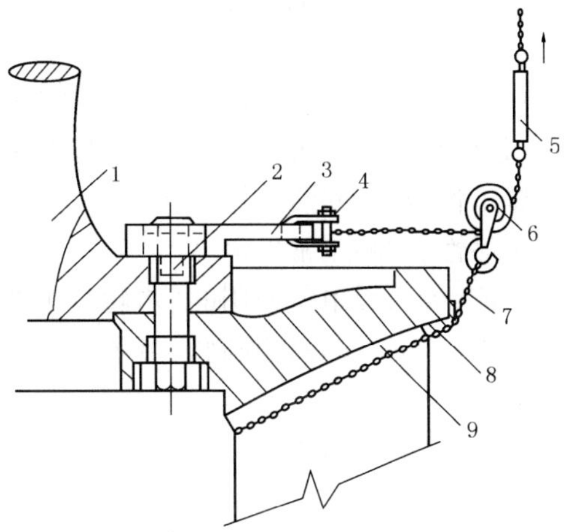

1—主轴；2—连接螺栓；3—扳手；
4—卡扣；5—测力计；6—导向滑轮；
7—钢丝绳；8—垫板（木板或铝板）；9—转轮

图1-30　用桥机拉紧螺栓示意图

任务1.4　水轮机机组安装与检修中的基本测量

在安装工地，水电站机电设备的校正调整和基本测量方法是大体相同的，机件的校正调整工作进行得好坏，测量方法采用得是否合理，以及仪器精度的高低等都直接影响着整个机组的安装质量，因此要充分重视校正调整及测量工作，以免造成返工，拖延工期。

1.4.1　校正调整工作

校正调整工作，即检查和调整零部件的几何尺寸、相对位置及整个机组的位置，使之满足图纸上的技术要求。校正调整工作主要包括三个方面的工作。

1.4.1.1　机件的校正调整项目

校正调整时，主要根据零部件的平面、旋转面、轴、中心及其他几何元素来检查他们的位置，特别是机件之间相对位置的正确性。工程中常遇到的校正调整项目有六个方面。①平面的平直、水平和垂直。例如，水轮机分瓣转轮，焊接后其上冠的法兰的平直度。②圆柱面本身的圆度、中心位置及相互之间的同心度。例如，定子铁芯内圆柱面的圆度（分瓣铁芯），吊装以后的中心位置如何，它与机组的基准部件的同心度等。③轴的光滑、水平、垂直和中心位置。例如，水轮机主轴轴领的光滑情况，主轴法兰的水平，轴线的垂直情况以及轴线的位置。④部件在水平面上的方位。例如，接力器在设计高程平面上的方位用 $\pm X$、$\pm Y$ 表示。⑤部件的高程。例如，座环上搪口顶面高程，底环顶面的高程等。

⑥面与面之间的间隙等。例如,转子磁极与定子内圆面的间隙,固定、转动止漏环之间的间隙,各组合面之间的间隙等。

1.4.1.2 合理质量标准

任何机电设备安装都有一定的质量标准。质量标准的确定必须考虑两个方面的因素:一是机组运行的可靠性,二是安装工作的简易性。如果安装允许误差定得过小,则校正调整工作复杂,安装工期延长。反之,安装允许误差定得过大,又会降低安装精度和运行的可靠性,影响正常发电。

目前,各工程单位使用的《水轮发电机组安装技术规范》(GB/T 8564—2003)是总结了近几十年来的安装经验制定出来的。安装工作中严格按照其办事,仔细阅读图纸和有关文件,不盲目施工。

1.4.1.3 安装要求

1. 安装基准

安装基准,即安装过程中用来确定其他有关零件位置的一些特定的几何元素(点、线、面)。例如,水轮机座环上法兰面的高程决定了其他零部件的高程,座环上法兰面上 $\pm X$、$\pm Y$ 刻线(点)决定了水轮机底环、导水机组顶盖等零部件的方位。

2. 安装基准的种类

安装基准有两种:工艺基准和校核基准。①工艺基准。它是安装件本身的基准,它代表安装件的安装位置。安装件上其他部分都以它为基准。每个部件都有其工艺基准,在确定各部件工艺基准时,应根据其加工精度和测量方便程度来选择。②校核基准。它是用来校正安装部件和给安装部件定位的基准,而基准本身并不在安装件上。

工程中,把确定其他有关机件位置的机件称为安装基准件。安装基准件的特点:①应该有一个以上的校核基准;②应有较高的加工精度和安装精度。

安装基准件的安装精度对其他零部件有着决定性影响,安装件的安装偏差等于安装件自身相对于基准件的偏差和基准件的偏差的总和。

混流式水轮机的安装基准件是座环,轴流式水轮机的安装基准件是转轮室。因此,在安装中对这些部件的中心、标高和水平要进行严格的安装和调整。

3. 基准点的确定

机组中心线是由电站的 X、Y 轴来确定的,X 方向与水流方向垂直,Y 方向与水流方向相同。标高基准点根据测量部门提供的主要海拔点来确定。

机组安装的中心和高程基准(原始基准)是由土建单位给定的,一般可在厂房的墙上或地面的钢筋上找到。

1.4.2 基本测量方法

水电站机电设备安装过程中,要进行零部件的中心、水平、标高和圆度等方面的测量工作。主要使用的测量工具有:卷尺、平尺、千分尺、百分表、水平仪、水准仪、经纬仪等仪器。此外,由于水轮发电机组零部件尺寸大的特点,测量中还需要一些专用工具,这些工具大多是自制的,如求心仪、中心架、水平梁等。

下面分述中心、水平、圆度的测量方法。

1.4.2.1　平面平直度的测量

平面平直度的测量就是把标准平面置于被测平面上,其接触情况就是该平面的平直度。具体测量方法有两种。

1. 标准平面与被测平面研磨的方法

在被测平面上均匀地涂上一层显示剂(如红丹),将标准平面置于被测平面上,并使两者相对移动数次,这时被测平面上的高点可显示出来,根据接触点的多少,判断平直度。如发电机推力瓦的研磨,主轴法兰的研磨。

2. 用平尺、塞尺检查平直度(平直又称验直尺)

把平尺置于被测平面上,用塞尺(见图 1-31)检查平尺与平面之间的间隙。如混流式水轮机分瓣转轮上冠法兰面下凹值或上凸值的测量(最大直尺 4 000 mm)。

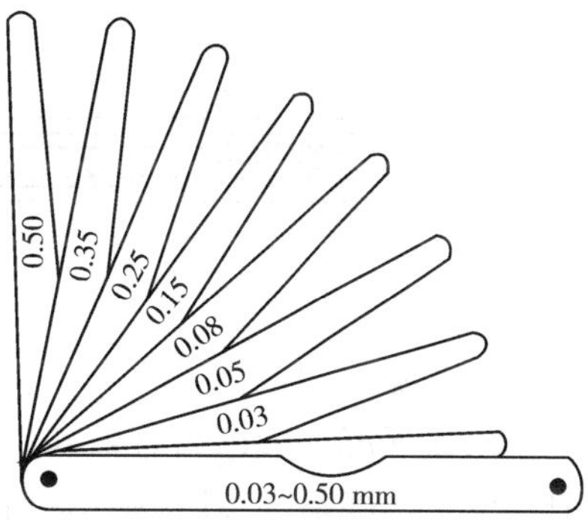

图 1-31　塞尺

塞尺是一组厚薄不同的不锈钢片,可以有不同的长度和不同的张数,但每张钢片的厚度是相当准确并且标明的,所以也称为厚薄规。选用厚薄适度的钢片,塞入要测量的间隙中,如果刚好能塞入和拉出,钢片的厚度就是间隙的大小。在操作时应注意:①塞尺塞入和拉出的压紧程度是影响测量的关键,一般应选择或组合成不同厚度分别试测,直到手感适度为止。这里说的手感适度,是指既能轻轻塞入和拉出,又略感阻力,似乎有“发粘”的感觉。②塞尺最好是单片使用,必要时可以将两片合并起来用,但必须擦拭干净,紧密重叠。不允许用三片或更多的塞尺相加,因为塞尺之间的间隙势必影响测量,叠加的片数越多,测量的误差就越大。③对一些塞尺不便于插入的间隙,可以在装拆过程中用挤压软金属(如保险丝)的方法测量间隙大小。

1.4.2.2　平面的水平测量

机件的水平测量,目前安装工地使用较广泛的有方形水平仪、胶皮管水平器、光学合像水平仪、高精度水准仪等测量。

1. 方形水平仪的结构及使用

水平仪用于检验机械设备平面的平面度,机件的相对位置的平行度,以及设备的水平位置与垂直位置。

1)水平仪的结构

普通水平仪有长条形和方框形两类。它由框架和水准器两部分组成,其结构如图 1-32 所示。

金属框架:四边是互相垂直的,其中有两边的工作面都有直角槽,可利用它对圆柱形表面的工件进行测量。金属框架每边的长度是 200 mm。

主水准和辅助水准:主水准是纵向设置的,辅助水准与其方向垂直。只有辅助水准的水泡处于中间位置时,主水准才能正确反映水平度误差,这在操作中一定要注意。水准器是一个封闭玻璃,管内装有易流动的乙醚液体。玻璃管内留有一个稀薄空气泡,玻璃管外有刻线,刻线以零为对称点,向两边分划开。每格间距为 2 mm。由于规格不同每格代表的精度也不同,从0.02 mm/m、0.025 mm/m到0.05 mm/m一格不等。水电站安装中常用的为0.02 mm/m一格,即一格代表在1 m长度上,两端点的高差为0.02 mm。

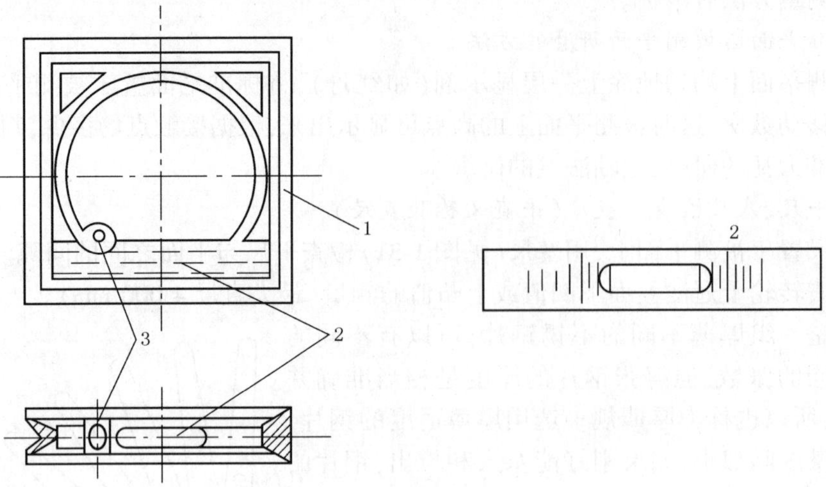

1—方框架;2—主水准器;3—辅助水准器

图1-32 方形水平仪

2)工作原理

根据气泡在管内占有最高位置的特性,过气泡顶点即作为切线必为水平线。当气泡中心位于水准器零点时,则水准轴线(过水准器零点与圆弧相切的切线即为水准轴线)就处于水平位置了。方框水平仪就是根据方框架底面与水准轴线相平行的原理制成。

3)使用方法

方形水平仪往往和水平梁一起使用来测量水平。水平梁一般用8~12 kg/m的钢轨或工字钢制成。要求平直光滑,有足够的刚度,长度根据被测部件大小而定。支点一端两个,另一端一个。将螺母焊在梁下端,螺母内穿螺栓,用来调整水平梁一端的高低。中间焊一块加工很平的平板。

使用时,考虑到仪器本身的误差和水平梁的误差,测量中,可将方形水平仪和水平梁一起调头180°,则部件的水平误差调整量为:

$$\delta=\frac{A_1+A_2}{2}CD \tag{1-5}$$

式中 δ——水平误差,mm;

A_1——第一次测定时方形水平仪内气泡移动格数;

A_2——第二次调头测定时方形水平仪内气泡移动格数,与第一次移动方向相同取正值,相反取负值;

C——方形水平仪的精度(一般为1格即0.02~0.04 mm/m);

D——被测部件的直径或长度,m。

根据计算值δ调整安装部件的水平。

为什么调头测量可以消除测量仪器及水平梁造成的误差。举例说明如下。

【例1-1】 设被测部件是水平的,水平仪的误差可使气泡移动1格,则$A_1=1$,$A_2=-1$,代

入式(1-5)得:

$$\delta=[1+(-1)]/2\times CD=0(\text{mm})$$

【例 1-2】 设被测部件右侧高,能使气泡向 X 正向移动 2 格,水平仪本身误差使气泡移动 1 格,如测得 $A_1=1$,$A_2=3$,带入式(1-5)得:

$$\delta=(1+3)/2\times CD=2CD$$

如果 $C=0.02$ mm/m,$D=4$ m,则 $\delta=2\times0.02\times4=0.16(\text{mm})$。

即部件右侧高出 0.16 mm。

注意:部件的水平测量应在互相垂直的两个方向上测量。

还有一种方法不用水平梁,直接用方形水平仪测量水平。使用时也要采用原地调头的方法,水平仪放置在被测表面互成 90°的四个位置上进行,并做好记号。

如果被测部件倾斜严重,单用水平仪,气泡移至最上部,不能反映出水平值来,这时可在水平仪底部低侧垫塞尺加高,让气泡接近回到中间位置。先测出加塞尺后的水平值,然后再加上由于加塞尺的倾斜值。

2. 胶皮管水平器

(1)原理:它是运用连通管两端水平面为水平的原理制成的。

(2)结构:用两根长度均为 200 mm,直径为 10~20 mm,上面刻有刻度的玻璃管与一根套在玻璃管外的胶皮管组成。胶皮管长度视被测部件大小而定。

(3)测量:测量时,要先在连通管内注水,玻璃管上下移动几次,使气泡排出。将玻璃管的相同刻度分别靠在平面两个测点上,水面在同一刻线上说明水平,否则玻璃管水面读数差即为两点高程差。

3. 光学合像水平仪

光学合像水平仪已被广泛应用于精密机械制造、调试、安装工作中。光学合像水平仪通过用比较法和绝对测量法来检验零件表面的直线度和设备安装位置的准确度,同时还可以测量零件的微小倾角。其具体使用方法见仪器的使用说明书。

1.4.2.3 平面的垂直度的测量

1. 悬线法

检查平面是否垂直,最简单、最直接的方法是用一条铅垂线与之比较。先在平面以外用重锤和钢琴线悬挂出一条铅垂线,再测量平面端面上下方到垂线的距离 L_1、L_2,则平面的不垂直度为:

$$\Delta=\frac{L_1-L_2}{D} \tag{1-6}$$

式中 D——上、下方测点的距离。

这种方法的精度取决于距离的测量精度,用内径千分尺和耳机测量可以达到很高的精度。

2. 框形水平仪

框形水平仪的四边是互相垂直的,如果把它的侧边紧靠在被测平面上,则主水准所反映的不水平度,也就是被测平面的不垂直度。为了使测量更准确,应该对被测平面的不同位置进行测量,而且在同一位置上应该分别用框形水平仪的两个侧边去测量。最后由各个位置上测得的不垂直度平均得出实际误差。

1.4.2.4 部件圆度及中心测量

工件圆度及中心测量,常采用测圆架和挂铅垂线的方法进行测量。

1. 测圆架

检查大尺寸部件的外圆柱面,如发电机转子的不圆度、同轴度、定子圆度等,经常用测圆架加百分表来完成。如图1-33所示,测圆架是个夹在中心柱上,可以推动旋转的刚性支架,一般用型钢拼焊而成。它由抱箍及螺栓夹在中心柱上,与轴颈接触的摩擦面安装巴氏合金轴瓦,或者安装铝块、铅块作为轴承。目前,也有采用滚动轴承作为传动机构的旋转测圆架。

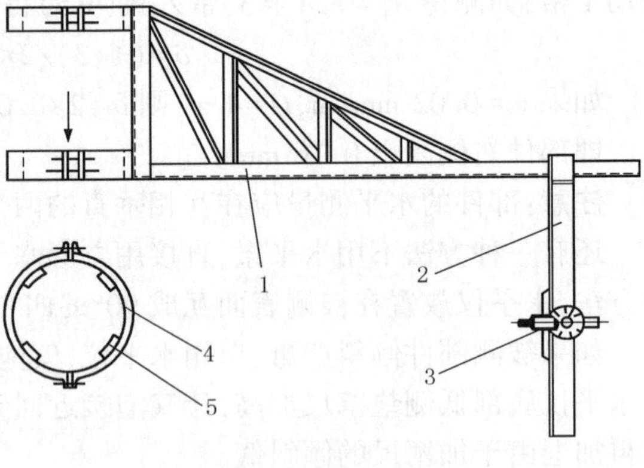

1—支架;2—支臂;3—百分表;4—抱箍;5—轴瓦

图1-33 测圆架

在测圆架的支臂上安装百分表,顶在被测的圆柱面上,推动测圆架旋转就可测出四周半径的变化量。如果在不同高度上安装百分表,则可以测量外圆柱面的同轴度。操作时应注意:①中心柱是测圆架的基准,必须牢靠地固定在稳定的基础上,调整中心柱垂直度,满足0.02 mm/m要求。②测圆架必须有足够的刚度。③圆周上的测点应事先拟定,最好是均匀分布的若干点,如8点、12点等。百分表在各测点上读数的变化,即各测点半径的变化量。以某一测点为基准使百分表对零。④推动测圆架应该缓慢而且平稳,为了不影响百分表的安装位置并且保护它的测头,推动时应使百分表与被测表面脱离,移到新的测点后再投入测量。⑤为掌握测量误差的大小,在测完各个测点之后,应对基准测点进行校核。

2. 中心测量

水轮发电机组有不少大尺寸的环形部件,如水轮机座环、发电机定子等。为了检查它们的同轴度,或者校核它们的中心位置,都要先用中心架、求心器悬挂一条垂线,具体表达其轴线,再用内径千分尺等测量它们四周各点的半径,如图1-34所示。

中心架是自制的刚性支架,通常用工字钢或槽钢做成横梁,以便在中心处悬挂垂线。求心器由底板、中心滑板、调节螺钉以及带棘轮装置的钢丝卷筒组成。将求心器放在中心架上,钢琴线缠绕在卷筒上,其自由端穿过滑板中心的小孔向下,再悬挂一个足够大的重锤即使形成铅垂线。棘轮机构用于调整并固定钢琴线长度。滑板四周的调节螺钉用于微调钢琴线的位置。

实际使用时应当注意:①中心架要有足够的刚度,放置求心器的平面应当平整,与求心器底板的结合应良好。当横梁的位置可调整时,用螺栓把求心器固定在横梁正中更有利于操作。为了便于用耳机监听测量情况,要在求心器与横梁之间,或者在横梁与支腿之间加一层绝缘垫,以使钢琴线对被测工件绝缘。②常用直径0.3~0.5 mm的钢琴线,相应的重锤为7~19 kg,可以构成比较理想的铅垂线。③保持铅垂线位置稳定,避免风力、偶然性震动等因素的影响。④对中方法及偏心。

钢琴线的对中和偏心的求证方法，可采用对称4点测量法。如图1-35所示，a、b、c、d分别为测得的半径值，O点为理论中心，O_1为测量偏心。则通过计算可得到钢琴线偏心。

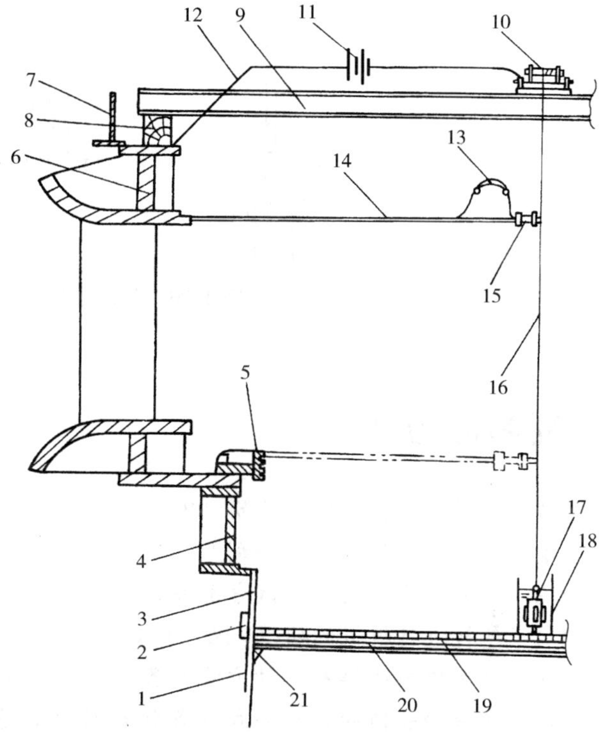

1—尾水管里衬；2—围带；3—锥形段；4—基础环；5—下部固定止漏环；6—座环；7—机坑里衬；8—方木；9—中心架；10—求心器；11—电池；12—导线；13—耳机；14—加长杆；15—内径千分尺；16—钢琴线；17—重锤；18—油桶；19—工作平台；20—钢梁；21—支腿

图1-34　水轮机中心测量

偏心计算：

$$\Delta X=\frac{a-b}{2} \tag{1-7}$$

$$\Delta Y=\frac{d-c}{2} \tag{1-8}$$

$$\delta=\sqrt{\Delta X^2+\Delta Y^2} \tag{1-9}$$

1.4.2.5　部件高程测量

测量高程的基本方法，是用水准仪比较被测点与原始基准的高度，找出两者的高度差。水准器可用不同的形式，如符合水准器、圆水准器，其作用都是调整视准轴成一条水平线。当圆形水准器小水泡处于正中的圆圈内时，表明视准轴呈水平状态。符合水准器的水泡由于棱镜的折射作用，看起来成两个半截，当两个半截水泡对正，符合成一个水泡时，表明视准轴呈水平线。

对水准器的调整，粗调时主要改变脚架的长短及位置，细调时主要动机座上的3个脚螺旋。水准器的调整必须在不同方向上反复进行，保证望远镜朝向任何方向时视准轴始终呈水平线。

用水准仪测量高程，如图1-36所示。先在原始基准上竖直地立起测量直尺，用水准仪照准，读出十字丝中点对应的读数A。再在被测点上竖立测量直尺，转动望远镜对正，调整物镜照准后读出读数B，则部件的高程为：

$$\nabla=\nabla_{基准}+A-B \quad (\mathrm{m}) \tag{1-10}$$

从原始基准出发测量工件的高程，可能要搬移几次水准仪，测量精度会受操作水平的影响。这通常只用于基准件的安装和调整。在基准件已经定位，其高程已知的情况下，安装其他部件时可以不用水准仪，直接以基准件为准，用测量直尺或者自制的刚性尺子来测量高度差。

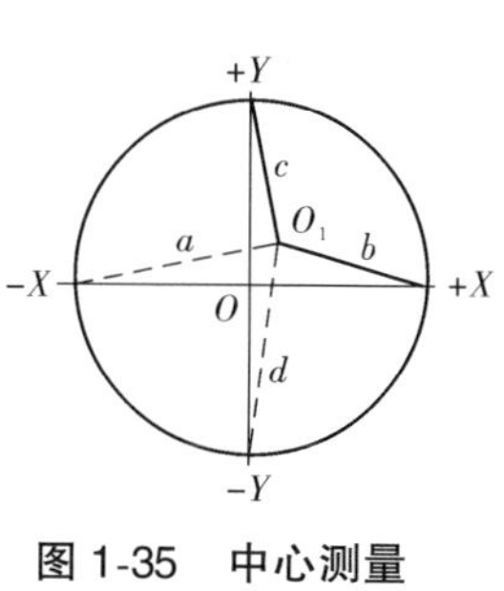

图1-35　中心测量

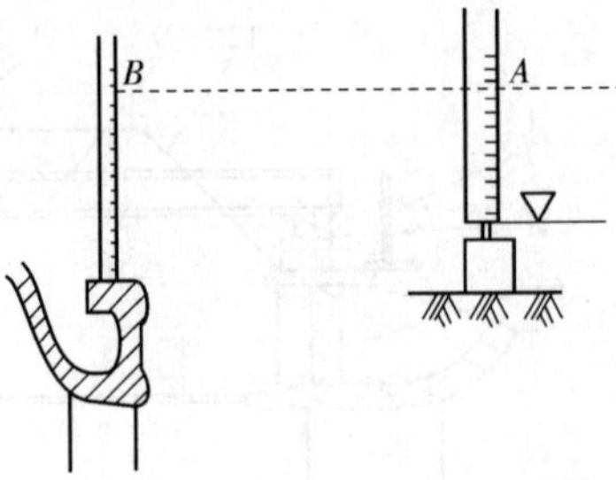

图1-36　用水准仪测量高程

复习思考题

1-1　怎样进行推力轴瓦的研刮?

1-2　怎样进行导轴瓦的研刮?

1-3　研磨方法有几种?试分别叙述。

1-4　怎样进行镜板的研磨(抛光)工作?

1-5　过盈配合连接有几种方法?各种方法都是什么意思?热套法的优点是什么?

1-6　螺栓伸长值的计算公式及各代表符号的意义是什么?怎样进行螺栓伸长值的测量?

1-7　分瓣转轮组合后,应进行哪些项目的测量?怎样测量?

1-8　什么叫安装基准?什么叫工艺基准和校核基准?

1-9　举例说明为什么采用调头测量法就能消除仪器本身的误差?

1-10　试述百分表构造及其使用方法。

1-11　怎样用电气回路法进行环形部件的圆度和中心位置的测量?

1-12　试述水准仪的构造及其使用方法。

1-13　什么叫水准器的水平线、水准轴线和水准仪的视准轴?

1-14　怎样用水准仪进行部件高程的测量?

1-15　试述刚性支柱式推力瓦受力调整工艺。

1-16　平板橡皮支持式推力轴承有何特点?如何配垫?

1-17　高程测量是382.54 m,在基准点上立标尺测得读数是38.30 cm,在座环顶面立标尺读数为29.6 cm,座环设计高程为382.60 m,问座环高程偏差是多少?

项目 2　立式水轮机的安装

【项目导读】

大中型水轮机一般都是立式水轮机,而立式水轮机中又以反击式水轮机为主,反击式水轮机的结构基本由以下四个部分组成:①埋设部分,包括尾水管里衬、基础环(轴流式水轮机还有转轮室)、座环、蜗壳、水轮机室里衬和埋设管路等。②转动部分,包括转轮、主轴和它们的附件。③导水机构,包括底环、活动导叶、顶盖、套筒及导叶传动机构(转臂、连臂控制环、接力器等)。④导轴承,包括轴承及密封等。冲击式水轮机的结构基本上由机壳、转轮、喷嘴等组成。本项目重点介绍立式混流式水轮机的安装。

【项目目标】

知识目标:

1. 了解水轮机机组的组成和安装程序。
2. 掌握立式水轮机埋设件的安装、导水机构预装配。
3. 掌握水轮机转动部分组装、水轮机正式安装。
4. 掌握轴流式水轮机的安装方法。

技能目标:

1. 能说出混流式水轮机的一般安装程序。
2. 学会蜗壳定位节的挂装方法。
3. 学会导叶端、立面间隙的测量与调整方法。

【课程思政】

由于受到河流断面有限的影响,水轮机在河道中布设受限,为了充分利用水力资源,一般采用大中型机组,大中型水轮机一般都是立式水轮机,而立式水轮机中又以反击式水轮机为主。我国目前生产的 100 万 kW 立式机组在白鹤滩等多个水电站运行良好,处于世界领先水平。

任务 2.1　水轮机的组成和安装程序

2.1.1　水轮机的种类

水轮机是把水能转化为机械能的机械。水轮机的种类如下:

- 水轮机
  - 反击式
    - 混流式(HL)
    - 轴流式(ZL)
      - 轴流转桨式(ZZ)
      - 轴流定桨式(ZD)
    - 斜流式(XL)
    - 贯流式(GL)
      - 贯流转桨式(GZ)
      - 贯流定桨式(GD)
  - 冲击式
    - 切击式(QJ)
    - 斜击式(XJ)
    - 双击式(SJ)

本项目以混流式水轮机的安装程序和方法为例,兼顾介绍轴流式等其他类型机组的安装特点。

2.1.2 水轮机的主要组成部分

水轮机型号种类繁多,但大多由以下四个部分组成(见图2-1):

(1)埋设部分。包括尾水管里衬、基础环、座环、蜗壳、接力器里衬、机坑里衬。轴流转桨式水轮机有转轮室,其他部分基本相同。

(2)转动部分。包括转轮、主轴。

(3)导水机构。包括底环、导叶、顶盖、套筒、拐臂、控制环等。

(4)固定部分。包括导轴承、密封装置。

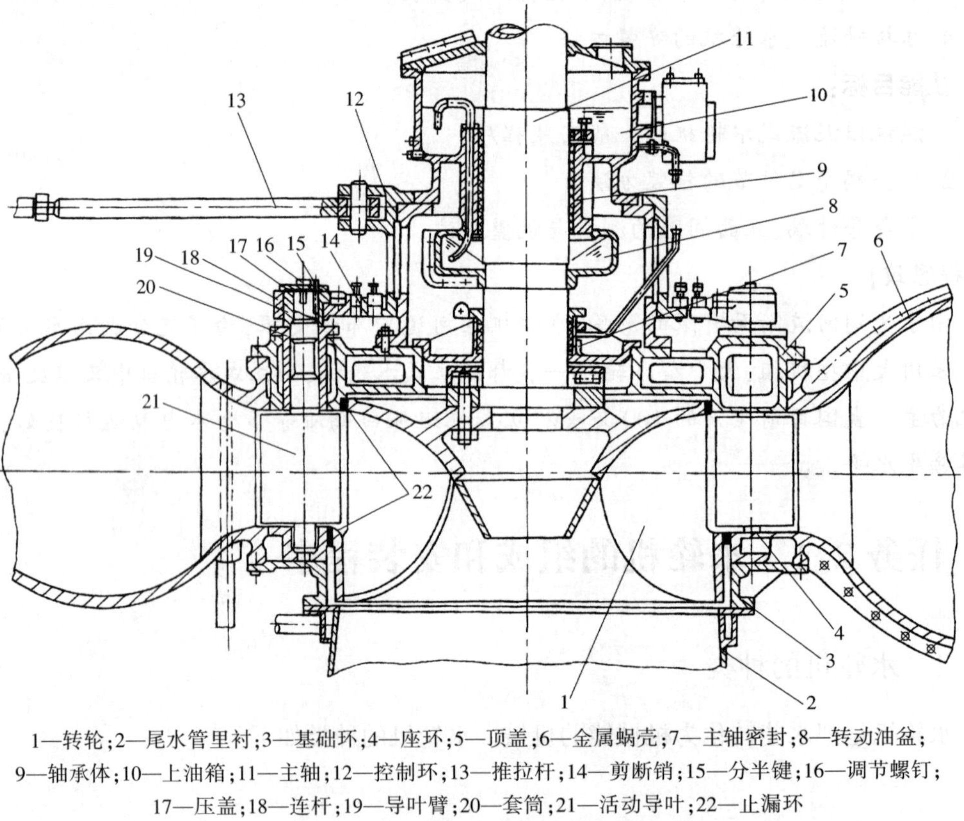

1—转轮;2—尾水管里衬;3—基础环;4—座环;5—顶盖;6—金属蜗壳;7—主轴密封;8—转动油盆;9—轴承体;10—上油箱;11—主轴;12—控制环;13—推拉杆;14—剪断销;15—分半键;16—调节螺钉;17—压盖;18—连杆;19—导叶臂;20—套筒;21—活动导叶;22—止漏环

图2-1 立式混流式水轮机剖面图

2.1.3　混流式水轮机一般安装程序

(1)尾水管里衬安装、浇混凝土。
(2)座环清扫、组合、安装、浇混凝土。
(3)蜗壳拼装、焊接。
(4)机坑里衬安装。
(5)浇发电机层以下混凝土。
(6)座环安装高程、水平、中心复测、固定止漏环安装。
(7)导水机构安装。
(8)导轴承预组合,主轴与转轮连接,转轮磨圆。
(9)转动部分吊入。
(10)导水机构正式安装。
(11)水轮机轴连发电机轴,机组整体盘车,水导及其他附件安装。
(12)清扫、检查、喷漆,机组启动试运行。

任务 2.2　埋设件的安装

2.2.1　埋设件安装的特点和质量要求

立式混流式水轮机的埋设部分如图 2-2 所示,包括尾水管里衬、基础环、座环、金属蜗壳和机坑里衬等。从安装的角度进行分析,这些部件有以下几个共同特点:

(1)它们都由混凝土固定和支撑,安装工作与混凝土的浇筑交叉进行,安装质量很容易受土建施工的影响。而且在程序上必须由下而上地逐件进行。

(2)它们都是大尺寸的薄壁构件,其中多数是用钢板拼焊而成的。但形状却比较复杂,又都是埋设在混凝土中的。因此,在安装和浇筑混凝土时,如何防止形状及位置发生变化就成了十分重要而又困难的事情。

(3)埋设件是机组安装工作中最先安装定位的部分,其中座环是机组安装的基准件。埋设件的水平位置和高程将决定整台机组的位置,而且座环的安装精度将在很大程度上影响机组的安装质量。

(4)大部分埋设件属于水轮机的过流部件,是水流将要经过的流道。过流部分的形状、尺寸必须符合设计要求,流道表面还应该平整、光滑,否则势必影响水轮机的工作效率。

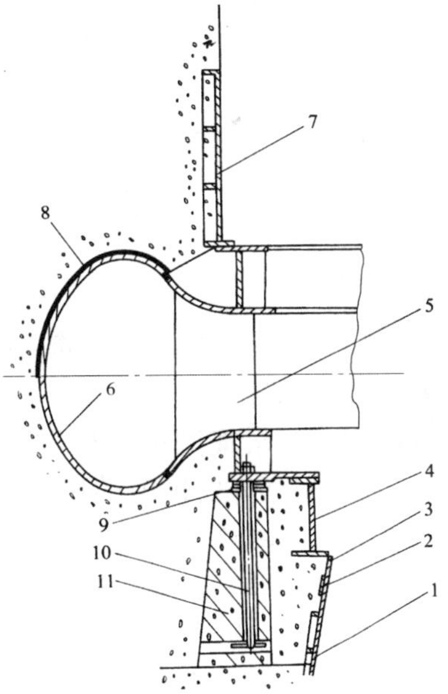

1—尾水管里衬;2—围带;3—锥形段;4—基础环;5—座环;6—金属蜗壳;7—机坑里衬;8—弹性层;9—楔子板;10—地脚螺栓;11—支墩

图 2-2　立式混流式水轮机的埋设部分

由以上这些特点不难看出,埋设件的安装是

重要的,也是困难的。

2.2.2 尾水管里衬的安装

混流式水轮机的尾水管里衬的作用是防止水流的冲刷和水轮机气蚀对混凝土尾水管的侵蚀。一般用于高水头的包括直锥段、肘形段和一部分扩散段,用于中、低水头的大多只有直锥段。但无论哪一种尾水管里衬,其形状和尺寸均应符合要求。在安装之前必须检查、校正,必要时还要从内部支撑、加固。

2.2.2.1 准备工作

1. 在机坑中准备标高中心架

机组中心在水电站厂房内的位置情况,是用一组平面坐标表达的。全国统一规定厂房的上、下游方向为 Y 轴,上游方向为 $+Y$,下游方向为 $-Y$;而厂房的纵向为 X 轴,就各台机组而论,蜗壳进水的一侧为 $+X$,反方向为 $-X$。由于我国的水轮发电机组都是由发电机端看顺时针方向转动的,因此在厂房内面对上游时,右边为 $+X$,左边为 $-X$ 。在土建施工阶段,厂房的 X、Y 轴已经确定下来,并且由原始基准和有关的坐标值加以固定。在机组安装之前,必须把厂房的坐标系统转移到各台机组的机坑中去,从而用标高中心架固定机组的中心位置。

如图 2-3 所示,先在机坑的四个轴线方向埋设门形架。从原始基准出发,把该机组对应的 X、Y 轴测定到门形架的横梁上,用画线或锯口具体表达出来。再用水准仪测定这四个锯口的高程,使四个锯口的底边高程相同而且为已知值。这样,由这四个锯口拉出的两条钢琴线,将相交于机组中心,而且高程是测定的已知值,由此把它们称为标高中心架。

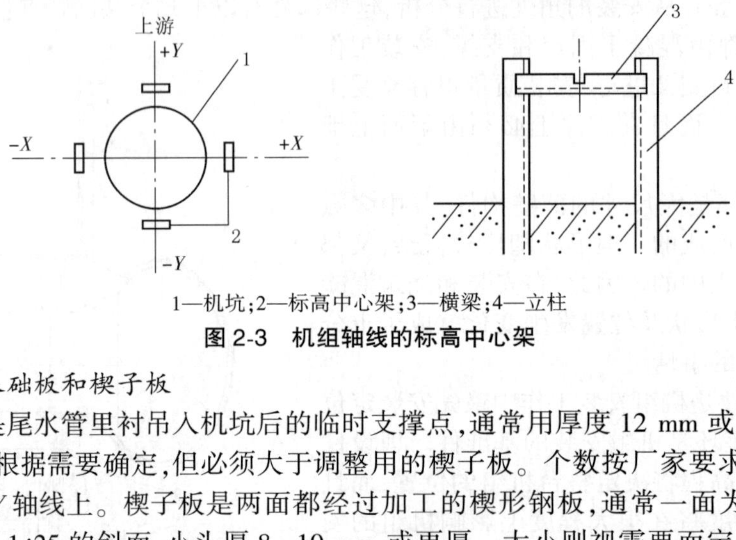

1—机坑;2—标高中心架;3—横梁;4—立柱

图 2-3 机组轴线的标高中心架

2. 准备基础板和楔子板

基础板是尾水管里衬吊入机坑后的临时支撑点,通常用厚度 12 mm 或以上的钢板切割而成,大小根据需要确定,但必须大于调整用的楔子板。个数按厂家要求,一般用 4 个分别放在 X、Y 轴线上。楔子板是两面都经过加工的楔形钢板,通常一面为平面,另一面为斜度 1∶15~1∶25 的斜面,小头厚 8~10 mm 或更厚。大小则视需要而定。一对楔子板的斜面互相贴合,调整用楔子板应成对使用,搭接长度在 2/3 以上。使用前应配研,确保所有工作面的接触长度大于 70%,接触面的受力不大于 30 MPa。

2.2.2.2 吊入尾水管里衬并找正

中、低水头的尾水管里衬是一段或两段直锥形钢管,安装情况如图 2-4、图 2-5 所示。尾水管里衬吊入机坑后放在基础板(或楔子板)上。锥管的下口应与混凝土浇筑的肘管对正,而上口应符合表 2-1 的要求,主要是上口的中心位置和高程两方面应在允许的误差范围内。

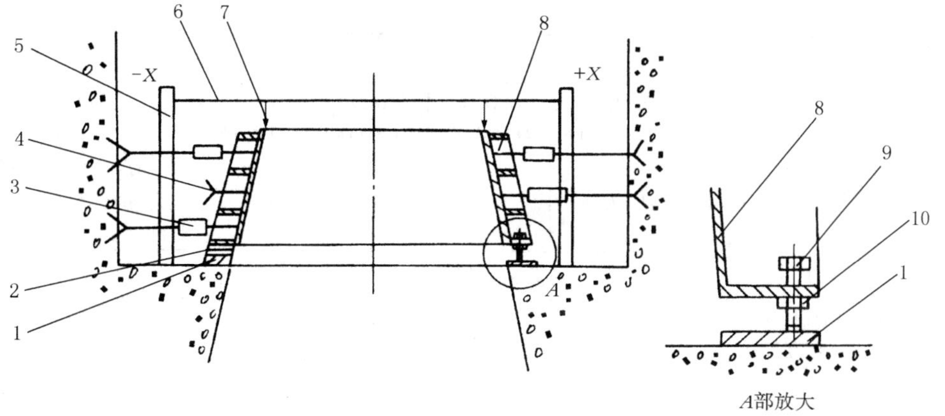

1—基础板;2—楔子板;3—拉紧器;4—羽尾钉;5—标高中心架;6—钢琴线;7—线锤;8—尾水管里衬;9—调节螺钉;10—锁紧螺母

图 2-4 尾水管里衬安装(一)

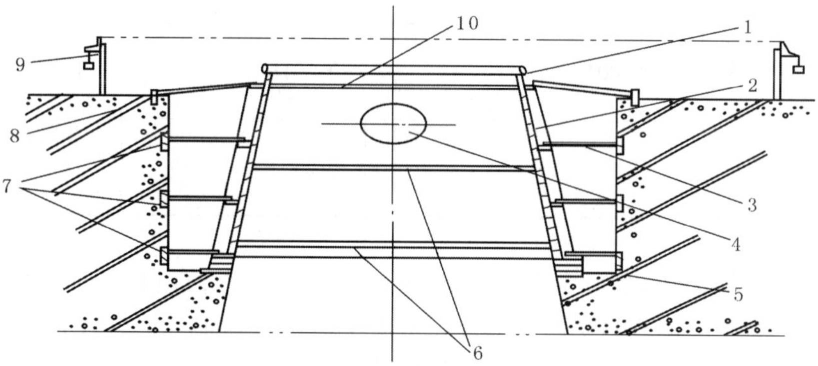

1—围带;2—尾水管里衬;3—角钢;4—进人门;5—楔子板;6—内部支撑;7—基础板;8—锚筋;9—挂线架;10—内部支撑

图 2-5 尾水管里衬安装(二)

1. 上口中心位置的调整

如图 2-4 所示,先在标高中心架的锯口上,用钢琴线拉出厂房的 X、Y 轴线。再用四个小垂球,以软质线在钢琴线上悬挂出四条垂线。这四个垂球的顶点即代表了 $\pm X$、$\pm Y$ 轴的方位,尾水管里衬上口的轴线标记应该与之正对。如果尚未对正,就需要调整尾水管里衬的位置。

2. 上口高程的调整

尾水管里衬上口的安装高程,可以利用钢琴线的已知高程来测量。用钢板尺测量上口到钢琴线的高差,四个方向应该一致而且等于设计值,如果高程不合要求则应加以调整。

对里衬高程的调整方法,随结构情况而不同。如果尾水管里衬下口带有调节螺栓,则只需转动螺栓就能调节该侧的高程,见图2-4。如果它的下口只有法兰面,则在吊入之前先在基础板上摆放楔子板,以后用打入或退出楔子板的方法来调整高程,见图2-5。

表2-1 尾水管里衬安装允许偏差 (单位:mm)

序号	项目	转轮直径 D					说明
		$D<3\,000$	$3\,000\leq D<6\,000$	$6\,000\leq D<8\,000$	$8\,000\leq D<10\,000$	$D\geq 10\,000$	
1	肘管断面尺寸	$\pm 0.001\,5H\ (B,r)$		$\pm 0.001H(B,r)$			H 为断面高度,B 为断面长度,r 为断面弧段半径
2	肘管下管口	与混凝土管口平滑过渡					
3	肘管、锥管上管口中心及方位	4	6	8	10	12	测量管口上 X、Y 标记与机组 X、Y 基准线间距离
4	肘管、锥管上管口高程	0~+8	0~+12	0~+15	0~+18	0~+20	等分8~24点测量
5	锥管管口直径	$\pm 0.001\,5D$					D 为管口直径设计值,等分8~24点测量带法兰及插入式尾水管应符合要求
6	锥管相邻管口内壁周长之差	$0.001\,5L$		$0.001L$			L 为管口周长
7	无肘管里衬的锥管下管口中心	10	15	20	25	30	吊线锤测量或检查与混凝土管口平滑过渡

2.2.2.3 加固

尾水管里衬的高程和上口中心位置必须反复调整、检查,直到两方面都符合要求为止。安装后应加固牢靠,以避免埋入部件在混凝土浇筑过程中产生位移和变形。基础螺栓、千斤顶、拉紧器、楔子板、基础板等均应点焊固定。圆钢埋设时,应与混凝土内的钢筋搭焊;拉锚埋设时,应尽可能与混凝土内的钢筋搭焊。

加固可与调整工作结合进行,锚固当中和锚固以后应注意检查尾水管里衬的安装质量。

2.2.2.4 安装测压管、补气管等有关管路,浇筑混凝土

埋设部件与混凝土结合面,应无油污和严重锈蚀。混凝土浇筑时应保证混凝土在埋件周围均匀沉积,不得从高处投掷或单项浇捣,合理确定浇筑速度和每层浇高以避免埋件产生位移和变形;在混凝土浇筑过程中应监视埋件的变形,并按实际情况随时调整混凝土浇筑顺序;混凝土与埋件结合面应密实,不得有空洞、疏松等缺陷。

2.2.3 座环、基础环和锥形环的安装

座环是立式混流式机组的安装基准件,尺寸大、质量重,而且安装精度要求高,因此应充分重视它的安装工作。基础环是座环与尾水管之间的部件,也是形成转轮室下部空间的部件,通常都与座环直接连接,或者与座环作成一个整体。座环与基础环应该一起安

装、调整,基本程序介绍如下。

2.2.3.1　准备工作

(1)清扫、组合,做好 X、Y 轴线标记。对分瓣制作的座环、基础环,应先组合成整体,检查并校正其形状、尺寸。组合面应光洁无毛刺。合缝间隙用 0.05 mm 塞尺检查,不能通过;允许有局部间隙,用 0.10 mm 塞尺检查,深度不应超过组合面宽度的 1/3,总长不应超过周长的 20%;组合螺栓及销钉周围不应有间隙。组合缝处安装面错牙一般不超过 0.10 mm。

最后需在座环上法兰的顶平面上画出 X、Y 轴线,以确定它应有的安装位置。座环的轴线方位取决于蜗壳的进水方向、固定导叶的分布等因素,一般制造厂都有明确的标记,安装之前应该复查。

(2)准备标高中心架。座环是安装基准件,安装的中心位置和高程必须依据原始基准来测量,因此应设置标高中心架。对于中小型机组,如果安装尾水管里衬时的标高中心架足够高,则可以保留下来再一次使用,这样的效果往往更好。

(3)准备座环支墩及地脚螺栓孔位。座环支墩见图 2-6,其个数、大小、高度等均可参照厂家要求决定。对中小型机组来说,一般在 X、Y 轴线上设四个支墩,既简单又便于调整。钢支墩在布置时,应错开座环分半面,以免影响座环的组装、焊接。支墩多用上小下大的钢筋混凝土立柱,顶部应埋设一块较厚的基础板,再垫一对楔子板去支承座环,并用水平仪测量钢支墩上的楔子板顶部,高程应一致,高程差控制在 1 mm 以内(允许在楔子板下面加钢片进行楔子板高程的调整)。在埋设基础板时应注意:中心位置误差不大于 10 mm,高程误差-5~0 mm,水平度误差在 1 mm/m 内。

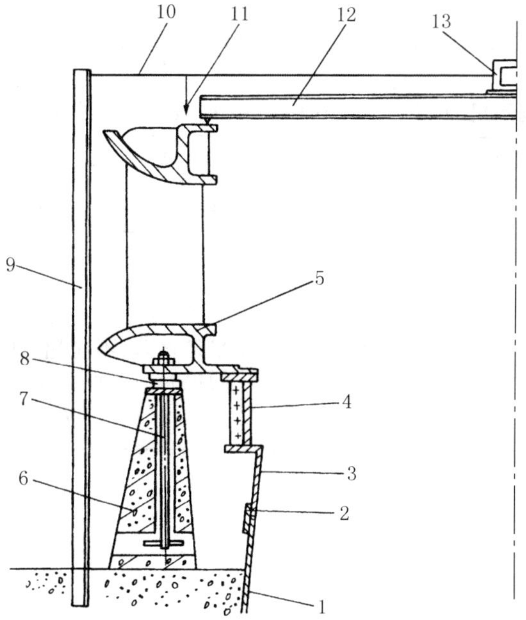

1—尾水管里衬;2—围带;3—锥形段;4—基础环;5—座环;6—支墩;7—地脚螺栓;8—楔子板;9—标高中心架;10—钢琴线;11—垂球;12—平梁;13—框形水平仪

图 2-6　座环、基础环安装

2.2.3.2 吊入、找正

(1)中心位置调整。如图2-6所示,用安装尾水管里衬时的找正方法,在代表轴线的钢琴线上悬挂垂球,再使座环上的刻线与之对正。

(2)高程测量和调整。座环顶面的应有高程,由机组的安装高程和厂家图纸计算决定,设置标高中心架。这样,就很容易用钢板尺测量钢琴线到座环顶面的高度差,从而调整座环的安装高程。为了更准确地掌握座环顶面的高程,在初步调整之后还可以用高精度水准仪复查一次。从原始基准出发,用水准仪测量座环顶面$\pm X$、$\pm Y$轴线四个位置的高程,应该基本一致并等于应有高程。钢板尺的测量精度为0.5~1 mm,而水准仪的测量误差可以小到0.2~0.5 mm。

(3)水平度的测量和调整。从表2-2可看,座环安装的各项要求中,上平面的水平度要求最高。因为从理论上讲,座环的顶平面与其轴线相垂直,即与机组轴线相垂直,如果座环安装后水平度误差偏大,则将来机组的轴线就不是铅垂线,这势必严重影响机组的运行。同时,座环是安装的基准件,如果座环的轴线倾斜,安装发电机定子等其他部件时,就会失去测量的依据。由此,保证座环顶平面的水平度,是安装工作的关键之一。

表2-2 转轮室、基础环、座环安装允许偏差 (单位:mm)

<table>
<tr><th rowspan="2">序号</th><th rowspan="2" colspan="3">项目</th><th colspan="5">转轮直径 D</th><th rowspan="2">说明</th></tr>
<tr><th>$D<$ 3 000</th><th>3 000≤ $D<$6 000</th><th>6 000≤ $D<$8 000</th><th>8 000≤ $D<$10 000</th><th>$D\geq$ 10 000</th></tr>
<tr><td>1</td><td colspan="3">中心及方位</td><td>2</td><td>3</td><td>4</td><td>5</td><td>6</td><td>测量埋件上X、Y标记与机组X、Y基准线间距离</td></tr>
<tr><td>2</td><td colspan="3">高程</td><td colspan="5">±3</td><td></td></tr>
<tr><td rowspan="4">3</td><td rowspan="4">安装顶盖和底环的法兰面平面度</td><td rowspan="2">径向测量</td><td>现场不机加工</td><td colspan="5">0.05 mm/m,最大不超过0.60</td><td rowspan="4">最高点与最低点高程差</td></tr>
<tr><td>现场机加工</td><td colspan="5">0.25</td></tr>
<tr><td rowspan="2">周向测量</td><td>现场不机加工</td><td>0.30</td><td colspan="2">0.40</td><td colspan="2">0.60</td></tr>
<tr><td>现场机加工</td><td colspan="5">0.35</td></tr>
<tr><td>4</td><td colspan="3">转轮室圆度</td><td colspan="5">各半径与平均半径之差,不应超过叶片与转轮室设计平均间隙的±10%</td><td>轴流式测量上、中、下三个断面,斜流式测量上止口和下止口,等分8~64测点</td></tr>
<tr><td>5</td><td colspan="3">基础环、座环圆度及与转轮室同轴度</td><td>1.0</td><td>1.5</td><td>2.0</td><td>2.5</td><td>3.0</td><td>等分8~32测点,混流式机组以下部固定止漏环中心为准,轴流式机组以转轮室中心为准</td></tr>
</table>

水平度的测量,须用框形水平仪加水平梁,原地调头,取两次读数的平均值做计算。为了全面掌握顶平面的水平度情况,测量必须在不同方向上进行,如在X、Y轴线方向,在轴线之间45°的倾斜方向等。

对座环中心位置的调整，用千斤顶或拉紧器进行；对座环高程和水平度的调整，都由动作楔子板来完成。这三方面的调整是互相影响的，必须反复测量、反复调整，才能同时满足要求。实际操作时往往可分为两个阶段来进行，座环、基础环先在自由状态时进行粗调，加上锚固措施后再进行精调，边调整边锚固。

2.2.3.3 **锚固**

对座环的锚固，除点焊基础板、楔子板，在四周焊接锚固钢筋外，还须使地脚螺栓受力并点焊固定，也就是说，应在上下和四周都加以固定。

2.2.3.4 **基础环的安装**

尾水管里衬已经安装并浇筑了混凝土，但其精度要求较低。座环和基础环后一步安装，但精度要求很高。基础环下口应与尾水管里衬连接，以形成光滑的尾水通道，但这种环形的焊缝受两者形状、尺寸和位置的影响，并不一定能完全对正，也就不便于焊接。为了不影响座环的安装，环缝也只能在浇筑混凝土之后焊接。其具体的处理方式如图2-7所示，先使锥形段与基础环焊接，并在外面焊接用薄钢板卷成的围带，围带的下口须包围尾水管里衬但不焊接。这之后即浇筑混凝土，如果围带下口的缝隙较大，可用麻绳等材料堵塞。待混凝土初凝以后，再校正并焊接围带内侧的两道环焊缝，使之连成整体。

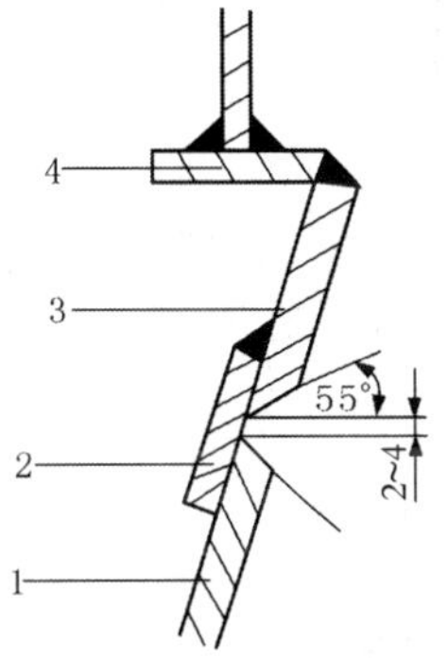

1—尾水管里衬；2—围带；3—锥形段；4—基础环

图2-7 围带焊接 （单位：mm）

2.2.4 金属蜗壳的安装

混流式水轮机一般采用金属蜗壳，适用于高、中水头。金属蜗壳将导水机构全部包围，蜗壳的断面形状，金属蜗壳一般做成圆形，而且由于结构上的要求，由圆形逐渐过渡到椭圆形。小型机组一般采用铸造蜗壳，安装比较简单。对大型机组采用的钢板焊接的蜗壳，其安装较为复杂，但使用非常广泛。由于运输条件的限制，钢板焊接蜗壳一般在厂家试装后分成若干节运到工地，安装工作就需要先把钢板组合成节，再将各节依次挂装在座环上。

2.2.4.1 **蜗壳单节的拼装**

蜗壳的分节，每一节的形状和尺寸等都由制造厂决定，并以单线图等资料的形式给出。运到工地的钢板也已通过预装，并具有编号。在工地拼装成节时，先按单线图为各节准备中心支架（见图2-8），再用马蹄铁、压码、楔子板、花篮螺丝等调整钢板的弧度以及钢板之间的合缝间隙，然后施焊纵缝组成单节。这一过程中必须测量和调整：①单节大、小口的弧长（以内径为准），在挂装时它们与相邻的节应当一致。②单节开口的弦长 B，断面的半径（内径）号应符合单线图要求。③上、下蝶形边的弧长。在挂装时各节弧长的总和应与座环蝶形边相适应。④定出本节的水平轴线并在外表面做好标记，测量水平轴线处本节的宽度。该宽度如果不合要求，将影响挂装时节与节之间的环缝。最后，应从内部支撑、加固，使单节的形状、尺寸固定下来，如图2-8所示。

蜗壳单节图如图2-9所示,蜗壳拼装允许偏差如表2-3所示。

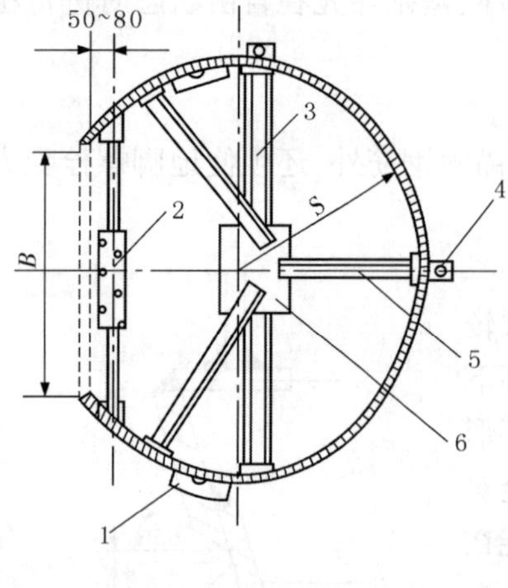

1—固定连接板;2—拉紧器;3—槽钢;
4—吊环;5—角钢;6—定心板

图2-8 蜗壳单节的拼装 (单位:mm)

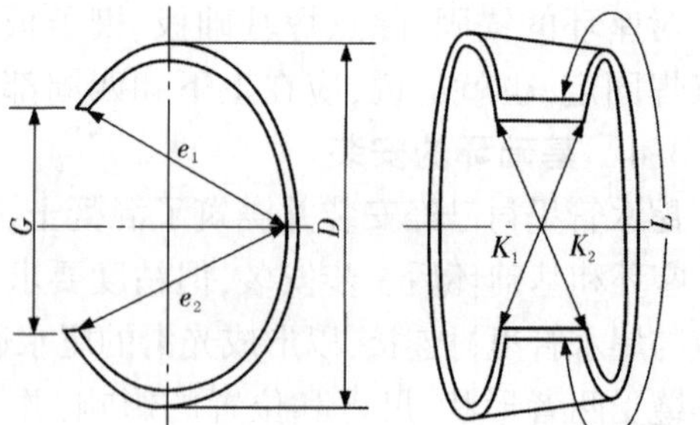

图2-9 蜗壳单节图 (单位:mm)

表2-3 蜗壳拼装允许偏差 (单位:mm)

序号	项目	允许偏差	说明
1	腰长差 e_1-e_2	±0.002e	e为腰长设计值
2	周长 L	±0.002L	L为周长设计值
3	圆度 D	±0.002D	D为蜗壳直径。椭圆形断面蜗壳只检查长轴直径是否符合0.002D要求
4	开口尺寸 G	±6	G为开口尺寸
5	开口对角线差 K_1-K_2	±10	K为开口对角线

2.2.4.2 蜗壳的挂装及焊接

如图2-10所示,蜗壳划分成若干节,挂装工作必须按一定顺序逐节进行。首先挂装大口平面在+X轴或+Y轴线方向的定位节(见图2-10中的第1项和第22项),然后依次挂装与之相邻的各节,最后进行凑合节(见图2-10中的第13项)的切割及挂装。实际操作时应按下述的基本程序进行挂装。

1. 设置中心标志和工作平台

如图2-11所示,挂装蜗壳以前先在尾水管内搭设工作平台。中心部分设一支架,顶部水平放置一块钢板,使表面高程为机组的安装高程,也与蜗壳的水平轴线同高度。再悬挂机组轴线,在钢板上做好中心标志。

2. 挂装定位节

任何一节蜗壳要挂装到座环上,都必须明确三个方向的位置:上、下方向,应使水平轴线达到中心标志板的高程;半径方向,应使蜗壳的最大半径 R 符合单线图的规定;圆周方向,应保证蜗壳进口断面和尾部的位置符合图纸要求。

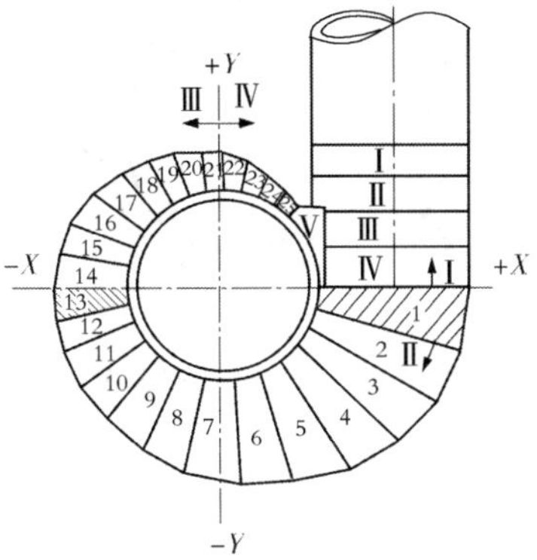

1,22—定位节；13—凑合节；
Ⅰ～Ⅳ—水平段；Ⅴ—尾部

图 2-10　蜗壳平面图

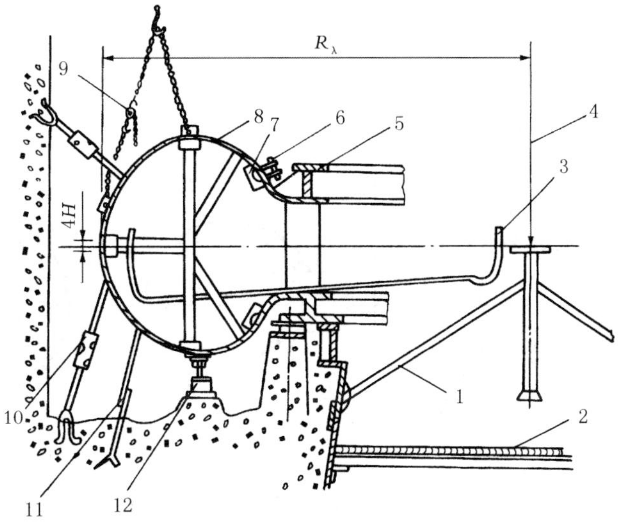

1—中心支架；2—工作平台；3—胶管水平仪；4—机组轴线；
5—座环；6—拉紧螺栓；7—固定连接板；8—蜗壳；9—葫芦；
10—拉紧器；11—锚固钢筋；12—千斤顶

图 2-11　蜗壳挂装

这三个位置关系中，最关键也最难测定的是圆周方向位置。定位节——图 2-10 中第 1 项和第 22 项，其大口是沿+X 轴线或+Y 轴线的，就能准确地测量和调整，因此应先挂装它们，而且称为定位节。

定位节吊入后用千斤顶支撑，拉紧器与四周的固定部分连接，再通过固定连接板，拉紧螺栓挂在座环的蝶形边上。

在十字形钢琴线上用软线悬挂两个垂球，定位节的大口应在这两条垂线所形成的平面内。检查并调整大口上、下，左、右与垂线间的距离就能实现这一要求。同时，可用胶管水平仪比较水平轴线与中心标志板的高度，用钢卷尺测量本节最大半径的大小。用千斤顶、拉紧器、葫芦等反复调整它的位置，直到三方面都符合要求为止。

3. 挂装其余各节

定位节调整合格并点焊固定后，即可在它的大口或小口旁边，挂装相邻的节，以后则依次挂装。其他节的挂装，必须测量和保证水平轴线高度、最大半径的大小，但圆周方向的位置可不再测量，改用环焊缝宽度和蝶形边弧长来控制。

4. 焊接环焊缝

除凑合节外，各节均挂装合格后才能进行正式的焊接工作。为了减少变形并保证焊接质量，必须由合格焊工施焊。如图 2-12 所示，焊接环缝应由 2 人或 4 人同时进行，按对称的分段退步焊法施焊，每一段的长度控制为 300～500 mm，而且逐道、逐层地堆焊。每焊完一道焊缝，应立即清扫、检查，发现裂纹、气孔、夹渣等应及时处理。

5. 焊接凑合节

蜗壳分节拼合，再逐节挂装，尺寸和定位上的误差在所难免，各节环缝的焊接也会发生不均匀的收缩，这一切都影响到最后一节的形状和尺寸。为此，最后的一节即图 2-10 中第 13 项称为凑合节，应根据实际需要在现场切割，其形状和尺寸都以刚好填补缺口为准。

在整个圆周上,凑合节是最后焊接的,由于两边都有环焊缝,焊接过程它不能自由伸缩,因而可能产生较大的焊接应力,也容易产生裂纹。为此,可如图2-12(c)所示,由2人或4人按分段退步的跳焊法施焊;而且每焊完一段或者一层焊缝,就用手锤打击焊波,尽量消除焊接应力。

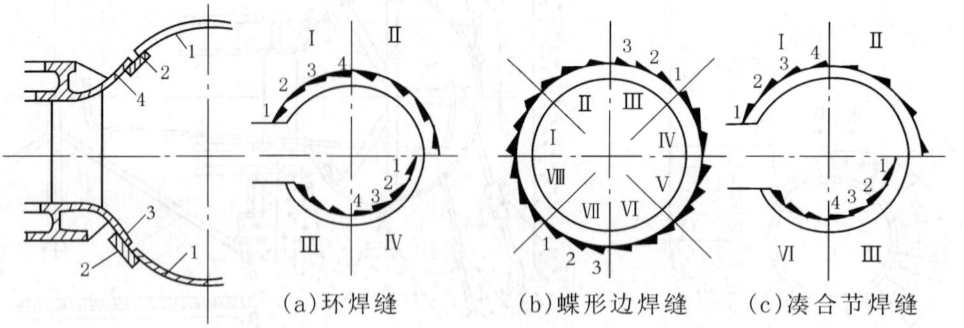

1—蜗壳单节;2—衬板;3—下蝶形边;4—上蝶形边

图2-12 蜗壳焊缝的焊接顺序

6. 焊接蝶形边

蜗壳与座环蝶形边之间的焊缝,是两大部件的连接缝,应当在蜗壳的纵、环焊缝全部焊完之后才焊接。如果在挂装及环缝焊接中一部分一部分地焊,蜗壳的焊接变形就势必影响座环。但是,最后焊接蝶形边,前面的焊接过程必然影响蝶形边焊缝,造成焊缝宽窄不均,甚至在某些部位与蜗壳不能恰当配合。为此,必须先对蝶形边焊缝进行检查和校正,必要时可以重新修整剖口,或者采取堆焊、镶边等方式作处理。

蝶形边的焊接仍采用对称方向的分段退步焊法,如图2-12(b)所示。为了保证过流面平滑又便于施焊,上蝶形边应在内部加衬板,先在外面施焊,最后清除衬板,在内部作封底焊,下蝶形边则可在外部加衬板,在内部一次焊完。蝶形边焊缝往往较宽大,应当用多层、多道的堆焊,同时需注意各层焊道的接头应相互错开。

2.2.4.3 焊接质量检查

蜗壳的焊缝多而且复杂,将来还要承受动水压力作用,因而必须经过严格的质量检查。

1. 焊缝探伤检查

焊缝的内部质量,通常用无损探伤进行检查。用X射线探伤时,环缝抽查10%的长度,纵缝和蝶形边焊缝抽查20%的长度。用超声波探伤时,则应检查全部焊缝。

2. 整体水压试验

蜗壳和压力钢管应一起进行水压试验。试验时要封堵钢管进口,用试压泵使之逐步充水加压,当压力升到规定的试验压力后停留15 min以上,压力钢管及蜗壳均不得有明显的变形和渗漏。

试验压力应按厂家的要求,或者由电站水头计算决定:静水头与最大水锤压力之和小于2.5 MPa的(250 m水头),取两者和的1.5倍为试验压力;静水头与最大水锤压力之和大于2.5 MPa的,超过2.5 MPa的部分取1.25倍,加上3.75 MPa的基数作为试验压力。

2.2.4.4 锚固并浇筑混凝土

蜗壳是空心的薄壁构件,又是水轮机尺寸最大的部件,在它四周浇筑混凝土时,蜗壳会承受很大的浮力及横向压力，很容易发生位移。由此，蜗壳的锚固工作必须认真、仔细地进行，要从上、下、左、右多个方向固定它的位置。而且混凝土的浇筑和振捣都必须均匀、缓慢，应该逐步上升，通常要求每小时混凝土的升高不超过 300 mm。

2.2.5 机坑里衬的安装

机坑里衬是机墩内壁在下段所设置的钢板裙边，有了它可以保证水轮机顶盖上方的机坑尺寸，而且便于设置机坑内的踏脚板，为维护及机组检修提供必要的条件。机坑里衬还是机墩内壁的下半段，有了它也为机墩浇筑混凝土提供了方便。

机坑里衬是用钢板卷制成的圆筒形部件，安装前应检查并校正其形状，必要时可从内部支撑、加固。吊在座环顶平面上后，应按座环搪口到里衬法兰内圆距离均匀地调整它的位置。定位时还应考虑将来与顶盖边沿之间保留 10～15 mm 的距离，而且应注意机墩进人门、推拉杆穿孔等的位置符合设计要求。

2.2.6 接力器基础的安装与调整

根据座环上法兰面的标记挂十字钢琴线，按图调整接力器坑衬中心到钢琴线的距离，与设计值偏差应不超过±3 mm；调整接力器坑衬的中心高程，与设计值偏差应不超过±1.5 mm。与机组基准线的平行度偏差不得大于 2 mm。调整合格以后，将接力器基础点焊在机坑里衬上。

任务 2.3 导水机构预装配

混流式水轮机的导水机构，如图 2-13 所示，由底环、顶盖、活动导叶、导叶传动机构和控制环等组成，作用是引导水流方向、调节流量大小。活动导叶分布在转轮四周，可能有 12、14、16 个或者更多，各导叶应当同时、同步动作。全关时要求关闭严密，尽可能地减少漏水量；开启时则要求开度均匀一致，而且操作应该灵活、方便。

按照现行的技术规范，制造厂要在产品出厂之前对导水机构进行预装配。运到电站工地后，安装单位还必须作一次导水机构预装配，一是检查导水机构各部分的配合情况，发现问题并及时纠正，二是解决底环、顶盖、活动导叶等的定位问题。

2.3.1 机组中心测定

座环是立式混流式机组安装的基准件，座环的中心也就是机组的中心。座环埋设以后，其中心位置和轴线已经确定，但并没有具体地表达出来。在安装其他部件时要以机组轴线为准调整位置，因而应当事先测量并用钢琴线表达座环的轴线。

2.3.1.1 复查座环的安装质量

座环安装的主要质量指标有三项：中心位置、高程和顶平面的水平度，其中对水平度的要求最严，误差应小于 0.07 mm/m。复查时常在座环上均匀划分 8 个或 16 个测点，用水平梁加框形水平仪检查顶平面的水平度情况。同时,用水准仪复查高程,还用钢板尺检查座环上、下平面以及各道搪口之间的高度。

如果座环尺寸符合图纸要求,但水平度超出允许的误差范围,就要用磨、锉等方法进行修整,而且必须对顶平面和下平面同时修磨,直到水平度符合要求为止。当然,这种修磨是非常困难的,这正好说明埋设座环时保证质量,加强锚固,控制好混凝土浇筑的重要性。

2.3.1.2 测定并表达机组轴线

立式混流式水轮机,常以座环的第二道搪口来测定其中心位置,如图2-14所示。测定的具体方法是:①设置中心架、求心器,用重锤悬挂钢琴线;②用钢板尺或钢卷尺测量第二搪口四周的半径,从而初步调整钢琴线位置;③用内径千分尺加耳机测量第二搪口的半径,从而细调钢琴线的位置,力求四周半径相等,此时钢琴线即表达了机组轴线。

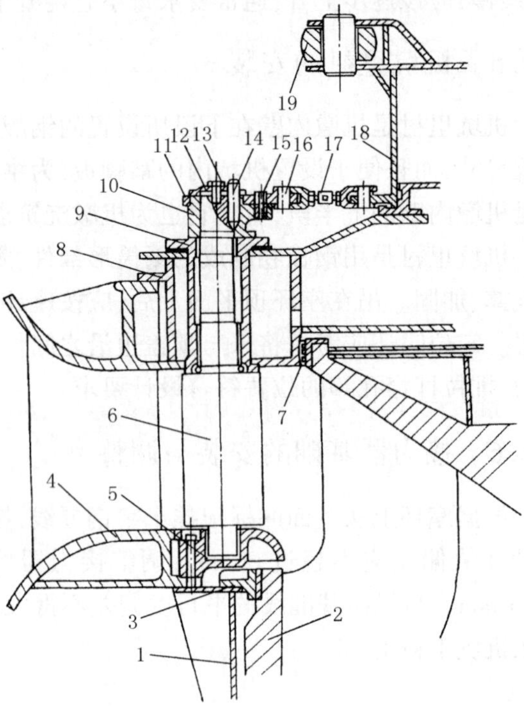

1—基础环;2—转轮;3—下部固定止漏环;4—座环;5—底环;6—活动导叶;7—上部固定止漏环;8—顶盖;9—套筒;10—导叶臂;11—连板;12—压盖;13—调节螺钉;14—分半键;15—剪断销;16—圆柱销;17—连杆;18—控制环;19—推拉杆

图2-13 导水机构

2.3.2 下部固定止漏环定位

混流式水轮机,转轮的上冠、下环与固定部分之间都设有止漏环,分别称为上部止漏环和下部止漏环。大中型机组的止漏环常为单独加工后组合而成的,下部止漏环的固定部分用螺栓装在座环的下平面上(见图2-15),上部止漏环的固定部分则装在顶盖上,而止漏环的转动部分都焊接在转轮上。为了保证水轮机正常运行,止漏环间隙必须均匀而且符合设计值,允许的最大偏差应小于或等于设计间隙的20%。对固定止漏环而言,其四周半径的误差就不得大于设计间隙的10%。这当中,下部固定止漏环距推力轴承最远,转轮的摆动幅度最大,因此是首先需要保证位置精度的。其具体方法是:①对正螺栓孔位,将下部固定止漏环装在座环下平面上,螺栓可装入但不拧紧。②以轴线为准,用内径千分尺加耳机测量固定止漏环四周的半径,调整其位置,直到四周半径的偏差小于设计间隙10%为止。③拧紧螺栓,在圆周的对称位置上钻、铰2个(或4个)定位销孔,打入定位销。

这以后对导水机构进行预装配时,就可以用下部固定止漏环的中心作为基准了。

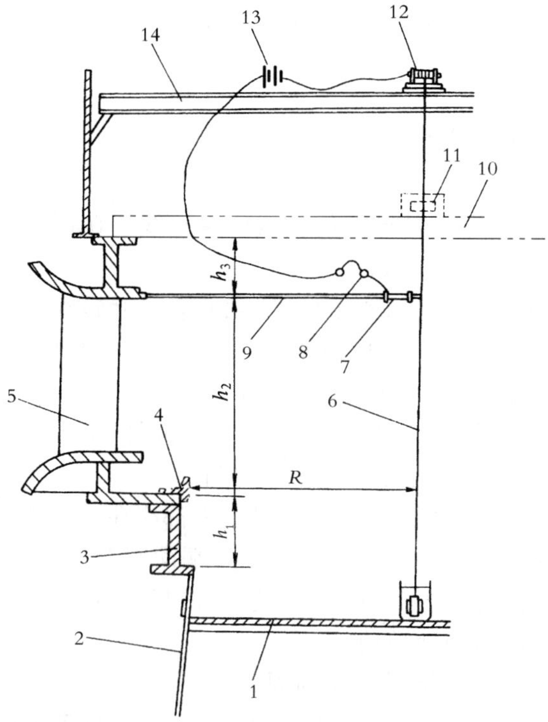

1—工作平台；2—尾水管里衬；3—基础环；
4—下部固定止漏环；5—座环；6—钢琴线；
7—内径千分尺；8—耳机；9—加长杆；10—平梁；
11—框形水平仪；12—求心器；13—电池；14—中心架

图2-14 座环复查及机组中心测定

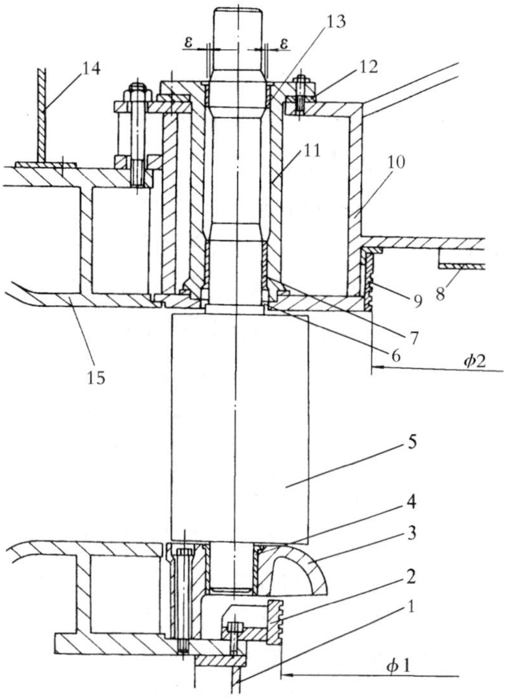

1—基础环；2—下部固定止漏环；3—底环；4—下轴套；
5—活动导叶；6—密封卷；7—中轴套；8—减压板；
9—上部固定止漏环；10—顶盖；11—套筒；12—垫片；
13—上轴套；14—机坑里衬；15—座环

图2-15 导水机构预装配

2.3.3 大中型机组导水机构的预装配

2.3.3.1 顶盖定位

(1)吊入底环、活动导叶及顶盖。底环应与下部固定止漏环基本同心，同时，底环和顶盖的螺栓孔应与座环上的螺孔对正(见图2-16)。将活动导叶插在底环的轴套内，可以吊入全部导叶，也可以只吊入半数的导叶间隔着插入。顶盖的位置还涉及排水孔等的方向，应按设计要求安放。对厂家已经进行过预装配并做有编号和轴线标志的，应按原预装的位置安放底环、导叶及顶盖。

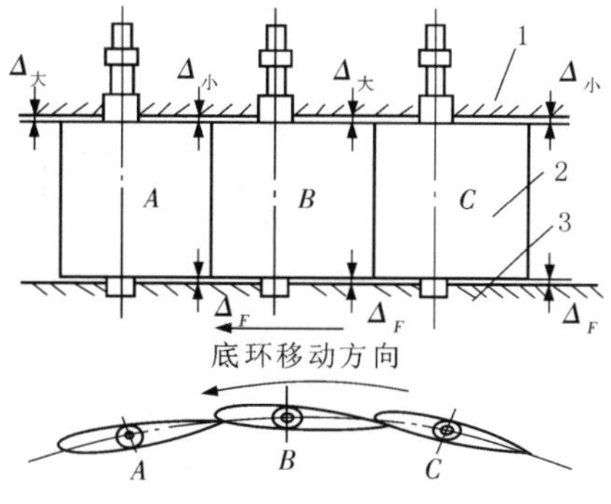

1—顶盖；2—活动导叶；3—底环

图2-16 导叶端面间隙检查

(2)以下部固定止漏环为准，用中心架、求心器、重锤等悬挂出机组轴线。

(3)用内径千分尺和耳机测量上部固定止漏环四周的半径，从而调整顶盖的位置，使各半径间的最大偏差小于设计间隙的10%。由于顶盖(底环)是用粗制螺栓固定在座环上的,孔径大于螺栓直径,因而其位置能在一定范围内调整。如果发现少数螺孔不能对正,则应加以修整。

(4)初步拧紧顶盖的连接螺栓。

(5)装入导叶套筒,此时活动导叶应能转动或扳动 。

2.3.3.2 底环定位

要使活动导叶关闭严密而且转动灵活,必须保证各导叶的轴线成铅垂线。在顶盖位置已经确定的情况下,只能调整底环的位置来实现这一要求。

(1)测量导叶端面间隙,掌握导叶轴线的倾斜情况如图 2-16 所示,将各导叶转到全关位,再用塞尺检查它们的端面间隙。如果导叶大、小头(进、出水边)的端面间隙不相等,则表明导叶轴线在圆周方向是倾斜的,底环应该在圆周方向适当移动。

当然,如果把各导叶都转到半径方向,同样用塞尺检查大、小头的端面间隙,则可以掌握导叶轴线在径向上的倾斜情况,底环也就需要在半径方向做相应的调整。

上述过程测得的是导叶端面的总间隙,各导叶的数值可能不相同,但都应在图纸规定的范围内,其最小值不得小于设计间隙的 70%。综合所有的导叶,如果端面间隙偏小,应在顶盖与座环之间加垫片;如果端面间隙偏大,则应在底环与座环之间加垫片。这里所加的垫片必须是金属垫片,而且应在整个环形接触面上均匀加垫。

(2)调整底环位置,保证导叶轴线铅直。底环如果需要在圆周方向移动,可以用四个千斤顶对称布置来推动,如图 2-17 所示。如果要在半径方向移动底环,可以沿移动方向布置千斤顶、拉紧器,或者在底环与座环搪口之间打入楔子板。由于底环需要移动的量往往很小,实际操作时必须谨慎,最好安装百分表监测底环的实际位移情况。

(3)复查导叶间隙。底环位置正确以后,各导叶无论处于什么位置,大、小头的端面间隙都应当是均匀一致的。处在全关位置时,导叶之间的立面间隙还应当是上、下均匀的。

对轴颈较大的活动导叶,还可以用塞尺检查导叶轴与套筒(上轴套)之间的间隙。底环位置正确,导叶轴线铅直时,轴颈四周的间隙应该是均匀的,见图 2-18。

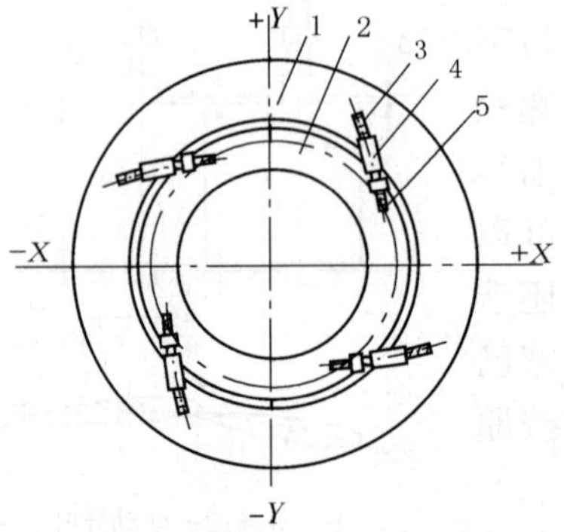

1—座环;2—底环;3,5—挡块;4—千斤顶

图 2-17 底环位置调整

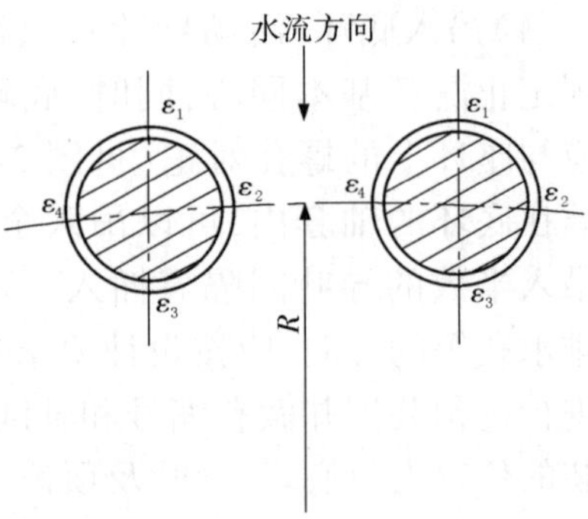

图 2-18 套筒与轴颈间隙测量

2.3.3.3 做好标记并加工定位销孔

(1)预装合格后对顶盖、底环做好 X、Y 轴线标志;对活动导叶、套筒以及相应的孔位

进行编号。编号通常从 $+X$（或 $+Y$）方向开始，按顺时针方向排列。

（2）钻、铰顶盖与座环之间的定位销孔。

（3）拆出顶盖和活动导叶。

（4）钻、铰底环与座环之间的定位销孔。

任务 2.4 水轮机转动部分组装

混流式水轮机的转动部分，包括主轴、转轮及其附件，都是分散运至工地再组装成整体的。某些大型机组，转轮本身也是分瓣制造的，需要在现场拼焊。本节只介绍整体转轮的组装，以及附件的安装过程。

2.4.1 质量要求和基本程序

2.4.1.1 质量要求

转动部分组装应达到的基本要求是如下：

（1）主轴与转轮连接紧密，螺栓压紧力均匀一致且符合设计要求。两法兰的结合面应良好贴合，用塞尺检查时，局部缝隙 0.05 mm 的塞尺不得插入。

（2）主轴与转轮的同轴度符合要求，以轴为准测量，上、下止漏环各半径与平均半径之差不得大于设计间隙的 10%。

（3）减压板、法兰护罩等转动附件与主轴的同轴度符合要求，各半径与平均半径之差不得大于设计间隙的 20%。

2.4.1.2 组装程序

组装工作的一般程序如下：①吊装主轴并与转轮体连接；②安装泄水锥；③组装上、下止漏环的转动部分；④组装减压板、法兰护罩等附件；⑤测圆及修磨。

2.4.2 转轮体与主轴的连接

2.4.2.1 准备工作

（1）清扫及修整。对主轴、转轮、联轴螺栓、螺母，以及转动附件进行彻底清扫，检查加工面有无毛刺、损伤等，必要时予以修磨。

（2）检查法兰及止口的尺寸、表面不平直度等。结合面的不平直度应该用标准平面去研磨显示，如有局部凸出则可用油石修磨。

（3）检查联轴螺栓与孔的尺寸，对螺栓应经过选配，然后对号入座并在法兰上预装。

（4）检查螺母与螺栓的配合情况。联轴螺栓多用细牙螺纹，如果存在缺陷可用油石或什锦锉刀进行修整。螺栓、螺母应能用手灵活旋入但不允许松动。

（5）结合面设有径向圆柱销的，还应检查并预装圆柱销。

2.4.2.2 吊装主轴

（1）将转轮支撑成水平状态。转轮与主轴连接如图 2-19 所示，根据下环的尺寸对称布置四个钢支墩，在顶面摆放楔子板并初步调成水平状态——可用水准仪测量高程，使四块楔子板顶面同高。在中心部位放置泄水锥，并准备千斤顶用的支持平台。然后吊放转轮体,用框形水平仪测量法兰面的水平度误差,从而调整成水平面,如控制水平度在0.05 mm/m以内。

(2)在转轮体上对称地装入两根联轴螺栓,作为吊装主轴时的导向杆。

(3)用厂家配给的专用吊具吊起主轴,对正方向后落在转轮上。

(4)在法兰止口装入后,对号入座地装入其他联轴螺栓。

这一过程中联轴螺栓及螺母应加适量的润滑剂,如水银软膏或黄油、透平油。螺栓插入有困难时,可用千斤顶缓慢推送,但不得锤击。

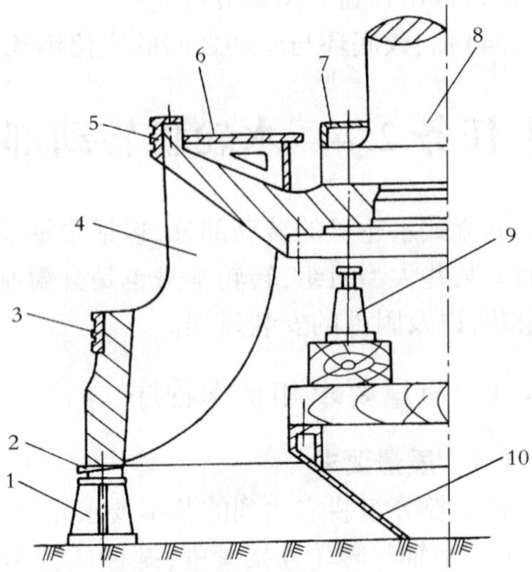

1—支墩;2—楔子板;3—下止漏环;4—转轮体;5—上止漏环;6—减压板;7—法兰护罩;8—主轴;9—千斤顶;10—泄水锥

图2-19 转轮与主轴连接

2.4.2.3 连接和固定

(1)按项目1任务1.3所述的方法逐步拧紧联轴螺栓,使各螺栓压紧力均匀而且达到设计要求。

(2)用塞尺检查结合面的贴合情况。一般来说,结合面应无间隙,某些局部的合缝处可能未贴合,但0.05 mm的塞尺应不能插入。

(3)将螺栓头及螺母用点焊方法固定在法兰上。对止漏环直接做在转轮体上的中、小型机组,连接螺栓的点焊固定须在测圆和修磨之后进行。

2.4.3 组装其他零部件

2.4.3.1 组装泄水锥

如图2-20所示的泄水锥,可使钢丝绳穿过转轮减压孔来起吊,对正后用螺栓固定在转轮体上。螺栓应该以锁定片锁死,或者用点焊固定,从而防止它在运行中脱落或松动。螺栓孔的其余部分必须封死,以保证过流表面平整、圆滑。

2.4.3.2 组装止漏环

单独制作的止漏环常分为2~4段,需要在转轮体上组合成整圆并焊接在转轮上。

组装时应先检查止漏环及转轮体的结合面,除形状、尺寸应符合图纸要求外,需着重检查两者能否密切接触,必要时可逐段研磨、修整。再用特殊拉紧器把止漏环逐段连接起来,在转轮体的预留槽中组合成圆环,如图2-21所示。止漏环与转轮体应密切贴合,允许局部存在不大于0.20 mm的间隙,但长度不得超过周长的2%。在整个圆周上,有间隙的总长度不得超过周长的6%。

组合并检查合格后,先焊各段之间的连接缝,使止漏环连成整体;再在对称方向,按分层、分段的退步焊法,焊接止漏环与转轮体之间的结合缝;最后对螺孔等进行补焊。

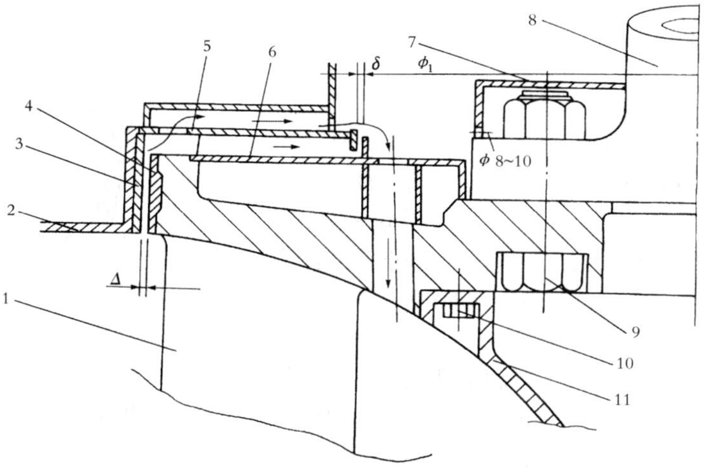

1—转轮;2—顶盖;3—上部固定止漏环;4—上部止漏环;5—固定减压板;6—减压板;7—法兰护罩;8—主轴;9—联轴螺栓;10—螺栓;11—泄水锥

图 2-20　转轮其他部件组装

2.4.3.3　组装法兰护罩

法兰护罩见图 2-20 中的 7,一般由两半块组合而成,用螺栓固定在法兰上,也可以点焊在法兰上。法兰护罩使联轴螺栓、螺母、法兰等不受水流冲击,还使外表面变得平整、光滑,减小了转动阻力。组装护罩应注意外圆柱面要与轴同心,而且表面应平整。

机组运行时,法兰护罩不可避免地会进水,因此必须预先设置排水孔,如组装后在护罩下沿钻 2~4 个直径 8~10 mm 的小孔。

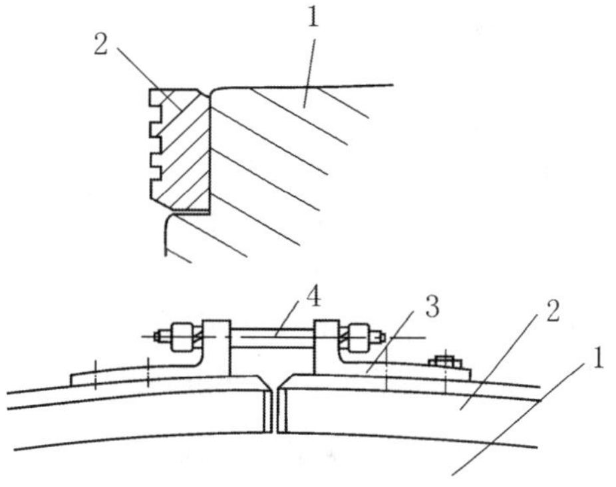

1—转轮体;2—止漏环;3—拉紧板;4—拉紧螺栓

图 2-21　组装止漏环

2.4.3.4　组装减压板

从上止漏环漏入转轮背面的水,会形成沿轴向的水压力,将增大推力轴承的负荷,还会由于水压不均匀而引起气蚀等破坏。为了降低上冠背面的水压力,大中型混流式转轮除减压孔外还设有减压板。如图 2-20 所示中的减压板包括装在顶盖内的固定部分,以及装在转轮背面的转动部分。两者之间形成曲折的漏水通道,既使既漏水的大部分沿顶盖下边沿流向减压孔,又使转轮上作用的水压力减小而且均匀化。这当中关键的尺寸是间隙 h 和 δ, h 及 δ 过大将起不到应有的减压作用;而过小又可能在运行或顶转子时发生碰撞。组装时首先把分块的减压板组合成完整的圆环,再按规定的 h 及 δ 尺寸在上冠上定位。其中,直径为 ϕ_1 的圆柱面必须与轴同心,因为间隙 δ 的变化只允许 20%,ϕ_1 面四周半径的最大偏差必须控制在设计值的 10%以内。

位置调整合格后,将减压板点焊在上冠背面。

2.4.4 测圆及修磨

转动部分组装成整体,除连接紧密、相互固定外,核心的要求是保证同轴度,尤其是上、下止漏环和减压板外圆等处。这必须用测圆架、百分表进行仔细的检查,如图2-22所示。测圆时先在圆周上均匀划分8个或16个测点,缓慢推动测圆架,测记各测点上百分表的读数。以读数的平均值为准,各测点中最大的偏差量应小于或等于设计间隙的10%。

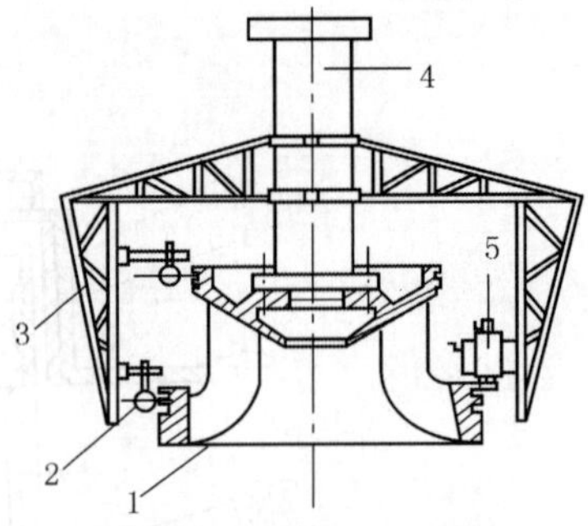

1—转轮;2—百分表;3—测圆架;4—主轴;5—车床刀架

图2-22 转轮测圆及修磨

如果止漏环不符合要求,就应根据测圆记录进行修磨,用人工磨、锉;或者如图2-22所示,在测圆架上先安装车床刀架,再装上砂轮机进行修磨。

由于现在制造加工精度提高,现场一般不进行这项工作。

任务2.5 水轮机正式安装

埋设件安装解决了水轮机固定部分的定位问题,导水机构经过预装配也有了正式组合起来的条件,而转动部分已组装成了整体,下一步就可以把水轮机完整地装配起来,这即是水轮机的正式安装工作。

不过,应当说明的是,水轮机安装是与发电机安装交叉进行的。水轮机的正式安装往往在发电机定子、下机架等已经安装定位之后才进行。它的主要内容包括:转动部分吊入、找正,导水机构正式安装,与发电机联轴并进行轴线检查、调整,安装密封结构,安装及调整导轴承,安装其他附属装置等。

2.5.1 转动部分吊入、找正

2.5.1.1 准备工作

(1)清扫机坑。清除机坑中的一切杂物,清洗及吹扫座环、基础环等埋设件的表面,对螺栓孔尤其应仔细清理。

(2)准备支撑。在基础环表面对称布置四组(或者三组)楔子板,作为转动部分吊入后的支点。楔子板高程应一致,转轮放上去后低于工作位置15~20 mm(见图2-23)。

2.5.1.2 吊入转动部分

转动部分吊起后应呈垂直状态,吊入机坑应对正中心位置,再平稳地落在楔子板上。

2.5.1.3 中心位置的测量、调整

(1)粗调整。在下部固定止漏环吊入之前进行。用钢板尺测量座环搪口与转轮止漏环之间的距离,如图2-23中尺寸A,从而初步调整转动部分

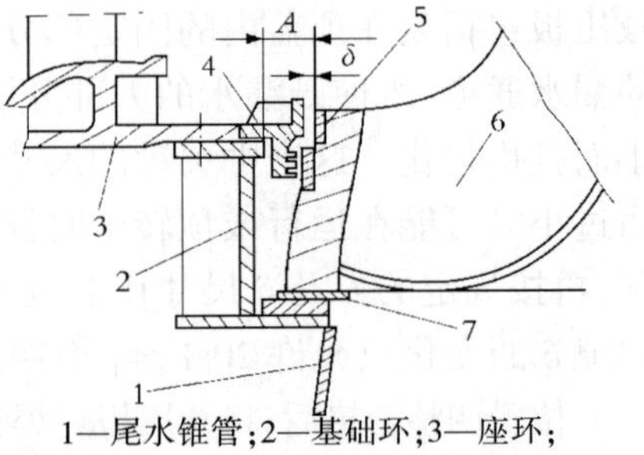

1—尾水锥管;2—基础环;3—座环;4—下部固定止漏环;5—下部止漏环;6—转轮;7—楔子板

图2-23 转动部分吊入、找正

的中心位置。

(2)精调整。吊入下部固定止漏环,按预装配所打的定位销孔定位,并对称、均匀地拧紧连接螺栓。再以固定止漏环为准,用塞尺检查止漏环四周与转轮之间的间隙,从而精确调整转动部分的中心位置。

(3)转动部分中心位置的偏差反映为止漏环间隙的不均匀,通过调整应使止漏环间隙四周均匀,最大偏差不超过设计值的 20%。

(4)转动部分的挪动,最好在桥机适当受力的情况下,用千斤顶推动,或者在下部止漏环处打入楔子板来挤动。由于调整量不大,最好装设百分表监视位移的大小和方向。

2.5.1.4 轴线垂直度的测量、调整

转动部分就位后,其轴线应当是一条铅垂线。由于上法兰面垂直于轴线,而且加工时误差很小,对轴线垂直度的检查就可以用检查上法兰面的水平度来代替。

为了测量上法兰面在不同方向上的水平度误差,应在对称方向至少四个切线位置摆放框形水平仪,如图 2-24 中的沿 X、Y 轴的四个位置。每一个位置上框形水平仪还得调头测量,得到两次读数,其平均值只反映该侧的水平度误差。用调整楔子板的办法,使上法兰面在各方向上的水平度误差最终不超过 0.02 mm/m。

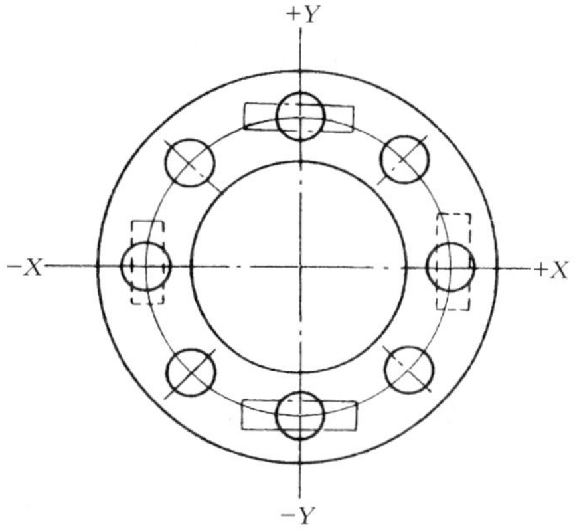

图 2-24 上法兰面水平度测量

转动部分就位后对高程、中心位置和上法兰面水平度的调整是互相影响的,在最后的精调阶段必须反复检查和调整,直到三方面同时符合要求为止。

为了保持转动部分的正确位置不变,调整合格后可点焊楔子板,在止漏环间隙处对称地打入楔子等。还应当用布料等将止漏环缝隙遮盖起来,以防止掉入杂物。

2.5.2 导水机构正式安装

导水机构的正式安装,就是要彻底完成它的组装工作,达到能实际运行的状态。对大中型机组来说,包括调整导叶端面间隙、调整导叶立面间隙、调整压紧行程以及检查导叶开度等项工作。小型机组的立面间隙已在预装配中处理,正式安装只进行其他几项工作。其基本程序和做法如下所述。

2.5.2.1 吊装主要零部件

(1)吊装底环。底环与座环的结合面清扫后涂白铅油,按预装配时的销孔定位,然后对称、均匀地拧紧连接螺栓。

(2)吊装活动导叶。在底环的轴套内打上少量黄油,然后对号插入活动导叶。

(3)吊装顶盖。由于下机架混凝土牛腿之间的尺寸往往小于顶盖外圆,顶盖必须侧立着放入,到牛腿以下再翻成水平状态,其吊装过程应事先做好准备而且小心进行。顶盖吊成水平状态后,需清理它与座环的结合面,按图纸装好橡胶盘根,再涂上白铅油,并按预装配的位置平稳地落在座环上,打入定位销并拧紧固定螺栓。

(4)安装导叶套筒。事先组装套筒的止水盘根,然后对号入座地安装,套筒与顶盖的结合面应加垫橡胶石棉板,并涂白铅油。

以上主要零部件安装当中或组装以后,应该检查:①上部止漏环的间隙。在四周实测8点以上,计算平均间隙,从而检查间隙的最大偏差是否不超过平均间隙的20%。②导叶端面总间隙。测、记各导叶进、出水边的端面总间隙。进、出水边应基本一致,而且总间隙应符合图纸要求,最小值不低于设计值的70%。③顶盖与转轮之间的轴向间隙。这一间隙应符合厂家要求,而且大于顶转子操作时转动部分需要上升的高度。由于此时转轮比工作位置低15~20 mm,实测值应扣除这个下沉量再做分析比较。④活动导叶与轴套之间的间隙应均匀,转动应灵活、平稳。

2.5.2.2 调整导叶端面间隙

1. 安装导叶臂及压盖

如图2-25所示,对号入座地安装导叶臂及连板,插入分半键但不打紧,再装上压盖和调节螺钉。

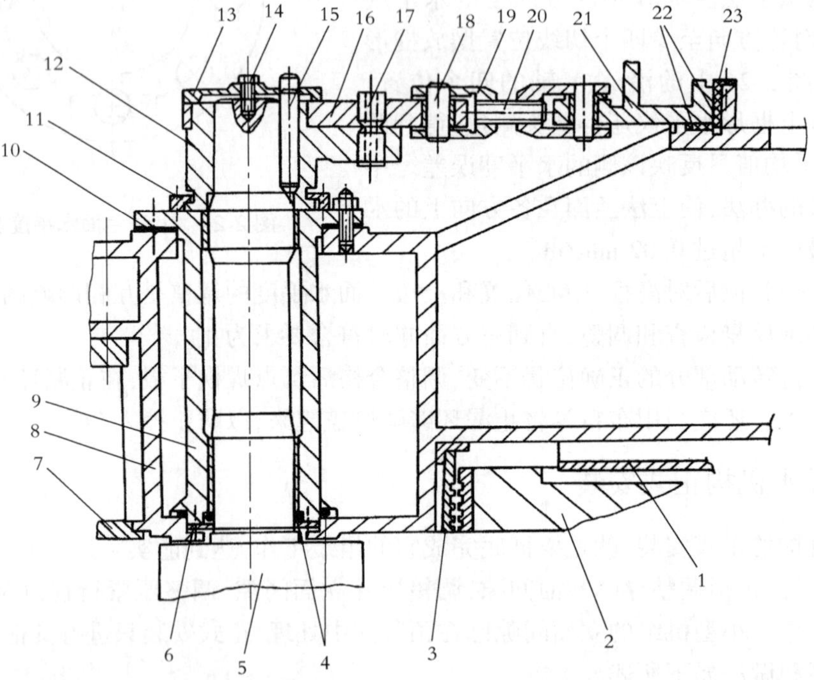

1—减压板;2—转轮;3—上止漏环;4—盘根;5—活动导叶;6—盘根压盖;7—座环;8—顶盖;9—套筒;10—石棉垫板;11—止推块;12—导叶臂;13—压盖;14—调节螺钉;15—分半键;16—连板;17—剪断销;18—圆柱销;19—叉头;20—双头螺栓;21—控制环;22—机磨块;23—压盖

图2-25 导叶套筒及传动机构

2. 调整导叶端面间隙

活动导叶插入底环后下端面与底环接触,端面间隙集中在导叶与顶盖之间。为了减小转动阻力和漏水量,应当使活动导叶适当上升,让端面间隙分散于上、下端面。考虑到运行时水流有使导叶上升的趋势,通常应使下端面的间隙占总间隙的40%左右。为此,在测量上、下端面实际间隙的同时，逐步拧紧调节螺钉提升活动导叶，到上、下端面间隙符合要求后再打紧分半键。

3. 安装并调整止推块

止推块安装见图2-26，其作用是限制活动导叶的轴向位置，防止它上浮时与顶盖相撞。安装止推块应注意：径向间隙 δ_1 和 δ_2 必须大于上轴套与导叶轴之间的单侧间隙，轴向间隙 δ_3 应小于或等于上端面间隙的1/2。由于各导叶端面间隙可能不相同，因此 δ_3 应逐个修整、调定。

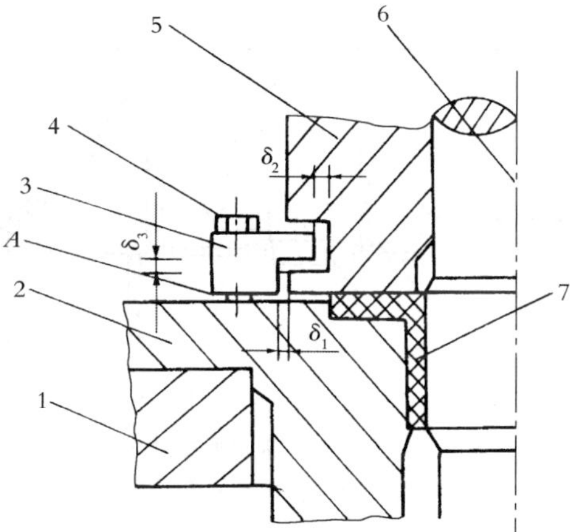

1—顶盖；2—套筒；3—止推块；4—螺钉；
5—导叶臂；6—导叶轴；7—上轴套；A—固定端面

图2-26　止推块安装

2.5.2.3　调整导叶立面间隙

1. 检查及修整导叶立面

在全关位置用钢丝绳捆紧各导叶，用塞尺检查导叶之间的立面间隙。立面间隙的允许值与结构和尺寸相关，见表2-4。对立面间隙不符合要求的导叶，应该用磨、锉等方法进行修整。

2. 安装导叶的传动机构

对应导叶全关位置，安装连杆、控制环、推拉杆，并插入剪断销、圆柱销，使之连接起来。这一过程应注意：各连杆的长度可能不完全相同，这可以转动连杆中段的螺母予以调整，但一般相差不得超过1~2 mm，各连杆以及推拉杆在组装后应基本保持水平状态，如果水平度超过0.1 mm/m，则应在结合面上加垫（见图2-27），或者修整连杆两端的轴套来解决。

3. 导叶立面间隙的检查、调整

拆除捆导叶的钢绳，用调速器液压手动操作使导叶全关，再次检查各导叶的立面间隙，对不符合表2-4要求的导叶，应仔细改变其连杆的长度，从而调整它的立面间隙，直到符合要求为止。

2.5.2.4　调整接力器压紧行程

按上述过程安装完的导水机构，接力器移到全关位置时，将使所有导叶达到全关状态，而且立面间隙符合规范的要求。但这只是导叶未承受水压作用的几何上的全关位置，实际运行时导叶将受到水流力矩的作用，尤其是在全关位置上，水压力将使导叶向开启方向旋转。为了保证实际工作时关闭严密,接力器应在使导叶全关之后,保持一定的关闭方向的作用力。

表 2-4　导叶允许局部立面间隙　　(单位:mm)

项目	导叶高度 h					说明
	$h<600$	$600\leqslant h<1\ 200$	$1\ 200\leqslant h<2\ 000$	$2\ 000\leqslant h<4\ 000$	$h\geqslant 4\ 000$	
不带密封条的导叶	0. 05	0. 10	0. 13	0. 15	0. 20	
带密封条的导叶	0. 15		0. 20			在密封条装入后检查导叶立面,应无间隙

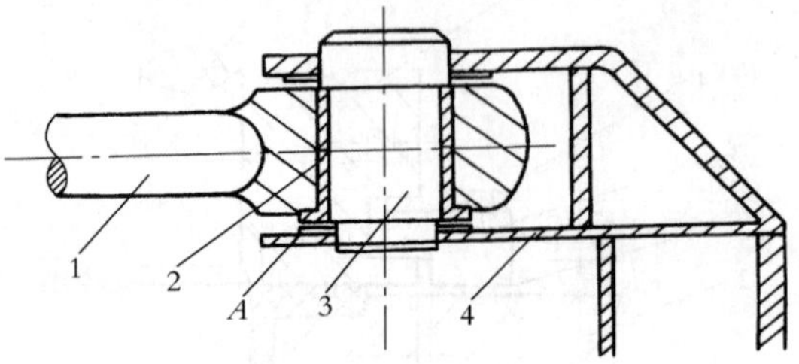

1—推拉杆;2—衬套;3—圆柱销;
4—控制环;A—加垫调整处

图 2-27　推拉杆水平度调整

如果让接力器移到全关位置,再向关闭方向多走一点,多移动的这一点行程势必使传动机构发生弹性变形,也就会在导叶之间形成一定的压紧力,这正好用来抵抗水压力的作用,维持导叶的严密关闭。接力器在关到全关以后多走的这点行程就称为压紧行程。

大中型机组的接力器如图 2-28 所示,动作调节螺钉就可以改变活塞的全关位置,即可以在导叶全关以后让接力器再关闭一点行程。不过,压紧行程的实际测量是倒过来进行的。先让接力器全关,再切除压力油,用百分表测量接力器受弹性力作用向开启方向后退的距离,此距离则是实际的压紧行程。

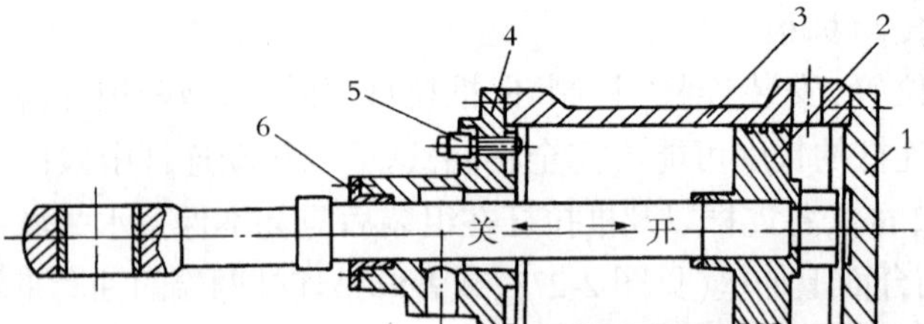

1—油缸盖;2—活塞;3—油缸;4—调节螺钉;5—密封盖;6—衬套

图 2-28　接力器压紧行程调整

小型机组,调速器常为整体结构并装在发电机层,它经过调速轴,推拉杆来操作控制环,如图 2-29 所示。接力器全关以后可以调整推拉杆的长度,从而在活动导叶之间形成压紧力。其压紧行程表现为将 L_1 缩短,L_2 加长的长度变化上。显然,压紧行程是必须的,但也是要严格限制的。压紧行程过大,可能使剪断销受力过大而提前破坏。一般情况下,接力器压紧行程可按表 2-5 进行调整。

表 2-5　接力器压紧行程值　　（单位：mm）

项目		转轮直径 D					说明
		$D<3\ 000$	$3\ 000\leqslant D<6\ 000$	$6\ 000\leqslant D<8\ 000$	$8\ 000\leqslant D<10\ 000$	$D\geqslant 10\ 000$	
直缸式接力器	带密封条的导叶	4~7	6~8	7~10	8~13	10~15	撤除接力器油压，测量活塞返回距离的行程值
	不带密封条的导叶	3~6	5~7	6~9	7~12	9~14	
摇摆式接力器		导叶在全关位置，当接力器自无压升至工作油压的 50%时，其活塞移动值，即为压紧行程。					如限位装置调整方便，也可按直缸接力器要求来确定

2.5.2.5　**导叶开度检查**

接力器向开启方向移动时，各导叶应同时、同步地开启，其开度应当均匀而且符合设计要求。为此可用内卡和钢板尺检查导叶的实际开度，如图 2-30 所示。

实际开度的检查一般在接力器行程 50%及 100%下进行，最大开度应达到规定的设计值，而各导叶开度的偏差不得大于设计值的 5%。

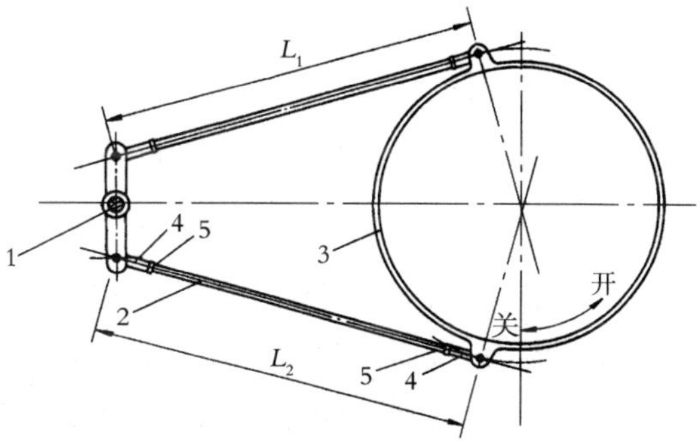

1—调速轴；2—推拉杆；3—控制环；
4—连杆头；5—压紧螺母

图 2-29　小型机组压紧行程调整

2.5.3　主轴密封的安装

水轮机主轴的密封装置，包括工作密封和检修密封。工作密封是在机组运行中起作用的，目的在于减少主轴与顶盖之间的漏水量。图 2-31 中的橡胶平板密封和图 2-32 中的 U 形活塞式密封都是常见的工作密封。检修密封是停机后使用的，可以将主轴四周的间隙封死，从而为高尾水位下的检修工作创造条件，常见的如图 2-31 中的空气围带。

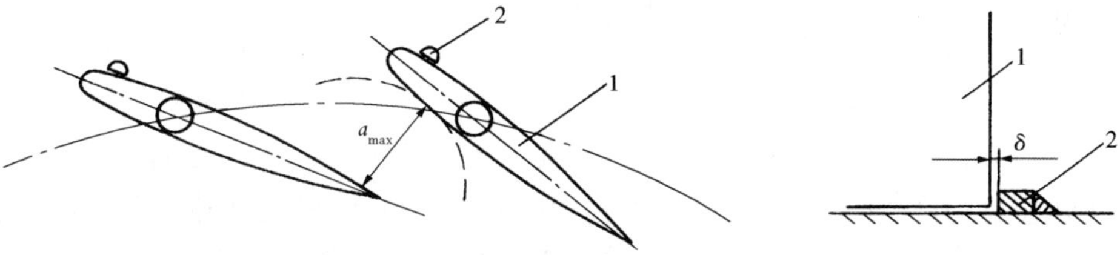

1—活动导叶；2—限住块

图 2-30　导叶开度检查

2.5.3.1　**预装配**

密封装置必须进行预先的组合、装配，这包括它本身的组合检查，也包括密封装置与顶盖、主轴的对应检查。组合面应平整、光滑，并良好结合；销钉、螺钉应正确对位；组合后运动的部分应动作灵活等。

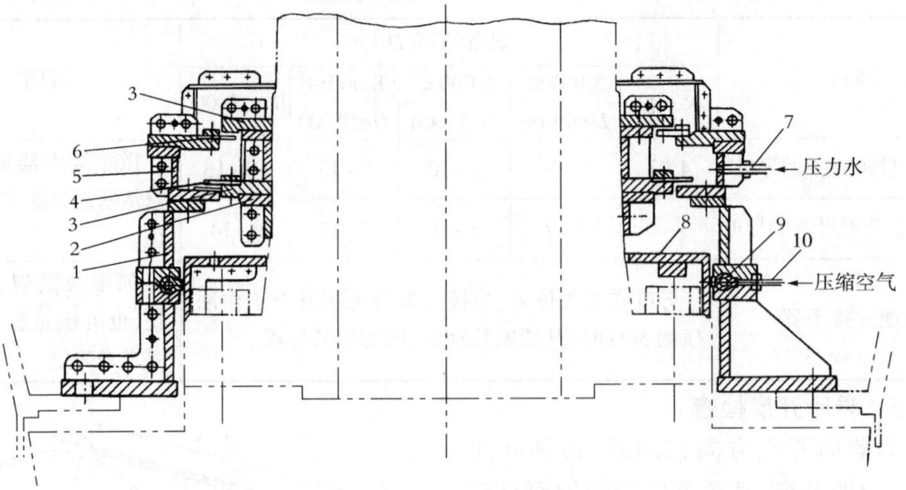

1—密封座;2—转动体;3—转动圆盘;4—橡胶平板;5—水箱;6—压板;
7—进水管;8—空气围带;9—法兰护罩;10—进排气管

图 2-31 橡胶平板密封和止水围带

2.5.3.2 试验检查

对工作密封,如橡胶平板密封、U 形活塞式密封,通入规定压力的清洁水,橡胶平板应发生弯曲变形并与相应的圆盘接触,U 形环则应沿轴向移动并与转动圆盘均匀接触。对空气围带,通入低压压缩空气(压力 0.5~0.7 MPa)后,橡胶围带应有足够的膨胀,从而紧紧地抱在轴上。具体的试验压力等应按厂家要求进行。

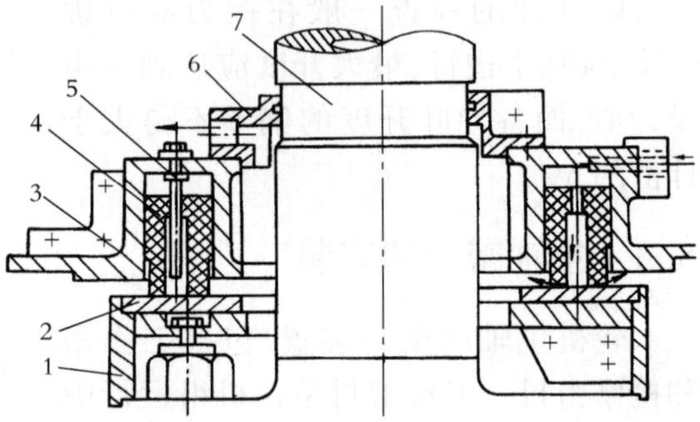

1—法兰护罩;2—转动圆盘;3—密封座;4—U 形橡胶环;
5—导向杆;6—密封盖;7—主轴

图 2-32 主轴 U 形活塞式密封

2.5.3.3 盘车后正式安装

主轴密封装置的正式安装,是在联轴、轴线检查及校正(即盘车)之后才进行的。要以主轴的实际位置为准,使密封装置四周的径向间隙均匀分布,轴向间隙符合厂家要求。最后需连接相应的水管、气管,并再一次试验检查,确保密封装置能正常工作。

2.5.4 水轮机导轴承安装

水轮机的导轴承有分块瓦式油导轴承、筒式油导轴承、水润滑橡胶轴承等多种形式。

橡胶轴承目前仅用于很小的明槽式机组,一般机组都用油导轴承,尤其分块瓦式油导轴承最常见。分块瓦式油导轴承如图 2-33 所示,它由若干块轴瓦包围轴颈,从而形成相对固定的转动中心,轴瓦和轴颈浸泡在透平油中,使两者之间形成一层油膜,由油膜来传力并起到润滑及冷却作用。轴瓦间隙是正常工作的关键,可以转动调节螺钉予以调整。

筒式油导轴承见图 2-34。由两半块组合而成的轴承体包在主轴外面,起到与分块瓦相同的作用。但透平油是依靠转动油盆产生出动压力,从进油管流入,沿轴瓦表面的斜油沟上升,从而在轴瓦与主轴之间形成油膜的。流到固定油箱的透平油,会经回油管流回转动油盆。也就是说,透平油将在转动油盆和固定油箱之间不断地循环,从而保证轴承正常工作。

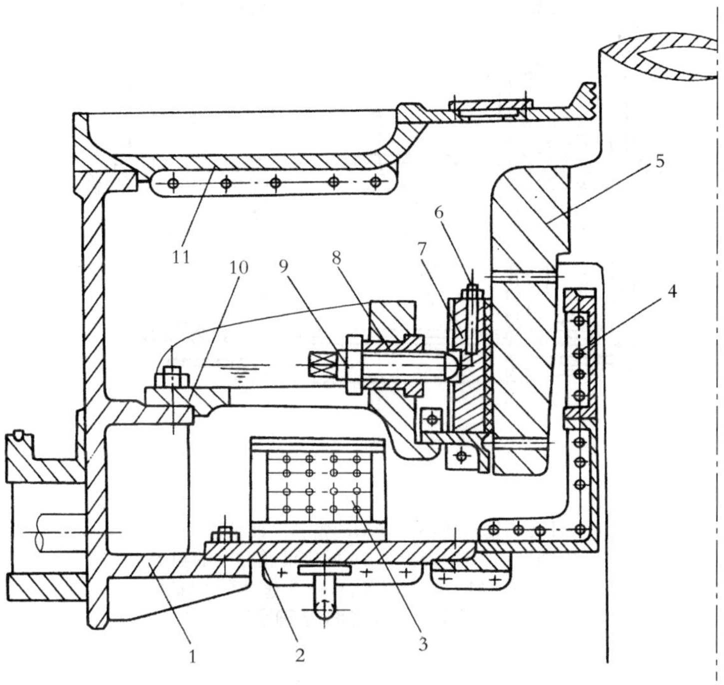

1—轴承油箱;2—油箱底;3—冷却器;4—内壁筒;5—轴领;6—测温装置;
7—导轴瓦;8—螺母;9—调节螺栓;10—轴承支架;11—油箱盖

图2-33　分块瓦式油导轴承

这两种导轴承的安装有所不同,尤其是轴瓦间隙的调整方法不同。但从总的程序和要求上看,又有其共同的地方,这就是:

(1)事先进行轴与瓦的研、刮。

(2)事先进行预装配。轴承的预装配,一方面是轴承自身各部分的组合、检查;另一方面是轴承体或油箱与水轮机顶盖之间的预装及定位。

对分块瓦式导轴承,油箱的内壁筒往往是套在主轴上的,预装时应注意它与主轴的配合关系。而预装的重点在于轴承架,例如应检查、试装调整螺钉,检查轴瓦在轴承架上的位置等。

对筒式导轴承,预装的主要工作是轴承体,例如:它本身的组合,筒式瓦与轴承体的组合(如果两者是分开的);轴承体与固定油箱,与转动油盆的配合关系等。

(3)在盘车后正式安装。轴瓦间隙是轴承正常运行的关键,必须根据厂家的要求和轴线的实际情况来决定。

(4)安装附属装置并充油,准备试运行。调整轴瓦间隙以后,安装测温装置、油管、水管等附属装置,然后充油至厂家要求的高度,再封盖准备投入试运行。

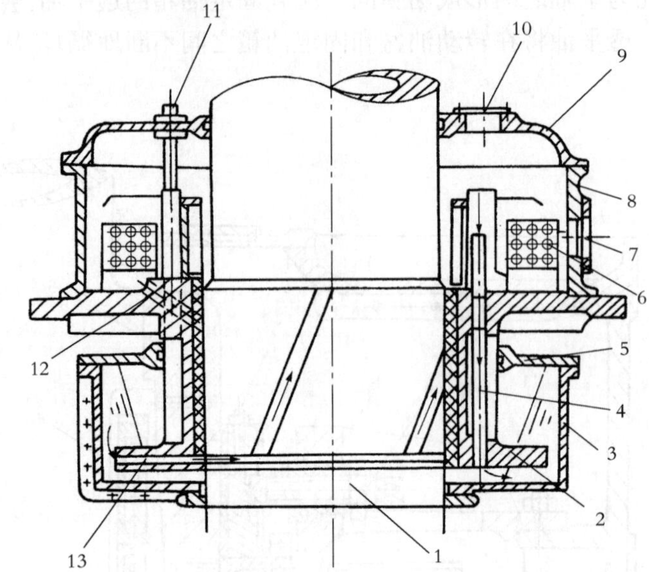

1—主轴;2—轴承体;3—轴动油盆;4—回油管;5—盖;
6—冷却器;7—油位标尺;8—固定油箱;9—油箱盖;
10—加油孔;11—测温装置;12—油孔;13—进油管

图 2-34 筒式油导轴承

2.5.5 水轮机附属装置的安装

水轮机的附属装置,如紧急真空破坏阀、尾水管补气管路、顶盖排水管路、蜗壳排气阀、蜗壳及尾水管排水阀、检修进人门,以及各处的减压管路等。其中,不少部分已在安装埋设件时安装就位,最后应该安装的是紧急真空破坏阀、蜗壳排气阀等,紧急真空破坏阀如图 2-35 所示,通常装在水轮机顶盖上。机组开、停机过程,或在低负荷下运行时,顶盖以下可能出现较大的真空度,此时大气压力将克服弹簧阻力使阀盘下降,外界空气则由阀盘四周流入,从而使顶盖以下的转轮室、尾水管等得以补气,使真空下降。

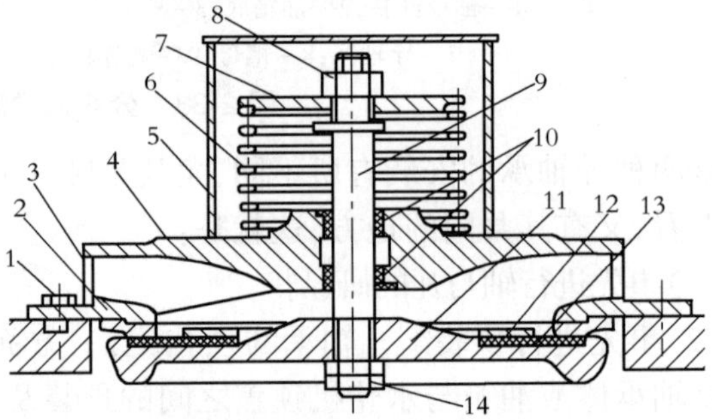

1—螺钉;2—铜密封环;3—保护网;4—阀座;
5—护罩;6—弹簧;7—压盖;8—调节螺母;9—阀轴;
10—尼龙套;11—阀盘;12—压环;13—橡胶垫;14—压紧螺母

图 2-35 紧急真空破坏阀

为了保证紧急真空破坏阀正常工作,它必须事先预装、检查。阀盘及立轴应灵活升降,阀盘的密封面与密封环应均匀接触。弹簧的预压程度应按厂家要求调整,并在机组试运行期间最后调定。

任务 2.6 轴流式水轮机的安装

轴流式水轮机转轮位于转轮室内,主要由转轮体、叶片、泄水锥等部件组成。轴流转桨式水轮机转轮还有一套叶片操作机构和密封装置。

转轮体上部与主轴连接,下部连接泄水锥,在转轮体的四周放置悬臂式叶片。在转桨式水轮机的转轮体内部装有叶片转动机构,在叶片与转轮体之间安装着转轮密封装置,用来止油和止水。

轴流式水轮机能实现流量的双重调节,改变水轮机的出力,适应水头范围大,因此平均效率高,在低水头大中型水电站被广泛使用。例如葛洲坝、铜街子等都采用ZZ式水轮机。

轴流式水轮机在埋设部分,导水机构、水导轴承等方面和混流式水轮机大同小异,其主要区别在转轮上。本节主要针对轴流式水轮机安装的一些特点,作如下介绍。

2.6.1 轴流式埋设部分安装

一般轴流式水轮机埋设件由尾水管里衬,基础环,转轮室,支承环,固定导叶,上环和蜗壳上、下衬板组成。转轮室上环与底环合一结构图见图2-36,整体式座环埋件见图2-37,支柱式座环埋件见图2-38。

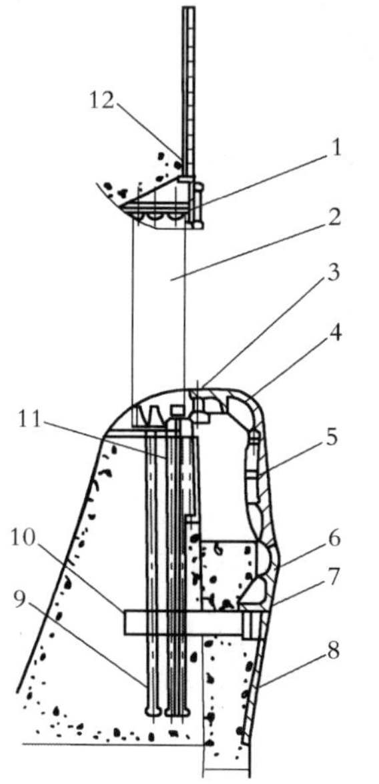

1—座环上环;2—固定导叶;3—外环;
4—底环;5—转轮室中环;6—转轮室下环;
7—支腿;8—尾水管里衬;9—基础螺栓;
10—工字钢;11—外环基础螺栓;12—机坑里衬

图2-36 转轮室上环与底环合一结构图

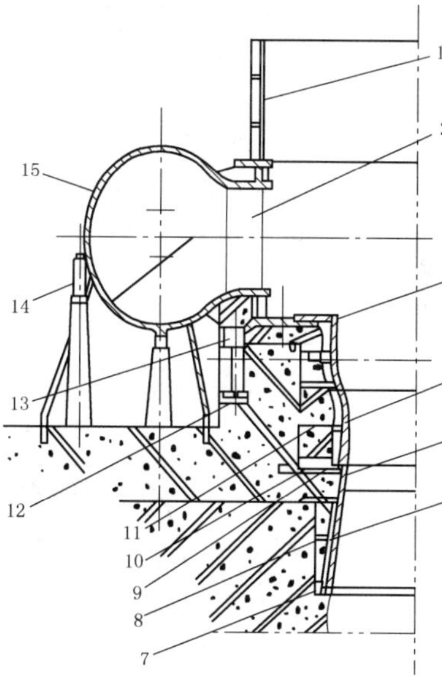

1—机坑里衬;2—座环;3—转轮室上环;
4—转轮室下环;5—凑合节;6—尾水管里衬;
7,9,13—楔子板;8—角钢;10—工字钢;11—角钢;
12—基础螺栓;14—千斤顶;15—蜗壳

图2-37 整体式座环埋件

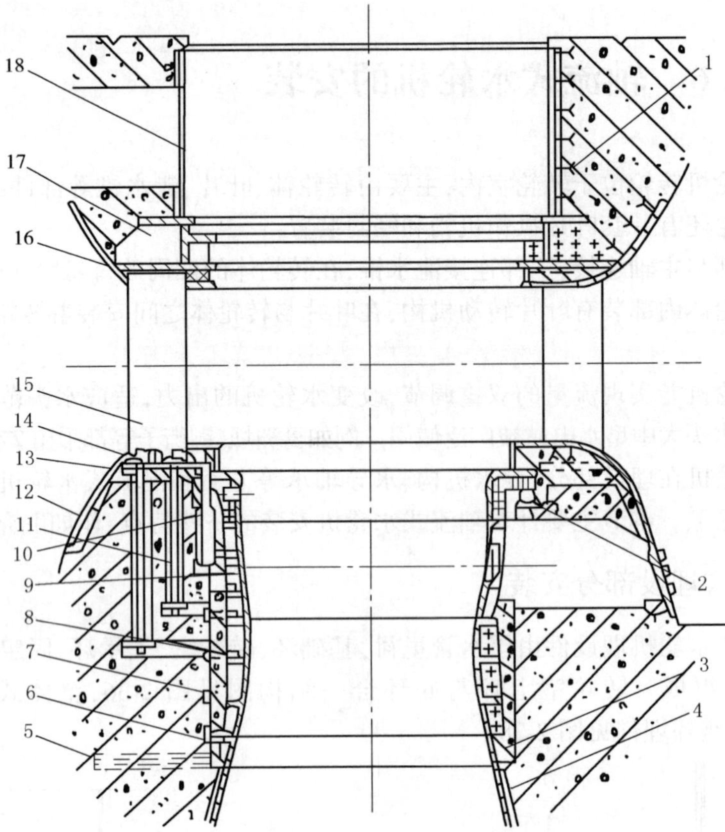

1—锚筋;2—千斤顶;3—凑合节;4—尾水管里衬;5—工字钢;6,13—楔子板;7—角钢;
8—转轮室下环;9—转轮室中环;10—转轮室上环;11—基础螺栓;12—下衬板;
14—基础螺栓;15—固定导叶;16—上衬板;17—座环;18—机坑里衬

图 2-38　支柱式座环埋件

2.6.1.1　安装工艺流程

一般轴流式水轮机埋设部件的安装工艺流程如图 2-39 所示。

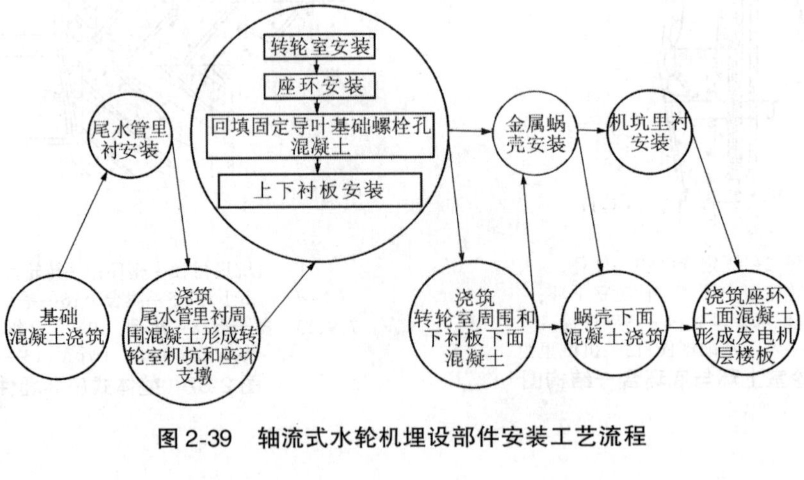

图 2-39　轴流式水轮机埋设部件安装工艺流程

2.6.1.2 转轮室安装

转轮室是轴流式水轮发电机组的安装基准。转轮室安装在尾水管里衬安装完毕后进行。下面简述安装过程:

(1)基础环、转轮室、支承环组合成整圆,用塞尺检查组合面间隙,检查纵向和径向错牙,保证几个部件的尺寸和形状。

(2)在尾水管里衬顶面的预埋件上放置四对楔子板,分别吊入基础环、转轮室和支承环,在三环外围的环板或径板上焊好拉紧器、千斤顶,以便调整用。

(3)按尾水管里衬安装和调整方法分别进行转轮室等三环的中心、高程和圆度的调整,因为转轮室是轴流式水轮机的安装基准,所以特别是转轮室的中心、圆度和顶面高程要严格控制。中心和圆度以转轮室内圆加工面为准。

(4)加固。调整完毕用角钢等加固。

2.6.1.3 座环安装

这部分仅对分件到货的座环安装作如下介绍。大型轴流式机组座环,由上环和固定导叶组成。主要采用上环定位法进行安装。

(1)翻身组合预装:每只固定导叶在上环的安装位置均在制造厂进行预先组装,并钻绞销钉孔,安装工地即可直接按销钉孔就位。如制造厂未做这项工作,则应在安装场地将上环翻身组合,调整好水平,然后将固定导叶倒置于上环上,按图纸要求方位用经纬仪定位,并钻绞销钉孔,标定$\pm X$、$\pm Y$方向。最后拆下固定导叶,以便正式安装。

(2)机坑内安装(座环安装):①按设计图纸,将所有固定导叶吊入就位,并将$\pm X$、$\pm Y$四个方向上的固定导叶调到设计高程,其余固定导叶均低于设计高程10~15 mm。②吊入组合成整体的上环,与$\pm X$、$\pm Y$方向的四个固定导叶相连接,打入销钉,跟上环一起调高程、中心和水平,合格后,拧紧上述四个固定导叶的地脚螺栓。③将其余固定导叶提上来,以销钉定位,用螺栓与上环固定,然后拧紧所有地脚螺栓。④最后复查上环的中心、高程和水平,复查合格后进行点焊加固,并用有关量具监视有无变形。

注意:安装中要特别注意座环上环顶面到导叶支承环顶面的距离的控制,否则会使活动导叶压死而不能转动。

2.6.2 转轮组合与安装

轴流转桨式水轮机转轮按传动机构可分为有操作架(见图2-40)和无操作架(见图2-41)两种。有操作架结构用于叶片数目较多的转轮,无操作架结构则用于叶片数目较少的转轮。下面介绍轴流转桨式转轮的组合安装方法。

转轮组合之前的准备工作:①转轮组装用钢支墩4~6个,高度1 m,支墩上下端面宜加工平整。在钢平台上,划出转轮体下法兰(正装时)或上法兰(倒装时)外圆,均布4~6个组装钢支墩,并固定在钢平台上(见图2-42)。②选用正装工艺时,还需制作辅助钢支墩和支持钢架若干个,按支持转臂和连杆所需重量和高度设计。为便于搬动,可采用分段组合支墩,支持钢架由角钢焊成,用来支持转臂和连杆处于安装位置,待与转轮体组装。若转轮结构布置支墩有困难时,可不制作支墩,选用其他适宜的方法。

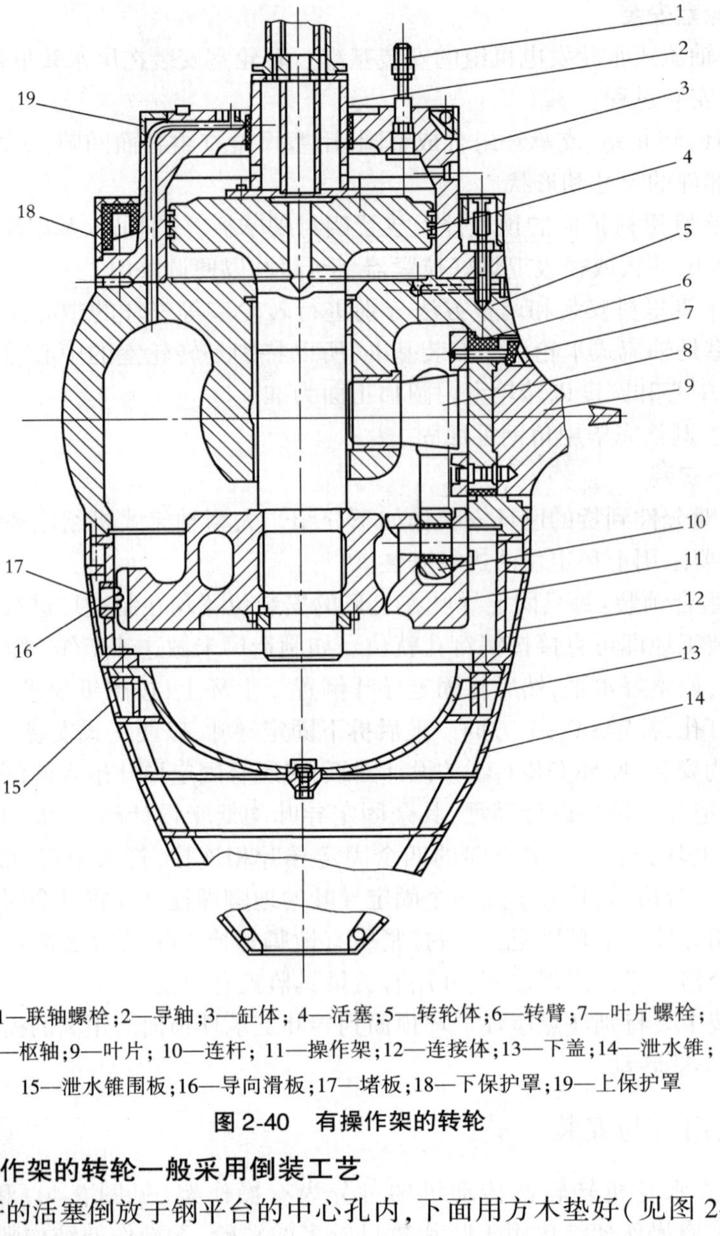

1—联轴螺栓;2—导轴;3—缸体;4—活塞;5—转轮体;6—转臂;7—叶片螺栓;
8—枢轴;9—叶片;10—连杆;11—操作架;12—连接体;13—下盖;14—泄水锥;
15—泄水锥围板;16—导向滑板;17—堵板;18—下保护罩;19—上保护罩

图 2-40 有操作架的转轮

2.6.2.1 有操作架的转轮一般采用倒装工艺

(1)将带杆的活塞倒放于钢平台的中心孔内,下面用方木垫好(见图 2-43)。注意活塞杆键槽方位与转轮体一致。

(2)将专用吊具 4、6(见图 2-43)安装在转轮体上、下法兰上,用桥式起重机(以下简称桥机),将转轮体倒放于钢平台的钢支墩上;用加紫铜片的方法,调整转轮体水平,应不大于 0.05 mm/m。

(3)拆去转轮体下法兰吊具 6(见图 2-43)。

(4)按编号将转臂连杆装配,逐个吊入转轮体内就位。用连杆固定工具 2、楔子板 8 和千斤顶 9 进行调整,使其与铜瓦同心,并固靠于铜瓦内端面(见图 2-44)。

(5)用专用平衡吊具 12(见图 2-44),按编号逐个三点起吊枢轴,装入销钉。用链式起重机调整枢轴方位和水平。对正转臂销孔,插入转轮体叶片轴孔内,拆除枢轴平衡吊具

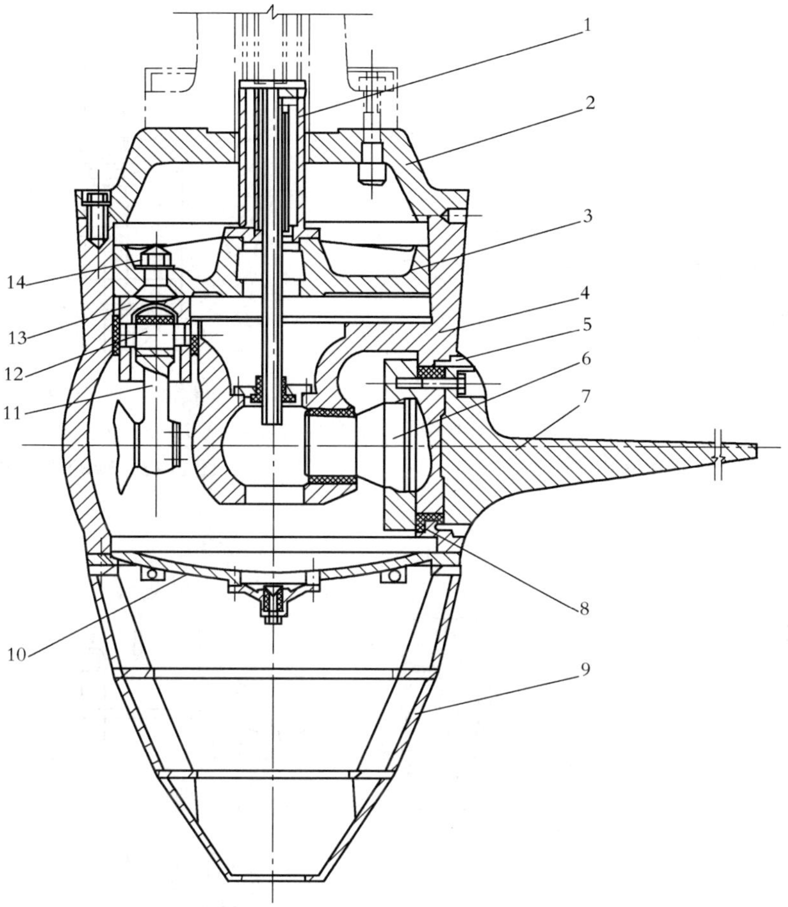

1—导轴;2—缸盖;3—活塞;4—转轮体;5—叶片密封;6—枢轴;7—叶片;8—转臂;
9—泄水锥;10—下盖;11—连杆;12—连杆销;13—导筒;14—导筒螺母

图2-41 无操作架的转轮

12,拧入工艺螺栓4,将枢轴与转臂连成一体,以防滑出。

(6)装活塞杆O形密封圈于铜瓦8内,用桥机提升活塞到安装位置,活塞下面垫上工字钢,将活塞保持在该位置上,撤去桥机(见图2-45)。

(7)将连杆销15插入操作架4销孔中一半,用绳捆牢,用桥机将操作架吊至转轮体上方,套入活塞杆,按编号依次调整连杆销孔,使之对正操作架销孔,打入连杆销15,放入平键16,安装卡环和锁定套环17(见图2-45)。

(8)安装连接体2(见图2-45)及其法兰面O形密封圈。用0.05 mm塞尺检查法兰面间隙,应符合要求。按编号安装导向滑块3(见图2-45),滑块两侧和端面都应有不小于0.10 mm的间隙。

(9)用桥机和千斤顶11,将操作架4(见图2-45)升到最高位置,使活塞端面与转轮体接触,顶紧千斤顶11,以防翻身时活塞窜动。

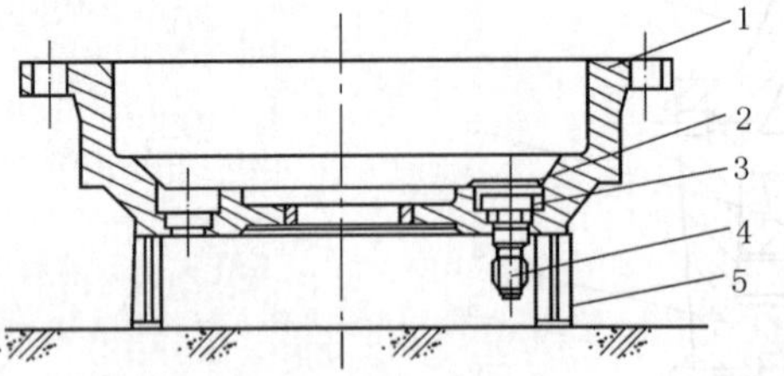

1—缸体;2—堵板;3—挡块;4—联轴螺栓;5—钢支墩

图 2-42 联轴螺栓与缸装配

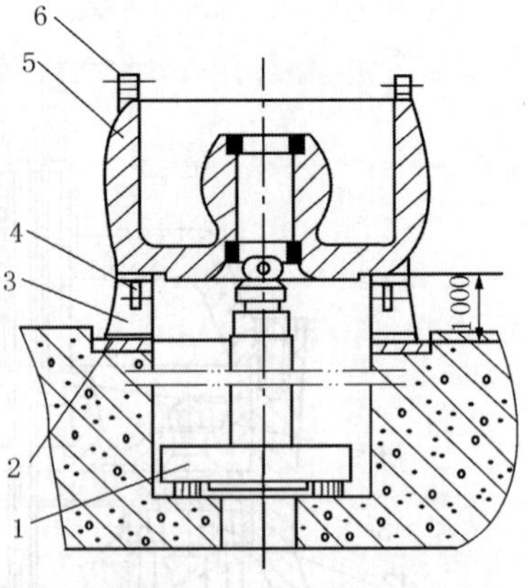

1—活塞;2—钢平台;3—钢支墩;
4—上吊具(2个);5—转轮体;6—下吊具(2个)

图 2-43 转轮体就位

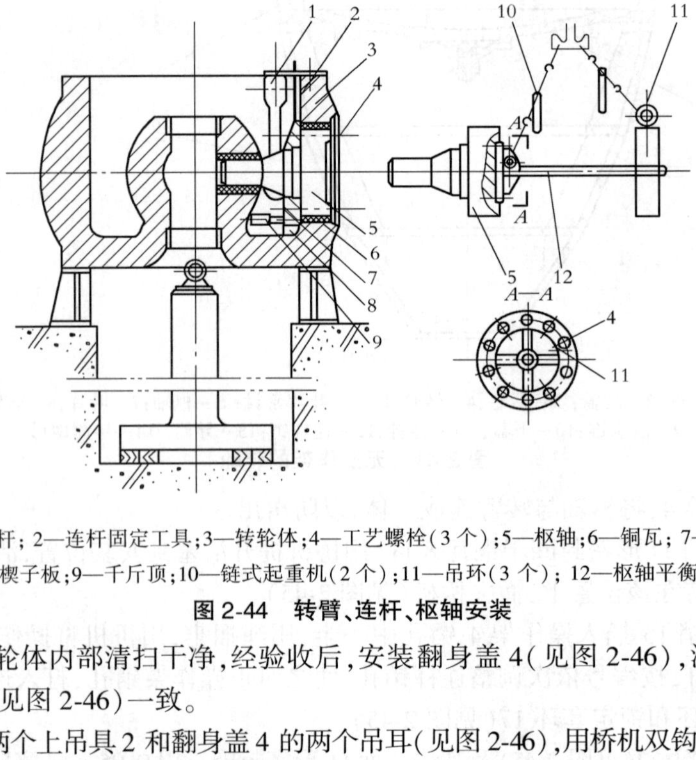

1—连杆;2—连杆固定工具;3—转轮体;4—工艺螺栓(3个);5—枢轴;6—铜瓦;7—转臂;
8—楔子板;9—千斤顶;10—链式起重机(2个);11—吊环(3个);12—枢轴平衡吊具

图 2-44 转臂、连杆、枢轴安装

(10)将转轮体内部清扫干净,经验收后,安装翻身盖4(见图2-46),注意其吊耳方向应与上吊具2(见图2-46)一致。

(11)利用两个上吊具2和翻身盖4的两个吊耳(见图2-46),用桥机双钩在空中翻身。

(12)转轮装配翻身正置后,拆除翻身盖1,取出千斤顶11(见图2-45),检查转轮体内部,应无杂物,吊到下盖6(见图2-47)上方,安装下盖及其法兰面O形密封圈。法兰面间隙应符合要求。

(13)将转轮装配正置于钢平台上。撤去桥机,拆除上吊具2(见图2-46)。

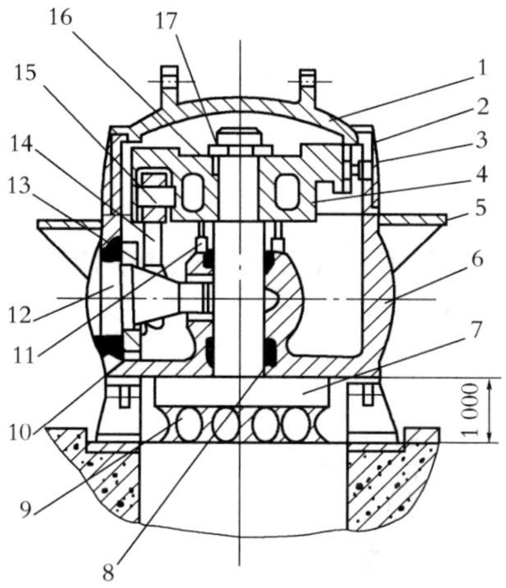

1—翻身盖;2—连接体;3—导向滑块;4—操作架;
5—平台;6—转轮体;7—活塞;8—铜瓦;9—工字钢;
10—楔子板;11—千斤顶;12—枢轴;13—转臂;
14—连杆;15—连杆销;16—平键;17—卡环和锁定套环

图2-45 叶片传动机构安装图

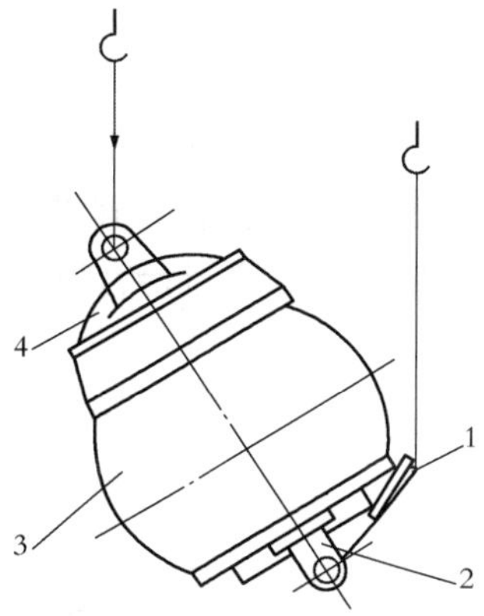

1—枕木;2—上吊具(2个);
3—转轮装配;4—翻身盖

图2-46 转轮装配翻身

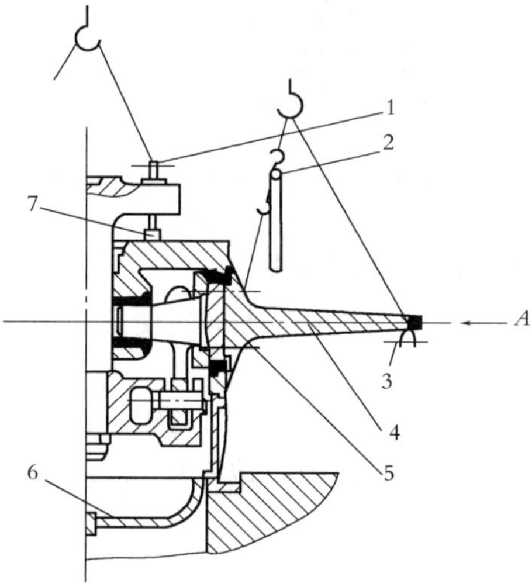

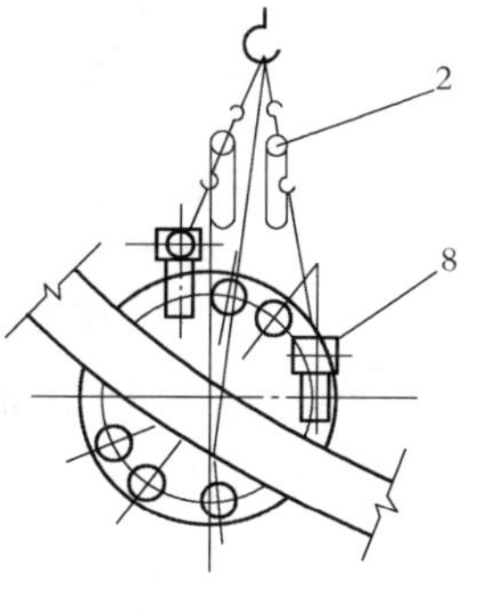

1—活塞吊环(2个);2—链式起重机(2个);3—起重卡扣;4—叶片;
5—叶片连接螺栓;6—下盖;7—千斤顶;8—叶片吊具(2个)

图2-47 叶片安装

2.6.2.2 无操作架转轮的组装

1. 支架固定、转轮体调平

将支架与安装场地的地脚螺栓牢固固定,支架的高度应便于人在转轮下工作。将转轮体正放于支架上,用方形水平仪或合像水平仪,调整转轮水平在0.05 mm/m以内。

2. 转臂、连杆、转轴(枢轴)和活塞安装

(1)将转臂与连杆组合好。

(2)将转臂吊入就位。然后在转轮体顶面加设钢梁和导链吊起转臂并调好中心,即按转臂孔的边缘和转轮体上转轴孔边缘对齐。

(3)找好中心的转臂用支架和千斤顶等工具固定。

(4)利用配重与转轴固定配平,用桥机吊起插入转轮孔和转臂孔内,并用槽钢和拉紧螺栓,将转轴与转臂靠紧,将转轴推入轴承内,如图2-48所示。

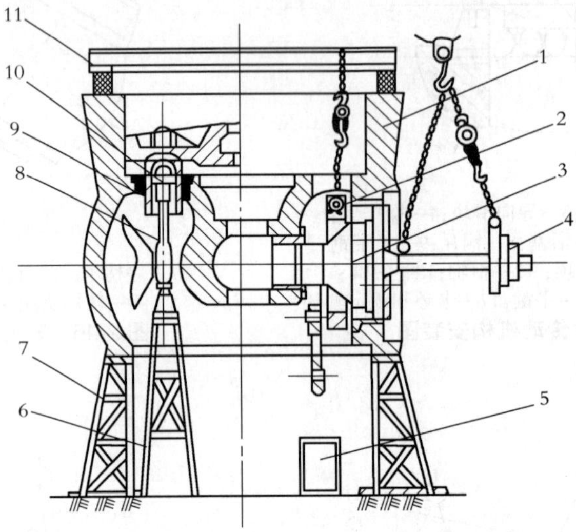

1—转轮体;2—转臂;3—枢轴;4—枢轴平衡吊具;5—钢支架;6—辅助钢支墩;
7—钢支墩;8—连杆;9—导筒;10—连杆销;11—工字钢梁

图2-48 叶片传动机构正装图

(5)将套筒销轴装于连杆的上轴孔内,吊入套筒并转动90°,使套筒销进入套筒销槽内,检查套筒与轴瓦间隙四周应均匀。

(6)用千斤顶调整套筒与活塞组合面的高程,使几只套筒的组合面在同一高程。再将活塞吊入,检查活塞与缸体的间隙,四面应该均匀,中心偏差在0.05 mm内,然后对称均匀地拧紧套筒螺母,紧力要符合设计要求。

3. 转轮叶片、叶片密封、下端盖安装

1)叶片安装

(1)用桥机(千斤顶)将活塞拉(顶)至叶片全关位置,以便安装叶片,紧固叶片连接螺钉(见图2-48)。

(2)叶片按对称方向挂装,每挂装一只应立即用千斤顶或支墩顶住,以防转轮体倾倒。

(3)拧紧螺钉:用桥机和一套导向机构,按第一章第三节介绍的螺栓拧紧办法,对称均匀拧紧螺钉。注意应按先上后下的顺序拧紧(见图2-49)。

(4)检查叶片在全关和全开位置的转角应一致,偏差应符合设计要求。一般为叶片位于设计位置时,各叶片安装误差为±15′,否则应进行调整。

叶片安装角度,取决于叶片、枢轴、转臂、连杆、套筒和活塞各部件的加工误差,因此各

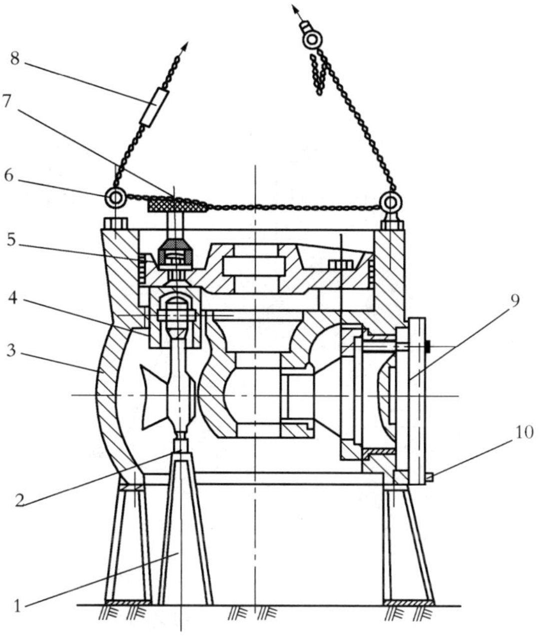

1—辅助钢支墩;2—千斤顶;3—转轮体;4—导筒;5—导筒螺母;
6—定滑轮;7—套筒扳手;8—拉力针;9—槽钢;10—挡板

图 2-49　导筒螺母的紧固

叶片安装角度总会存在差别。试验表明,叶片安装角度对叶片水动力性能存在强烈影响。如在设计位置时,某叶片安放角与其他叶片相差 30′,则其水动力性能将改变 25%。叶片曲率越小,安装角度误差影响越大;转轮叶栅稠密度越大,安装角度误差的影响也越大。因此,叶片安装角调整的好坏,直接关系到转轮水力不平衡的大小和机组摆度和振动的大小。

2)叶片密封装置安装

常用的叶片密封装置有 λ 形和 V 形密封圈联合密封装置(见图 2-50)和双 V 形密封圈式叶片密封装置(见图 2-51)两种形式。

叶片密封装置安装以 λ 形密封为例。λ 形密封结构由弹簧、顶紧环、特殊螺钉、λ 形橡胶密封圈、压环和螺钉组成。它的止漏原理是压环从外面压紧,由顶起环和弹簧从里面顶住,当油要从里面向外漏出来时,压力的作用就把入环里面两点向外张开一些,入环外面一点起到同样作用。

安装中,注意以下几个问题:①λ 形橡胶圈应该紧靠轴颈,避免过松和橡胶圈尖部被划破,以免降低止漏效果。②顶紧环至底面的距离应符合设计要求,当压环压紧时弹簧才能有一定的顶紧力。③压环的安装。在转轮体与叶片之间的压环不易安装。要先转动叶片,安装好这几个压环,再安装其他压环。

3)下端盖安装

吊起转轮,在转轮底面涂白铅油,将转轮吊放在支架上的下端盖上,然后对称均匀地拧紧螺钉。

4. 渗漏试验

(1)叶片渗漏试验管路配置和试验设备。

(2)检查内容:①各止漏装置,组合缝处渗漏情况;②叶片转动灵活性。

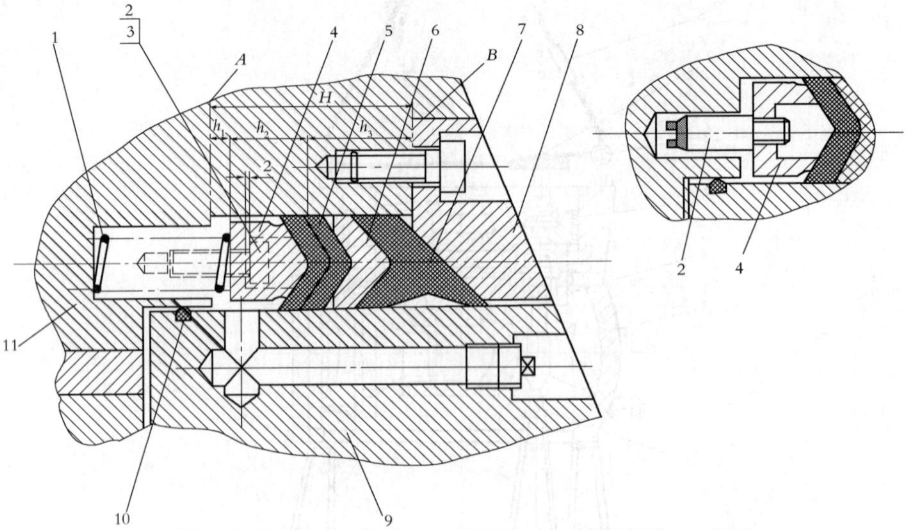

1—弹簧;2—导向销;3—螺栓;4—顶紧环;5—V形密封圈;6—垫环;7—λ形密封圈;8—压环;9—叶片;10—O形密封圈;11—转轮体

图2-50 λ形和V形密封圈联合密封装置

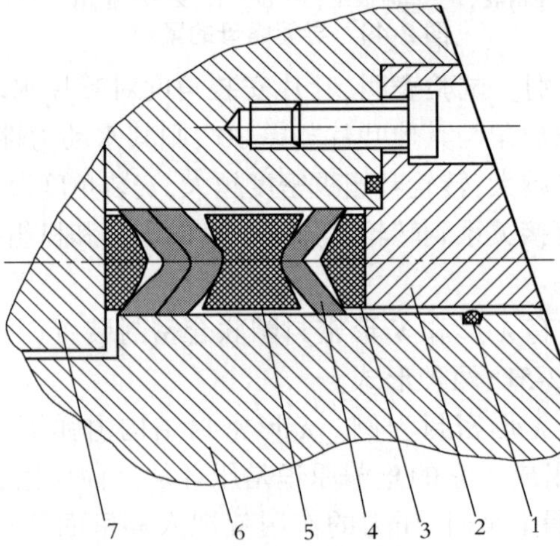

1—O形密封圈;2—压环;3—支承环;4—V形密封圈;5—垫环;6—叶片;7—转轮体

图2-51 双V形密封圈式叶片密封装置

(3)试验。①试验压力:按转轮中心到受油器顶面油柱高度的3倍进行确定。对λ形密封一般为0.5 MPa(即5 kg/cm^2)。②保持时间:最大试验压力下24 h。③每小时操作叶片全行程开闭1~2次。转动平稳,无撞击。④12 h后不得超过规定漏油量。⑤录制活塞行程与叶片转角关系曲线。

2.6.2.3 转轮安装和调整

(1)安装吊具,检查桥机,将安装平面固定于转轮中心体和叶片下面。

(2)吊转轮就位。

(3)转轮标高调整、中心调整、水平调整。①标高:将转轮安装高程转换到转轮组合面高程,以便用水准仪测量。调整:吊起转轮,用手扳动短吊杆上的螺母调整。②中心:用楔形塞规和外径千分尺测量(外径千分尺测塞规厚度)。但有些工地,直接用内径千分尺测转轮体外圆到转轮室的距离。调整:每个叶片用两只钢制楔子板调整。③水平:用方形水平仪在转轮组合面对称测四点。调整:调整量少时用长吊杆上的螺母调整,调整量多时用短吊杆螺母(吊起转轮后)调整。

(4)渗漏试验。①试验管路配置。管路配置有三个目的:一是能操作活塞转动叶片,二是能增加和保持回油腔的油压,三是能循环滤油。②检查项目。各止漏装置,组合缝处渗漏情况;叶片转动灵活性。

2.6.3 主轴、操作油管和受油器安装

2.6.3.1 主轴安装

ZZ式水轮机主轴与HL式水轮机主轴不同之处:一是主轴内存在操作油管;二是主轴带转轮盖,或二者分开结构。

(1)主轴带转轮盖结构安装与HL式水轮机基本相同。

(2)主轴与转轮盖分开结构安装:①将转轮盖倒置在支架上,将清洗修磨好的螺栓杆插入转轮盖螺栓孔内试装。②试装合格后,用与螺栓帽孔同样大小的钢板,将螺帽孔封焊。③将转轮盖翻身,吊装在转轮体上,拧紧螺栓,待下操作油管安装后进行主轴安装。④将主轴吊到转轮盖上,对正各螺栓孔,就位,最后拧紧螺栓。

2.6.3.2 操作油管安装

操作油管是控制转轮叶片开度的压力油管,由不同直径的无缝钢管组成,操作油管布置见图2-52。

(1)预组装、耐压试验:检查内外腔,组合面应无渗漏现象。

(2)在水轮机主轴与转轮盖连接以前,将下操作油管与活塞杆连接,然后再进行主轴安装。

(3)中、上操作油管配合发电机安装同时进行。

2.6.3.3 受油器安装

受油器的作用是:①将压力油送入转动的主轴。②反映叶片转动角度。受油器操作油管处在机组最上端,与受油器体的配合有上、中、下三个轴瓦。受油器操作油管不仅要随轴一起旋转,还要上、下移动,如安装不好,就会引起烧瓦(见图2-53)。

安装中,要注意如下几点:①受油器操作油管的找正,其盘车摆度不得超过受油器轴瓦总间隙,不符合要求时,可采取刮削受油器操作油管与上操作油管间紫铜垫片来处理。②浮动瓦式受油器上、中、下轴瓦再径向可自行调整,对受油器操作油管的摆度要求不高。

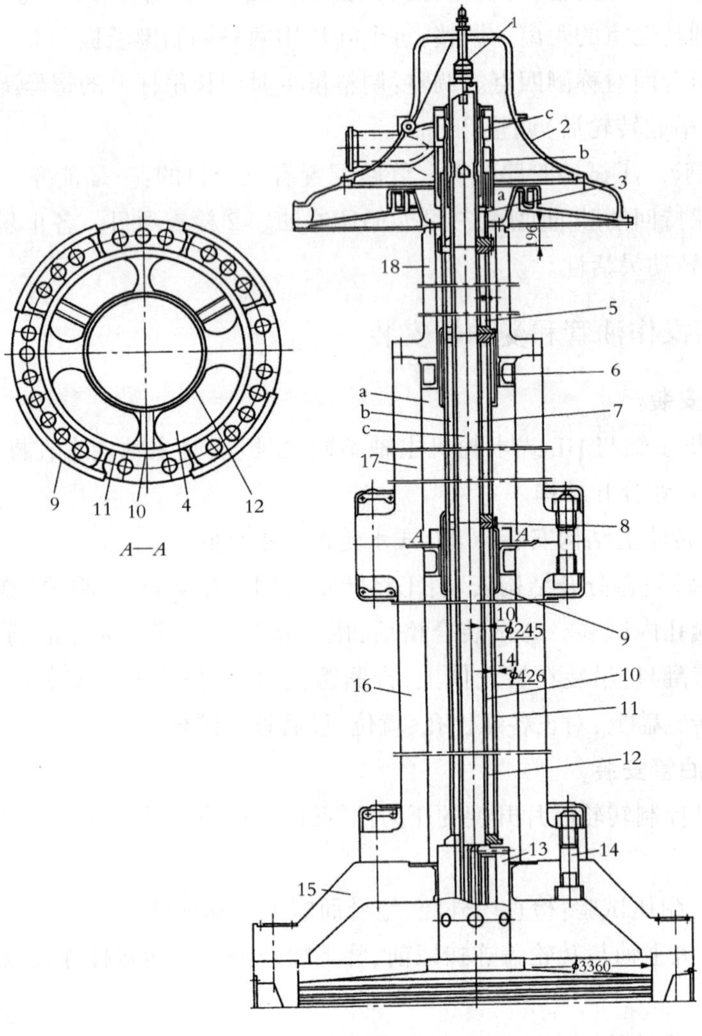

1—恢复轴承；2—受油器；3—内油管；4—外油管；5—上操作油管；6—上导瓦；7—中操作油管；
8—操作油管法兰；9—导向轴领；10—支持螺钉；11—下操作油管外油管；12—下操作油管内油管；
13—活塞杆；14—连接螺栓；15—转轮盖；16—水轮机主轴；17—发电机大轴；18—发电机小轴；
a—内压力油腔；b—外压力油腔；c—回油腔

图 2-52 操作油管布置 （单位：mm）

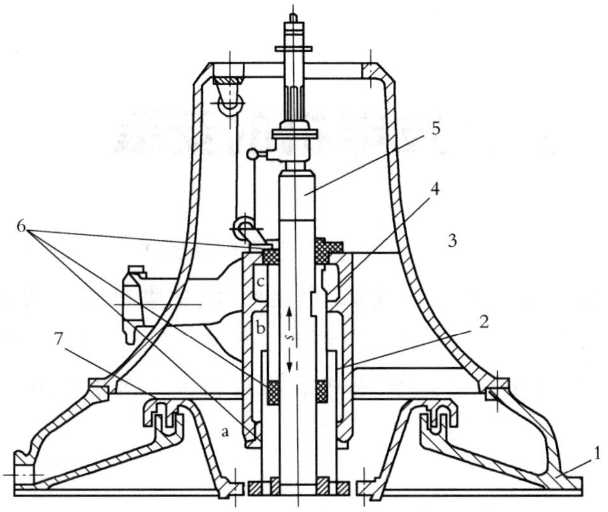

1—底座；2,5—油管；3—受油器体；4—套管；6—衬套；7—甩油盆

图2-53　受油器

复习思考题

2-1　混流式水轮机由哪些部分组成？各部分有哪些结构与作用？

2-2　轴流式水轮机由哪些部分组成？各部分有哪些结构与作用？

2-3　试述混流式水轮机的一般安装程序。

2-4　尾水管里衬安装前有哪些准备工作？

2-5　怎样进行锥形管的安装？

2-6　怎样进行蜗壳定位节的挂装？

2-7　怎样进行主轴与转轮的连接工作？

2-8　怎样进行转轮上、下止漏环的测圆和磨圆？

2-9　转动部分吊入机坑后，怎样进行找正工作？

2-10　导水机构安装的主要技术要求是什么？

2-11　导叶端、立面间隙的测量与调整。

2-12　什么叫压紧行程？调压紧行程的目的是什么？怎样调压紧行程？

2-13　怎样进行连杆的安装工作？

2-14　橡胶轴承组合后，出现椭圆和锥度如何处理？

2-15　试述轴流式水轮机分件座环的安装方法。

2-16　试述轴流式水轮机无操作架转轮组合的一般程序。

项目3 立式发电机的安装

【项目导读】

水轮发电机按其布置方式的不同可分为卧式和立式两种。卧式水轮发电机适合配用中小型、贯流式及冲击式水轮机。一般低、中速的大、中型机组多用立式发电机。立式水轮发电机主要包括定子、转子、上机架、下机架、推力轴承、导轴承、空气冷却器和永磁机等。本项目主要对水轮发电机的定子、转子和推力轴承三部分结构安装加以介绍。

【项目目标】

知识目标:

1. 了解立式发电机的组成和安装程序。
2. 熟悉发电机定子安装方法。
3. 熟悉发电机转子的组装与检查方法。
4. 熟悉发电机转子吊装方法。

技能目标:

1. 能说出立式发电机的一般安装程序。
2. 学会磁极挂装就位后,其中心点高程确定方法。
3. 熟记转子组装中的几个重要步骤。

【课程思政】

中国式现代化是人与自然和谐共生的现代化。党的二十大报告对"推动绿色发展,促进人与自然和谐共生"提出了具体要求和措施。立式水轮发电机就是充分利用其特点与自然和谐共生,发挥其最大效益。

任务3.1 立式发电机的组成和安装程序

3.1.1 水轮发电机机组的型式和结构

3.1.1.1 型式

1. 按布置方式的不同划分

水轮发电机可分为卧式和立式两种。卧式水轮发电机适合配用中小型、贯流式及冲击式水轮机。一般低中速的大中型机组多用立式发电机。

2. 按推力轴承位置的不同划分

立式水轮发电机又分为悬吊型和伞型两种。

推力轴承位于转子上方的水轮发电机称为悬吊型水轮发电机,如图3-1所示。它适用于转速在 100 r/min 以上的机组。其优点是推力轴承损耗小，装配方便，运转较稳定；缺点是机组高度较高，消耗钢材多。

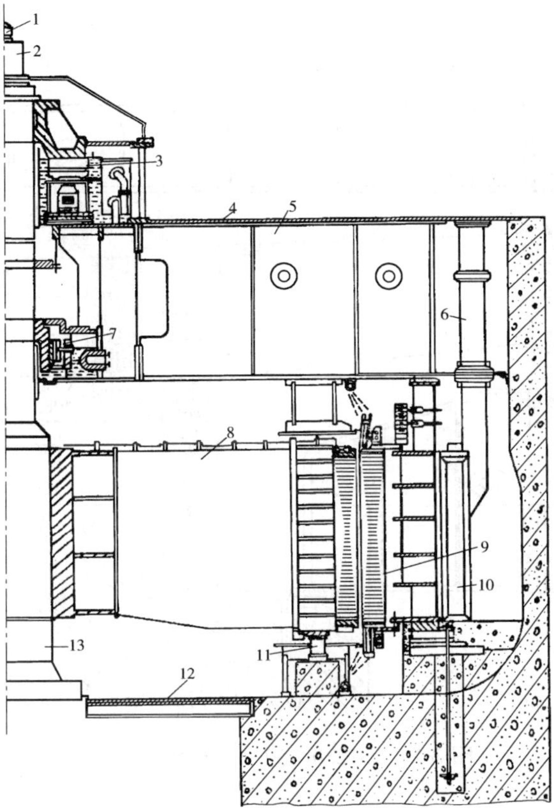

1—转速信号器；2—永磁机；3—推力轴承；4—上风洞盖板；5—上机架；6—暖风窗装置；7—上导轴承；8—转子；9—定子；10—空气冷却器；11—制动器；12—下风洞盖板；13—主轴

图 3-1 SF300-48/1230 悬吊型水轮发电机

推力轴承位于转子下方的水轮发电机称为伞型水轮发电机。无上导的称为全伞型，如图 3-2 所示；有上导的称为半伞型，如图 3-3 所示。它适用于转速在 150 r/min 以下的机组。其优点是机组高度低，可降低厂房高度，节约钢材；缺点是推力轴承损耗大，安装维护不方便。

3. 按冷却方式的不同划分

水轮发电机又可分为空气冷却和水冷却两种。目前，空气冷却的水轮发电机应用较广泛。

3.1.1.2 结构

立式水轮发电机主要包括定子、转子、上机架、下机架、推力轴承、导轴承、空气冷却器和永磁机等。下面就定子、转子和推力轴承三部分结构加以简介。

1. 定子

发电机定子由机座、铁芯、线圈等部件组成。机座是固定铁芯的，对于悬吊型发电机来说，机座又承受转动部分的所有重量和轴向水推力及其定子以上固定部分的重量；铁芯是发电机磁路的一部分；线圈则形成发电机的电路。

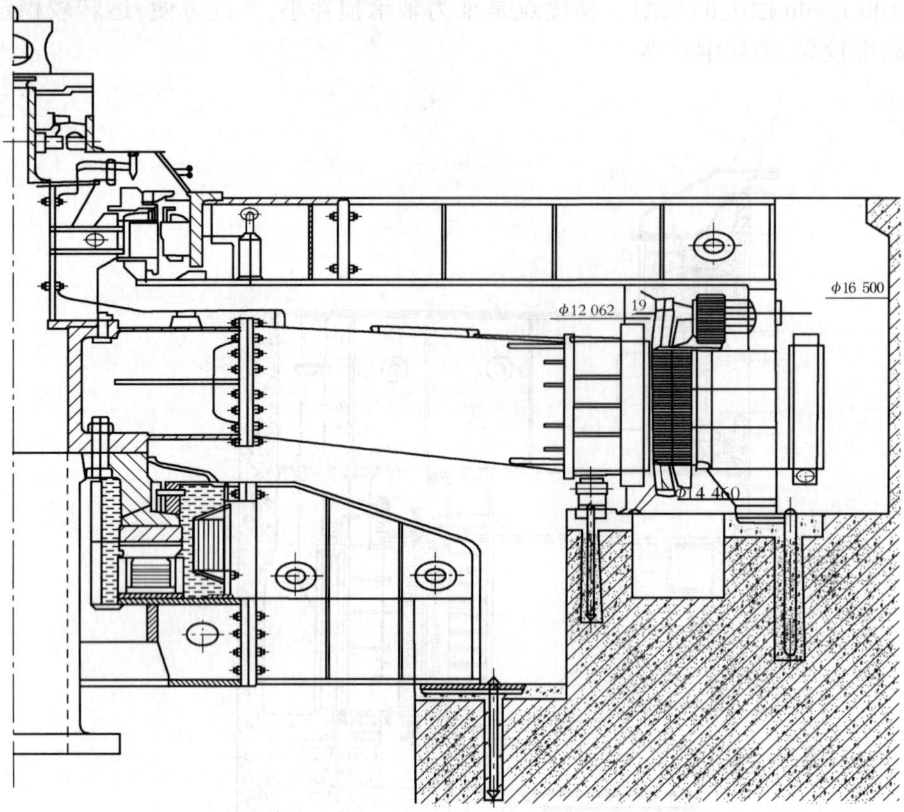

图 3-2 TS1280/150-68 全伞型发电机

2. 转子

发电机转子由主轴、轮毂、轮臂、磁轭、端压板、风扇、磁极、制动板等组成。主轴是用来传递转矩,并承受转子部分的轴向力,通常用高强度钢整体锻成,或由铸造法兰与锻造的轴筒拼焊而成。轮毂是主轴与轮臂之间的连接件。轮臂是用来固定磁轭并传递扭矩的,大中型轮臂一般为焊接结构。磁轭的主要作用是产生转动惯量和固定磁极,同时也是磁路的一部分,直径小于4 m 的磁轭可用铸钢或整圆的厚钢板组成,大于4 m 时则由3~5 mm 的钢板冲片叠成一整圆,用键固定在轮臂外端。磁极是产生磁场的主要部件,由磁极铁芯、励磁线圈和阻尼条三部分组成,并用T形结构固定在磁轭上。

3. 推力轴承

目前常用的推力轴承有三种:第一种是刚性支柱式,第二种是液压支柱式,第三种是平衡块支柱式。

推力轴承一般由推力头、镜板、推力瓦、轴承座及油槽等部件组成。

(1)推力头:一般为铸钢件,用键固定在转轴上。伞型机组有与轮毂铸成整体的。

(2)镜板:固定在推力头下面,用钢铸成。镜板的钢材和加工精度要求很高,瓦摩擦的表面光洁度要求达到▽9以上。近来有些机组已取消镜板,直接由推力头与瓦相摩擦。

(3)推力瓦:为推力轴承静止部件,做成扇形分块式的,在推力瓦钢坯上浇铸一层锡基轴承合金,一般厚为5 mm。推力瓦的底部有托盘,可使瓦受力均匀,减少机械变形。托

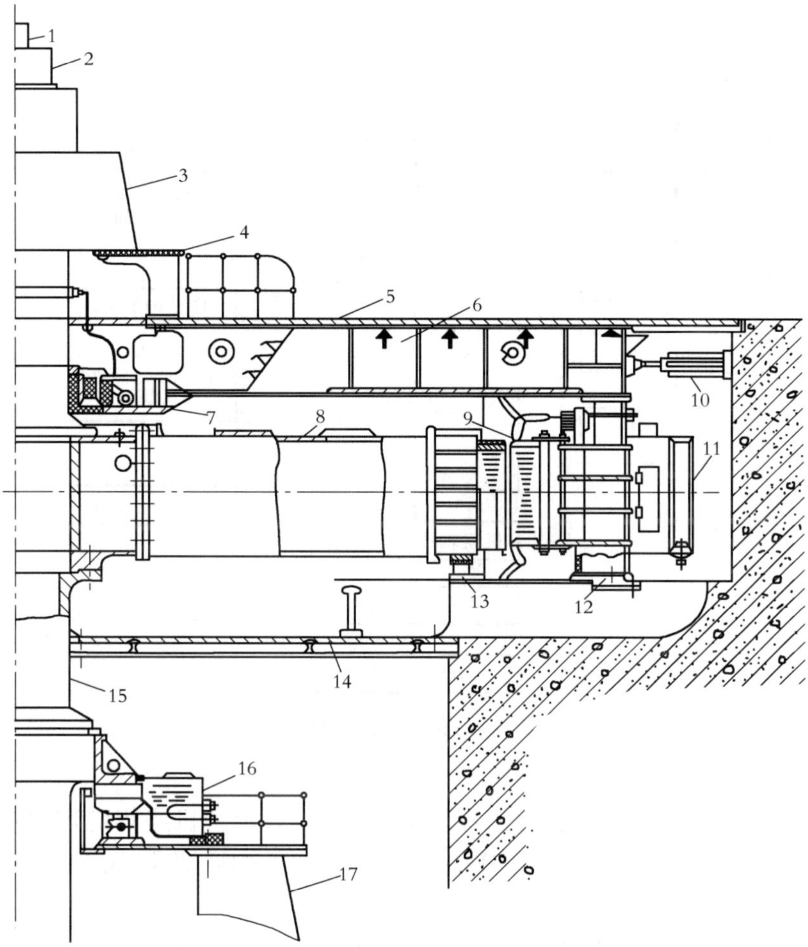

1—转速信号器;2—永磁机;3—受油器;4—受油器支架;5—上风洞盖板;6—上机架;
7—上导轴承;8—转子;9—定子;10—千斤顶;11—空气冷却器;12—定子基础板;
13—制动器;14—下风洞盖板;15—主轴;16—推力轴承;17—推力轴承支架

图 3-3　SF125-96/1560 半伞型发电机

盘安放在支柱(抗重)螺栓的球面上,使其在运行中可以自由倾斜,以形成楔形油膜。

目前,在液压支柱式轴承中,普遍采用薄型推力瓦结构,它将厚瓦分成薄瓦及托瓦两部分。这样有利于薄瓦散热,并使受力均匀,大大降低了瓦的热变形和机械变形。近期,有些机组已在推力瓦中专门设置了液压减载装置;有的大型机组还采用了双排推力瓦结构。

3.1.2　水轮发电机机组的安装程序

水轮发电机机组的安装程序随土建进度、机组型式、设备情况及场地布置的不同有所不同,但基本原则是一致的。一般施工组织中,应尽量考虑到跟土建及水轮机安装进程的平行交叉作业,充分利用现有场地及施工设备进行大件预组装,然后把已组装好的大件按顺序分别吊入机坑进行正式安装,从而加快施工进度。下面介绍半伞型水轮发电机的一般安装程序,如图 3-4 所示。

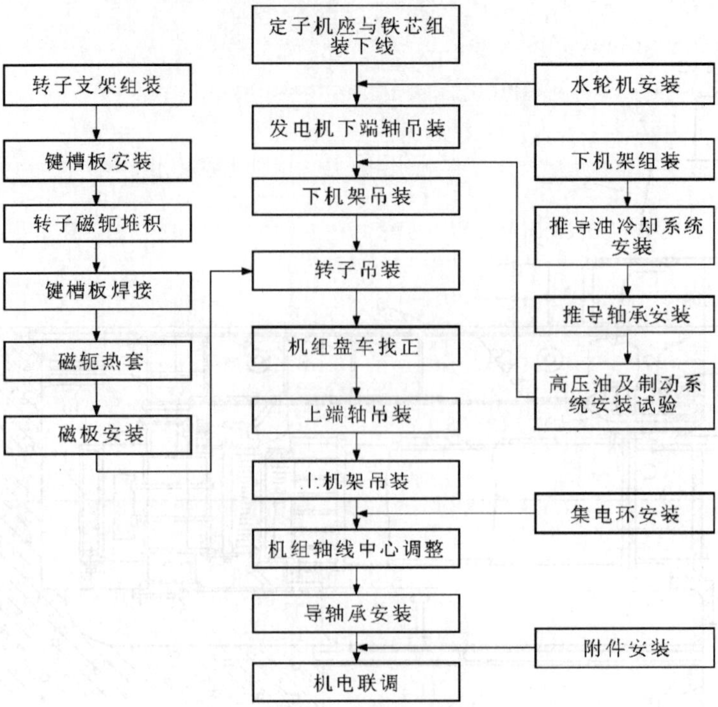

图3-4 发电机安装程序

3.1.2.1 定子安装

(1)定子机座组装及焊接包括:①定子机座进场;②定子机座焊缝坡口打磨、探伤;③定子分瓣机座组圆、调整;④定子机座焊接;⑤定子机座焊后消缺、探伤;⑥连接环调整;⑦连接环焊接。

(2)定位筋及下压板安装包括:①基准定位筋安装、调整;②大等分定位筋安装、调整;③定子机座下环板钻孔;④小等分定位筋安装、调整;⑤定位筋托块焊接;⑥定位筋托块焊后消缺、探伤;⑦下压板预装;⑧下压板送外加工;⑨下压板焊接。

(3)铁芯叠装包括:①第一次叠压;②第二次叠压;③第三次叠压;④第四次叠压;⑤第五次叠压;⑥第六次叠压;⑦最终叠压。

(4)定子吊装调整。

(5)磁化试验。

3.1.2.2 转子组装

(1)转子支架组装及焊接包括:①转子中心体、支臂进场;②转子支架焊缝坡口打磨、探伤;③转子支臂挂装、调整;④转子支架焊接;⑤转子支架焊后探伤;⑥转子支架移位及安装。

(2)转子磁轭叠装包括:①转子键槽板挂装;②转子磁轭第一次压紧;③转子磁轭第二次压紧;④转子磁轭第三次压紧;⑤转子磁轭第四次压紧;⑥转子磁轭第五次压紧;⑦转子磁轭最终压紧;⑧转子键槽板焊接;⑨转子磁轭热套;⑩制动闸板安装。

(3)磁极及引线安装包括:①转子磁极挂装;②转子磁极连接。

3.1.2.3　下机架

(1)下机架组装及安装包括:①下机架中心体、支臂进场;②下机架焊缝坡口打磨、探伤;③下机架支臂挂装、调整;④下机架焊接;⑤下机架焊后消缺、探伤。

(2)下机架预装。

(3)推力轴承及附件安装包括:①油冷器及油、水管路安装;②推力轴承清扫、安装;③高压油系统安装。

(4)下机架吊装调整。

(5)推力轴承受力调整。

3.1.2.4　主轴

主轴组装及安装包括:①水轮机-发电机大轴机坑外联轴;②水轮机-发电机大轴镗孔;③水轮机-发电机大轴吊装。

3.1.2.5　上机架

上机架组装及安装包括:①上机架中心体、支臂进场;②上机架焊缝坡口打磨、探伤;③上机架支臂挂装、调整;④上机架焊接;⑤上机架焊后消缺、探伤。

3.1.2.6　总装及轴线调整

总装及轴线调整包括:①转子吊装;②转子-发电机轴镗孔;③上机架吊装;④上端轴吊装;⑤集电环安装;⑥轴线调整;⑦无水调试;⑧机组充水;⑨有水调试。

3.1.2.7　72 h 试运行

机组安装完成后要进行 72 h 试运行,全部合格后就可以移交了。

3.1.2.8　移交

移交时既要完成设备的移交,也要完成技术、图纸的移交。

后面我们以国内某特大型水轮发电机安装过程介绍立式发电机安装方法。

任务 3.2　发电机定子安装

定子是发电机的重要组成部分之一,主要由定子机座、定子铁芯、上下压板、穿心压紧螺杆及螺母、定子绕组等部分组成。定子机座用于固定定子铁芯以及支撑上机架的功能;定子铁芯是形成发电机磁路的一部分,并用于固定定子绕组;定子绕组形成发电机的电路。目前,由于受运输尺寸的限制,定子需要在现场组合成整圆,定子的组装采用两种方式:①直径超过 4 m 的中小型发电机定子需分瓣制造(包括机座、铁芯和绕组),运往工地后再将分瓣的定子组装成整体;②大型机组的定子装配工作全部在工地完成,即先将分瓣的定子机座组焊成整圆,然后进行定子铁芯叠片,再进行定子绕组下线与连接。

3.2.1　定子组装的准备工作

3.2.2.1　定子组装与安装程序

发电机定子安装程序如图 3-5 所示。

3.2.2.2　定子组装平台安装

由于在机坑内组装,必须安装组装平台。首先按图纸组装定子组装平台;然后吊入定

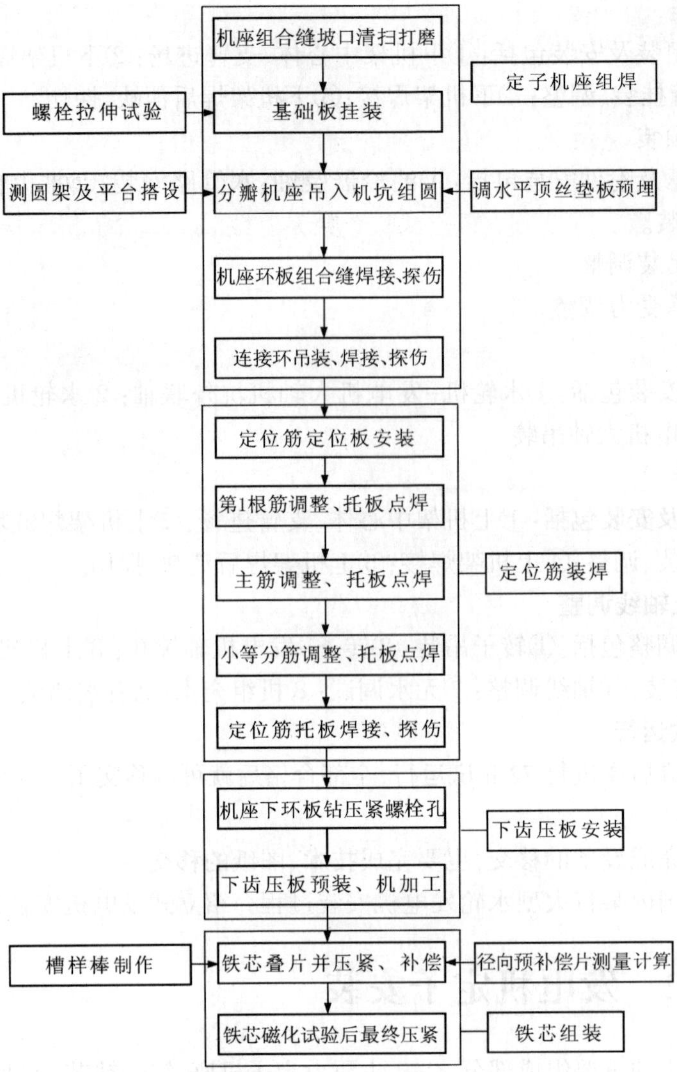

图 3-5 发电机定子安装程序

子组装机坑内安装,以定子测圆架底座支承面为基准,通过在平台支腿下的调整螺栓调平组装平台,以定子基础为基准调整其高程。

3.2.2.3 定子测圆架安装

将定子测圆架吊入机坑内,按照图纸将其组合成整体,测圆架的底座与组装平台初步固定。以机组中心初调测圆架中心柱的中心,用方形水平仪初调测圆架中心柱垂直度,固定测圆架底座。

3.2.2.4 基础检查和水平板埋设

检查清理机坑,对定子组装机坑进行高程和 X、Y 轴线的放点,并在混凝土面上标出调平板安装位置、机座分缝线。按照设计高程埋设定子水平调整板,并用水泥砂浆固定,垫板上表面水平最大允许偏差小于 2 mm/m, 高程允许偏差 5 mm。

3.2.2.5 定子螺栓拉伸试验

此试验是为了确定定子基础螺栓和地脚螺栓最终紧固压力值，在正式安装时按此压力对螺栓进行紧固。

试验采用厂家提供的液压装置，拉伸前测量螺栓的长度，记录并编号，拉伸后拧紧螺帽排掉压力，测量螺栓的长度，前后长度差值为螺栓伸长值，螺栓伸长值达到设计要求所用的压力即为最终紧固压力值。螺栓试验个数为总数的10%。

3.2.2 定子机座组装与焊接

3.2.2.1 机座结构

机组定子结构的独特之处在于采用斜元件支承结构，如定子机座的斜立筋支承结构。斜元件的设计构思能有效地减少圆形部件受热膨胀时对基础的压力。如果某圆形部件由径向元件组成，并支承在刚性基础上，则热膨胀产生的压力将直接作用在这些元件和基础上。但如果该圆形部件由斜元件组成，则热膨胀使这些斜元件同时弯曲，并稍微产生扭曲，从而减小了压力，径向元件膨胀受力示意图及斜元件膨胀受力示意图如图3-6所示。

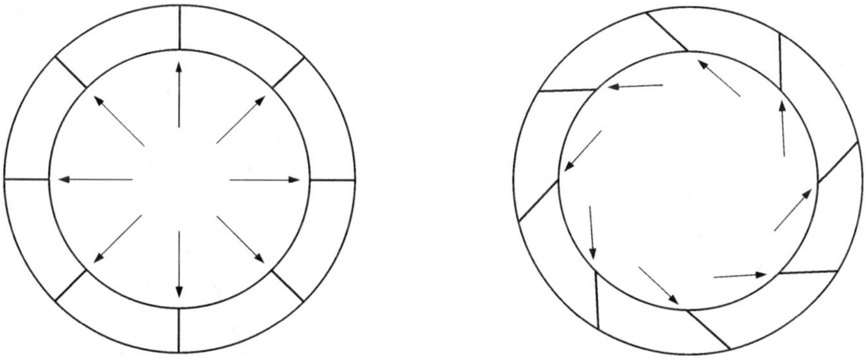

图3-6 径向元件膨胀受力示意图(左)及斜元件膨胀受力示意图(右)

定子机座外径主要由环板、立筋和机座外壳焊接而成。定子下环板(铁芯支撑板)厚50 mm，第2~6层环板厚15 mm，第7层环板厚20 mm。立筋采用斜元件结构。基础板与斜立筋的下端相连接。机座顶部还有一个连接环支承在斜立筋顶部，作为上机架的轴向支承。机座外壳在斜立筋之间开有空冷器窗口，定子机座到货分5瓣，每瓣重40 t，每瓣之间用组合块把合。

3.2.2.2 机座组装

检查和清扫组装块、定位块、基础组装面、基础板等，并对焊缝坡口进行打磨。在定子支腿上安装基础板，在组合面之间装5 mm的垫片，并稍稍润滑垫片表面，安装定位销、双头螺栓、螺帽，然后按试验压力对称拧紧组合螺栓。同时在基础板上安装地角螺栓。

将分瓣定子机座按方位依次吊入组装机坑进行组合。首瓣定子机座吊入后，用基础板上的水平调整螺栓支承好单瓣定子机座，用导链、钢丝绳将机座上部拉紧在风洞墙壁上的锚钩及风闸支墩上，以防分瓣定子机座倾覆，然后调整其位置和水平。将分瓣定子机座利用把合块和定位销、螺栓组合成圆，并用力矩扳手紧固螺栓。用测圆架检查定子机座调整情况和同心度，必要的话重新调整，如图3-7所示。

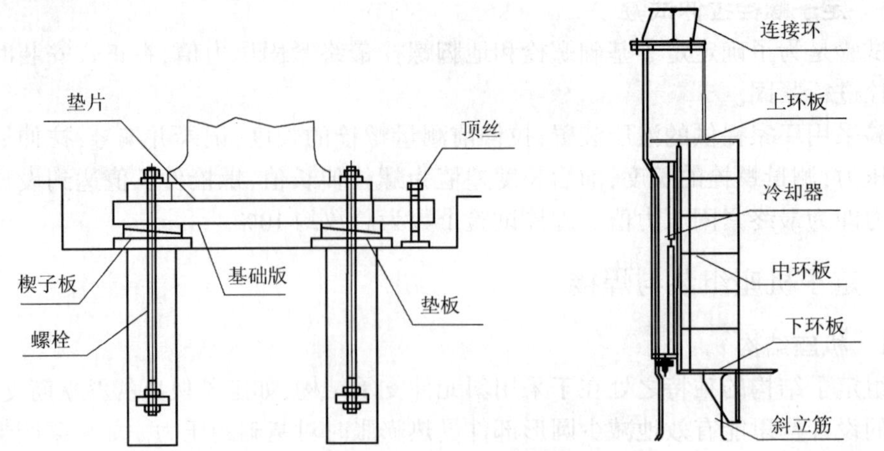

图 3-7　基础连接(左)及定子机座(右)

3.2.2.3　机座焊接

机座组合缝第 2~6 环坡口为单边坡口,夹角为 60°;下环为双边坡口,夹角为 50°。焊接坡口形式和尺寸如图 3-8 所示。

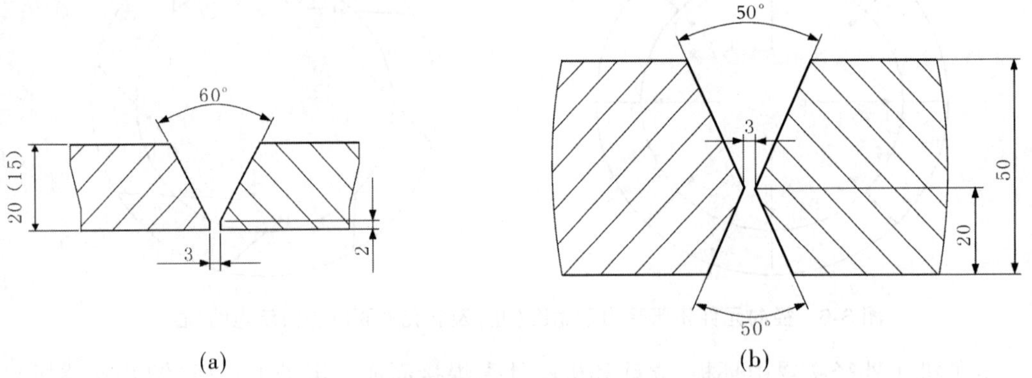

图 3-8　焊接坡口形式和尺寸　(单位:mm)

焊接方法采用 80%氩气+20%CO_2 富氩混合气体保护的短路过渡 MAG 焊,其中下环板焊前要求预热至 160 ℃。背部清根方法为气刨清根,并对表面打磨处理。焊缝要求做 100%PT 检验和 100%UT 检验。

焊接结束后,用测圆架测量机座半径和水平。

3.2.2.4　连接环组焊

定子连接环安装于定子机座上,作为上机架安装的基础。连接环共分 10 瓣,按方位组合成圆后,先将本体焊接成整体后再与定子机座焊接在一起。

定子连接环焊接采用 80%氩气+20%CO_2 富氩混合气体保护的短路过渡 MAG 焊,焊缝完成后,对焊缝做 100%PT 检验,并做防腐处理。

3.2.3 定位筋安装及焊接

3.2.3.1 定位筋安装与调整

定位筋的安装是定子装配工作中精度要求高而又复杂的工作，因为定位筋是铁芯的堆叠基准，而在焊接过程中，定位筋和机座又常常发生变形而影响定位筋的安装精度，同时环境温度也是影响定位筋安装尺寸不可忽视的因素。定子定位筋为双鸽尾形，共180根，长2 950 mm。每根定位筋由7块托板固定，托板与机座环板焊接。

装配定位筋安装采用大等分弦距的方法，先安装和调整定位筋，合格后再以20根定位筋为基准进行160根定位筋的安装，点焊后复测合格，进行定位筋托板的焊接。

按照图纸位置要求，安装调整第1根定位筋，用测圆架测量其半径、扭斜、径向垂直度，用挂钢琴线的方法测其周向垂直度，尺寸和位置检查合格后，点焊托板。以第1根基准筋为准，安装和调整其余19根定位筋，使用内径千分尺测量其弦距，尺寸合格后点焊托板。在每两根定位筋之间加装8根定位筋，用弦距样板调整其弦距在其半径等尺寸合格的情况下使其均匀。

定位筋托板焊接采用气保焊，由5名焊工对称逐环焊接，托板两侧各焊3道，焊角尺寸11 mm。焊缝要求100%PT检验，焊后尺寸复测合格后对焊缝进行防腐处理。

3.2.3.2 下齿压板安装

定位筋安装完成后，用硅钢片做样板，在下环板上配钻压紧螺栓孔。下齿压板共35块预装时将下齿压板与下环板临时固定，测量其水平，并对下齿压板进行机加工，使其周向水平偏差≤2 mm，径向水平≤1.5 mm，两相邻压指高差≤1 mm，合格后焊在下环板上。

3.2.4 定子铁芯装压

定子铁芯由冲片、通风槽片、定位筋、齿压板、拉紧螺栓等零部件组成。在定位筋、齿压板安装完成后，叠装硅钢片并压紧，装压过程中需保证其紧密度和准确度。

保证定子铁芯的紧密度是为了防止由于机械振动、温度变化及电磁综合作用而引起的铁芯松动，并使铁芯保持一个规则的形状而不发生严重的扇张现象。

定子铁芯由47小段和46层通风槽片组成，共分7次压紧，270个M20的穿芯压紧螺栓，在铁芯与螺栓之间设有绝缘套管，以避免螺栓与铁芯之间的金属相撞。碟形弹垫的采用，可防止发电机长期运行而引起的铁芯松动。叠片设计片间压力为15 kg/cm^2，每个螺栓的压紧乘以力约为125 kN。压紧使用的是螺栓液压拉伸器，按M20螺栓油缸活塞面积13.82 cm^2 计算其最终压力值为 904.5×10^5 Pa。

3.2.4.1 定子叠片

按照图纸叠阶梯片，第1层第1张片的中心位置位于15号定位筋处，以后每层之间沿顺时针方向错开1/3，7种阶梯片各叠10层。叠片高度达到20 mm时，插入槽样棒，每张冲片插2套，其周向位置应靠近定位筋，径向位置位于线槽中部，槽样棒伸出高度不超过100 mm，当槽样棒末端达到叠片表面时，将槽样棒向上移动。

第1段叠完并测量段高后，安装铁芯压紧螺栓的导向套筒，做好标记，并保证导向套筒的轴向位置在一条垂线上。

以后每叠完一小段,按上述要求测量每段的铁芯高度,并根据预计算补偿片的分布位置和数量叠装补偿片,每次压紧后需测量铁芯高度值,计算周向补偿片的分布和数量,并在下段铁芯堆积过程中进行补偿。

叠片时未使用传统常用的整形棒,即线槽侧部和根部没有专门的整形要求,只是要求在每段叠片中间和结束时用塑料锤轻敲铁芯内圆表面,使之靠紧定位筋,每叠完一段后,用25 mm厚的纤维板和塑料锤敲击定位筋附近的叠片,防止卡塞。

当铁芯高度达到1 091 mm时,叠带RTD槽的冲片。

第47段为上部阶梯片,段高和各种冲片层数与下部阶梯片相同。

3.2.4.2 铁芯压紧

铁芯压紧共分7次完成,各压紧高度如表3-1所示。

表3-1 铁芯压紧高度汇总表

压紧次数	段号	理论高度(mm)	螺栓长度(mm)	螺栓伸长值(mm)	套管长度(mm)
1	8	485.05	1 820(临时)	3.25	170、320、500
2	16	994.25	1 820(临时)	3.29	500
3	24	1 503.45	1 820(临时)	3.30	无
4	32	2 012.65	3 320(永久)	6.17	170、320、500
5	40	2 521.85	3 320(永久)	6.19	170、320
6	45	2 840.10	3 320(永久)	6.18	170
最终压紧	47	2 950.40	3 320(永久)	6.17	无

叠片至压紧高度时,安装上压板、压紧螺栓后,先用勾扳手交叉拧紧螺母,螺母每次只拧1圈,直到用勾扳手拧不动为止。

然后用螺栓液压拉伸器拧紧,先确定到达规定伸长值时的液压力大小,然后开始分数次压紧,直到达到该液压力。螺母每次转动不超过2圈。达到最终的液压力后,还要以最终液压力再拧数圈,直到螺母几乎无法转动为止。

3.2.4.3 叠片测量和检查

铁芯压紧后主要技术数据如表3-2所示。

表3-2 铁芯压紧后主要技术数据

编号	项目	公差
1	铁芯高度	$2\,950.4_{0}^{+10}$ mm
2	铁芯圆度	1.5 mm
3	铁芯半径	(9 400±1.5)mm
4	铁芯槽形	通槽棒检查
5	铁芯压紧力	125 kN
6	压紧螺栓伸长值	(6.17±0.43)mm
7	压紧螺栓绝缘	500 V,>5 MΩ

叠完片后,铁芯之前焊接下部消防水管支撑,纯水管道支撑上齿压板和环板之间的小盖板等。铁芯试验后,按最终压紧时的最终液压力重新压紧,并重新测量上述项目,根据图纸安装上、下端阶梯片中的绝缘条,并用两组分树脂固紧。

最后，对铁芯和机座外壳喷漆。

3.2.4.4 铁芯装压的准确度

1. 槽形尺寸

由于硅钢片厚度误差，叠片错牙以及装压时产生的波状翘曲等，使得装压后铁芯的槽形尺寸小于冲片的槽形尺寸，通常就需要在叠片过程中用槽样棒、整形棒、通槽棒来保证设计的槽形尺寸，各棒尺寸与冲片槽宽度 A 的关系：槽样棒厚度($A-0.10$) mm±0.02 mm；整形棒厚度($A-0.20$) mm±0.02 mm，通槽棒厚度($A-0.30$) mm±0.02 mm。

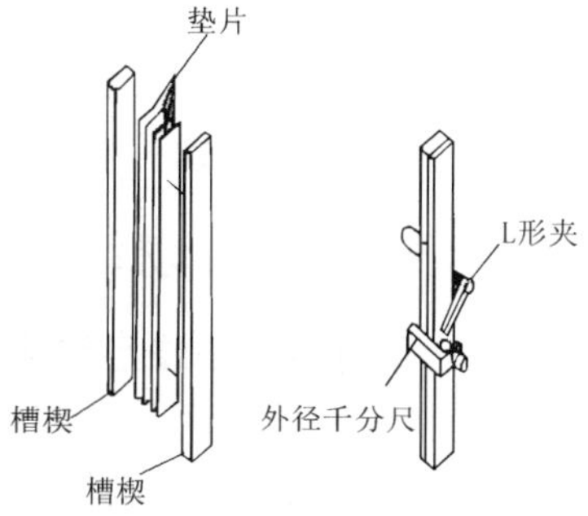

图 3-9 槽样棒结构

定子要求在叠片高度达到 20 mm 时，插入预先配好的槽样棒，如图 3-9 所示。每张冲片插 2 套，其周向位置应靠近定位筋，径向位置位于线槽中部，槽样棒伸出高度不超过 100 mm，当槽样棒末端达到叠片表面时，将槽样棒向上移动。但不用整形棒，只需在叠片过程中用塑料锤轻敲铁芯内侧。每次压紧前后用通槽棒检查其槽形尺寸。

2. 铁芯波浪度和高度公差

由于冲片厚度存在误差，而且由于冲片线槽孔的影响，在铁芯堆积过程中会产生波浪和齿胀，通常在叠至一定高度压紧后进行测量，根据实际情况来加减补偿片调整周向波浪度，所用补偿片与冲片宽度一致。

工艺要求不同的是叠片前用钢卷尺测量大约 50 堆冲片的如图 3-10 所示①~⑥点的高度，并根据所测数据计算补偿齿端和背部高差所需的补偿片数量来补偿内外高差。

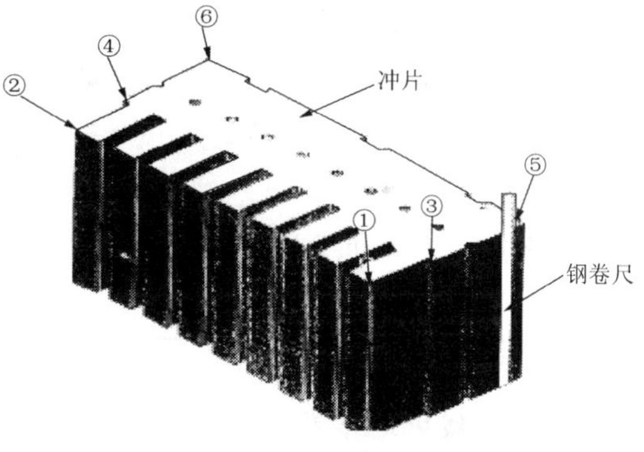

图 3-10 冲片高度测量

每叠完一小段，需测量每段的铁芯高度来保证设计高度公差。根据预计算补偿片的分布位置和数量叠装补偿片，每次压紧后需测量铁芯高度值，计算周向补偿片的分布和数量，并在下段铁芯堆积过程中进行补偿。最终要求铁芯高度为(29 500+10)mm，同一截面齿端和背部高差不大于 5 mm。

3. 铁芯内径

定子铁芯内径不圆和尺寸超差会产生单边磁拉力，引起铁芯振动。定子内径为 18 800 mm，公差要求±1.5 mm。

3.2.5 定子磁化试验

定子磁化试验是利用专用的励磁线圈，在铁芯内部形成交变的磁通，使铁芯产生涡流损耗，温度升高，并利用测温装置测量铁芯各部温升；同时，利用低功率因数瓦特表测量励磁损耗,计算定子铁芯单位重量的损耗。根据温度测量结果判断铁芯内部是否存在短接点。

定子磁化试验参数为:励磁电压 6.3 kV,计算磁通密度 1.2 T,励磁线圈匝数 32 匝,励磁电流 357.3 A,试验所需供电容量 3 898.6 kVA,试验时间 1.5 h。

试验判断标准:铁芯最高温升 25 ℃,铁芯最大温差 15 ℃。定子磁化试验结束后,压紧螺栓并测量其绝缘值。

3.2.6 发电机定子绕组组装

3.2.6.1 发电机定子绕组结构及参数

发电机定子绕组为三相双层五支路星形连接,绕组形式为条形波绕组。线棒由 42 股 2.12 mm×13.5 mm 包玻璃丝铜扁线和 6 股空心的不锈钢扁线组成,以罗贝尔 540°换位编制,线棒绝缘采用 Micadur ®系统,绝缘等级为 F 级。绕组端部支承环为两个布置(上、下端各一个),支承环采用 ϕ50 玻璃丝绳注胶固化工艺。嵌线时,在线棒表面铁芯段绕包填充有适当厚度的硅胶化合物的半导体玻璃丝带,线棒上、下层之间嵌入 RTD 垫条或梯形截面的半导体垫条,槽楔下安装有波形弹性垫条。绕组端部斜边垫块及槽口垫块均采用环氧适形材料工艺,线棒接头采用中频银铜钎焊工艺。三相五支路引出采用 $\phi45/\phi15$(外径/内径)汇流铜环集中引出,汇流环共 9 层,分布在定子机座上部整个圆周上。

3.2.6.2 安装主要程序及工程量

定子绕组安装材料见表 3-3。定子绕组安装程序见图 3-11。

表 3-3 定子绕组安装材料

序号	项目名称	单位	数量
1	嵌线	根	1 080
2	打线槽	段	8 640
3	焊头	个	1 300
4	特氟龙软管安装	根	2 254
5	绝缘盒安装	个	1 200

3.2.6.3 定子绕组安装

1. 定子下线场地布置

(1)设置定子下线防尘作业区,在发电机层沿定子机坑周围铁栅栏和篷布围起一道高 2 m 的围栏,以防金属粉尘、灰尘、杂物等进入下线作业区。在定子顶环外侧风洞内搭设环形平台,便于下线和汇流铜环安装,在定子铁芯内圆搭设三层环形定子下线施工平台。

(2)在机坑旁设置线棒绕包房和配方房。下线前,将每天所需线棒抬至绕包房进行外观检查,包括颜色、形状、表面状况,整个线棒主绝缘表面应平整光滑,无任何损伤。配方房设专人负责定子下线所有化学制品的配制,并做好记录,每天配制当天所需数量的化学品,确保正确无误且无浪费现象。

(3)为保持定子机坑内空气干燥,在发电机机坑内安装一定数量的除湿机,经常投入使用,使机坑内温度略高于环境温度 3~5 ℃,保证空气相对湿度不高于 80%。

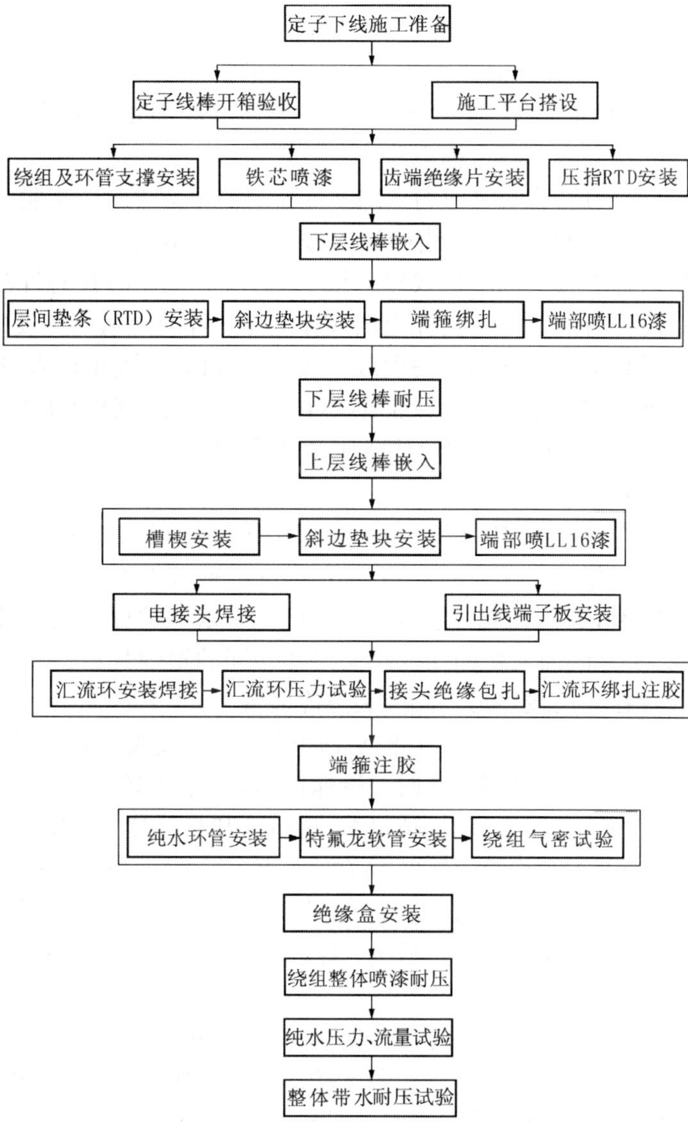

图3-11　定子绕组安装程序

(4)作业区内设置严格的门卫制度,无关人员不得入内,施工人员进入作业区内必须换装,设专人负责作业区的卫生清洁,用吸尘器吸尘,并拖洗地面。

2. 嵌线

下线前,对线槽、通风沟、齿压板下及铁芯背后仔细检查、清扫。用医用胶布封堵上端齿压板之间及背后的间隙,以防止杂物落入。用干净白布清洁每一个铁芯槽,消除一切影响下线质量的因素。

用游标卡尺测量线棒和铁芯槽的尺寸,计算槽壁间隙的大小,确定硅胶的厚度。线棒嵌入铁芯槽前,须在线棒铁芯段缠绕半导体聚酯绕包带。在对折的绕包带内填充有适当厚度的硅胶化合物。绕包时,绕包带不得叠压,间距为1~3 mm。

(1)嵌下层线棒。下层线棒嵌入按逆时针方向进行,将线棒轴相对好标高后,用人力将其平行推入槽底,然后垫入梯形半导体垫条或RTD后,在硅胶尚未固化前,迅速使用压线木板和临时槽楔将下层线棒紧紧楔入槽中,临时槽楔固定间距为500~600 mm,待硅胶完全固化后,方可拆卸临时槽楔和压线木板。半导体硅胶固化后膨胀,并呈弹性,故能与槽壁保证良好接触,从而有效降低槽电位。

下层线棒全部嵌入后,将对其进行52 kV、1 min工频交流耐压试验。

(2)嵌上层线棒、打槽楔。上层线棒嵌入按顺时针方向进行,将上层线棒嵌入槽后,调整高程,使上层线棒电接头与下层线棒电接头对齐,误差控制在允许范围内,然后开始从下端往上端逐段打入槽楔。首先,在上层线棒绝缘表面放上适当厚度的保护垫条,再在保护垫条外面放一层弹性波形垫条,槽楔放在线槽最外面,将内楔插入弹性波形垫条和保护垫条之间后,将槽楔与垫条打紧。保护垫条共6种厚度,分别为0.1、0.2、0.3、0.5、1、1.5 mm,其厚度的选用,应使弹性波形垫条压紧度达85%。

3. 绕组接头焊接

线棒接头焊接采用两台MFG-50型中频焊机银铜钎焊。用整形工具将上下层线棒调整对齐,电接头相互偏差上下不超过4 mm,左右不超过1.5 mm。将剪成长条的湿布(浸水不滴为宜)缠绕在靠近线棒电接头端部绝缘上,以保护焊接时线棒绝缘不受损伤。在上下层线棒电接头之间插入截面与电接头尺寸相同的银焊片后,用G型夹将上下层线棒电接头夹紧,在焊接头的线棒另一端安装空冷装置。

取下线棒端头水箱上塑料帽,将电接头通电加热,当接头达到焊接温度(约710 ℃)时,在焊缝中预放的焊片开始熔化,此时可迅速使用$\phi 2$银焊丝(L-Ag15P)向焊缝中添加焊料,当焊缝全部填充无间隙后,可停掉电源,通风冷却当电接头达室温后,再重新盖上水箱塑料帽,为保证焊接质量和焊缝的外观,可在停掉电源后的短时间内再次向焊缝添加焊料。

接头焊接完毕后,用锉刀、砂布、电磨头清除焊接头表面焊料、焊瘤及氧化物,使焊接头呈现本色后,再用丙酮、白布擦洗干净后进行焊接质量检查,对不合格的焊头须重新返焊。

4. 绕组线端头焊接、汇流环安装

按图纸拼装定子主引出线前端子、中性引线端子,并将其焊接在定子机座上段出口处。在绕组引线头和端子之间按顺序逐段连接汇流环连接接头。汇流铜管和线棒引接头焊接工艺同普通头、汇流铜管接头对接时,先插入连接套管和环形银焊片,再用夹紧工具将待焊接头固定,接触面间隙小于0.1 mm,套入感应圈后,启动中频焊机施焊。每根汇流环焊接完且外观检查合格后,将对其进行压力试验,向汇流环管中充入15×10^5 Pa氮气,30 min应无泄漏。试验合格后,再对接头进行绝缘包扎,旧绝缘烧伤处用刀片切除。用白布、丙酮清理干净后,用屑装干云母带送包,层间涂刷环氧胶EP139,最外层绕包一层玻璃丝带,汇流环安装完毕后,用$\phi 16$玻璃丝绳将其绑扎固定,并注入环氧胶EP118。

5. 特氟龙软管安装

(1)检查定子线棒水箱内有无异物后,按图纸要求安装下端特氟龙软管。①将特氟龙软管在烘箱中加热至(50±5)℃;②用高压风吹扫线棒水箱;③清扫和检查水箱上的螺纹和密封锥应无损伤或划痕;④用窥镜检查水箱内有无杂质;⑤用干净白布、丙酮清扫水箱密封锥;⑥水箱螺纹上涂 Molykote DX 密封胶;⑦取出烘箱中软管,并用高压风吹软管;⑧用丙酮清扫密封圈,并套入软管锥体凹槽中;⑨在软管尚未完全冷却下安装软管,并用力矩扳手旋紧软管接头。

(2)特氟龙软管安装。根据图纸安装纯水环管支撑及进出水环管,在进水环管连接头内安装节流模板后,连接上端特氟龙软管,安装方法同下端软管安装。

6. 绕组密封试验

在定子绕组、纯水环管、特氟龙软管安装完毕后,将进行密封试验,以避免定子纯水系统充入纯水后出现泄漏现象而造成浪费。临时封闭定子绕组冷却水线路的进口和出口管道在定子绕组上、下端相对 180°布置 4 支 1/10 ℃刻度的温度计,测量绕组温度。测量环境温度用一只精密压力表测量大气压力(精度≤0.05%)。充入 5.21×10^5 Pa 干燥空气后,每小时记录测量读数,试验延续 24 h 以上,填充后的前 12 h 为适应时间,后 12 h 或更多时间为有效试验时间。

7. 绝缘盒安装

将各种规格的玻璃丝绳剪成适当长度后浸入环氧胶 EP118 中 0.5 h 后待用。用丙酮、白布清洗线棒电接头和特氟龙软管以及绝缘盒内、外侧。

(1)普通绝缘盒安装。按图纸,将 ϕ9 玻璃丝绳缠绕在上下层线棒电接头之间后,将 ϕ25 玻璃丝绳径向穿入上下层线棒之间后压紧在线棒端部水箱上,套入普通无底绝缘盒,并将其固定在规定位置,调整绝缘盒之间的间距,使之均等,高度一致。

(2)开口绝缘盒安装。将 ϕ11 玻璃丝绳套管顺时针缠绕在下层线棒特氟龙软管螺母上以锁定螺母后,将玻璃丝绳缠绕在上下层线棒电接头之间,再将 ϕ25 玻璃丝绳套管顺时针缠绕在上层线棒特氟龙软管螺母上,玻璃丝绳压在上层线棒水箱上后,套上开口绝缘盒,装入瓷套管,并用玻璃丝绳穿入瓷套管将绝缘盒开口拉紧,并绑扎固定。调整绝缘盒之间的间距和高度,使之一致,并用木楔临时固定。

任务 3.3 发电机转子组装与检查

3.3.1 发电机转子结构

3.3.1.1 无轴式圆盘焊接结构

发电机转子无轴式圆盘焊接结构,转子支架为斜形腹板焊接结构。发电机为立轴半伞型结构。转子主要由转子中心体、扇形支臂、键槽板、磁轭、磁极、上下压板、永久螺栓、上下挡风板、刹车板等部件组成,通过组装、焊接、叠片、磁轭热套、磁极挂装等工序现场组装而成。

3.3.1.2 转子中心体

由上下法兰、加强筋厂家焊接、精加工而成。圆周均布 32 块 35 mm 厚的斜形支撑板,如图 3-12 所示。

3.3.1.3 转子支架

转子中心体与扇形支臂在工地组焊而成。扇形支臂的腹板与转子中心体以一定的角

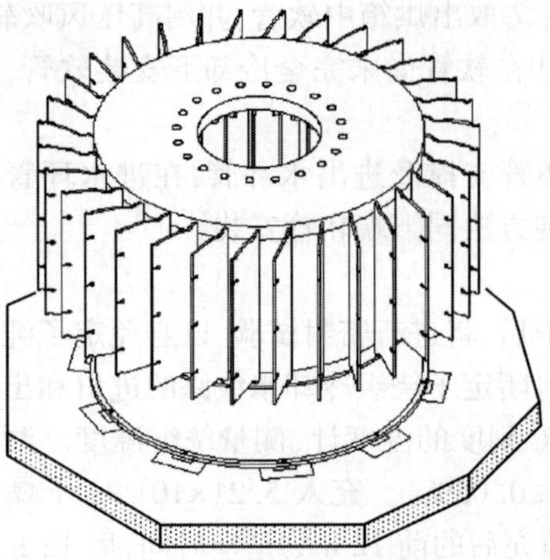

图 3-12 转子中心体结构

度焊接成斜形辐射状。组焊后的转子支架外径为ϕ16 214±10。支架外部有32根自上而下的键槽板通过连接件临时与支架腹板连接而形成的磁轭基础挂钩。将键槽板紧靠磁轭,然后将键槽板与支架腹板焊接在一起。

3.3.1.4 键槽板

键槽板是机组在转子上的一种新型结构。它克服了传统转子支架现场组焊对转子支架外形尺寸要求高,立筋垫板现场立铣施工难度大、工期长等缺点。键槽板结构可以使现场组焊后的转子支架外径控制在(R±10)mm范围内。现场转子支架施焊除严格控制焊缝本身的焊接质量、腹板的弯曲变形以及上下法兰的水平外,反而放宽了对传统转子支架现场组焊要求非常严格的半径、弦长的控制。

3.3.2 转子组装工艺流程

转子组装工艺流程如图3-13所示。

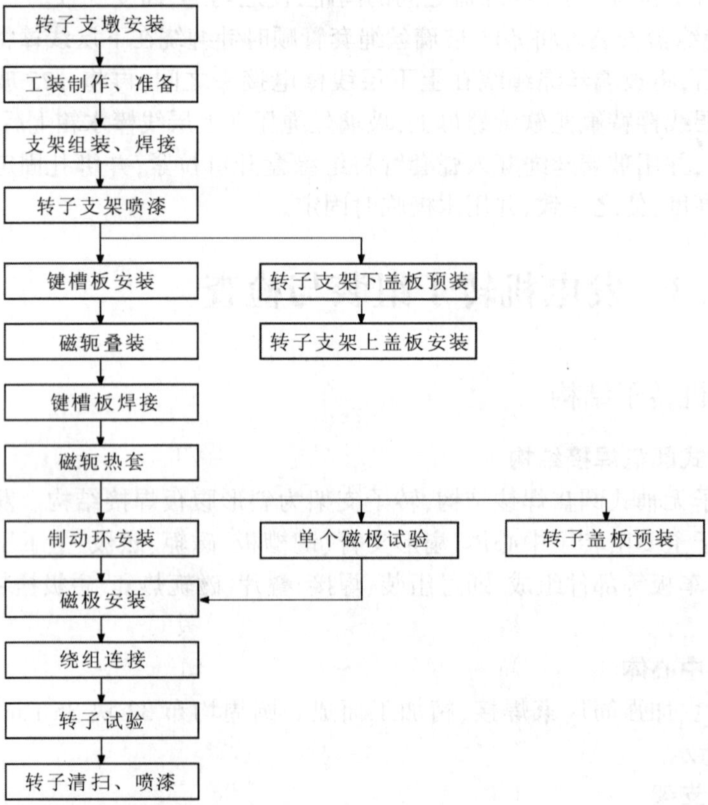

图 3-13 转子组装工艺流程

3.3.3 转子组装中的几个重要步骤

3.3.3.1 键槽板加工余量计算

键槽板的安装与调整根据组焊后转子支架1~32号腹板的实测外径,精确计算出对应的键槽板的机加工余量(一般为5~18 mm)。键槽板等附件与磁轭、腹板的配合关系如图3-14所示。

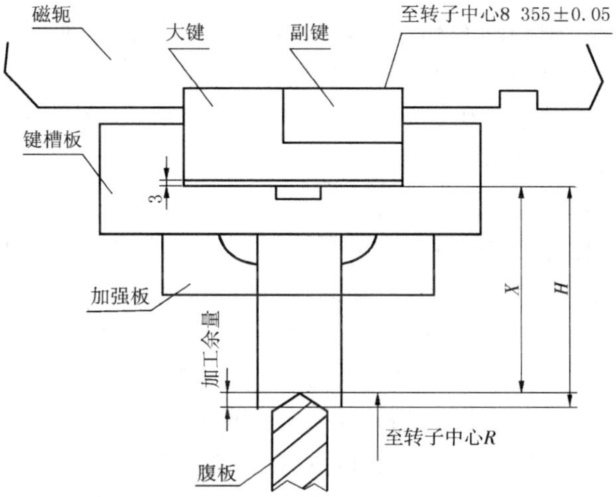

图3-14 键槽板结构 (单位:mm)

机加工余量δ计算:

$$\delta = H - X \tag{3-1}$$

$$X = 8\ 355 - R - 73 \tag{3-2}$$

式中 H——键槽板加工前尺寸;

X——键槽板加工后尺寸;

R——转子支架焊后腹板半径。

在键槽板机加工完成后进入安装调整阶段。

清扫键槽板和磁轭大键,在每根磁轭大键和键槽板之间加一张3 mm厚的通长垫片,用M16的螺栓将磁轭大键、垫片、键槽板组合成一个整体,在组合时必须先润滑键槽板和磁轭大键之间的接触面、键槽板的表面、中间垫片和磁轭大键必须无损伤且清洁无毛刺。

将组合好的键槽板分别吊到转子支架1~32号腹板的位置,用临时螺栓等附件将其固定。用水准仪、测圆架、钢琴线、9 m测杆将第1根键槽板的半径、挂钩高程、径向、切向垂直度调整到正确位置。挂钩高程以转子中心体下法兰面为基准,借助水准仪调整挂钩上平面至中心体下法兰面的高差为(562.2±0.5) mm。磁轭大键外表面至转子体中心的半径为(8 355±0.05) mm。转子支架腹板和键槽板之间预留3~5 mm的焊接间隙。等到焊接时将该间隙上下方向5处均布塞入150 mm长的垫片。当第1根键槽板调整好以后,将此根键槽板作为基准,借助测圆架、百分表、测杆等工具调整余下的键槽板(32个挂钩高差调整在0.5 mm以内)。

3.3.3.2 下压板的调整安装

将下压板按编号吊到临时支撑上。下压板内侧支撑在高程已调整好的键槽板底部挂钩上,外侧支撑在两个临时支撑上。

初步调整下压板水平。将叠片销插入下压板孔中,按图纸要求将磁轭冲片叠5层左右,轭高为50~60 mm,形成磁轭的基础部分。基础部分的调整应达到下列7条要求:①转子中心体水平满足0.02 mm/m要求。②下压板周向、径向水平满足0.02 mm/m要求,外圈须高于内圈;周向用测圆架和百分表检查下压板水平一周,其整圈波浪度不大于1 mm。③转子测圆架与转子中心体的同心度为0.05 mm。④转子测圆架与磁轭的同心度为0.05 mm。⑤磁轭圆度为0.5 mm。⑥磁轭半径为(9 043±0.5)mm,垂直度为0.05 mm/m。⑦检查键槽板挂钩与下压板,应没有间隙。

3.3.3.3 磁轭基础的形成

在磁轭基础各个指标通过验收后,保留下压板调整时所叠装的磁轭冲片,继续叠片约至120 mm高,形成磁轭基础。检查有无错误,调整每块磁轭冲片上的叠片销,使每张磁轭冲片上有4个长叠片销和4个短叠片销。利用已准备好的木方将叠片销顶住,使其露出磁轭冲片200 mm左右。检查磁轭大键与磁轭,应没有径向间隙,插入磁轭副键,用C型卡固定在适当的高度,并保证没有切向间隙,复测磁轭大键径向、切向垂直度。

重复检查调整磁轭的基础部分应达到的7条要求。在上述工作完成后,应该可以用手轻松转动叠片销。填写各项质检记录卡经各验收部门验收后进入正式的磁轭叠装工序。

3.3.3.4 磁轭叠装

磁轭由上、下压板,磁轭冲片,压紧螺栓等部件组成。磁轭为整段结构,由磁轭冲片以正10层、反10层螺旋方式叠装而成,并自形成通风道,随着磁轭叠片高度的增加应不断向上升出叠片销,上升长度以不超过200 mm为宜。升出后底部的空洞部分用钢管临时支撑,但4个短叠片销不动。

当组合磁轭大键、垫片、键槽板的M16的螺栓影响磁轭叠片时,逐步卸掉磁轭大键的组合螺栓。整段磁轭高3 190 mm,大约由35 000张磁轭冲片叠装而成。磁轭压紧分4次,分别为504 mm、1 524 mm、2 785 mm、3 210 mm,磁轭压紧采用永久螺栓与各种不同长度规格的厚壁套管压紧。

3.3.3.5 磁轭压紧

如前所述,磁轭压紧分4次,当转子磁轭叠片至504 mm时进行第1次压紧,压紧前须先布置平台,检查磁轭叠片的错开距离是否正确。穿入80%的永久螺栓,在每根永久螺栓上部分别穿入1 255 mm、1 015 mm、400 mm长的厚壁套管各一根,厚壁套管之间叠入一层磁轭冲片,起着定位和相对稳定作用。在永久螺栓底部安装M42的永久圆螺母,在400 mm长的厚壁套管上部安装$\phi78/\phi43$垫圈、M42的临时压紧螺母。在压紧装置安装完成以后,测量压紧前的磁轭高度,检查调整磁轭基础部分应达到要求,如果超标要调整好后才能压紧。在磁轭压紧验收后测量磁轭高度,根据测量的轭高计算出下次叠片前应该加的补偿片厚度、方位。

3.3.3.6 键槽板定位焊接

(1)在转子支架腹板缺口处用液压千斤顶将键槽板朝磁轭顶靠,用测圆架和百分表在磁轭外圈相应的位置监视,当百分表针微动0.01~0.03 mm时表示磁轭大键与磁轭已没有间隙。

(2)在转子支架腹板与键槽板之间均匀加入5组垫片塞实间隙。

(3)拆除液压千斤顶,采用相同的方法对称顶紧其余键槽板。在键槽板完全定位后,检测磁轭各部尺寸,然后焊接键槽板。

3.3.3.7 磁轭热套

在磁轭叠装压紧工作完成并验收以后,对键槽板进行调整、固定、焊接。然后布置热电耦、加热棚和加热器对转子磁轭进行加温热套。因为是采用风机间接加温磁轭,所以加温时间大约需要3 d。待胀量达到要求,所有的垫片同时插入键槽板与磁轭键之间后,慢慢降低磁轭温度至室温,降温时间也需要3 d。验收热套后的转子磁轭标准与磁轭基础部分基本相同,所不同的是,磁轭热套后半径应为(9 045±0.93)mm。

3.3.3.8 磁极挂装

在磁轭下压板上有均匀分布的80个M30×150 mm的螺纹顶丝,用于每个磁极的高程调节与固定。整个转子共有80个磁极,单个磁极重约5 467 kg。挂装时对称方向的磁极质量差≤2 kg。相邻磁极的中部有一块自内而外的极间隔板,上部和下部各有一根M16的螺纹锁定杆通过磁轭、磁极阻尼环对磁极进行辅助锁定。

3.3.4 发电机转子安装技术参数

发电机转子安装技术参数见表3-4。

表3-4 发电机转子安装技术参数

序号	项目	参数	序号	项目	参数
1	转子中心体水平	0.02 mm/m	9	测圆架与中心体同心度	0.05 mm/m
2	测圆架水平	0.05 mm/m	10	测圆架与磁轭同心度	0.05 mm/m
3	键槽板垂直度	0.15 mm/m	11	转子支架腹板半径	(8 107±10) mm
4	磁轭圆度	0.5 mm	12	转子支架立筋板弦距	(1 589.2±5) mm
5	磁极圆度	1.87 mm	13	磁轭大键半径	(8 355±0.05) mm
6	磁轭高度	(3 190±5)mm	14	热套前磁轭半径	(9 043±0.50) mm
7	转子外径	(18 738±0.5)mm	15	热套后磁轭半径	(9 045±0.93) mm
8	刹车板波浪度	≤ 1 mm	16	转子支架水平波浪度	≤ 8 mm

3.3.5 复合键的作用及其键槽板的焊接变形对转子热套的影响

3.3.5.1 复合键的结构和作用

如图3-15所示由磁轭副键、磁轭大键、键槽板、8~13 mm的垫片组合成一组复合键,它的作用是固定磁轭,调整磁轭圆度、垂直度、承压、传扭,以及微调磁轭半径。键槽板的有效长度3 255 mm,中部有4个M16的螺栓孔用于临时固定磁轭大键。

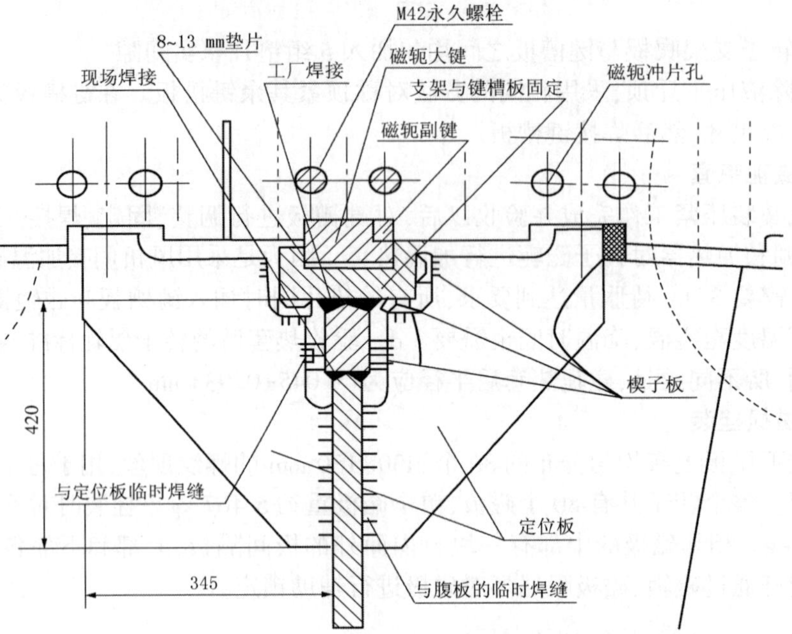

图3-15 复合键结构 (单位:mm)

3.3.5.2 键槽板的焊接

(1)在磁轭叠装、调整验收完后。先将键槽板定位,检测磁轭半径、圆度、垂直度。在键槽板定位时,根据磁轭验收记录对不理想的数据进行调整,直到各项验收指标优良。

(2)为了减少焊接变形,在转子支架的上环、中环及腹板的左右均布3组临时定位板,如图3-15所示。每根键槽板由6块临时定位板及18对楔子板将转子支架的腹板、键槽板、磁轭大键及磁轭全方位约束在已调整好的位置上。

(3)布置加温设备、焊接设备、照明设备。

(4)在键槽板正式焊接前对参与该项工作的人员进行技术交底,除对焊接技术、焊材质量有专门要求外,对键槽板焊前坡口还须进行液体渗透探伤,对焊缝坡口两侧各150~200 mm进行清扫、打磨、清除焊缝表面油漆、油污等,以便焊接后超声波检查。32根键槽板,采用8名焊工同时对称施焊,通过以上措施,在焊接时可有效地控制键槽板径向、切向、垂直方向的变形,将焊接变形控制在要求范围内。

(5)键槽板的焊接变形对转子热套的影响。在首台机转子键槽板的焊接中,根据外方的焊接程序,着重控制键槽板的径向收缩。程序要求径向收缩≤2 mm,没有采取有力的控制键槽板切向变形的措施。在键槽板焊接时,磁轭大键在切向发生了不规则变形,致使磁轭大键卡在键槽板内,不随磁轭的热膨胀而一起向前移动。由于磁轭大键与磁轭副键顶端被焊在一起,所以中部与底部会发生不同程度的分离,造成垫片无法安装。

转子热套是将已组装好的转子磁轭环通过加温的方式，使转子支架与磁轭环产生过盈配合的过程。转子热套就是要在如图3-16所示的A间隙中插入8~13 mm的通长垫片，并且在转子磁轭温度降低到环境温度时，磁轭的圆度、同心度、垂直度、半径都在要求范围之内。

如图3-16所示的键槽板K形焊缝焊接的切向变形控制，对垫片的安装至关重要。如果焊接变形造成如图3-16所示的B间隙、C间隙或D间隙的上下不均匀，说明键槽板已发生切向变形，而磁轭大键已在键槽板内产生倾斜或扭曲，转子热套将面临困难。

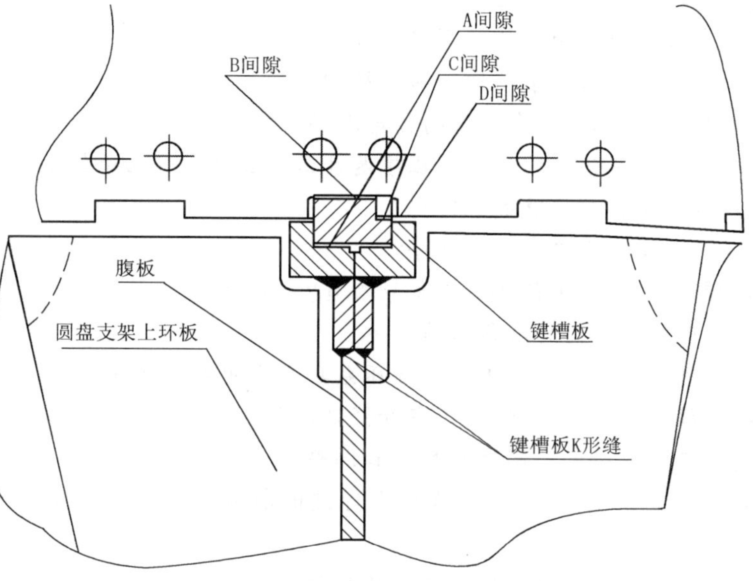

图3-16　键槽极K形焊缝焊接的切向变形控制

3.3.6　水轮发电机转子与一般发电机转子的不同之处

3.3.6.1　转子圆盘支架细部结构不同

转子支架为斜形腹板焊接结构，该结构可以使磁轭热套时单边胀量得到有效的增加。从而更加有效地保证了磁轭与转子支架的整体性，增强了转子支架在长期高速运转环境下的抗扭切能力。事实证明，已安装的机组在过速试验以后，没有一处转子支架裂纹补焊的记录。相对来说，垂直的箱形焊接结构是没有这一优势的。

3.3.6.2　转子磁轭为整段结构

磁轭为整段结构磁轭叠片时难度大一些，但上下磁轭的同心度容易保证。转子磁轭为上下两段结构，磁轭叠片时比较方便、易叠，但上段磁轭与下段磁轭同心度的控制难度要大一些。

3.3.6.3　磁轭热套的方式不同

转子磁轭热套单边胀量为2.98 mm，在磁轭冲片的内、中、外分别留有专用的磁轭加温孔,加温时直接将加温管放入加温孔中加温,只需 10 h 左右就可达到胀量要求,而水轮机的磁轭热套如前所述,需要较长的时间。

复习思考题

3-1 常用推力轴承有哪三种结构型式?每一种有哪些详细结构?液压支柱式和平衡块式推力轴承都有哪些优点?

3-2 简述立式发电机的一般安装程序。

3-3 简述水轮发电机的类型和结构。

3-4 机组高程及中心调整包括哪些内容?

3-5 试叙述发电机的定子结构和转子结构?

3-6 磁极挂装就位后,其中心点高程是怎样确定的?

3-7 磁轭铁片清洗分类的目的和程序是什么?在什么样的条件下铁片可以不分类?

3-8 定子组装需要哪些准备工作?

3-9 定子绕组安装主要有哪些程序?

3-10 轮臂连接后,应进行哪些项目的检查?怎样检查?

3-11 简述磁轭堆积前的准备工作。

3-12 怎样进行铁片的压紧工作?叠压系数有哪两种计算方法?

3-13 磁极挂装前,要进行哪些检查和修理工作?

3-14 怎样进行磁极外表圆度的测量和调整?

3-15 为什么要进行热打磁轭键?热打键的打入长度及磁轭与轮臂的温差怎样计算?

3-16 简述悬式水轮发电机的一般安装程序。

3-17 转子组装中的几个重要步骤是什么?

项目4　轴承安装与发电机吊装

【项目导读】

立式水轮发电机主要包括定子、转子、上机架、下机架、推力轴承、导轴承、空气冷却器和永磁机等。本项目主要以国内某特大型水轮发电机安装过程介绍水轮发电机推力轴承的安装，发电机定子吊装，发电机主轴及下机架安装，发电机转子吊装，上机架组装及吊装，发电机总装及盘车调整。介绍机组安装工程实例，盘车中的实际问题，熟悉导轴承的安装和调整。

【项目目标】

知识目标：

1. 了解水轮发电机推力轴承的安装原理。
2. 了解水轮发电机悬式机组轴线检查与调整的原理。
3. 介绍机组安装工程实例，盘车中的实际问题。
4. 熟悉导轴承的安装和调整。

技能目标：

1. 能说出发电机的定子结构和转子结构。
2. 学会导叶端、立面间隙的测量与调整方法。

【课程思政】

党的二十大报告提出，我们要推进美丽中国建设，坚持山水林田湖草沙一体化保护和系统治理，统筹产业结构调整、污染治理、生态保护，应对气候变化，协同推进降碳、减污、扩绿、增长，推进生态优先、节约集约、绿色低碳发展。我国科研工作者及施工人员在立式水轮发电机安装过程中，统筹安排，合理布局，注重环境生态保护，取得了较好的社会效益和经济效益。

任务4.1　推力轴承安装

4.1.1　概述

推力轴承由24块推力瓦组成，可承受5 520 t轴向推力负荷(其中转动部分总重量2 600 t和最大水推力2 920 t)，并将该负荷通过下机架轴向基础板传至混凝土基础。油槽内的下导轴承由16块下导瓦组成，承受机组运行时的径向不平衡力，并将该力通过下机架径向支撑基础板传至混凝土基础。

推导联合轴承在现场安装调整的新技术，主要包括推力负荷的测量和调整、高压油润滑系统的高压油流量喷高试验及下导瓦调整键块的现场机加工。

4.1.2　下机架结构介绍

4.1.2.1　下机架本体

下机架本体包括1个中心体和16条斜支臂，在现场用螺栓把合而成，不需焊接。中心体和支臂连接法兰面之间设有轴向键，防止产生相对轴向位移。

下机架推力油槽位于中心体内,其内挡油圈到货时已焊接好,挡油圈表面设有铝质螺旋形密封油沟,增加轴承油爬行阻力,防止甩油。

下机架结构平面图和剖面图分别如图4-1、图4-2所示。

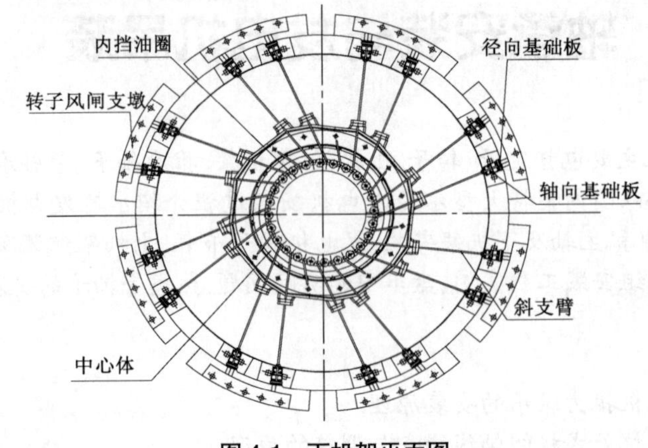

图4-1　下机架平面图

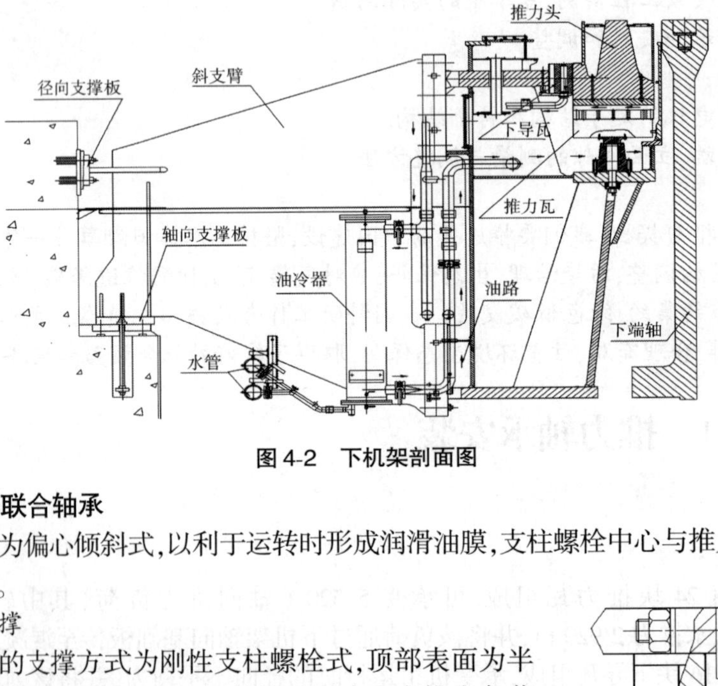

图4-2　下机架剖面图

4.1.2.2　**推导联合轴承**

推力轴承为偏心倾斜式,以利于运转时形成润滑油膜,支柱螺栓中心与推力瓦中心的偏心距约为48 mm。

1. 轴承支撑

推力轴承的支撑方式为刚性支柱螺栓式,顶部表面为半径$R=11$ m的球面,增加推力瓦倾斜的灵活度。在推力负荷测量元件和计算机的监控下,将支柱螺栓向上或向下旋转,使每个支柱螺栓的变形值差异在0.03 mm之内,即认为每块推力瓦的推力负荷已调整均匀。推力负荷测量原理如图4-3所示。

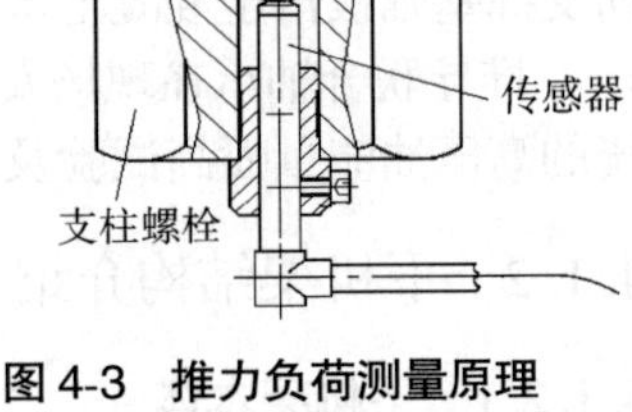

图4-3　推力负荷测量原理

2. 推力瓦

推力瓦主要由托架、厚瓦、薄瓦以及厚薄瓦之间的小支承柱组成,如图4-4所示。

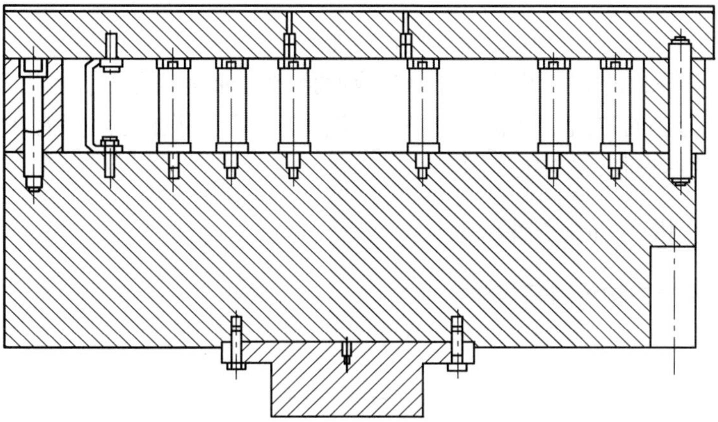

图 4-4 推力瓦示意图

厚薄瓦分开，运行时厚瓦温度为油槽油温，其热变形和机械变形很小。厚瓦内圆侧设有切向限位销钉。薄瓦表面为 4 mm 厚的巴氏轴承合金，瓦表面开有两个深度为 0.5 mm 的 12 mm×60 mm 的浅槽，此为瓦面高压油喷口，经支管和分配节流阀与高压油环管相连通。瓦面以下 34 mm 处即为推力瓦温度传感器孔。两块推力瓦之间有导油隔板，起引导油流、防止冷热油串通的作用。薄瓦的设计应在满足强度和刚度的条件下厚度尽量薄，有利于推力瓦的快速散热。尽管薄瓦有很大的温度梯度，但有较高刚度的厚瓦和小支撑柱一起可使薄瓦保持水平。

3. 下导瓦

下导瓦瓦面半径比推力头轴颈面半径大 10 mm，且下导瓦支撑靠近出油边，使瓦面和轴颈面之间产生径向偏斜间隙，便于形成润滑油膜。另外，下导瓦进油边有一个专门设计的深度为 1 mm 的油室，该油室与轴颈面之间产生泵隙，机组旋转时将大部分冷却过推力瓦的热油通过此油室甩入下导瓦中间的排油孔中，即在推力油槽油路循环中相当于油泵的功能，然后热油随排油管进入外部油冷却器中，另一部分油则随推力头轴颈旋转起润滑作用，如图 4-5 所示。

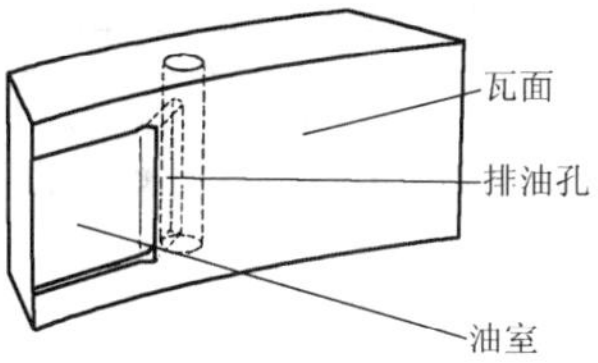

图 4-5 下导瓦结构

安装时下导瓦间隙为 1.2 mm，所以机组冷态启动时，下导瓦并不起导向作用，此时由上导和水导导向。

4. 油路循环

在下机架中心体推力油槽的外部有 8 个油冷却器，从冷却器下部出来的冷油返回油槽，经推力轴承下部至推力瓦内圆侧，然后经导油板流至推力瓦外圆侧，从而对推力瓦进行冷却，最后经自泵式下导瓦将热油泵至油冷却器上部的进油管后进入外部油冷器。机组过速的瞬间转速增高，导致泵油量增大，推力瓦温度反而会比额定转速时的温度下降。油路循环如图 4-2 中所示。

8 个油冷却器最多 1 个出现故障的话，机组仍可正常运转，瓦温在报警温度以下。油路循环管道材料为不锈钢，管道工作压力为 0.5~0.6 kg/cm^2，现场管道接头不用焊接，而是用专利设计的 Metal-Grip-Clamp 管接头，按设计力矩拧紧螺栓即可。

5. 油槽盖板

油槽上、下部盖板起密封作用和油雾吸收功能。

油槽内部的两层中间盖板,将油槽分隔为冷油腔、热油腔和膨胀腔。推力瓦高程以下为冷油腔,下导瓦附近为热油腔,下导瓦以上为膨胀腔。冷油腔和膨胀腔之间有8根连通管,便于实现油温升高后的热膨胀,起均压作用。

4.1.3 下机架及推力轴承组装

4.1.3.1 下机架及推力轴承组装程序

下机架及推力轴承组装程序如图4-6所示。

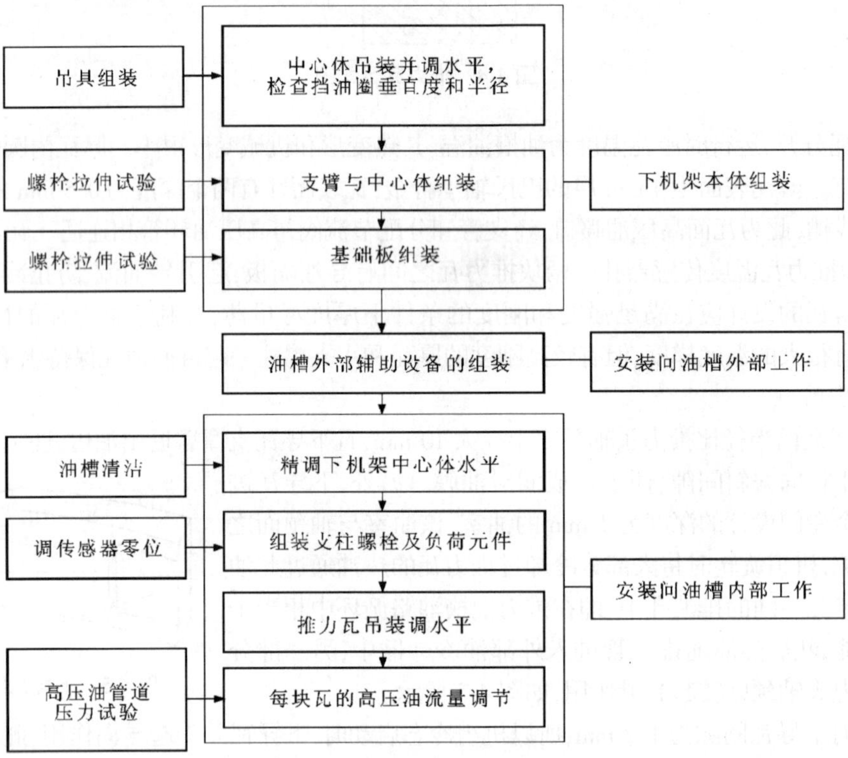

图4-6 下机架及推力轴承组装程序

4.1.3.2 下机架本体的组装

1. 支臂与中心体的组装

1) 场地准备工作

在相应区域划一块直径约16 m大小的场地,将6个中心体支墩(800 mm高)及楔子板均匀分布于直径约6.2 m的圆上。另准备2个高程约800 mm的轻型支墩和2个8 t千斤顶作为支臂组装的临时支撑。

2) 中心体吊装

将下机架中心体置于支墩上(注意按上游标记对方位),并用楔子板调水平,调水平的基准面为推力瓦支撑面,水平公差 0.02 mm/m。

水平调好后,复查挡油圈和螺纹密封的垂直度是否符合要求。

3) 支臂挂装

按工厂装配标记以交叉对称的方式组装中心体和对应的支臂。

组装顺序如下:先将轴向键插入中心体最下面的键槽中;再挂装支臂,并按螺栓拉伸试验所决定的液压力拧紧;最后在上面 3 个键槽中插入 3 对楔子板并打紧、点焊。

螺栓拧紧应交叉对称进行,并以最终压力拧紧数遍。

2. 基础板挂装

按工厂装配标记挂装。组合面之间有 2 张 $\delta=2$ mm 的垫片和 1 张 $\delta=1$ mm 的垫片。基础板挂装前对拉紧螺栓进行拉伸试验,螺栓拉伸试验程序:①清洁组合面和垫片;②对 2 块基础板的 4 个螺栓进行拉伸试验,要求达到最小伸长值;③按试验结果决定实际液压力。

基础板挂装顺序:①清洁组合面和垫片,并在垫片表面涂一层薄薄的润滑脂;②用工具车将基础板运到位;③插入销子,并用六角螺母将螺栓拧紧到位;④以实际液压力 $P_{实}$ 拧紧螺栓;⑤在基础板上拧入调平顶丝。

4.1.3.3 高压油顶起系统安装及试验

高压油系统的控制块位于第 15 号支臂上,有两套电机和高压泵互为备用,并定期自动转换。过滤器尺寸为 60 μm,与油槽连接管道为 $\phi60.3\times2.6$ mm,高压油管为 $\phi30\times4$ mm,电机额定输出功率为 45 kW,高压油泵在满负荷时的压力为 350×10^5 Pa,流量为 74 L/min。部分进出油管已组装在中心体上。

高压油系统组装及试验顺序:①零部件到货清点、检查。②清洁部件和管道。③部件和管道组装、焊接。④外观检查。⑤在推力头落下之前,调节 24 块瓦的油流量,使从瓦面油室中喷出的高度一致(均为 30~35 mm),然后锁定该位置。高压油系统压力试验介质为透平油,试验压力为 300×10^5 Pa,试验时间为 10 min。试验过程中检查各试验部件应无泄漏或压力下降现象。

4.1.3.4 油槽内部部件组装

油槽内部的工作包括推力瓦的组装和调整、高压油系统的分布环管和支管,以及仪器仪表的接线。推力头、镜板及下导瓦安装在下机架正式安装时进行安装。

在油槽内部的组装工作开始之前,要复测中心体的水平,然后清洁中心体,经监理和厂家代表检查合格后刷耐油漆。

(1) 推力轴承支承柱安装和调整:①清洁支柱与支座上的螺纹时,不要损坏螺纹。②待干燥后在螺纹上涂“Fin Assembly Grease”润滑脂。③组装支柱与支座。然后将 1、9、17 号支柱调到正确的高度, 其余 21 个支柱比以上 3 个支柱低 0.5 mm 左右。

(2) 推力轴承支承柱检查与安装:①支柱螺栓支撑之间的距离是否完全相等。②支柱螺栓的分布圆是否与螺纹油封同心。③将测杆插入支柱中,并用螺钉紧固。④在支柱螺栓下端组装密封环,螺栓拧紧时应交叉对称进行。⑤组装防旋转装置。⑥组装推力负荷测量装置,并用螺钉锁紧,接线,在计算机上将初始值均调为零。

(3)推力轴承的组装和调整:①清洁推力瓦块,注意将瓦面朝上放置。②按厂家标记号,用4个M16吊环吊装推力瓦块。③将1、9、17号推力瓦调平,其余21块瓦应低于此3块瓦0.5 mm左右。④吊装推力头后,调整其他21块瓦,直到瓦面与镜板接触。⑤用传感器和计算机将24块推力瓦的受力调均匀,直到计算机上显示24块瓦的受力读数相同。在转子吊入及联轴后对推力瓦负荷进行重新调节。

任务4.2 发电机定子吊装

4.2.1 发电机定子安装程序

发电机定子安装程序如图4-7所示。

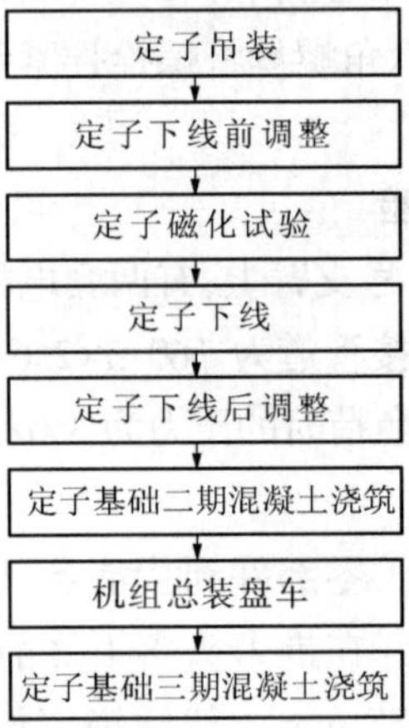

图4-7 发电机定子安装程序

4.2.2 发电机定子吊装

发电机定子在组装基坑完成组装工作后,吊入安装机坑中进行安装,并在安装基坑中完成磁化试验。磁化试验在定子初步调整完成后进行。定子吊装主要参数如表4-1所示。

表4-1 定子吊装主要参数

项目	数值	项目	数值
定子叠完片后总质量	714 t	定子吊装总高度	83 m
吊具质量	141 t	厂房桥机额定起重量	1 200 t
吊具最大跨距	22 m	厂房桥机额定起吊高度	约16 m
定子吊装起吊总质量	855 t		

4.2.3　发电机定子下线前调整

4.2.3.1　定子安装机坑基础顶丝高程确定

发电机定子吊装就位后，需对其中心、水平、高程、圆度等技术数据进行测量，经过综合分析比较后进行调整。

为了最大限度地减少定子吊装就位时所产生的变形，维持定子在组装机坑的最佳状态，定子吊装前，需对安装机坑定子基础顶丝进行调整，使定子安装机坑顶丝分布高程与定子组装机坑顶丝分布高程相同。定子吊入安装机坑就位前顶丝安装高程如图 4-8 所示。定子吊入安装机坑就位前顶丝下露长度为：

$$X=(Aa-C)/1\ 000-\delta(\mathrm{mm}) \tag{4-1}$$

式中　Aa——定子在安装机坑时各基础板在每个顶丝处的高程，m；

C——安装机坑定子各顶丝基础板预埋高程，m；

δ——基础板厚度，$\delta=95$ mm。

$$Aa=(D-B)/1\ 000+Az \tag{4-2}$$

式中　Az——定子在组装机坑时实测的各基础板在每个顶丝处的高程，m；

D——定子磁力中心线理论高程，m；

B——在组装机坑时实测定子磁力中心线高程，m。

4.2.3.2　定子初步调整

1. 定子中心调整

为减少定子中心的中心调整量，先在安装机坑内定子安装平面高程位置，放出以底环为中心的 X、Y 轴线，并在定子铁芯表面的相应 4 个位置做出标记点，在定子将要就位时，在该 4 个位置挂线锤，使线锤尽量对准 X、Y 轴线。

定子就位后，其中心以底环为基准进行调整。调整时，在定子基础位置搭设平台，在机坑发电机层搭设平衡梁，为了便于求心器调整中心平衡梁，设计为双梁结构，如图 4-9 所示。

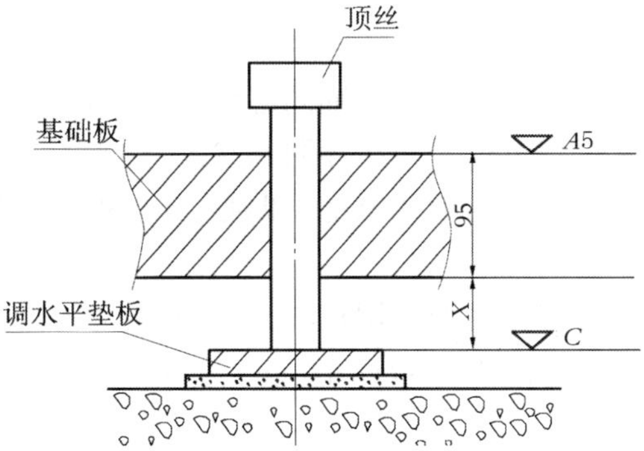

图 4-8　顶丝安装高程

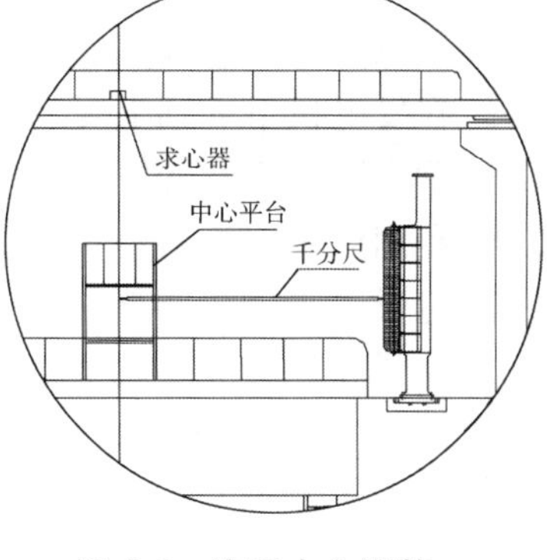

图 4-9　定子中心调整

在定子上、中、下三环上均匀分出 16 个测量点，用内径千分尺测量铁芯上、中、下三环半径值。根据测量数据计算定子圆度、相对底环偏心及铁芯垂直度，确定定子调整量。

定子调整利用千斤顶置放在定子机座与风洞墙壁之间，强迫机座受力位移或变形，而达到调整的目的。定子圆度超差,主要是定子本身的椭圆度和中心偏差的存在造成的。

2. 定子高程调整

定子高程依据水轮机底环高程为基准进行调整,当水轮机部件安装并确认高程后,则定子按水轮机主轴法兰及各部件实测尺寸校核高程。

定子高程测量基准为定子铁芯磁力中心线。高程测量前,沿定子圆周方向均匀分出16点,测量定子铁芯高度,计算定子铁芯平均高度,确定定子磁力中心线位置。

在定子铁芯上按照找到的定子磁力中心线位置均匀分点,根据定子磁力中心线设计高程及底环实际安装高程调整定子磁力中心线高程,高程差应满足±5 mm要求。

定子高程调整利用千斤顶进行。调整时在定子基础板位置均匀对称架设千斤顶,根据测量数据确定调整高度,调整时采用至少3个千斤顶同时进行调整的方法,以避免由于单个千斤顶受力而导致定子翘曲变形。

定子中心及磁力中心线调整完成后,对定子进行临时固定,进行定子磁化试验。

4.2.4 发电机定子磁化试验

定子磁化试验是利用专用的励磁线圈,在铁芯内部形成交变的磁通,使铁芯产生涡流损耗,温度升高,并利用测温装置测量铁芯各部温升,同时利用低功率因数瓦特表测量励磁损耗,计算定子铁芯单位质量的损耗。根据温度测量结果判断铁芯内部是否存在短接点。

定子磁化试验参数为:励磁电压6.3 kV,计算磁通密度1.2 T,励磁线圈匝数32匝,励磁电流357.3 A,试验所需供电容量3 898.6 kVA,试验时间1.5 h。

试验判断标准:铁芯最高温升25 ℃,铁芯最大温差15 ℃。

定子磁化试验完成后对定子铁芯进行重新压紧,可进行定子下线工作,定子精确调整在定子下线完成及发电机轴安装完成后进行。其优点是可以弥补大轴机加工误差所造成的定子高程偏离设计高程。

4.2.5 发电机定子下线后调整

发电机定子下线完成后,需对定子进行精确调整,并浇筑定子二期混凝土。

在发电机下端轴上安装测圆架,精确调整测圆架与发电机主轴同心度,调整时应兼顾大轴垂直度偏离及转轮安装偏心等情况,以便使测圆架处于与底环同心状态。

利用测圆架测量定子上、中、下三环半径值,计算平均半径及定子偏心,并根据偏心情况对定子中心进行调整。

定子高程确定以定子磁力中心线高程为准进行调整,测量调整时,测量基准为推力头上平面,并考虑转子磁力中心线到转子下法兰的安装高程,其关系图如图4-10所示。

发电机定子实际安装高程计算公式如下:

$$H_2 = L_2 - F_1 \tag{4-3}$$

式中 H_2——推力头至定子磁力中心线的距离;

L_2——转子下法兰至转子磁力中心线的实测距离;

F_1——下机架承受机组自重及1/2水推力所产生的挠度(2.7 mm)。

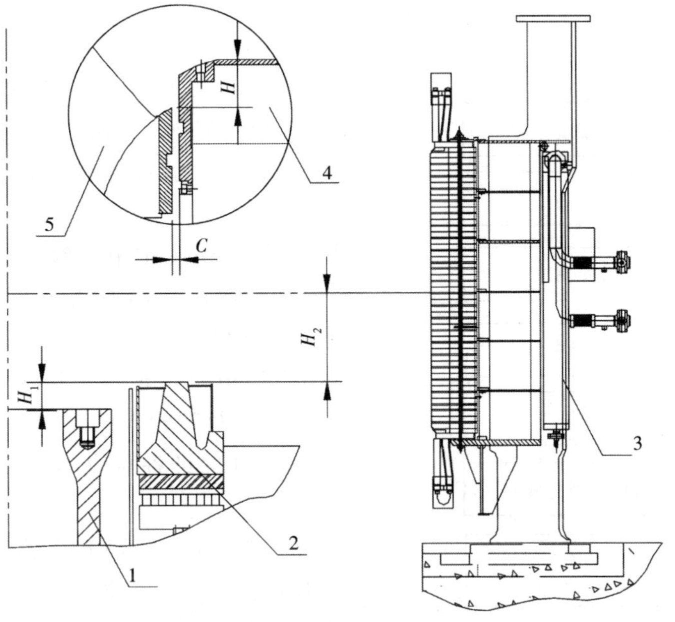

1—下端轴；2—推力头；3—定子；4—底环；5—转轮

图4-10　发电机定子下线后调整

发电机定子铁芯中心及磁力中心线调整完成后，调整定子基础螺栓位置，使螺栓与定子基础板间隙分布均匀，浇筑定子二期混凝土并养生。待机组盘车完成且二期混凝土养生期满足受力要求后，进行定子受力转换，浇筑定子基础三期混凝土。

任务4.3　发电机主轴及下机架安装

4.3.1　发电机主轴及下机架安装程序

发电机主轴及下机架安装程序如图4-11所示。

4.3.2　下机架预装

下机架基础设计结构要求下机架须进行预装，一方面可以保证基础螺栓二期混凝土的密实性，另一方面便于正确进行下机架基础受力转换，保证下机架在受力状态下不发生水平变化。预装可根据现场实际安装进度，可以以底环为基准，亦可以水轮机轴或发电机轴为基准，对下机架进行初步调整，预装后将下机架吊出机坑，单独对基础螺栓进行二期混凝土浇筑。

4.3.3　发电机主轴安装

4.3.3.1　发电机主轴吊装

（1）清扫发电机主轴上下法兰面，并用研磨平台检查大轴上下法兰面平面度。清扫各销套孔。

(2)在机坑内搭设发电机主轴连接平台。

(3)利用厂家提供的发电机主轴吊装翻身工具,将发电机主轴竖立,检查发电机主轴下法兰水平度,满足联轴要求后将主轴吊入机坑与水轮机大轴临时连接固定。

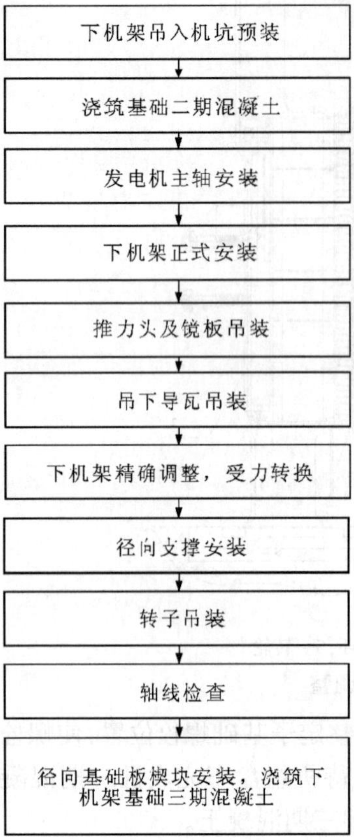

图4-11 发电机主轴及下机架安装程序

4.3.3.2 发电机主轴中心检查

(1)在发电机主轴上法兰上架设平衡梁,安装求心器及钢琴线。

(2)在发电机主轴上下法兰内环、水轮机大轴上下法兰内环及转轮上法兰内环上,均匀对称标示8个测量点,并保证各对应测量点垂直方向在同一垂线上。

(3)用内径千分尺测量各点分布半径,分别计算各点测量偏差及偏心值,计算水轮机轴与发电机轴的同心度及整体垂直度。

(4)根据计算结果调整发电机主轴,保证发电机主轴上法兰测量部位与水轮机下法兰测量部位同心度及垂直度满足设计要求。

4.3.3.3 法兰面水平测量方法

法兰面水平测量利用合像水平仪或框形水平仪。可以采用“Cayere”测量法,利用“Cayere”测量法可以精确计算主轴安装水平及机加工跳动,为机组安装提供参考依据。

“Cayere”测量法:根据要测量部件的法兰面直径,确定测量圆分布直径。将测量圆分成n等份,各等份长度等于所使用水平仪长度,并将测点顺时针编号。测量时,将水平仪气泡的一端用胶带蒙住,只读取另一端数据变化值。以1#测点为起点,逐步测量各相邻点之间的高差,最后测量1#测点和n#测点之间的相对高差。记录各点水平仪气泡变化格数,并根据所测得的技术数据,计算各相邻测点之间的高差,绘制各测量点高差分布曲线及拟合正弦曲线,从而确定法兰面实际水平。此测量方法要求1#测量点与n#测量点在同一个分布圆上,而且测点闭合。

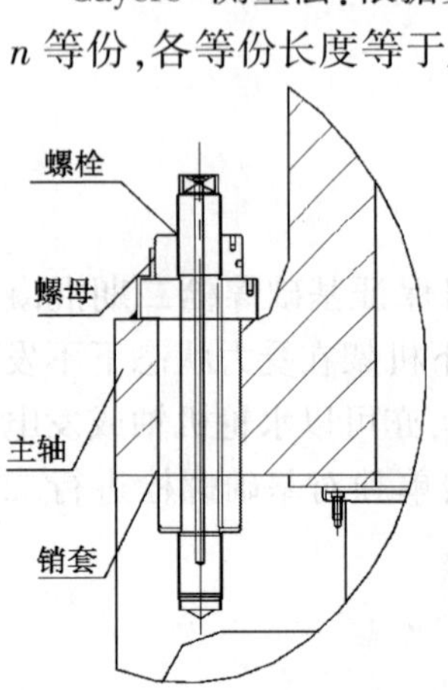

图4-12 水轮机-发电机大轴联轴结构

4.3.3.4 水轮机-发电机大轴联轴

如图4-12所示水轮机-发电机大轴联轴结构。发电机主轴与水轮机大轴同心度、垂直度调整合格后,利用厂家提供的铰孔工具同钻铰销套孔,并按照图纸要求安装联轴螺栓。

4.3.4　下机架安装调整

4.3.4.1　下机架吊装

(1)安装下机架吊装工具,在安装间调整下机架中心体水平。

(2)将下机架吊入机坑,按照预装方位平稳就位,安装下机架调整顶丝、楔子板及垫板,将下机架与基础螺栓把合。

(3)利用顶丝及千斤顶对下机架水平、中心及高程进行精确调整。

4.3.4.2　下机架调整

(1)下机架中心调整。以发电机轴为基准,测量调整推力挡油圈与大轴同心度,复核下导轴承瓦座与下导轴承同心度,应满足图纸及技术文件要求。下机架与大轴同心度调整计算时,应考虑大轴垂直度及转轮实际安装偏心,以保证下机架与底环的同心度。

(2)下机架高程调整。下机架安装高程通过转动部件与固定部件的相对安装高程来确定,与水轮机埋件的绝对安装高程不发生直接关系。下机架的最终安装高程,应满足水轮机转轮过流中心线与导水机构过流部件中心线在机组运行中处于同一高程上。实际操作中,下机架的安装高程通过测量调整推力头与下端轴的相对高差 H_1 来实现:

$$H_1 = H - h + F_1 + F_2 \tag{4-4}$$

式中　H_1——下机架与下端轴的相对高差;

H——联轴前转轮下止漏环与下抗磨环高差;

h——转轮下止漏环与下抗磨环设计高差(88 mm);

F_1——下机架承受机组自重及 1/2 水推力所产生的挠度(2.7 mm);

F_2——转轮承受主轴重量所产生的挠度(1~1.4 mm)。

(3)下机架水平调整。以推力轴承支撑座基础面为基准,用合像水平仪精确测量其水平并进行调整,使其水平满足规范要求。下机架水平调整过程中,应兼顾高程及中心,使下机架水平、中心及高程均满足要求。下机架调整完成后,用百分表检测下机架中心及水平,拉伸基础螺栓达到力矩要求。

4.3.5　推力头和镜板吊装调整

4.3.5.1　推力头和镜板吊装

清洁推力头和镜板。用厂家提供的下机架的吊具吊装推力头和镜板。吊装镜板及推力头,按照图纸要求调整方位,检查各部配合间隙,调整镜板及推力头水平应满足相关规范要求。镜板及推力头吊装前,应与监理人员及制造厂工地技术指导对镜板及推力头进行联合检查及清扫。为了便于转子吊装联轴,推力头与发电机主轴径向及周向相对位置应按照图纸进行精确测量调整。以发电机大轴上法兰面为基准,检查推力头与发电机主轴同心度及高程差,满足图纸要求。

4.3.5.2　推力头高程及水平调整

推力头表面高程为:

$$\nabla_t = \nabla_s + \delta/1\,000 + d/1\,000 \tag{4-5}$$

式中　∇_t——发电机轴上法兰面高程,m;

∇_s——发电机轴安装高程,m;

δ——转轮上抬量,mm;

d——下机架挠度,mm。

根据上述计算公式,调整推力头高程,同时对其水平进行调整,使水平满足0.02 mm/m的要求。

4.3.6 下机架径向支撑安装

下机架径向支撑安装程序:①组装径向基础板和径向支撑板,并组焊成整体;②安装径向支撑,并插入四块约30 mm的垫板;③确定支撑基础板加工量,拆除30 mm的临时垫片,拆除径向支撑;④加工径向支撑基础板。

在下机架承受转动部分重量后,将径向支撑焊于支臂上。测量下机架的径向支撑板与预埋板之间的实际间隙,加工安装楔键。待机组盘车、摆度和中心合格后,浇筑下机架基础板三期混凝土。

4.3.7 下导轴承安装

(1)在安装场临时清扫房内,清扫检查下导瓦,检查乌金面应清洁、无伤痕、无毛刺。必要时按照监理及厂家指导要求,对瓦面疵点进行修刮。

(2)按照图纸编号将下导瓦均布吊放于下导轴承工作平台上,以便机组盘车完成后进行下导瓦安装。

(3)对称抱紧8块下导瓦,间隙调整至0.02 mm。

(4)测量下导瓦至轴承座距离,加工垫板。

注意:①键的加工精度很高,需用磨床进行加工;②下机架受力后,下导瓦间隙将变小。因此,转子落在推力头上之前,应取出垫片。在下机架承受整个轴系重量,并调好中心之后,再按原来的厚度重新安装垫片。

任务4.4 发电机转子吊装

水轮发电机转子是机组最重要的部件,其决定厂房桥机的最大起吊重量。转子吊入机坑安装是机组安装的主要环节,标志着机组的安装工作已进入总装阶段。转子吊装前必须认真做好检查准备工作,制订严密可靠的安全措施,建立转子吊装组织机构,保证转子吊装的顺利进行。

4.4.1 发电机转子吊装程序

发电机转子安装程序如图4-13所示。

4.4.2 转子吊装准备

转子吊装前,应对设备组装情况、机坑内设备安装调试情况、转子起吊专用工器具等进行认真检查及准备,并由转子吊装组织机构主要成员组织对转子吊装前的技术方案及各项技术准备工作进行检查验收。

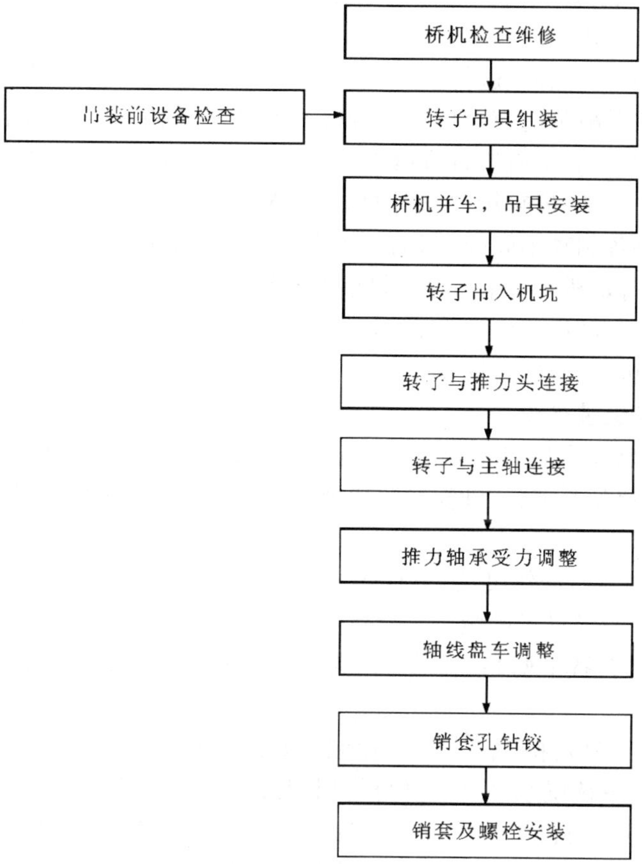

图 4-13　发电机转子安装程序

4.4.2.1　转子吊装应具备的条件

(1)转子组装及试验工作已经完成,各项安装检查记录齐全,并通过相关部门签字验收。

(2)转子铁芯通风沟已进行认真检查,确保无任何杂物遗留在通风沟内,各紧固件已达到安装力矩要求,并进行可靠的锁定或焊接。

(3)检查机坑内水轮机及发电机设备安装情况,安装于转子以下的所有部件已安装或吊入机坑内。

(4)发电机主轴法兰面已经清理干净,并用研磨平台进行检查。主轴法兰面直径符合图纸要求。

(5)发电机定子绕组安装工作已经结束,并已通过相关部门检查验收。定子铁芯通风沟已经过认真检查,确保无任何杂物遗留。

(6)下机架及推导轴承部件已安装调试完成。下机架与基础固定牢靠,基础螺栓已进行拉伸且满足设计要求,推力轴承油槽内已注入合适高度的合格透平油,推力轴承高压油顶起系统具备使用条件。

(7)机组制动系统已安装完成,机组高压油顶起系统具备顶起转子条件。

(8)用于转子吊装检测、监护的专用工器具已准备完成。

4.4.2.2 起重设备检查

用于转子吊装的桥机必须进行负荷试验,试验结果满足转子起吊条件。为确保转子吊装的顺利进行,转子吊装前应对桥机进行检查维修,只有在确认桥机部件运行正常时方允许进行转子起吊工作。桥机检查维修主要包括以下内容:①各受力部件固定螺栓应无松动;②各减速齿轮正常,齿轮箱内润滑油清洁、充足,机械润滑系统工作正常;③各部轴承运行正常;④调整各制动闸间隙、制动力矩满足要求,制动闸工作可靠;⑤桥机轨道、基础螺栓、限位装置、行走机构等正常;⑥起重钢丝绳应完好无缺,钢丝绳固定卡扣固定牢靠;⑦电气操作系统各部绝缘良好,动作准确,限位开关动作可靠;⑧桥机并车后,检查桥机行走机构及起升机构,应保持同步。

4.4.2.3 转子吊具组装检查

(1)清扫、检查转子吊轴各部尺寸满足设计要求。吊轴安装前检查吊轴卡环内径及卡环厚度满足卡环装配要求,吊轴安装时应调整吊轴与转子中心体同心,连接螺栓拉紧力矩应满足图纸要求。

(2)检查吊具轴承应动作灵活,滚柱无裂纹,润滑脂清洁无杂物,否则应分解轴承进行清洗,并按照图纸要求进行回装。

(3)检查转子吊具各平衡梁组装焊缝,无裂纹及其他缺陷。利用桥机组装转子吊具,并做好安全防护措施。

(4)桥机并车合格后,将桥机与转子吊装吊具组装在一起,在组装场空地范围内3次起落转子吊具,检查平衡梁水平,以确保桥机起升机构处于同步状态。

(5)在转子吊具与桥机组装完成后,将桥机自转子组装场缓慢开至转子安装机坑,桥机行走过程中检查桥机行走机构与轨道配合情况。桥机行至转子安装机坑后,以吊具为基准,调整吊具与发电机主轴同心度,合格后,做好桥机行走机构及起升机构位置标记。

4.4.3 转子吊装

4.4.3.1 转子吊入机坑

(1)在桥机上同时安排机械及电气监护人员两方面的安全监护人员,在制动闸、减速箱、电气柜等设备部位进行专人监护,以便及时发现故障及应急处理。桥机起重电源应保证供给,供电管理部门应进行可靠安排。

(2)将平衡梁调至水平,连接平衡梁与起吊轴,检查卡环配合间隙,满足图纸要求。

(3)在转子组装场进行转子试吊。按照100 mm、200 mm、500 mm高度起落3次,静置几分钟,检查桥机运行正常,抱闸可靠。检查吊具受力无异常,转子处于水平状态。

(4)将转子吊至离地约1.7 m高,清扫转子中心体下法兰组合面,用研磨平台检查转子中心体平面度,使中心体与主轴及推力头配合面接触良好。并对法兰螺孔、止口边缘毛刺及凸起进行检查处理。

(5)检查制动闸板固定螺栓及螺母应无凸出制动闸板现象。确认一切合格后,提升转子至要求高度,将转子吊往机坑。

(6)将转子吊至定子上方,按照预先进行标示的桥机行走机构及起升机构位置标记,调整转子定心位置,然后缓慢落下转子。

在转子进入定子期间,用木板条检查转子与定子的对中情况,预防定子、转子之间相互挤伤。

(7)在转子下降至转子中心体法兰面距推力头上平面 100 mm 时停止下落,测量转子中心体与推力头的同心度,并通过桥机调整转子位置。

4.4.3.2　**转子连接**

机组推力头与主轴设计为分体结构。转子连接包括转子与发电机主轴连接及转子与推力头连接。转子连接结构如图 4-14 所示。

具体调整技术将在本项目任务 6 进行详述。

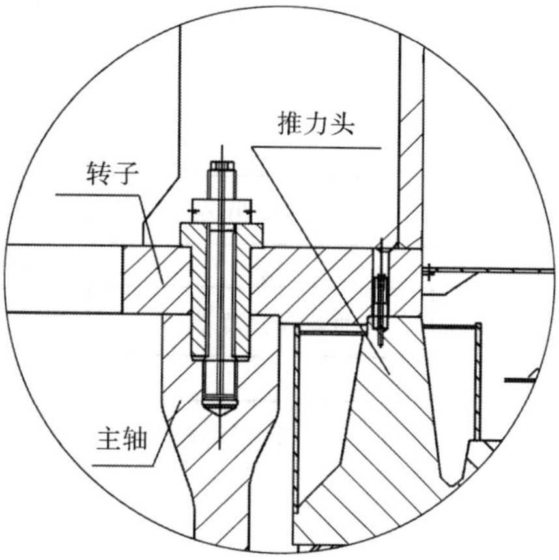

图 4-14　转子连接结构

任务 4.5　上机架组装及吊装

4.5.1　上机架结构

上机架由中心体和 20 个斜支臂在现场焊接而成。上机架与定子机座上部连接环螺栓连接,径向则固定于基础上。斜支臂外端只有一块水平筋板,因此上机架轴向为柔性设计,允许定子机座的轴向热膨胀,但不影响径向刚度。上机架上部支撑着发电机坑盖板、碳刷架和集电环罩,下部悬挂着定子上挡风板。上机架剖面图如图 4-15 所示。

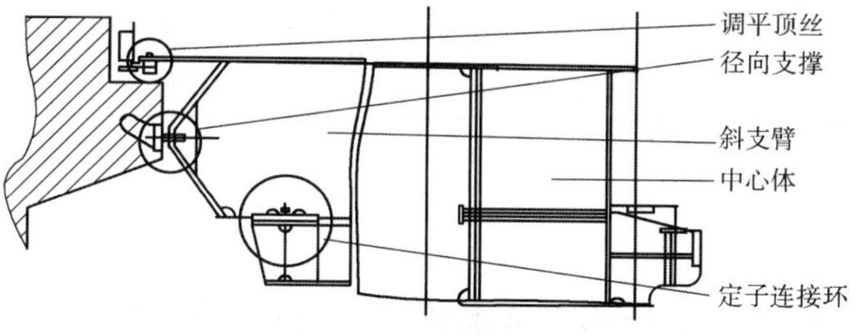

图 4-15　上机架剖面图

上机架斜支臂结构同发电机其他结构件的斜元件原理一致,与传统的径向支臂相比有 3 个优点:①斜支臂热膨胀不会影响中心体,所以上导瓦间隙不会受到影响;②斜支臂传力时的径向刚度与径向支臂相同;③降低因热膨胀而传到基础上的受力。

本任务只对上机架组装及吊装初步调整进行阐述,上机架最终安装调整将在机组轴线调整完成后进行,详细内容将在下一任务进行阐述。

4.5.2　上机架组装和安装程序

上机架组装和安装程序如图 4-16 所示。

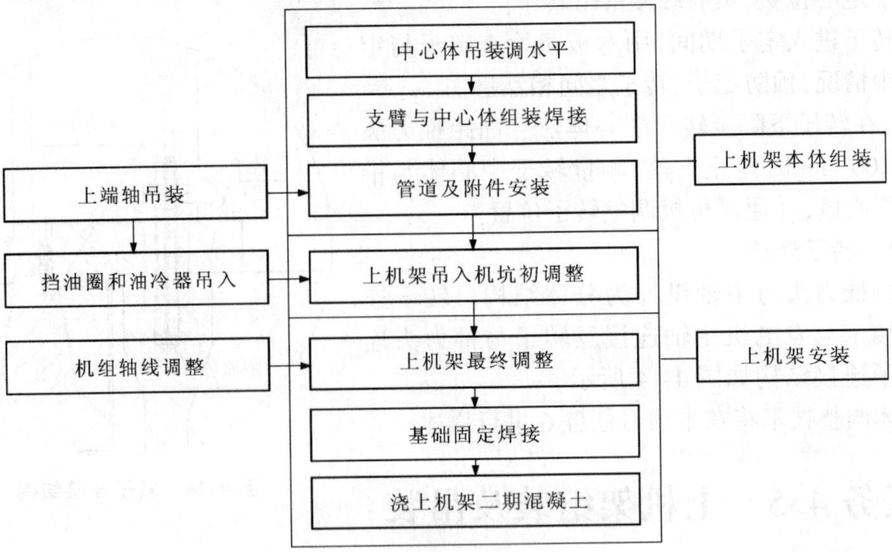

图 4-16　上机架组装和安装程序

4.5.3　上机架组装和安装主要技术参数

上机架组装和安装主要技术参数如表 4-2 所示。

表 4-2　上机架组装和安装主要技术参数

项目	技术数据	项目	技术数据
上机架水平度	0.2 mm	挡油管与轴颈间隙	(1.5±0.15) mm
上机架与上端轴同心度	0.5 mm	密封盖与上端轴间隙	(0.45±0.15) mm
上导瓦间隙	(0.3±0.02) mm	绝缘电阻	≥1 MΩ/500 V

4.5.4　上机架组装焊接

(1)中心体就位、调平。

(2)调平中心体,测量挡油圈安装面水平度≤0.2 mm,同时检查上法兰面水平度。

(3)用角磨机打磨中心体与支臂的待焊表面,焊缝两侧约 100 mm 也必须磨光。

(4)清洁中心体与支臂组装块,用圆锉锉去结合面毛刺。

(5)将上机架支臂按配装标记对称挂装到中心体上,将支臂支撑到正确高程,拧紧组合螺栓。

(6)安装基础环,基础环与支臂的编号一致。

(7)支臂与中心体连接缝点焊。

(8)5 个焊工对称同步焊接支臂与中心体。

(9)先焊接立缝,每 5 条立缝焊接完成后再焊另外的 5 条。

(10)立缝焊接完成后拆除支臂支墩,焊接上、下环板。

(11)检查、调整基础环与中心体的同心度,焊接基础环接缝。

(12)钻基础环与支臂连接的销孔 $\phi39$,焊接套管和盖板。

(13)检查焊后相关尺寸。

(14)用支臂支墩支撑上机架,拆除中心体支墩,调平中心体。

(15)测量更换支墩前后的中心体与支臂外端的高差,计算下挠值。

4.5.5 上端轴吊装

(1)清洁上端轴,检查导轴承轴颈工作面应光洁、无锈斑。必要时对轴颈进行研磨抛光,达到要求后,用油脂进行防护。

(2)检查上端轴轴颈与上端轴本体绝缘应满足要求。

(3)清洁上端轴联轴螺栓及螺母,进行预配合灵活检查。

(4)吊装上端轴,以转子中心体上法兰止口为中心,调整上端轴中心,合格后均匀把合连接螺栓,并打紧。

(5)螺栓的最终拉伸在上端轴经盘车检查摆度满足要求后进行。

4.5.6 挡油圈吊装

(1)清洁挡油圈与上机架组合面和密封槽,组合面应清洁、干燥且平整。

(2)将分瓣挡油圈吊放在上端轴法兰面上,安装密封条并将挡油圈组装成整体。

(3)安装挡油圈螺旋密封,检查螺旋密封光洁度及圆度。

(4)组装油冷却器,并对油冷却器进行压力试验,再将冷却器与挡油圈组合成整体。

(5)起吊挡油圈,将挡油圈平稳放置于支撑千斤顶上,以备机组盘车完成后进行安装。

4.5.7 上机架吊装

(1)安装上机架吊具,吊装上机架,并按上端轴初步调整:①按上端轴顶面高程和上机架上法兰面高程的设计高差确定上机架高程,并考虑上机架挠度。②按轴颈面和上机架上导瓦支撑块的同心度0.5 mm确定上机架中心;按上机架上法兰面水平0.02 mm/m确定上机架水平。

(2)在机组轴线调整完毕后,进行上机架最终调整:①按泵环表面与上端轴轴颈底部高差(8±0.5)mm确定上机架高程,可加垫片调整。②按轴颈面和上机架上导瓦支撑块的同心度0.5 mm确定上机架中心;按上机架上法兰面水平0.02 mm/m确定上机架水平。

任务4.6 发电机总装及盘车调整

水轮发电机总装及轴线测量调整,是机组安装调整的一个重要环节,本节以发电机转子吊入机坑后,发电机的安装调整过程作为机组总装过程,对机组安装调整方法及工艺进行阐述。

4.6.1 发电机总装及盘车调整程序

机组总装及盘车调整程序如图4-17所示。

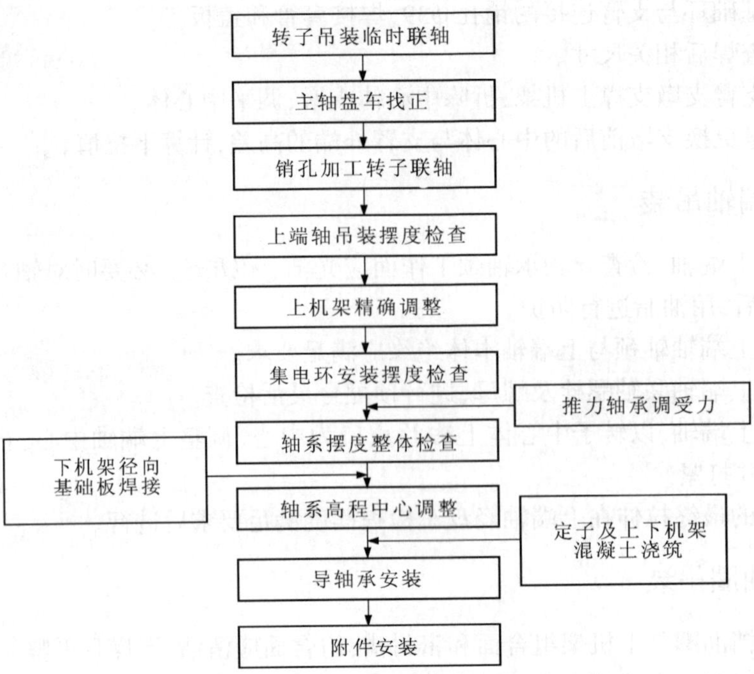

图 4-17 机组总装及盘车调整程序

4.6.2 机组轴系结构

机组总体结构形式为立轴半伞型结构,机组的全部轴向负荷由位于发电机下机架上的推力轴承承担,机组的径向负荷由发电机上导轴承、发电机下导轴承及水轮机水导轴承等三部轴承承担。

轴系是指机组转动部分各部件,从下至上依次分别由转轮、水轮机大轴、发电机主轴、推力头、转子、上端轴、集电环等部件组成。轴系结构如图 4-18 所示。

4.6.2.1 轴系部件连接方式

(1)水轮机轴与转轮采取止口定位方式,用销钉螺栓连接,销孔在厂内加工。

(2)水轮机大轴与发电机主轴由止口定位,转子吊装前在工地调整静态同心度后加工销孔,用销套、螺栓连接。

(3)转子与发电机主轴由止口定位,止口设计总间隙为 0.32 mm,必要时可做微量调整。转子与发电机主轴连接采用销套、螺栓连接结构,销套孔在工地加工。

(4)转子与推力头采用止口定位,止口总间隙为 0.32 mm。转子与推力头用螺栓连接,并设置限位销,配合总间隙设计为 2 mm,机组安装及正常运行状态不起定位作用。

(5)上端轴、集电环、补气管均采用螺栓连接,在盘车调整后现场配钻销钉定位。

4.6.2.2 机组轴系调整内容

轴系的轴线调整主要包括摆度调整、旋转中心垂直度调整、轴线相对固定部件的高程及中心调整等。

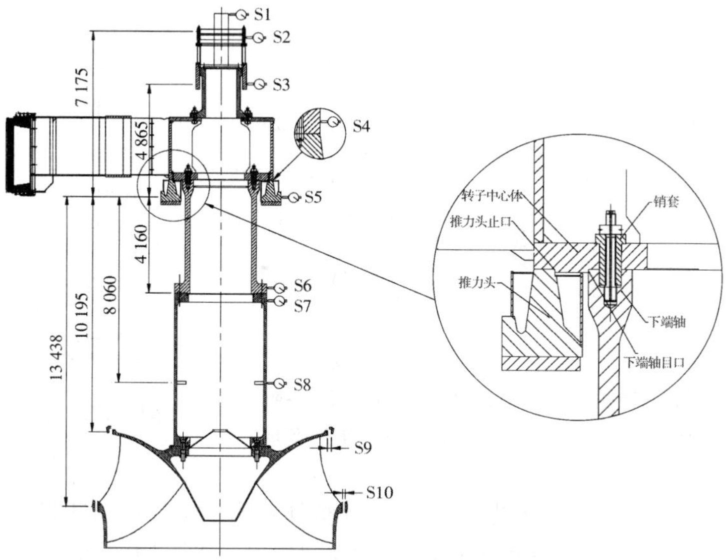

图 4-18　机组轴系结构　（单位：mm）

施工工序为：轴线摆度调整→轴线旋转中心垂直度调整→高程确定→中心调整。

从轴线的定位方式可以看出，转子以下的轴线定位全部依靠止口定位，调整范围很小，水导摆度与轴线部件的加工质量和运输变形有很大的关系。在转子吊装前，转子以下的轴线已定位，摆度调整仅限于转子与推力头、发电机主轴之间的止口间隙范围内，当摆度超差大于 0.30 mm 时，止口间隙将无法满足调整要求。因此，转子与发电机主轴的连接必须考虑水导摆度的调整。在轴线的实际调整中，由于水导摆度超差较大，故而对转子与发电机主轴止口间隙进行了设计修改，单边间隙增大到 1 mm。

4.6.3　轴系产生摆度的原因

轴系产生摆度的原因很多，主要为轴线与镜板摩擦面不垂直，或者轴线与旋转中心线发生中心偏移。

立式水轮发电机组的轴线由发电机整体轴线及水轮机整体轴线组成，通过推力头及镜板将机组整体轴线支承在发电机推力轴承上。

如果镜板摩擦面与整根轴线不垂直，当轴线回转时轴线必然偏离理论回转中心线，如图 4-19 所示，而轴线上任意一点测得的锥度圆，就是该点的摆度圆，摆度圆直径 ϕ 即构成该点的摆度。

如果镜板摩擦面与其附近的一段轴是垂直的，而与下一段轴连接时，由于法兰面与轴线的不垂直而发生轴线曲折，当轴线旋转时，便从折弯处形成锥形摆度圆，从而产生摆度，如图 4-20 所示。

如果整体轴线与镜板摩擦面垂直，而整体轴线偏离理论旋转中心线，轴线旋转时，依然会形成摆度圆，从而形成摆度，如图 4-21 所示。此种现象大型水轮发电机组发生的可能性较大。

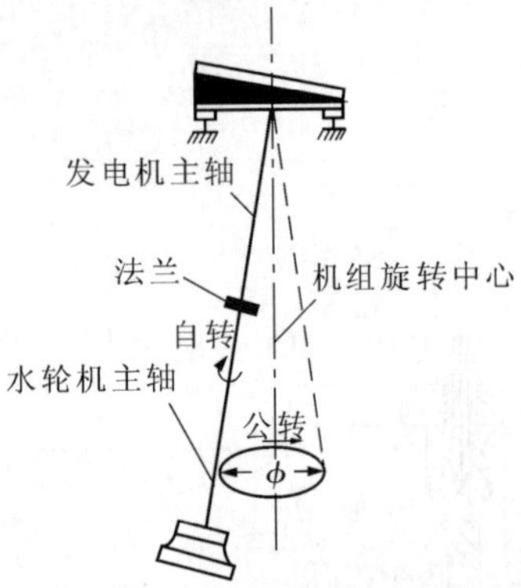

图 4-19 镜板摩擦面与轴线不垂直所产生的摆度

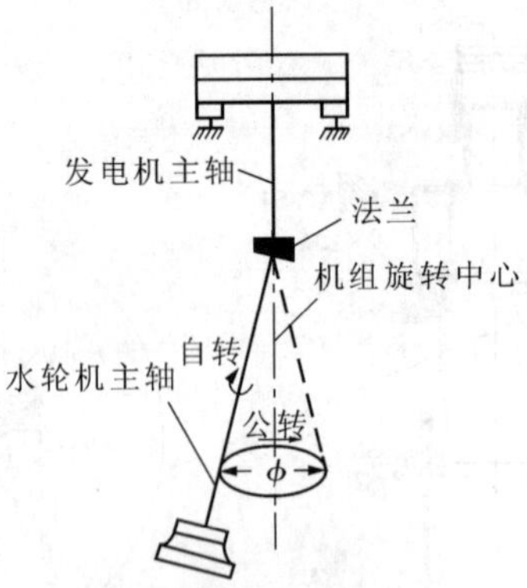

图 4-20 法兰面与轴线不垂直所产生的摆度

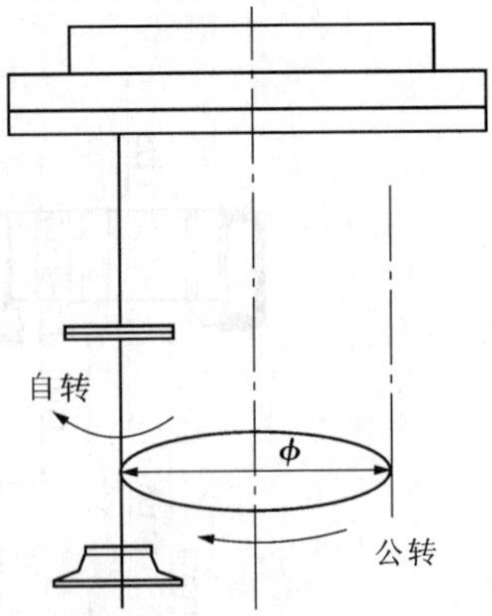

图 4-21 轴线偏离理论旋转中心产生摆度

实际进行轴线调整时,可以考虑对轴线进行整体位移,从而对轴线摆度进行校正,而对于轴线微量折弯现象所产生的摆度偏离,在轴线联轴结构允许的情况下,亦可以利用此方法进行轴线摆度校正。

4.6.4 机组轴系部件安装及摆度检查

4.6.4.1 推力头摆度检查调整

(1)转子吊入机坑后,对准推力头方位,将推力头与转子连接,并对称拧紧连接螺栓至力矩要求。

(2)对称抱紧8块下导瓦,调整下导瓦间隙至0.02 mm,为了防止转子吊装时由于下机架的挠度下沉而造成下导瓦卡阻现象,转子吊装前,下导瓦的抱瓦间隙应适当放大。

(3)在转子中心体及推力头径向法兰面上安装百分表,百分表沿$+X$、$+Y$、$-X$、$-Y$四个方位架设,保证各百分表周向方向位置一致。将百分表打针调至"5",小针对"0"。

(4)启动推力轴承高压油顶起系统,采用人工盘车方法旋转转子,测量上述各百分表在转子旋转至0°、90°、180°、270°及360°位置的百分表读数,做好测量记录。

(5)按照上述计算方法,计算推力头相对转子摆度,若摆度超差严重,应松开推力头与转子连接螺栓,用转子油压顶起系统顶起转子,调整推力头方位,并重新进行摆度检查。

(6)推力头摆度基本满足要求,可进行转子与主轴的连接工作,待主轴盘车检查摆度后,根据摆度情况进行统一调整。

4.6.4.2 主轴摆度检查调整

(1)完成转子临时联轴及推力轴承受力初步调整后,便可进行主轴的摆度检查,主轴摆度检查内容主要为水轮机-发电机大轴联轴法兰部位及水导轴承部位摆度。

(2)在推力头、水轮机-发电机大轴联轴法兰及水轮机水导轴颈工作面上安装百分表,百分表沿$+X$、$+Y$、$-X$、$-Y$四个方位架设,保证各百分表周向方向位置一致。将百分表打针调至"5",小针对"0"。

(3)启动推力轴承高压油顶起系统,采用人工盘车方法旋转转子,测量上述各百分表在转子旋转至0°、90°、180°、270°及360°位置的百分表读数,做好测量记录。

(4)计算水轮机-发电机联轴法兰面、水导轴颈相对于推力头的相对摆度,绘制轴线偏心分布图。综合考虑需要调整的轴系部件及调整量。

(5)若需调整推力头,应松开推力头与转子连接螺栓,用转子油压顶起系统顶起转子,调整推力头方位,并重新进行摆度检查。

(6)若需调整主轴,应先安装转子联轴拉伸器,均匀松开转子临时联轴螺栓,将主轴脱离转子中心体,在转子中心体与主轴之间安装调整千斤顶,调整主轴相对转子的相对位置。松开转子联轴螺栓之前应在主轴与中心体法兰上架设百分表,监测相对位移。调整完成后重新安装临时联轴螺栓并打紧,此时百分表显示数据应为要求主轴相对于转子的位移量,否则应重新进行调整。

(7)重新进行盘车检查,各部门检查部位满足摆度要求后,便可进行转子与发电机主轴联轴销套孔的同钻铰工作。

4.6.4.3 转子销套加工及销套、螺栓安装

(1)测量销套孔加工前孔径分布尺寸,测量销套外径尺寸,采用对号入座的方法计算各销套孔实际加工量,做好加工及安装标记。

(2)安装销套孔加工工具,调整加工工具与销套孔同心度,加工销套孔。加工过程中随时检查加工尺寸、加工精度及光洁度。

(3)销套孔加工应对称进行,加工完成后及时安装销套及连接螺栓,并进行螺栓拉伸,拆除临时联轴螺栓,按照同样方法进行销套孔的加工及销套、螺栓的安装。

(4)销套及螺栓安装全部完成后,统一进行螺栓拉紧力矩检查,重新进行轴线盘车检查,合格后将联轴螺母固定。

4.6.4.4 上端轴、集电环及补气阀安装及摆度检查

(1)安装上端轴,初步调整上端轴与转子中心体同心度。对称打紧上端轴连接螺栓,对上端轴进行摆度检查,合格后,按照力矩要求拉伸所有联轴螺栓,钻铰定位销钉孔,安装定位销。

(2)安装大轴补气管及其他附件,直至完成集电环及水轮机主轴补气阀安装。盘车检查集电环及补气阀摆度,调整合格后,钻铰定位销钉孔,安装定位销。

4.6.4.5 轴系摆度整体检查

轴系摆度全部安装调整完成后,对整体轴系进行摆度检查,计算各部摆度,绘制轴线偏心分布图,提交盘车记录。为了掌握机组整体轴系分布状态,应同时测量转轮上、下止漏环间隙及定子与转子空气间隙,计算转轮及转子摆度。

4.6.5 机组高程及中心调整

机组高程调整包括整体轴系高程调整及固定部件高程调整两部分。机组中心调整主要包括转轮与固定止漏环的间隙调整、轴系与推力轴承挡油圈间隙及定、转子空气间隙的调整。

4.6.5.1 轴线高程及中心确定

机组轴线高程的确定以转轮下环与底环抗磨环的相对高程差值来确定转动部分高程差。机组转动部件安装调整时,已经对其安装高程差进行控制,机组总装调整时,可以通

过调整下机架或者推力轴承抗重螺栓高程进行一定程度的调整。

如图4-22所示,H值为转轮与底环抗磨环高程差,机组联轴前,为了便于转子与发电机主轴连接,H值控制在118 mm,机组转动部分高程调整完成后,H值要求为88~90 m。轴系中心的确定以转轮下止漏环间隙为准,通过盘车确定转轮旋转中心相对底环的偏心位置,将转轮调整到中心,偏差控制在0.10 mm范围内。转轮中心调整合格后,测量下机架挡油圈间隙,调整下机架;测量空气间隙调整定子。

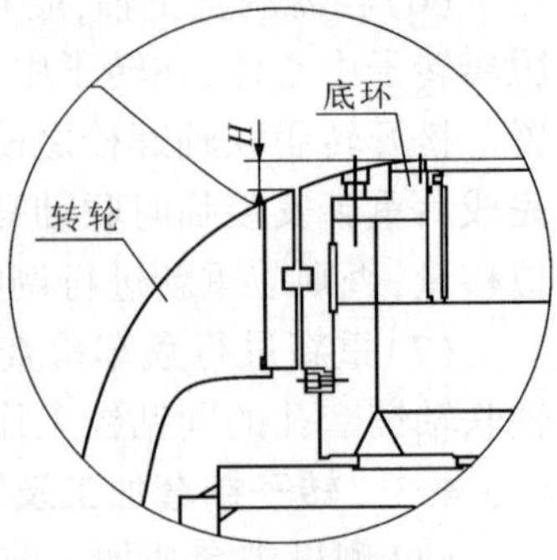

图4-22 转轮安装高程确定

4.6.5.2 下机架及推力轴承调整

下机架及推力轴承调整包括下机架中心调整及推力轴承高程、受力调整,当机组转动部分高程差超出推力轴承抗重螺栓调整范围时,应考虑对下机架进行高程调整。

下机架在机组轴线摆度及高程调整之前,只对基础螺栓进行二期混凝土浇筑,转子吊装前进行受力转换,机组轴线调整合格后,测量机组转动部分高程,并通过调整下机架高程,或者推力轴承支柱高程对机组转动部分高程进行调整。

机组转动部分高程调整合格后,调整下机架推力挡油圈与转动部分间隙,满足要求后,加工安装下机架径向基础板垫板,对推力轴承受力进行精确调整,使各块推力瓦受力差控制在0.03 mm范围内,合格后浇筑下机架基础三期混凝土。

4.6.5.3 定子中心及高程调整

机组转动部分高程及中心调整完成后,进行定子中心及高程调整。

测量定子铁芯与转子铁芯上、下端高差,计算定子与转子磁力中心线高程差,确定定子高程调整量,用千斤顶定子基础顶丝对定子高程进行调整。

通过盘车方法测量定子、转子空气间隙,计算转子旋转中心相对于定子的偏离值,调整定子,使定子与转子处于同心状态。

定子中心及高程调整合格后浇筑定子三期混凝土。

4.6.5.4 上机架中心及高程调整

由于上机架安装固定在定子机座上环板上,所以上机架的中心、高程调整需在定子高程及中心调整完成后进行。

上机架高程调整以上导轴承轴颈中心线高程为基准,调整上机架中心体上平面水平及高程,通过上机架支臂上设置的顶丝进行调整;上机架中心调整以上端轴轴颈为基准进行调整,中心调整通过支臂上设置的径向顶丝来实现。

上机架中心、高程及水平调整完成后,安装焊接基础部件,浇筑上机架二期混凝土。

4.6.6 导轴承安装

4.6.6.1 导轴承调整间隙确定

半伞型机组由三部导轴承组成,轴承间隙调整时根据盘车数据及轴承设计间隙进行综合考虑,各导轴承诸块瓦抱瓦间隙应考虑轴承处轴颈摆度、机组旋转中心偏心及设计间隙,当机组摆度及中心偏差相当小时,可考虑抱同心瓦。

当机组偏心及摆度值确定后，可通过旋转中心计算公式计算方法确定各块瓦实际抱瓦间隙。

如某导轴承由 8 块瓦组成，轴承设计间隙为 0. 30 mm，经盘车得到轴承处摆度偏心坐标 X、Y 值数据为(0. 05，0. 03)，机组旋转中心偏心坐标 X、Y 值数据为(-0. 04，0. 06)，则可通过计算得到各块导轴瓦抱瓦间隙，如表 4-3 所示。

表 4-3　导轴瓦抱瓦间隙确定

轴瓦编号	抱瓦间隙	轴瓦编号	抱瓦间隙
1	0. 21	5	0. 39
2	0. 23	6	0. 37
3	0. 29	7	0. 31
4	0. 36	8	0. 24

4. 6. 6. 2　导轴承安装

盘车结束后进行导轴承安装。先抱紧三部导轴承，抱瓦时用百分表监视大轴水平位移，在保证抱瓦间隙为 0 时大轴不发生位移。

三部导轴承均为分块瓦结构，轴承间隙由瓦背后的键的加工厚度决定，安装时用测量楔测量瓦背与瓦座的间隙，配加工键。水导瓦可由瓦背后的调整楔调整轴承间隙，安装时先测量调整楔的斜率，然后将楔打紧，根据应调的轴承间隙和楔的斜率计算楔的提升高度，提升后锁定楔。

复习思考题

4-1　油槽的内部组装过程是怎样的？

4-2　轴系产生摆度的原因有哪些？

4-3　机组摆度及中心计算方法是什么？

4-4　推力头摆度检查及调整的步骤有哪些？

4-5　机组高程及中心调整包括哪些内容？

4-6　试叙述发电机的定子结构和转子结构。

4-7　机组高程调整和机组中心调整主要包括哪些内容？

4-8　怎样进行水导轴承间隙的测量与调整？

项目5　卧式水轮发电机的安装

【项目导读】

卧式水轮发电机机组与立式水轮发电机机组相比,卧式机组一般结构上相对简单,尺寸较小但转速更高。从电站厂房的情况看,卧式机组占地面积较大,但只需要一层厂房,而且水下的结构简单,工程量较小。因此,对中小型电站而言,采用卧式机组往往更为经济,中等水头的混流式水轮机,中高水头的水斗式水轮机就经常设计成卧式布置。本项目主要介绍卧式混流式机组的安装、卧式发电机的安装、卧式机组轴线的检查和调整以及卧式水斗式水轮机的安装。

【项目目标】

知识目标:

1. 了解卧式混流式水轮机机组、卧式发电机的安装过程。
2. 掌握卧式水轮机机组轴线的检查和调整方法。
3. 掌握卧式水斗式水轮机的安装方法。

技能目标:

1. 能说出卧式混流式水轮机组安装的基本程序。
2. 学会轴瓦间隙测量及调整方法。

【课程思政】

党的二十大报告提出,统筹水资源、水环境、水生态治理,推动重要江河湖库生态保护治理,基本消除城市黑臭水体。加强土壤污染源头防控,开展新污染物治理。提升环境基础设施建设水平,推进城乡人居环境整治。全面实行排污许可制,健全现代环境治理体系。严密防控环境风险。

任务5.1　概　述

卧式水轮发电机机组,轴线成一条水平线。通常水轮机装在轴线的一端(后端),而发电机则装在轴线的另一端(前端),两者主轴直接连成一体并共同旋转。与立式水轮发电机组相比,卧式机组一般结构上相对简单,尺寸较小但转速更高。从电站厂房的情况看,卧式机组占地面积较大,但只需要一层厂房,而且水下的结构简单,工程量较小。因此,对中小型电站而言,采用卧式机组往往更为经济,中等水头的混流式水轮机,中高水头的水斗式水轮机就经常设计成卧式布置。

5.1.1　卧式水轮发电机机组的结构分类

卧式水轮发电机机组由于尺寸小、转速高,其转动部分的转动惯量往往不够大,为此常在主轴上加装一个相当大的飞轮。另外，主轴是水平方向安装的，需要有两个或更多的轴承座来支撑主轴，而且其中的径向轴承(导轴承)总是分成上下两半的筒式轴承。如果是反击型水轮机，某个轴承座中还必须设有推力轴承来承受轴向水推力。但是，飞轮的位置、轴承座的个数和布置都可以有不同的情况，这就构成了卧式水轮发电机机组在结构上的不同类型，最基本的分类如图 5-1 所示。

按轴承座的个数不同分为：四支点机组、三支点机组和二支点机组。

5.1.1.1　四支点机组

图 5-1(a)所示的机组，水轮机和发电机各有两个轴承座支撑，飞轮设在水轮机主轴的中段，装在径向推力轴承与第一个径向轴承之间。就整个机组而言，转动部分由四个径向轴承支撑，因而称为四支点机组。

四支点机组，水轮机主轴与发电机主轴由法兰或者联轴节连成一体。如果不联轴，则水轮机、发电机都可以单独安装定位。

5.1.1.2　三支点机组

将飞轮设在水轮机和发电机之间，两根主轴利用飞轮连接成整体，则机组的转动部分只需要三个轴承座就能支撑，这就形成了三支点机组，如图 5-1(b)所示。不难看出，三支点机组中发电机可以单独安装定位，但水轮机主轴是不能独立定位的。

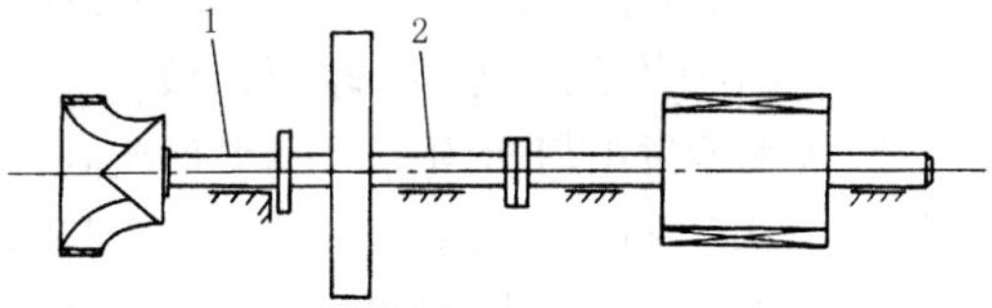

(a)四支点机组

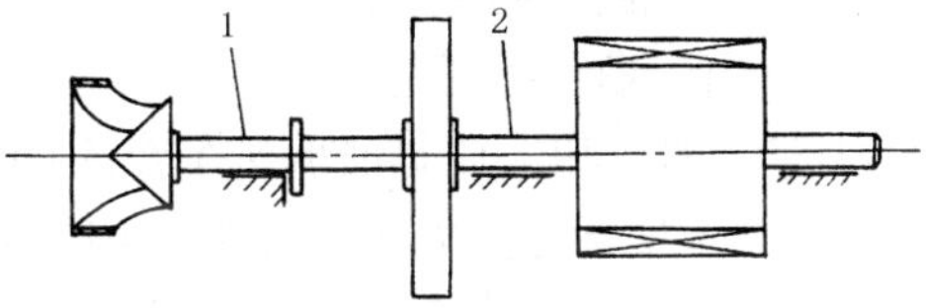

(b)三支点机组

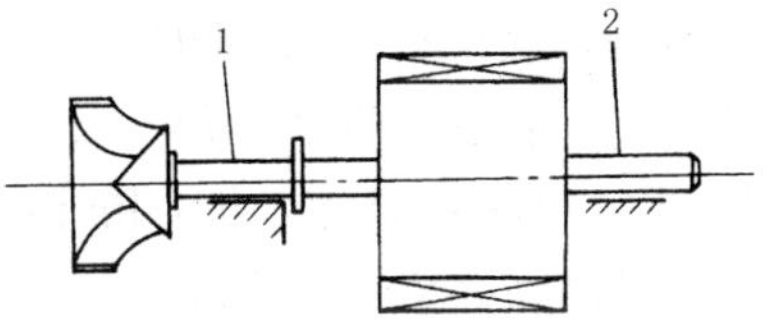

(c)二支点机组

1—径向推力轴承；2—径向轴承

图 5-1　卧式水轮发电机机组的结构类型

5.1.1.3　二支点机组

如果把发电机主轴延长，将水轮机转轮安装在轴的端部，整个机组就只有一根主轴，也就需要二个轴承座支撑，这就形成了二支点机组，如图 5-1(c)所示。

就结构的复杂程度和主轴的长短作比较。二支点机组结构最简单，主轴长度也最短。但是，推力轴承受轴的长度限制，设计和安装都比较困难，它最适合没有轴向水推力的水斗式机组。相反，四支点机组的轴线最长，制造和安装都比较简单，小型机组采用得最多。容量较大的机组，缩短轴线长度成了重要问题，因此往往采用三支点的形式，但三支点机组主轴要在飞轮处连接，制造和安装的难度加大。

5.1.2　卧式水轮发电机机组的安装

卧式水轮发电机机组的零部件，仍然可以分为埋设件、转动部分、附属装置等部分。从安装工程看，还是先安装埋设件，再组装并吊入转动部分，同样要经过盘车调整轴线，最后装入附属装置。但是，卧式机组包括不同水轮机、不同发电机，还包括了前述的不同结构类型，实际的安装程序和方法就可能是多种多样的。本项目仅就典型机组和常用的程序、方法进行介绍。

就卧式机组安装中比较重要而又共同的问题看，以下几点应当首先明确。

5.1.2.1 埋设件安装

卧式水轮发电机机组的埋设件，如混流式机组的蜗壳、尾水管、轴承座、发电机底座，水斗式机组的机座、轴承座、发电机底座等，都是在厂房内成水平方向布置的。安装时除控制高程以外，更重要的是保证平面位置正确，尤其是各部件的相对距离要符合要求。

卧式混流式机组，常把水轮机蜗壳、座环做成一体，并且是安装工程的基准件；卧式水斗式机组则以水轮机机座作为基准件。当然，基准件必须首先定位并保证位置的高精度。

5.1.2.2 机组的安装高程和轴线方位

卧式水轮发电机机组都以机组轴线高程作为安装高程，而且水轮机、发电机在轴线长度方向布置。因此，机组安装过程中首要的问题是确定机组轴线，一般都要用标高中心架、求心架等拉出钢琴线来具体表达轴线，要确保轴线高程和平面方位符合要求。

5.1.2.3 实际轴线的检查和调整

卧式机组的轴线在理论上是一条水平直线，安装后的实际情况仍然由盘车过程来检查和调整。但盘车时主轴由径向轴承支撑着，轴线不是自由状态，这与悬式机组盘车时的情况有根本的区别，因而盘车的方法和计算都与项目4的内容不同。另外，卧式机组又分为四支点机组、三支点机组、二支点机组等几种结构类型，它们的盘车又相互区别。不过，这种不同情况下的轴线检查仍然是有规律可循的。

本章以卧式混流式机组为主介绍安装的程序及方法，对卧式水斗式机组则只介绍其特殊问题及相应的安装方法。本项目的另一个重点是介绍卧式机组的盘车，分别就四支点机组、三支点机组、二支点机组来介绍盘车方法和计算的原理。必须说明的是，本项目内容是以立式机组的有关知识为基础来介绍的。实际上，卧式机组的安装和盘车，都可以有别的方法，这里介绍的是编者认为比较简单而效果又好的方法。

任务 5.2 卧式混流式机组的安装

5.2.1 卧式混流式水轮机的结构特点和安装程序

四支点机组中的卧式混流式水轮机如图5-2所示，其结构特点如下：

(1)金属蜗壳与座环做成整体，带有底座和地脚螺栓，是安装的基准件。蜗壳的进水口通过直角弯管与压力钢管的水平段相接。

(2)采用弯曲形尾水管。尾水管的弯管段在厂房地面以上，进口法兰与水轮机后端盖相连，而出口法兰与直立的尾水管直锥段相连。直锥段埋设在地面以下，直通尾水渠。

(3)座环的内腔由前、后端盖封闭，形成导叶和转轮的工作空间。主轴从前端盖中间穿出，两者之间设有主轴密封装置。密封装置一般用迷宫型结构，小型机组也有用填料函的。

(4)转轮悬臂式地固定在主轴末端，多数机组用法兰、螺栓连接；小型机组也有用锥面配合，加上螺母锁紧固定的。

(5)活动导叶装在座环以内，前、后端盖之间。其传动机构和控制环装在前端盖外侧(也有在后端盖以外的)，控制环通常作摇摆运动来带动每一个导叶，只设一根推拉杆。尺寸较大的则用两根推拉杆，控制环作定轴的转动。

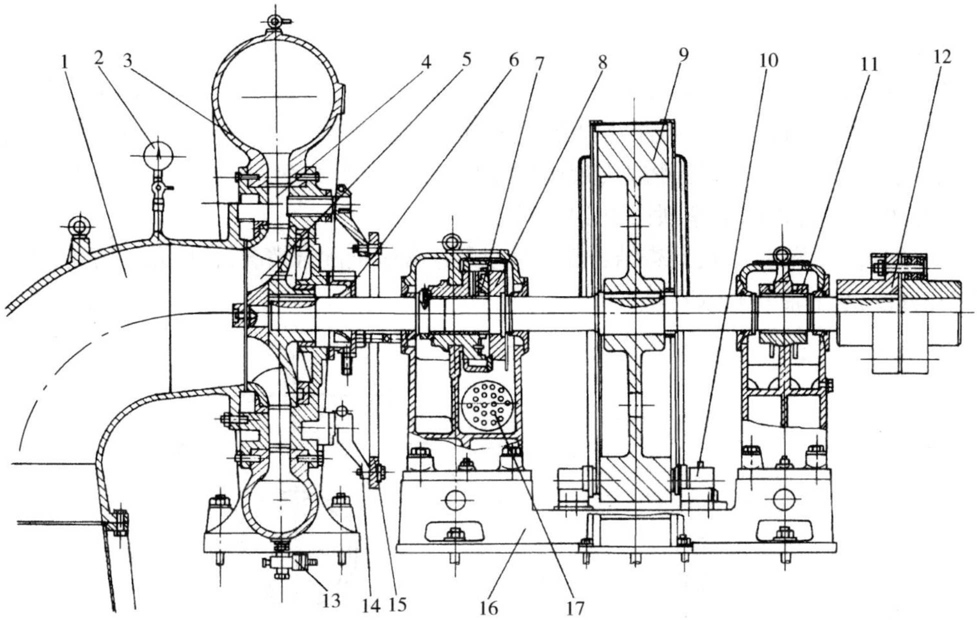

1—尾水管;2—真空表;3—蜗壳;4—活动导叶;5—转轮;6—主轴密封装置;
7—径向推力轴承;8—推力盘;9—飞轮;10—制动器;11—径向轴承;12—联轴节;
13—排水阀;14—导叶臂;15—控制环;16—轴承座板;17—冷却器

图5-2 卧式混流式水轮机

(6)水轮机主轴的中部安装飞轮,主轴前端通过法兰或联轴节与发电机主轴连接。飞轮前后侧各有一个轴承座支撑,其中紧靠蜗壳的是径向推力轴承。径向轴承是上下两瓣的筒式结构,而推力轴承则是分块瓦式的,多数用8块推力瓦承受推力盘传来的轴向力。

卧式混流式水轮机的安装程序,会因结构不同而变化,但最基本的情况如下述:①埋设尾水管直锥段;②蜗壳连同弯管、压力管水平段的埋设;③导水机构预装配;④转动部分的组合、检查;⑤安装轴承座、轴瓦研刮;⑥水轮机正式安装;⑦与发电机联轴,轴线检查及调整;⑧安装附属装置;⑨机组启动试运行。

其中,转动部分的组合、检查,导水机构的预装配和正式安装,主轴密封装置等的安装都与立式机组相近。而尾水管、蜗壳、轴承底座的埋设、轴承座的安装、轴瓦间隙的调整等项工作则与立式机组明显不同。以下只介绍这部分。

5.2.2 蜗壳及尾水管等的埋设

容量和尺寸比较大的卧式混流式水轮机,为了便于施工,总是先埋设尾水管直锥段,再安装蜗壳、直角弯管以及压力管道水平段。但必须在尾水管的弯管段与直锥段之间增加凑合节,为水轮机的完全组合提供调整的条件。容量和尺寸较小的机组,则是先安装蜗壳等进水部分,再安装尾水管;或者把尾水管与蜗壳等组合起来一次性地安装定位。下面按先安装蜗壳后安装尾水管的情况叙述。

5.2.2.1 **准备工作**

(1)在机坑中设标高中心架,用钢琴线拉出 X、Y 轴线。如果 X 轴线的高程调整为安装高程,它即是机组的轴线。一次性表达机组轴线将使今后的安装工作更方便、更准确。

(2)设垫板、基础板,准备地脚螺栓及临时性支架,蜗壳、弯管、压力管水平段安装如图5-3所示。其中,地脚螺栓可以有两种处理方法:一是先留地脚螺栓孔,蜗壳等安装就位后再浇筑二期混凝土;二是先安装就位,将地脚螺栓点焊在前期预留的钢筋上,再一次性浇筑混凝土。至于临时性支架、支撑横梁等,则视机组的具体情况准备。

(3)清理需安装的工件,检查结合面质量以及连接螺栓配合情况,在蜗壳前、后法兰的端面上准备铅直及水平轴线的标记等。

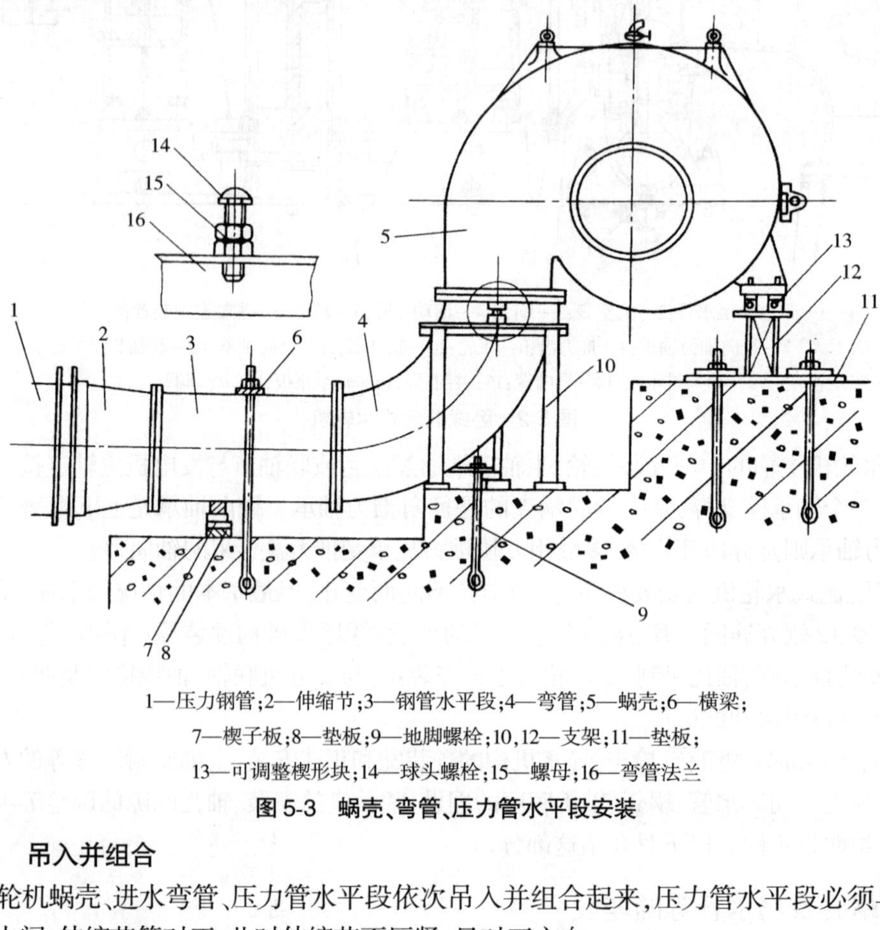

1—压力钢管;2—伸缩节;3—钢管水平段;4—弯管;5—蜗壳;6—横梁;
7—楔子板;8—垫板;9—地脚螺栓;10,12—支架;11—垫板;
13—可调整楔形块;14—球头螺栓;15—螺母;16—弯管法兰

图5-3 蜗壳、弯管、压力管水平段安装

5.2.2.2 **吊入并组合**

水轮机蜗壳、进水弯管、压力管水平段依次吊入并组合起来,压力管水平段必须与事先安装的进水阀、伸缩节等对正,此时伸缩节不压紧,只对正方向。

5.2.2.3 **位置调整**

蜗壳安装的质量要求主要有三方面:轴线的平面位置误差不大于5 mm,轴线的高程误差为0~+8 mm,轴线的水平度误差不大于0.06~0.1 mm/m。

不难理解,最简单而适用的方法是:先用标高中心架拉出钢琴线来表达机组轴线,严格控制钢琴线的位置精度,再以它为基准调整蜗壳的位置。

如图5-4所示,用内径千分尺加耳机,测量蜗壳前、后端盖法兰止口的四周半径,如果每一个止口处上下左右的半径都相等,蜗壳实际轴线的平面方位和高程就必然符合要求,否则应根据实测情况对蜗壳位置进行调整。当然,在初步定位时可以用钢板尺测量。

由于前、后止口的内圆面与端面垂直,内圆面及其轴线的水平度误差,也即端面的垂直度误差。为此,可以实测端面的垂直度并加以调整,从而保证止口内圆面的水平度符合要求。粗调时如图5-4所示,在蜗壳以外悬挂铅垂线,用钢板尺测量法兰面上、下方到铅垂线的距离,通过调整使上、下距离相等。精调时可以用框形水平仪,将水平仪的侧边紧贴在法兰面上,通过主水准泡读出其垂直度误差。如项目1所述,框形水平仪应原地调头,取两次读数的平均值为准。

在调整蜗壳位置的同时,应检查和调整压力管水平段与伸缩节等的对正情况,在两方面都符合要求后进行充分锚固,最后浇筑混凝土。

5.2.2.4 安装尾水管

蜗壳找正并锚固以后即可安装尾水管。如图5-5所示,在尾水渠内用方木搭设支架,吊入尾水管直锥段并以楔子板支撑。再吊入尾水管弯管段,通过位置调整与蜗壳及直锥段连接成整体。这一过程中对尾水管位置的调整决不能影响已调整好的蜗壳。至于混凝土的浇筑,可以分两次进行,也可以装完尾水管后一次性浇筑,但都必须四周均匀、逐层上升。

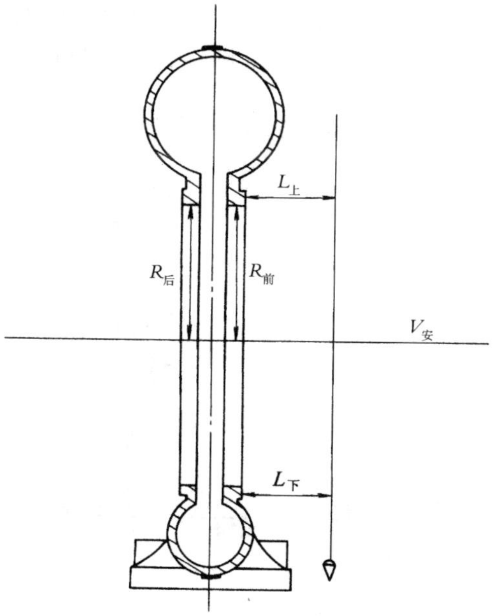

图5-4 蜗壳位置找正

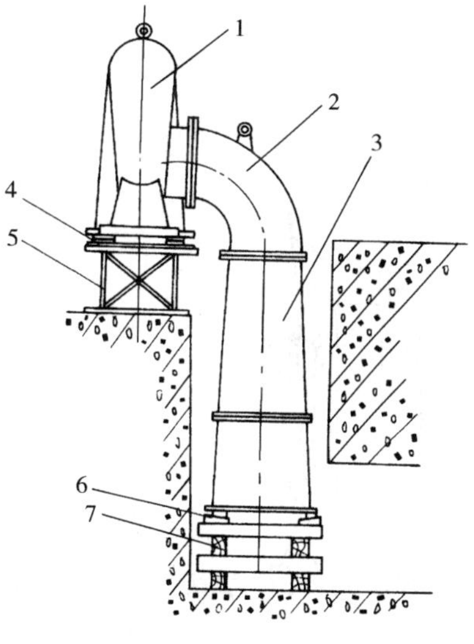

1—蜗壳;2—尾水管弯管段;3—直锥段;
4,6—楔子板;5—支架;7—方木

图5-5 尾水管安装

5.2.3 轴承座及底座的安装

卧式机组的轴承座,一般都经过底座再安装在地基上。安装时先使底座定位,再装入轴承座做进一步的调整,轴承座的最后定位则是在盘车过程中完成的。底座和轴承座的初步安装定位,都是以机组轴线——已安装的蜗壳的轴线为准来进行的。因此,安装的基本程序是:①用求心架等拉出钢琴线,具体表达蜗壳的轴线;②安装底座;③安装轴承座。

四支点机组一般有两个底座,水轮机的底座安装两个轴承座,以及飞轮护罩、制动器等。发电机的底座则安装发电机定子及两个轴承座。三支点机组可能只设一个底座,将发电机和三个轴承座都装在上面。无论机组有一个底座还是有两个底座,最好一次性安装就位,有利于保证安装精度。

5.2.3.1 轴承座安装的质量要求

(1)轴承座之间以及轴承座对机组轴线的同轴度误差不得大于0.1 mm。

(2)轴承座的水平度误差,在轴瓦表面测量,或者在结合平面上测量。轴线方向不大于0.1 m/m,横线方向不大于0.2 mm/m。

(3)轴承座在轴线方向的位置误差不大于5 mm。

5.2.3.2 蜗壳轴线的表达

蜗壳安装定位后,它的实际轴线也就是机组将来的轴线。为了安装轴承座、发电机定子等,必须把蜗壳的实际轴线测量并且表达出来。

如图5-6所示,在蜗壳后端法兰面上安装求心架,在发电机端的地基上竖立支架和滑轮,利用重锤拉出钢琴线。求心架及滑轮见图5-7,求心架与立式机组用的求心器类似,绝缘棒中心的小孔用以穿过钢琴线,它可以在上、下、左、右四个方向移动以便调整钢琴线位置。钢琴线的另一端经滑轮悬挂重锤,滑轮又由车床刀架支承在支架上,同样可以在上、下、左、右做位置调整。用内径千分尺加耳机,分别测量蜗壳后、前两个止口内圆的四周半径,从而调整钢琴线两端的位置,直到四周的半径相等,则钢琴线即蜗壳的实际轴线。

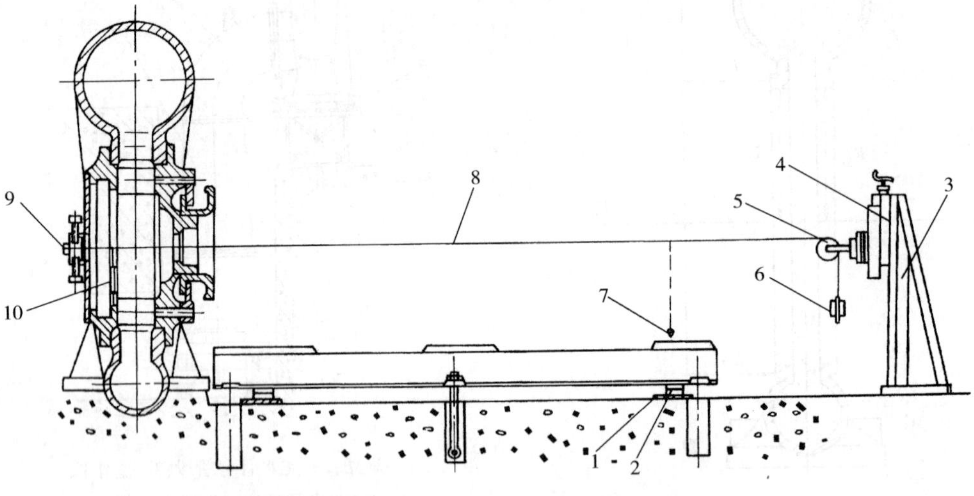

1—基础板;2—楔子板;3—支架;4—车床拖板;5—滑轮;6—重锤;
7—小垂球;8—钢琴线;9—求心架;10—内径千分尺

图5-6 蜗壳轴线测量和底座的安装

5.2.3.3 安装底座

事先清理底座并在表面标注其中心线,吊入后由楔子板支撑,如图5-6所示。在蜗壳轴线上用软线悬挂小垂球,调整底座位置使它的中心线与垂球对正。同时,以蜗壳前端法兰面为准,用钢卷尺测量底座的轴向距离。用钢板尺测量蜗壳轴线到底座表面的高度差。

从而对底座的各方向位置进行调整。

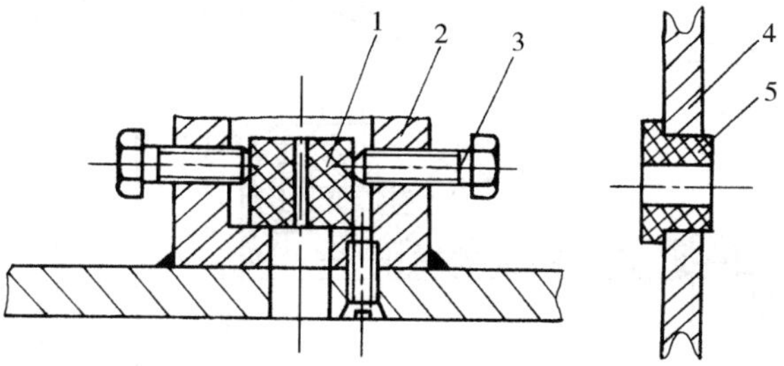

1—绝缘棒；2—求心架底座；3—螺钉；4—滑轮；5—绝缘轴套

图 5-7　求心架及滑轮

为了今后调整方便，底座表面的高程应比设计位置略低，如低 2~3 mm。底座与轴承座之间加入两层成形的垫片，垫片形状按轴承座底面制作，以保证足够的接触面积。底座就位后即可浇筑地脚螺栓的二期混凝土，浇筑前应点焊基础板、楔子板，从而固定底座的位置。

5.2.3.4　安装轴承座

轴承座的安装及调整，仍用安装底座的方法，如图 5-8 所示，对轴承座水平度的测量应该用框形水平仪，可以在轴承座的上下结合平面上测量，也可以在它的内圆柱面上测量，具体根据实际结构决定。在底座基本水平的情况下，对轴承座水平度的调整只能用增减它与底座之间结合面垫片的方法。

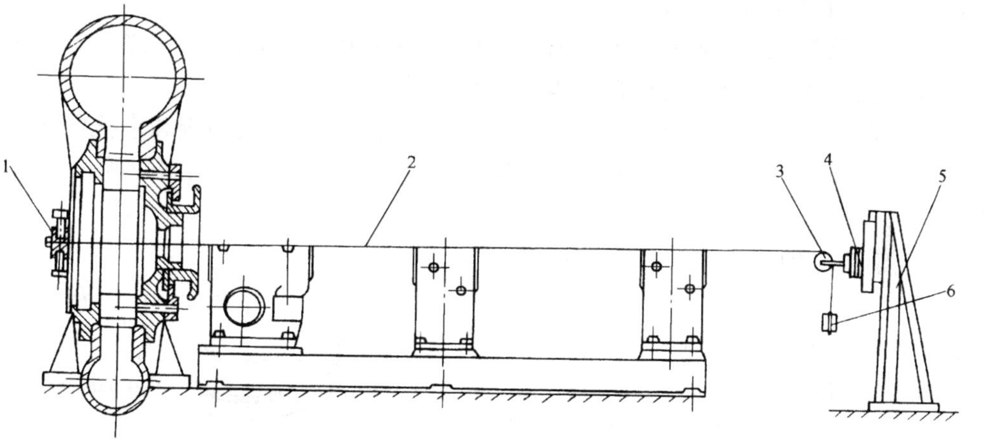

1—求心架；2—钢琴线；3—滑轮；4—车床刀架；5—支柱；6—重锤

图 5-8　轴承座安装

5.2.4　轴承的安装和轴瓦间隙调整

卧式机组有一个径向推力轴承和径向导轴承。径向推力轴承是由推力轴承和导轴承组合而成的，图 5-9 就是一种常见的结构。它由分成上、下两半的筒式导轴承，分块瓦式的正向推力轴承，以及简化的反向推力轴承构成。用 30 号透平油润滑，油箱下部装有透平油冷却器。

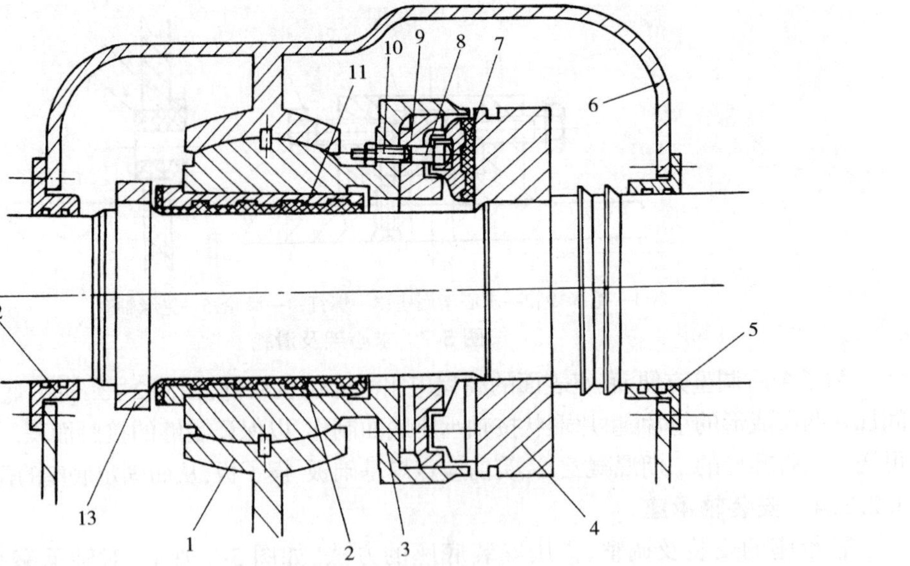

1—轴承座;2—下导轴瓦;3—轴承体;4—推力盘;5—前端盖;6—轴承箱盖;7—推力瓦;8—推力销;9—抗重盘;10—调节螺钉;11—上导轴瓦;12—后端盖;13—反向推力盘

图 5-9 径向推力轴承

5.2.4.1 导轴承的研刮和组装

筒式导轴承必须组合成整体再在轴颈上研磨,并拆开来刮削,两半块之间的垫片用以调整导轴瓦总间隙。但卧式机组在具体要求上有所不同:

(1)轴瓦与轴承体分开的结构,如图 5-9 所示。研刮时首先要检查和修整导轴瓦与轴承体的结合面,轴瓦背面必须有 60%以上面积与轴承体很好地结合,可以涂上红丹粉再相互摩擦来检查。

(2)上半块导轴瓦应与轴颈全面接触,要求 1~2 个点/cm^2。

(3)下半块导轴瓦只在中心附近 60°~90°内与轴颈接触,要求 2~3 个点/cm^2,如图 5-10 所示。同时,轴瓦表面的油沟、油槽、边沿都应刮成圆滑的斜坡。

(4)机组未旋转时,主轴由下半块导轴瓦支承,导轴瓦静止状态的间隙如图 5-11 所示。顶部为设计总间隙,两侧间隙应均匀而且是顶部间隙的 1/2。

由于筒式轴瓦长度大,其间隙不便于用塞尺直接测量。实践中往往用挤压保险丝的方法间接测量。如图 5-12 所示,先在轴颈上部按需要摆放几段保险丝,再组装结合

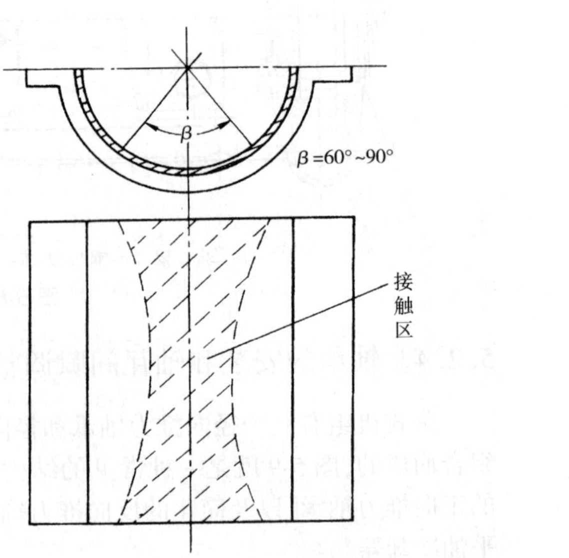

图 5-10 下半块导轴瓦的刮削

面垫片及上半块导轴瓦,拧紧连接螺栓使导轴承组装到位。拆开以后用游标卡尺测量已挤扁的保险丝厚度,导轴瓦各处的实际间隙即可测得。要求轴瓦两端间隙均匀,误差不超过 10%。

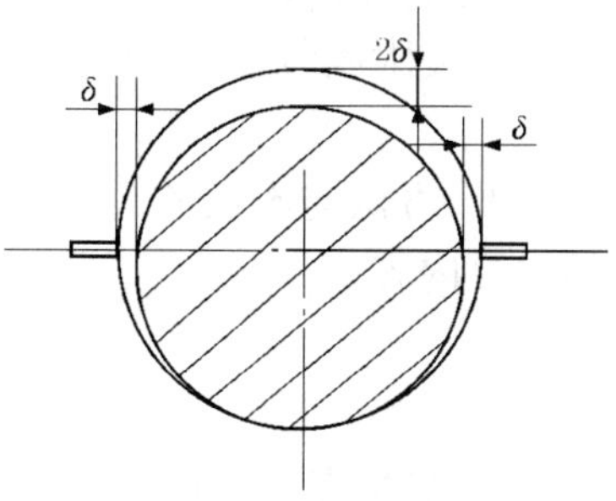

图 5-11　导轴瓦间隙示意图

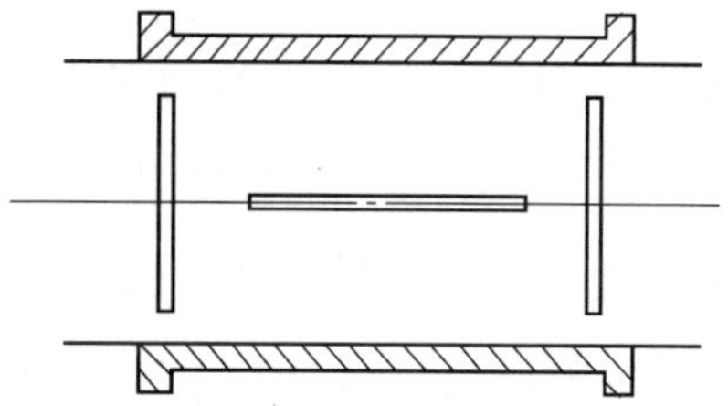

图 5-12　导轴瓦间隙测量

5.2.4.2　**推力轴承的研刮和组装**

如图 5-9 所示,推力盘和反向推力盘都是紧固在轴上的,其工作面的研磨也只能在轴上进行。推力瓦一般分为 8 块,经过推力销、线方向位置调整的余地很小,甚至有的机组这一位置是不能调整的,研刮推力瓦时总要同时控制它的厚度,做到 8 块轴瓦基本一致。推力轴瓦的研刮及抗重盘、调节螺栓由轴承体支承。推力瓦受力调整的最终目的是保证各瓦受力均匀,主轴及推力盘在旋转时不发生轴向串动。机组盘车时用百分表检查,推力盘的轴向串动应不大于 0.02 mm。

由于推力瓦和导轴瓦都安装在轴承体上,为了保证两者的工作表面互相垂直,细刮和精刮阶段总是把推力瓦、导轴瓦一起组装,并同时研磨导轴瓦端面上的巴氏合金层,也就是反向推力瓦除上下两瓣对齐外,一般没有研刮的要求。由于机组运行时轴向水推力是指向尾水管的,将由正向推力瓦承受,反向推力轴承只在机组启动、停机等发生串动时才偶然受力。组装以后正向推力瓦与推力盘接触,反向推力瓦与反向推力盘之间应留下足够的轴向间隙,例如 0.3~0.6 mm。

任务 5.3　卧式发电机的安装

卧式水轮发电机,除容量很小的以外,都由底座、定子、转子、轴承座等组成,而且管道式通风冷却的占多数,其机坑与进、出风道相连。由于尺寸较小、转速较高,发电机定子和转子往往在厂内组装,经过试验后整体运到电站工地,安装工程相对简单。

5.3.1　安装的质量要求和基本程序

卧式发电机都是以水轮机轴线为准来安装的,最基本的质量要求是:①发电机主轴法兰按水轮机法兰找正时,偏心量不大于 0.04 mm,倾斜不大于 0.02 mm。②以转子为准调整定子的位置,发电机气隙应均匀一致,最大偏差不大于平均气隙的±10%。实测气隙时,应对每一个磁极的两端,就转子不同的 3~4 个位置(如每次让转子转过 90°)进行测量,取所有实测值的平均值为准,再计算偏差的大小。③定子的轴向位置应使定子中心偏离转子中心,偏向水轮机端 1~1.5 mm,以便机组运行时转子承受与轴向水推力反方向的磁拉力,以减轻负荷并有利于机组稳定。

卧式水轮发电机的安装程序会因具体结构的不同而变化,但其基本程序一般如下:①准备标高中心架、基础板及地脚螺栓;②安装底座;③安装定子、轴承座;④转子检查及轴瓦研刮;⑤吊装转子;⑥与水轮机联轴,轴线检查、调整;⑦安装附属装置;⑧机组启动试运行。

其中,底座、定子、轴承座的安装定位都以水轮机轴线为准,方法与本任务 5.2 的叙述相同。而转子的吊装与立式机组不同,将是本任务介绍的主要内容。

5.3.2 卧式发电机转子的吊装

卧式发电机的转子,两端由轴承座支撑,中部的磁轭、磁极空悬在定子内。由于气隙不大,又不允许转子与定子摩擦,转子的装入和拆出都必须沿水平方向移动,这就形成了所谓"穿转子"的特殊工艺过程,其过程如图 5-13 所示。

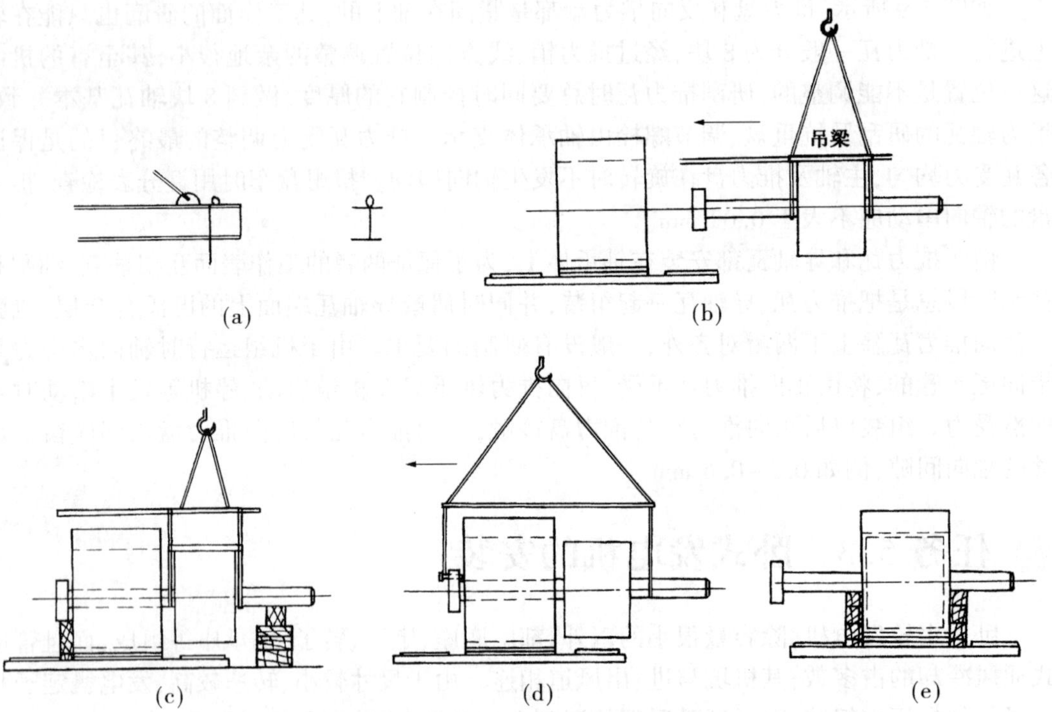

图 5-13 卧式发电机转子的吊装过程

5.3.2.1 准备工作

(1)准备吊具、吊索。起吊转子时,钢丝绳不能与转子两端接触,必须经过吊梁来悬挂转子。吊梁如图 5-13(b)所示,是一根刚度足够的横梁,通常用工字钢或槽钢焊接而成。根据需要在吊梁上设置钢丝绳吊点,悬挂转子的钢丝绳尽可能垂直向下,而连接行车吊钩的钢丝绳夹角应尽可能小。

(2)准备临时支撑。穿转子必须分段进行,为了调整钢丝绳,必须设置可靠的临时支撑。如图 5-13(c)、(e)所示,最常用的方法是用若干条形方木做支撑,但必须稳定可靠。

5.3.2.2　**分步穿转子**

如图 5-13 所示,转子吊入(或吊出)定子要分步进行,当中需要调整钢丝绳。

如果法兰端的轴长不够,一般用一段带法兰的钢管作为假轴,其法兰按主轴法兰加工,用联轴螺栓连接假轴使主轴加长,但必须保证假轴有足够刚度。

转子开始穿入定子时,应该在气隙内放入非金属的导向条,用人力拉动以检查转子是否与定子发生摩擦,这与立式机组转子吊入的操作相同。

任务 5.4　卧式机组轴线的检查和调整

卧式机组的轴线,在理论上是一条水平直线。在蜗壳等已经埋设的情况下,后安装的转动部分轴线,应当与蜗壳轴线重合。在实际施工中,蜗壳轴线未必就呈水平线,转动部分的轴线更可能与之不重合。机组轴线的实际情况如何?是否符合规范要求?如果不合格应该怎样调整?这一系列的问题都必须通过轴线检查、调整来解决,这一过程与立式机组一样,也称为盘车。

卧式机组转动部分是由导轴承支撑的,其轴线由各导轴承的位置情况决定。但卧式机组有四支点机组、三支点机组、二支点机组三大类,轴承座个数和主轴连接方式不相同,因而其盘车的方法也就不同。就同一结构的卧式机组,也可能有不同的盘车方法。本任务所介绍的是比较简单而且实用的盘车方法。

5.4.1　卧式机组轴线的质量要求

(1)用百分表检查,各个转动部位的全摆度应符合以下要求:①轴颈处双摆幅不大于 0.03 mm。②推力盘端面跳动不大于 0.02 mm。③联轴法兰外圆面双摆幅不大于 0.1 mm。④飞轮外圆面双摆幅不大于 0.2 mm。⑤发电机滑环外圆面双摆幅不大于 0.2 mm。

(2)转动部分与固定部分之间的间隙应符合设计要求,以卧式混流式机组为例:①转轮止漏环间隙四周均匀一致,最大偏差不大于平均间隙的±20%。②发电机气隙均匀一致,最大偏差不超过平均气隙的±10%。

5.4.2　四支点机组轴线的检查、调整

四支点机组中水轮机、发电机各有两个轴承座,两根主轴都能单独支撑,也就可以分别调整其轴线。因此,四支点机组的盘车一般分三个阶段进行:①水轮机盘车,使水轮机主轴及转轮的轴线与蜗壳等的轴线重合。②发电机盘车,以水轮机主轴为准,使发电机轴线与水轮机轴线对正成一条直线。③联轴后整体盘车,全面检查机组轴线。

以下分别介绍这三个阶段盘车的原理和方法。

5.4.2.1　**水轮机轴线的检查、调整**

如图 5-14 所示,以上下方向为±Y 轴,左右方向为±X 轴。正对轴线,在蜗壳前、后止口的法兰面上划分 A、B、C、D 四个测点。

吊入水轮机主轴但不连接转轮,用 1#、2#轴承座的下半块导轴瓦支撑。在轴颈上固定

两只百分表,使两只表沿同一条径线顶在蜗壳的前、后止口上。为了记录方便,令后止口百分表为 M 表,前止口百分表为 N 表。

顺机组的转动方向(从尾水管端看反时针)推动飞轮,每次旋转90°。在百分表正对测点时读记百分表的读数,其记录格式见表5-1。

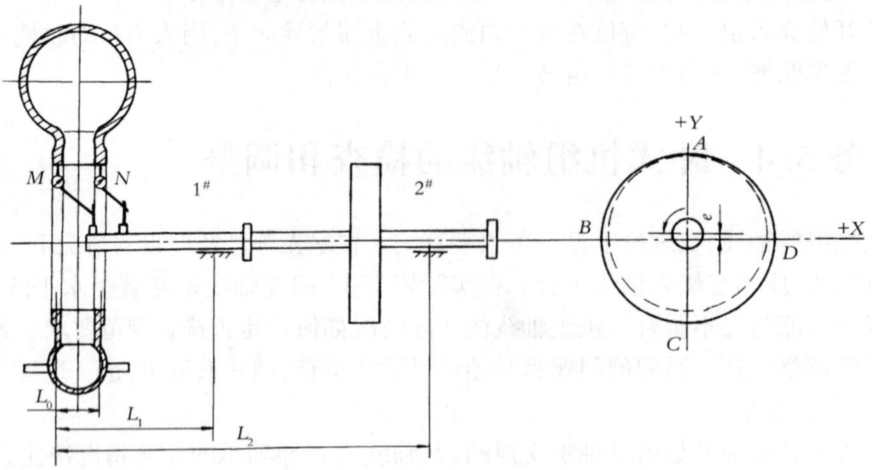

图 5-14 水轮机轴线的检查、调整

表 5-1 四支点机组水轮机盘车记录

项目		测点			
		A	B	C	D
百分表读数	后止口 M	M_A	M_B	M_C	M_D
	前止口 N	N_A	N_B	N_C	N_D
相对点		$A—C$		$B—D$	
全摆度	后止口 φ_M	M_A-M_C		M_B-M_D	
	前止口 φ_N	N_A-N_C		N_B-N_D	
净摆度 φ_{NM}		$\varphi_N-\varphi_M$			

由图5-14可知,不同测点上百分表读数的变化,实际上是水轮机轴心到蜗壳止口距离的变化。当主轴与蜗壳止口同心时,所测的四周半径相等,百分表读数就没有变化;反过来说,百分表读数就发生变化,这表明主轴对蜗壳止口中心是偏心的。如图5-14所示,相对点百分表读数之差,正等于该方向上轴心偏移量的2倍,如:

$$\varphi_{M_{A—C}}=M_A-M_C=2e_{A—C} \tag{5-1}$$

这与立式机组盘车中,净摆度等于轴心偏移的2倍是相同的。

就 N 表与 M 表相比较,如果同方向上的全摆度不同,则表明主轴轴线对蜗壳轴线是倾斜的,而且全摆度之差(也称为净摆度)等于该段轴长上倾斜量的2倍,如:

$$\varphi_{NM}=\varphi_N-\varphi_M=2J_{NM} \tag{5-2}$$

这与立式机组盘车中,净摆度等于轴线倾斜量的2倍也是相同的。

另外,对全摆度、净摆度的正负号,以及它们反映轴心偏离及轴线倾斜方向的规律,也与立式机组盘车一样。但是,由于卧式机组主轴受导轴承制约,A、C 两个测点及算得的全摆度、净摆度反映的是 Y 轴方向的偏差;B、D 两个测点及算得的全摆度、净摆度则反映 X 轴方向的偏差,这两个方面的偏差是彼此独立的。对不合格轴线的调整,也应分别在 Y 轴和 X 轴方向移动轴承座来纠正。以下用一个工程实例来说明。

【例 5-1】 某台四支点卧式机组,轴线长度按图 5-14 的标注:$L_0=0.4$ m,$L_1=1.2$ m,$L_2=2.5$ m。做水轮机盘车记录见表 5-2。

表 5-2 某台四支点卧式机组水轮机盘车记录(0.01 mm)

项目		测点			
		A	B	C	D
百分表读数	后止口 M	−1	+2	+6	+3
	前止口 N	+1	+6	0	−6
相对点		A—C		B—D	
全摆度	后止口 φ_M	−7		−1	
	前止口 φ_N	+1		+12	
净摆度 φ_{NM}		+8		+13	

表 5-2 的计算表明:

(1)以蜗壳后止口的中心为准,水轮机主轴是偏心的。Y 轴方向,$\varphi_{M_{A-C}}=-0.07$ mm,轴心偏于 C 点($-Y$)0.035 mm;X 轴方向,$\varphi_{M_{B-D}}=-0.01$ mm,轴心偏于 D 点($+X$)0.005 mm。

(2)以蜗壳轴线为准,水轮机主轴是倾斜的。在所测的 0.4 m 轴长上,Y 轴方向,$\varphi_{NM_{A-C}}=0.08$ mm,主轴斜向 A 点($+Y$)0.04 mm;X 轴方向,$\varphi_{NM_{B-D}}=0.13$ mm,主轴斜向 B 点($-X$)0.065 mm。

为了纠正主轴轴线,需要移动 1#、2#轴承座,按尺寸比例计算移动量,而且移动方向应该与偏差方向相反,则移动量的计算如下。

1#轴承座:

(1)Y 轴方向

$$\Delta Y_1=-\left[\frac{1}{2}\varphi_{M_{A-C}}+\frac{L_1}{L_0}\frac{1}{2}\varphi_{NM_{A-C}}\right] \tag{5-3}$$

$$\Delta Y_1=-\left[\frac{1}{2}\times(-0.07)+\frac{1.2}{0.4}\times\frac{1}{2}\times 0.08\right]=-0.085(\text{mm})$$

应该移向 C 点($-Y$),即降低 0.085 mm。

(2)X 轴方向

$$\Delta X_1=-\left[\frac{1}{2}\varphi_{M_{B-D}}+\frac{L_1}{L_0}\frac{1}{2}\varphi_{NM_{B-D}}\right] \tag{5-4}$$

$$\Delta X_1=-\left[\frac{1}{2}\times(-0.01)+\frac{1.2}{0.4}\times\frac{1}{2}\times 0.013\right]=-0.19(\text{mm})$$

应该移向 D 点($+X$)0.19 mm。

2#轴承座:

(1)Y 轴方向

$$\Delta Y_2 = -\left[\frac{1}{2}\varphi_{M_{A-C}} + \frac{L_2}{L_0}\frac{1}{2}\varphi_{NM_{A-C}}\right] \tag{5-5}$$

$$\Delta Y_2 = -\left[\frac{1}{2}\times(-0.07) + \frac{2.5}{0.4}\times\frac{1}{2}\times 0.08\right] = -0.215(\text{mm})$$

应该移向 C 点($-Y$),即降低 0.215 mm。

(2)X 轴方向

$$\Delta X_2 = -\left[\frac{1}{2}\varphi_{M_{B-D}} + \frac{L_2}{L_0}\frac{1}{2}\varphi_{NM_{B-D}}\right] \tag{5-6}$$

$$\Delta X_2 = -\left[\frac{1}{2}\times(-0.01) + \frac{2.5}{0.4}\times\frac{1}{2}\times 0.13\right] = -0.40(\text{mm})$$

应该移向 D 点($+X$)0.40 mm。

5.4.2.2 发电机轴线的检查、调整

在水轮机主轴的轴线与蜗壳轴线重合以后,发电机轴线应与水轮机轴线对正。如果有偏差,仍可分为法兰轴心的偏心及轴线的倾斜两个方面。

由于主轴和法兰的加工精度很高,可以认为法兰外圆为标准圆柱面,而且法兰端面与轴线垂直。如果让水轮机主轴与发电机主轴一起转动,两个法兰的外圆面发生相对跳动,则表明发电机轴存在偏心。同时,检查两法兰之间的端面间隙,如果四周端面间隙不相等,则表明发电机轴线存在倾斜。常用而又比较准确的检查方法如图 5-15 所示。

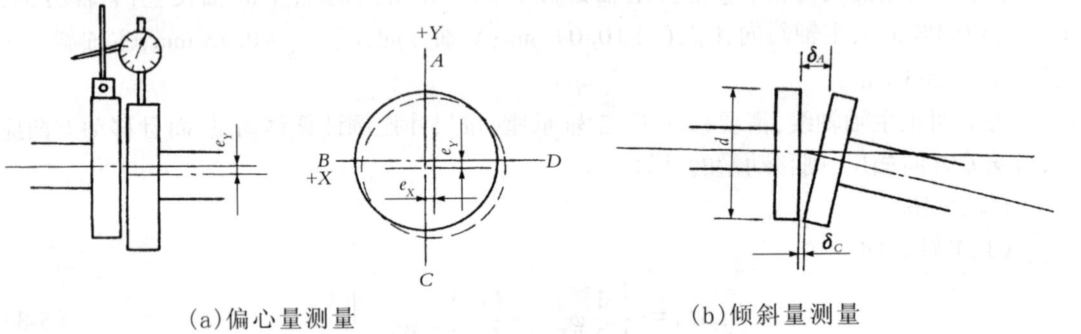

(a)偏心量测量 (b)倾斜量测量

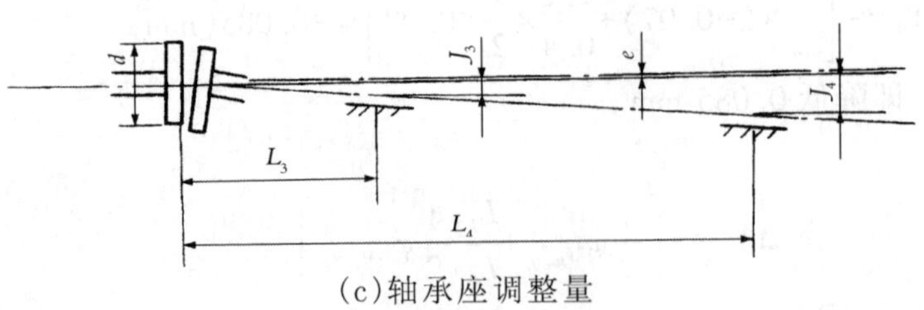

(c)轴承座调整量

图 5-15 发电机轴线的检查、调整

（1）用百分表测量偏心量。在水轮机轴法兰上安装百分表座，让百分表顶在发电机轴法兰的外圆面上。就上、下、左、右（±Y、±X 轴向）确定 A、C、B、D 四个测量位置，使水轮机轴和发电机轴同时顺转动方向旋转，在百分表对正各测量位置时，读记百分表的读数 M_A、M_B、M_C 和 M_D。如图 5-15（a）所示，相对位置上百分表读数之差，就是发电机轴心在该方向上偏心量的 2 倍。

$$M_A - M_C = 2e_Y \tag{5-7}$$

$$M_B - M_D = 2e_X \tag{5-8}$$

差值为正时，偏于前一个测量位置（A 或 B）。

（2）用塞尺检查端面间隙，测量轴线倾斜量。如图 5-15（b）所示，在 A、B、C、D 四个位置上，用塞尺测量法兰之间的端面间隙，相对位置（如 A、C）端面间隙不同，表明发电机轴线是倾斜的。在法兰直径 d 的长度上，倾斜量为端面间隙之差 $\delta_A - \delta_C$，而且差值为正时，斜向后一个测量位置 C。

为了测量准确，在百分表对正各测量位置时，同时用塞尺检查上、下、左、右四边的端面间隙，再取四次测量的平均值作为倾斜量计算的依据。由此，测量的记录格式见表 5-3。轴线的倾斜程度若用相对值表示，可用以下公式计算：

$$J_Y = \frac{\delta_A - \delta_C}{d} \quad (\text{mm/m}) \tag{5-9}$$

$$J_X = \frac{\delta_B - \delta_D}{d} \quad (\text{mm/m}) \tag{5-10}$$

式中　δ_A、δ_B、δ_C、δ_D——四次测量的平均间隙，mm；

d——法兰外径，m；

J_Y、J_X——轴线的倾斜程度，正号表明向后一个位置倾斜（C、D）。

以下用实例说明。

【例 5-2】　某四支点机组进行发电机盘车，联轴法兰外径 $d=0.4$ m，如图 5-15（c）所示，测量的轴线长度，$L_3=0.5$ m，$L_4=2.4$ m。记录见表 5-3，端面间隙见表 5-4。

表 5-3　发电机盘车记录（0.01 mm）

百分表位置	A	B	C	D
百分表读数	0	−15	−8	+5
相对位置	A—C		B—D	
发电机法兰跳动量	+8		−20	

表 5-4　端面间隙

测量方位	百分表位置				平均值
	A	B	C	D	
A	48	45	51	50	48.5
B	12	10	14	12	12.0
C	20	16	25	22	20.8
D	40	46	44	42	43.0

计算表明,该发电机主轴既存在偏心又存在倾斜。

(1)上下(Y轴)方向

$$e_Y=\frac{1}{2}(M_A-M_C)=\frac{1}{2}\times 0.08=0.04(\text{mm})$$

$$J_Y=\frac{\delta_A-\delta_C}{d}=\frac{1}{0.4}\times(0.485-0.208)=0.6925(\text{mm/m})$$

发电机法兰中心偏于$A(+Y)0.04$ mm,而其轴线由法兰端起向$C(-Y)$方向倾斜,斜度为0.692 5 mm/m。

(2)左右(X轴)方向

$$e_X=\frac{1}{2}(M_B-M_D)=\frac{1}{2}\times(-0.20)=-0.10(\text{mm})$$

$$J_X=\frac{\delta_B-\delta_D}{d}=\frac{1}{0.4}\times(0.12-0.43)=-0.775(\text{mm/m})$$

发电机法兰的中心偏于$D(-X)0.10$ mm,而其轴线由法兰端起向B方向$(+X)$倾斜,斜度为0.775 mm/m。

为了纠正发电机轴线,必须同时移动3#、4#轴承座。轴承座应有的位移,大小与轴线的偏差量相等,但方向相反。由此可计算如下:

(1)3#轴承座

$$\Delta Y_3=-[e_Y-L_3J_Y] \tag{5-11}$$

$$\Delta Y_3=-[0.04-0.5\times 0.6925]=+0.31(\text{mm})$$

$$\Delta X_3=-[e_X-L_3J_X] \tag{5-12}$$

$$\Delta X_3=-[-0.10-0.5\times(-0.775)]=-0.29(\text{mm})$$

3#轴承座应移向$+Y$(升高)0.31 mm,同时向D方向$(+X)$移动0.29 mm。

(2)4#轴承座

$$\Delta Y_4=-[e_Y-L_4J_Y] \tag{5-13}$$

$$\Delta Y_4=-[0.04-2.4\times 0.6925]=+1.62(\text{mm})$$

$$\Delta X_4=-[e_X-L_4J_X] \tag{5-14}$$

$$\Delta X_4=-[-0.10-2.4\times(-0.775)]=-1.76(\text{mm})$$

4#轴承座需上升(移向$+Y$)1.62 mm,同时应向D方向$(+X)$移动1.76 mm。

5.4.2.3 联轴以后轴线的整体检查

发电机轴线以水轮机轴线为准,调整对正以后即进行联轴,安装各个轴承,最后进行轴线整体质量的检查。

(1)在转轮及主轴密封装置安装的轴颈表面,联轴法兰、飞轮、发电机滑环等的外圆面上,沿$+Y$、$+X$轴线设置百分表,以检查各处外圆的跳动量。

(2)在主轴推力盘的端面上(或在轴的端面)设百分表检查主轴轴向串动的大小。

(3)顺机组的转动方向推动转动部分,每转90°记录一次各百分表的读数,相对点百分表读数之差即该位置跳动量的大小。对照前述质量标准判定轴线是否合格。

5.4.3 三支点机组轴线的检查、调整

三支点的卧式机组，发电机两端各有一个导轴承，其转子可以单独安装并确定其位置。但水轮机主轴则只有一个径向推力轴承支撑，是不能单独安装定位的。在未组装转轮的情况下，如果利用飞轮将两根主轴连接成整体，只用发电机的两个轴承座仍是可以稳定支撑全轴的。三支点机组的轴线检查、调整工作，可以分为以下两个阶段来进行：

(1)用两个导轴承支撑发电机转子，吊装飞轮并连接水轮机主轴，调整水轮机主轴使整个轴线对正成一条直线。

(2)以水轮机蜗壳—座环的轴线为准，调整转动部分的轴线位置，使两者重合在一起。

以下分别介绍这两步的原理并用实例来说明。

5.4.3.1 联轴成直线

如图5-16所示，用2#、3#轴承座支撑发电机转子，吊装飞轮和水轮机主轴并连接成整体。在联轴法兰上每90°划分一个测点，如图中的A、B、C、D四个测量位置。沿相同的方向，如图中的$+Y$轴线方向，装设三只百分表，分别检测发电机法兰、水轮机法兰以及转轮所在轴颈的径向跳动量。为了便于记录的计算，三只百分表可命名为O、M、N，如图5-16所示。

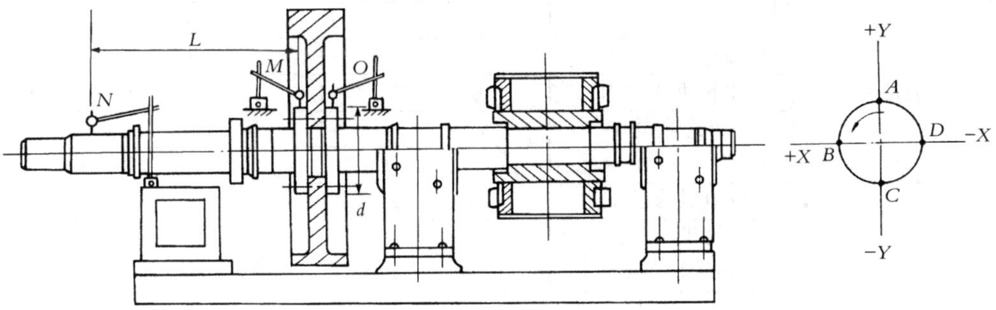

图5-16 轴线成直线的检查

顺机组转动方向推转发电机转子，每次转动90°，在测点正对百分表时读记各表的读数，可记录成表5-5的形式。

与项目4中悬式机组的盘车相对照，不难看出图5-16和表5-5的检测方法，与悬式机组的盘车在原理上是一致的，只不过将上下方向的三层百分表改成了水平方向的三个断面。

(1)同一断面上的四个测点构成了两组相对点(A—C、B—D)。相对点上百分表读数之差(仍保持前减后)称为全摆度，则全摆度是该断面径向跳动的大小。

检测以发电机轴线为准，O表的全摆度φ_O只反映发电机法兰的不圆度。但M表及N表的全摆度φ_M、φ_N，则反映该断面的中心偏离理想中心的程度，并等于偏心量的2倍。

(2)不同断面之间全摆度之差仍称为净摆度，图5-16的检测结果有两个净摆度必须

重视。

水轮机法兰对发电机法兰的净摆度 φ_{MO},反映水轮机法兰的偏心量,而且等于偏心量的2倍。

$$\varphi_{MO}=\varphi_M-\varphi_O=2e_M \tag{5-15}$$

转轮轴颈对水轮机法兰的净摆度 φ_{NM},反映水轮机轴线的倾斜程度,等于该段轴长上倾斜量的两倍。

$$\varphi_{NM}=\varphi_N-\varphi_M=2J_{NM} \tag{5-16}$$

按式(5-15)和式(5-16)计算,偏心及倾斜的方向仍旧符合"正偏外"的法则,但都是针对计算的前点 A 或 B 而言的。

【例5-3】 某三支点机组做联轴成直线的检查,联轴检测记录见表5-5。装置情况见图5-16,其中法兰外径 $d=0.4$ m,N 至 M 的轴线长 $L=1.2$ m。

由表5-5可知,该水轮机轴线既存在偏心又存在倾斜。但偏心量很小,AC 方向 $\varphi_{MO}=-0.03$ mm,轴心偏于 C 点0.015 mm;BD 方向 $\varphi_{MO}=+0.01$ mm,轴心偏于 B 点0.005 mm。

为了纠正轴线的倾斜,应该修磨法兰的端面。该轴线在 AC 及 BD 两个方面上都存在倾斜,因而必须首先找出实际倾斜的最大值及其方向。

表5-5 三支点机组联轴检测记录(0.01 mm)

项目		测点			
		A	B	C	D
百分表读数	发电机法兰 O	0	−1	−2	−1
	水轮机法兰 M	0	+1	+1	0
	转轮轴颈 N	+1	+5	+8	+2
相对点		$A—C$		$B—D$	
全摆度	发电机法兰 φ_O	+2		0	
	水轮机法兰 φ_M	−1		+1	
	转轮轴颈 φ_N	−7		+3	
净摆度	水机法兰对发电机法兰 φ_{MO}	−3		+1	
	转轮轴颈对水轮机法兰 φ_{NM}	−6		+2	

由表5-5绘成图5-17,其中 $\varphi_{NM_{A-C}}=-0.06$ mm,$\varphi_{NM_{B-D}}=+0.02$ mm。实际倾斜的最大值及方向可计算如下:

$$\beta=\arctan\left(\frac{2}{6}\right)=18.4°$$

$$\varphi_{NM}=\sqrt{(0.06)^2+(0.02)^2}=0.063(\text{mm})$$

法兰端面的修磨量 Δ 为

$$\Delta=\frac{d}{L}\ \frac{\varphi_{NM}}{2}=\frac{0.4}{1.2}\times\frac{0.063}{2}=0.01(\text{mm})$$

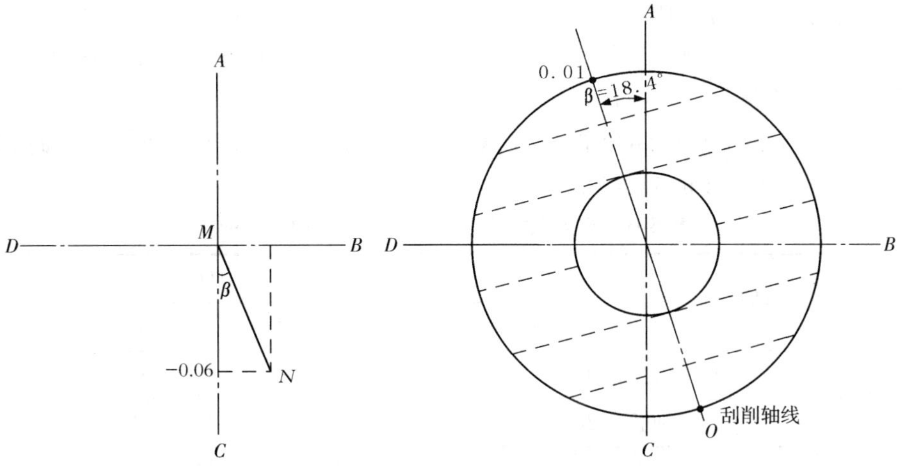

图 5-17　水轮机轴线的倾斜情况和法兰端面的修磨

水轮机轴法兰端面的修磨如图 5-17 所示,A 点偏向 D 点 18.4°的外圆处磨去 0.01 mm,面对侧不修磨,整个端面在分区后用油石磨成平面。法兰修磨以后尚须重新检查,直到水轮机轴转轮轴颈处的全摆度不大于 0.03 mm 为止。

5.4.3.2　**轴的盘车与蜗壳—座环对正**

三支点机组盘车的第二步,是使转动部分的轴线与蜗壳—座环的轴线重合。在原理及方法上都与四支点机组的水轮机盘车相同,但需要调整的轴承座是三个而不是两个。

如图 5-18 所示,在蜗壳—座环的止口上划分四个测点 A、C、B、D,分别对应±X、±Y 轴线方向。在水轮机主轴的轴颈上固定百分表座,设两只百分表沿同一方向顶在前、后止口的内圆上,并称为 M 表和 N 表。顺机组转动方向推动转动部分,每次转过 90°角,当百分表对正各测点时记录它们的读数,记录的形式见表 5-6。

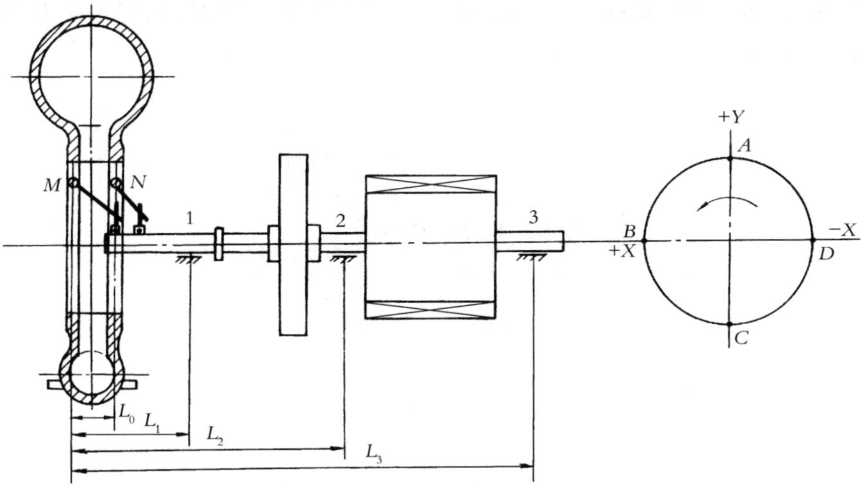

图 5-18　三支点机组整轴盘车

以座环后止口断面为基准,所测得的全摆度,将是主轴中心偏心量的2倍,而净摆度则是主轴轴线在长度内倾斜量的2倍。由此既可判别主轴轴线是否合格,也可以计算出各轴承座应有的调整量。以下用实例来说明。

【例5-4】 某三支点机组进行整轴盘车,记录见表5-6,图5-18所示的轴长为:$L_0=0.4$ m,$L_1=0.9$ m,$L_2=2$ m,$L_3=5$ m。

表5-6 三支点机组整轴盘车记录(0.01 mm)

项目		测点			
		A	B	C	D
百分表读数	后止口 M	0	+4	+7	+3
	前止口 N	−1	+7	+13	+4
相对点		A—C		B—D	
全摆度	后止口 φ_M	−7		+1	
	前止口 φ_N	−14		+3	
净摆度	前止口对后止口 φ_{NM}	−7		+2	

表5-6说明机组转动部分的轴线不正,相对蜗壳—座环的轴线而言,既存在偏心又存在倾斜。

(1)Y轴(AC)方向。$\varphi_M=-0.07$ mm,后止口断面处主轴中心偏低(偏于C)0.035 mm。$\varphi_{NM}=-0.07$ mm,主轴轴线由M到N向下倾斜(斜向C)0.035 mm。

(2)X轴(BD)方向。$\varphi_M=+0.01$ mm,$\varphi_{NM}=+0.02$ mm。偏差比较小,但主轴中心略偏于B(0.005 mm),轴线由M到N向B方倾斜0.01 mm。

为了纠正转动部分的轴线,三个轴承座必须同时调整位置,调整的方向和大小按式(5-3)、式(5-4)计算。

(1)1#轴承座

$$\Delta Y_1=-\left[\frac{\varphi_{M_{A-C}}}{2}+\frac{L_1}{L_0}\frac{\varphi_{NM_{A-C}}}{2}\right]$$

$$\Delta Y_1=-\left[\frac{-0.07}{2}+\frac{0.9}{0.4}\times\frac{-0.07}{2}\right]=+0.11(\text{mm})$$

$$\Delta X_1=-\left[\frac{\varphi_{M_{B-D}}}{2}+\frac{L_1}{L_0}\frac{\varphi_{NM_{B-D}}}{2}\right]$$

$$\Delta X_1=-\left[\frac{0.01}{2}+\frac{0.9}{0.4}\times\frac{0.02}{2}\right]=-0.03(\text{mm})$$

1#轴承座需升高0.11 mm,同时向D方向平移0.03 mm。

(2)2#轴承座

$$\Delta Y_2=-\left[\frac{-0.07}{2}+\frac{2.0}{0.4}\times\frac{-0.07}{2}\right]=+0.21(\text{mm})$$

$$\Delta X_2=-\left[\frac{0.01}{2}+\frac{2.0}{0.4}\times\frac{0.02}{2}\right]=-0.06(\mathrm{mm})$$

2[#]轴承座需升高 0.21 mm，同时向 D 方向平移 0.06 mm。

(3)3[#]轴承座

$$\Delta Y_3=-\left[\frac{-0.07}{2}+\frac{5}{0.4}\times\frac{-0.07}{2}\right]=+0.47(\mathrm{mm})$$

$$\Delta X_3=-\left[\frac{0.01}{2}+\frac{5}{0.4}\times\frac{0.02}{2}\right]=-0.13(\mathrm{mm})$$

3[#]轴承座需升高 0.47 mm，同时向 D 方向平移 0.13 mm。

必须说明的是，轴承座的上升或下降，依靠在轴承座与底板之间加、减垫片来实现；而对轴承座的平行移动应注意地脚螺栓的限制，在移动时最好设百分表监视实际移动的大小。轴承座调整以后，必须再次盘车检查，直到 M 表、N 表的全摆度符合厂家要求，或者不超过 0.03 mm 为止。

5.4.4 二支点机组的轴线的检查、调整

容量很小的卧式混流式机组可能采用二支点式，其轴线的检查、调整与四支点机组的水轮机盘车完全相同。

任务 5.5 卧式水斗式水轮机的安装

5.5.1 卧式水斗式水轮机的结构和安装程序

卧式水斗式水轮机是冲击型水轮机中应用最多的一类，也是中高水头电站经常采用的机型。最常采用的是单喷嘴或双喷嘴的卧式水斗式水轮机。

卧式水斗式水轮机如图 5-19 所示，它的过流部分包括引水管、喷嘴-喷针、转轮和尾水槽。压力钢管的高压水，经过引水管改变方向，从喷嘴喷出形成高速射流，射流冲击转轮上的水斗，从而将射流的动能转变成旋转机械能。水斗式水轮机的其他部分包括主轴、轴承、主轴密封装置、折向器、导流板、反向喷臂和机座、机壳等。其中，反向喷嘴可以形成冲击水斗背面的射流，用于机组停机过程起制动作用，也用于机组飞车时降低转速。折向器用来快速切断射流，它与喷针一起受调速器控制。机组甩负荷或突减负荷时，先用折向器快速切断射流，再由喷针缓慢关闭喷嘴，这样既限制机组转速的上升，又控制压力钢管不产生过大的水锤压力。

卧式水斗式水轮机的安装，仍然从埋设件开始，并以机座作为安装的基准件。其安装的基本程序是：①机座安装；②轴承座安装；③喷嘴-喷针的组合及安装；④主轴-转轮的组合、吊装；⑤机壳及附件的安装。

5.5.2 机座安装

机座是卧式水斗式水轮机的安装基准件，它的安装质量应达到以下要求：①机座中心

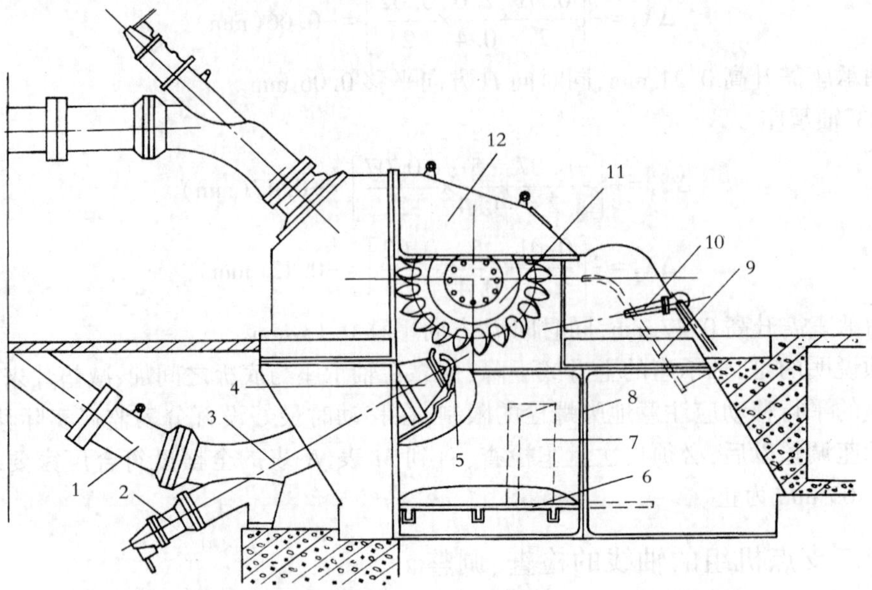

1—引水管;2—喷针接力器;3—喷管;4—喷嘴;5—折向器;6—稳流栅;
7—进人门;8—机座;9—导流板;10—反向喷嘴;11—转轮;12—机壳

图 5-19 卧式水斗式水轮机

的平面位置误差不大于 1 mm;②高程误差不超过±2 mm;③机座上法兰面的水平度误差不大于 0.05 mm/m。

机座的安装如图 5-20、图 5-21 所示,应先做好准备工作,再吊入找正。

5.5.2.1 **准备工作**

(1)在机坑四周设标高中心架,从原始基准出发,将厂房的 X、Y 轴线表达到标高中心架上,同时测定其高程。轴线高程以高于机座上法兰面应有高程 300 mm 左右为宜。

(2)在机坑中布置支墩、垫板、楔子板,准备地脚螺栓孔等。它们的平面位置和高程对照厂家图纸,平面位置误差不大于 10 mm,高程误差 0~−5 mm。

(3)扫机座,在上法兰面做好 X、Y 轴线标记。

5.5.2.2 **吊入找正**

(1)中心位置的测量、调整。在标高中心架上用 0.3 mm 的钢琴线拉出 X、Y 轴线,再用软线悬挂四个小线锤并与机座上的轴线标记对应。若机座轴线不正,则用千斤顶、拉紧器加以移动,如图 5-20 所示。

(2)高程的测量、调整。机座上法兰面的实际高程,可以用钢板尺测量它与钢琴线的高差来决定,也可以用水准仪直接测定。实际施工时一般先用前者作调整,最后用水准仪作校核。但两种方法都必须在上法兰面上作多点测量,用平均值作为实际高程。当高程不符合要求时,用楔子板作调整,如图 5-21 所示。

(3)上法兰面水平度的测量、调整。机座上法兰面的水平度必须用框形水平仪测量。最好先制作平梁,再按项目一所介绍的方法,分别沿 X、Y 轴线调头测量。如果直接将框

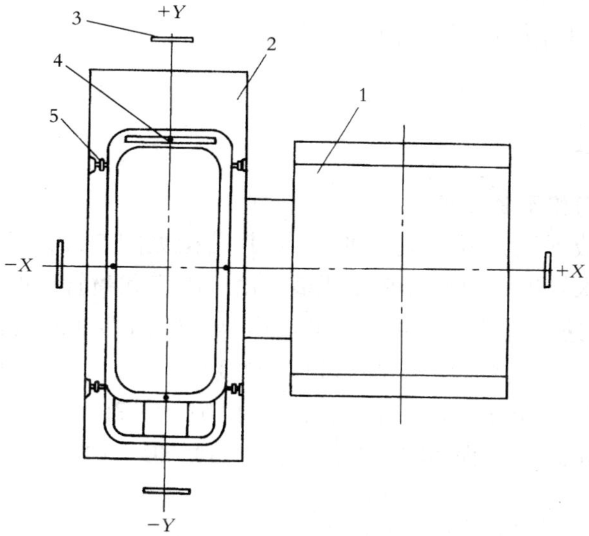

1—发电机机坑；2—水轮机机坑；3—标高中心架；4—垂球；5—千斤顶

图 5-20　机座安装平面图

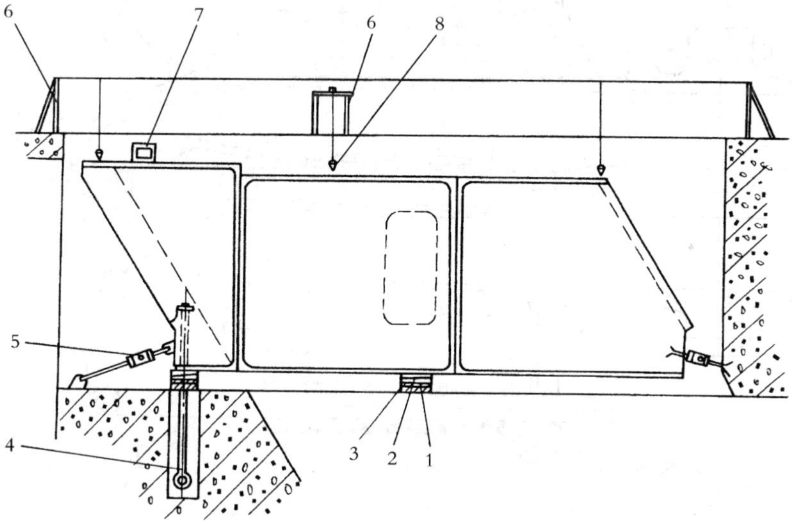

1—支墩；2—垫板；3—楔子板；4—地脚螺栓；5—拉紧器；6—标高中心架；7—框形水平仪；8—垂球

图 5-21　机座安装立面图

形水平仪摆在上法兰面上测，就必须在不同位置、沿不同方向反复测量。当机座存在变形而上法兰面平直度不符合要求时，直接用框形水平仪测量就难以掌握水平度的实际误差了。

另外，中心位置、高程和水平度三者的调整会相互影响，必须反复测量和调整，直到三方面都符合要求为止。

5.5.2.3 锚固后浇筑混凝土

坑座是大尺寸的薄壁构件,往往由钢板组焊而成,位置找正以后必须充分锚固才能浇筑混凝土。

5.5.3 喷嘴的安装

5.5.3.1 喷嘴的结构和安装要求

喷嘴-喷针是形成射流并调节流量的结构,其结构见图5-22。喷嘴和喷管由螺栓固定在机座壁上,与引水管连接而形成水流通道。由于喷嘴和喷管口的断面逐步收缩,水流由此喷出时将形成高速射流冲击水斗。喷嘴以内是可轴向移动的喷针,它由接力器带动用于调节流量。喷针全关时喷针头与喷管口内壁接触,将喷口封闭以实现停机。喷嘴外设有折向器,它由连杆、操作杆与调节器相连,在关闭喷针时首先快速切断射流。折向器的动作与喷针的开、关相配合,行程间的配合规律称为协联曲线,由调速器及传动机构决定。

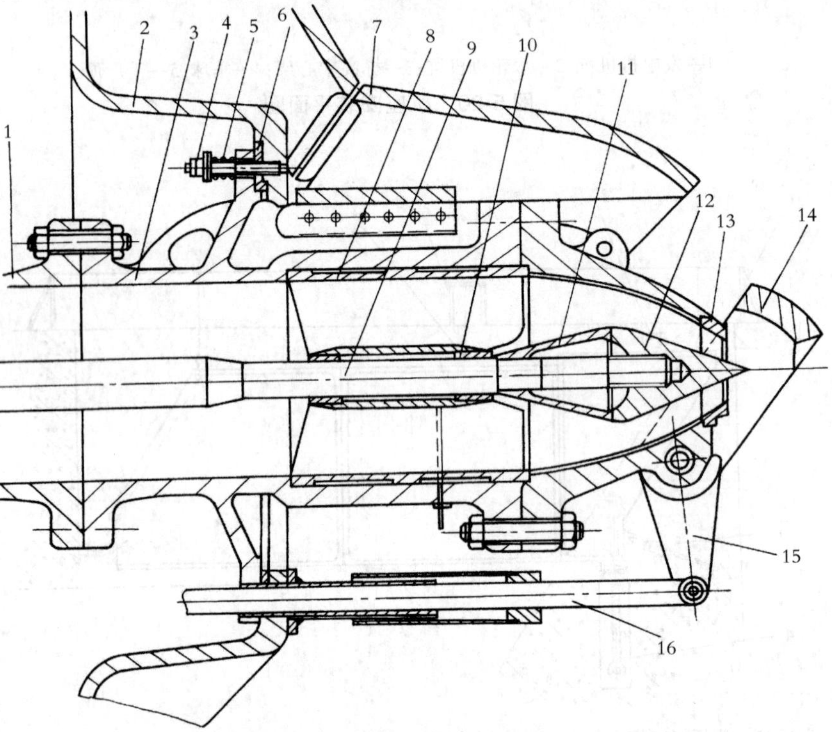

1—引水管;2—机座;3—喷管;4—连接螺栓;5—弹簧;6—垫片;7—导流板;8—导向架;9—喷针杆;10—轴承;11—喷针体;12—喷针头;13—喷管口;14—折向器;15—连杆;16—操作杆

图5-22 喷嘴装配

喷嘴的安装应符合以下基本要求:

(1)转轮上水斗分水刃的旋转平面应通过机座喷嘴安装法兰的中心,位置偏差不大于2 mm,而喷嘴的中心线应该在分水刃的旋转平面上,其轴向偏差不超过±1 mm。

(2)喷嘴的中心线应与转轮的节圆相切,在径向上偏差不大于2 mm。

(3)折向器的中心线与喷嘴的中心线应该在同一个平面内,偏差不大于4 mm。

(4)锥角应符合设计值,偏差不超过±0.5°。喷针全关时喷管口应封闭严密,用塞尺检查,0.02 mm 的塞尺不能插入。

(5)对于双喷嘴的机组,两个喷针的行程应该一致,偏差不大于设计行程的 2%。

5.5.3.2　喷嘴中心线的测量

不难看出,在上述的基本要求中,要求最高又难以测量的是关于喷嘴中心线的位置要求。因为喷嘴的中心线、分水刃的旋转平面,以及转轮的节圆都是抽象的概念,在完全组装喷嘴并安装转轮以后是无法进行测量的。

为了使这三个概念性的东西具体化,便于进行测量和调整,一般都须配置喷嘴中心测杆和模型转轮这两种专用工具。

用于测量的模型轮如图 5-23 所示。其厚度 b 为实际转轮的 1/2,因而端部平面就代表了分水刃的旋转平面。模型轮加工成台阶形,外径及台阶直径均由转轮节圆直径 D_1 决定,图 5-23 中外径取(D_1+100)mm;台阶直径取(D_1-30)mm。这样也就使转轮的节圆具体化了。至于台阶的高度 b_1,则视中心测杆的大小决定,如取 b_1 为测杆直径的 1/2。

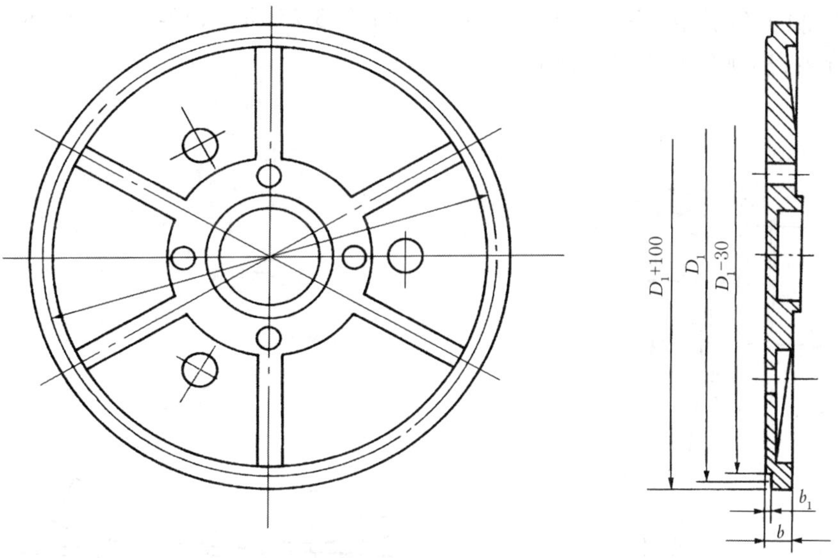

图 5-23　转轮模型轮

喷嘴中心测杆如图 5-24 所示,它是用直径为 d 的细杆来表达喷嘴中心线的。测杆和柱塞经过轴承装在外固定套内,而外固定套则代替喷管口装在喷嘴的头部。喷嘴、外固定套、柱塞及测杆的根部相互同心,而测杆的方向可由调节螺钉调整,再由压紧螺母固定。为了使测杆的中心线准确反映喷嘴的中心线,在上述机构组装后,在测杆端部设百分表检查它的径向摆度。检查时不断转动测杆和柱塞,同时用调节螺钉调整测杆的方向,直到端部的全摆度不大于 0.05 mm 为止。此时即可认为测杆的中心线就是喷嘴的中心线。

模型转轮和中心测杆均可以向制造厂订货,或者由厂家配合。

喷嘴中心线找正的测量方法如图 5-25 所示,在轴承座和主轴已经定位的情况下,将

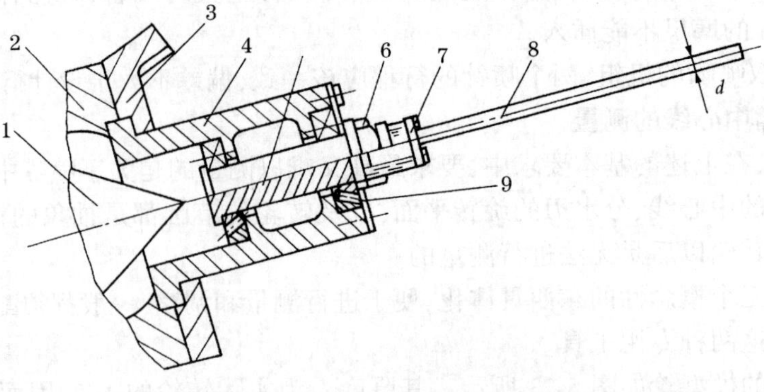

1—喷针头;2—喷嘴;3—挡水板;4—外固定套;5—柱塞;6—压紧螺母;
7—调节螺钉;8—中心测杆;9—轴承

图 5-24 喷嘴中心测杆

模型轮装在主轴上,并使端面的跳动量不大于 0.05 mm。在喷嘴头部安装中心测量并调整好测杆端部的径向跳动不大于 0.05 mm。再如图 5-25 所示,在转轮的径向、轴向各安装一只百分表,都顶在测杆的外圆上。

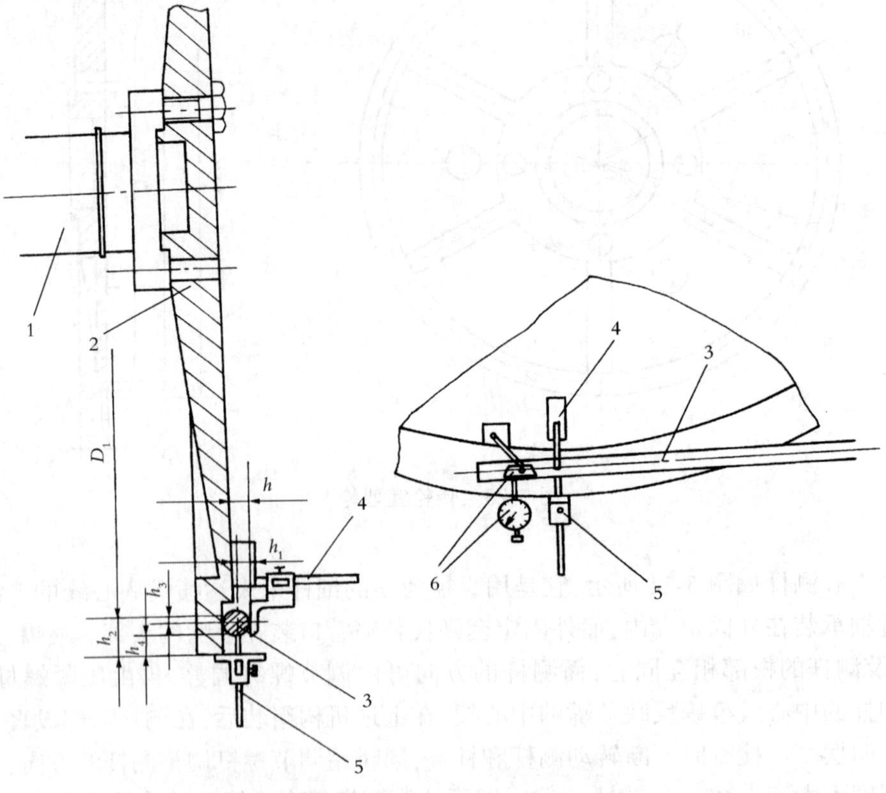

1—主轴;2—模型轮;3—测杆;4—高度游标卡尺;5—深度游标卡尺;6—百分表

图 5-25 喷针中心线找正的测量

(1)径向的测量。用深度游标卡尺测量模型轮外圆的距离 h_4。测量时受深度游标卡尺的挤压,测杆可能在径向发生位移,该位移可由百分表读出,记号为 ΔS。由于图中 h_2 是已知的[当模型轮外径为(D_1+100)mm,h_2=50 mm 时],因而测杆中心线(喷嘴中心线)到节圆的径向偏移可按下式计算:

$$h_3=h_2-h_4-\frac{d}{2}+\Delta S \tag{5-17}$$

式中 h_2——模型轮外径与节圆直径之差的 1/2;

h_4——深度游标尺测量的距离;

d——测杆直径;

ΔS——测量时百分表读数的变化量。

(2)轴向的测量。用高度游标卡尺测量测杆外圆到模型轮端面的距离 h,同时在百分表上读出测量时测杆的轴向位移 ΔS,则测杆中心线(喷嘴中心线)到水斗分水刃平面的轴向偏差 h_1,可由下式计算:

$$h_1=h-\frac{d}{2}+\Delta S \tag{5-18}$$

式中 h——高度游标卡尺测得的距离;

ΔS——测量时百分表读数的变化量。

5.5.3.3 喷嘴中心线的调整

用上述方法测量,如果发现喷嘴中心线存在轴向或径向的位置偏差,而且大于前述的允许范围,就必须对它进行适当调整。由于喷嘴及喷管是用法兰安装在机座壁面上的,法兰与壁面之间有一层环氧胶板做成的垫子,如果修刮该垫子的厚度,就完全可以纠正喷嘴中心线的偏差。纠正的原理见图 5-26 和图 5-27。

由图 5-26、图 5-27 可见,当垫板的外径为 D,安装面到转轮中心的距离为 L 时,为了纠正喷嘴中心线在转轮径向的偏差 h_3,就应该在 Y 轴方向刮削垫子。刮削的数量 δ_Y 为:

$$\delta_Y=\frac{D}{L}h_3 \tag{5-19}$$

同理,为了纠正喷嘴中心线在转轮轴向上的偏差 h,就应该在 X 轴方向刮削垫子,刮削的数量为:

$$\delta_X=\frac{D}{L}h \tag{5-20}$$

这里的 X、Y 轴向是在垫板平面上划分的,但与转轮的轴线方向及径线方向对应。

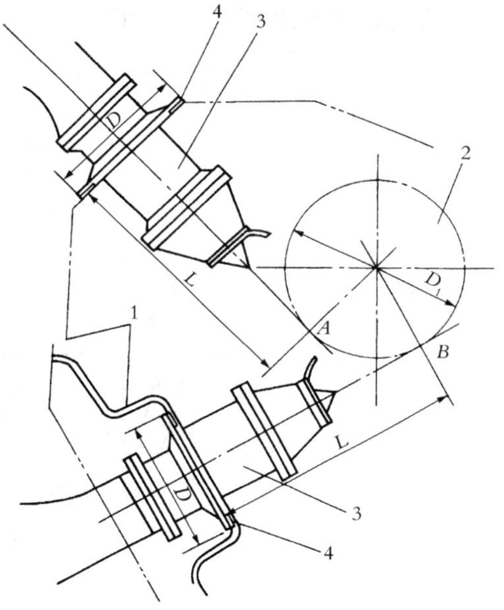

1—机座;2—转轮节圆;3—喷管;4—垫板

图 5-26 喷嘴安装位置原理图

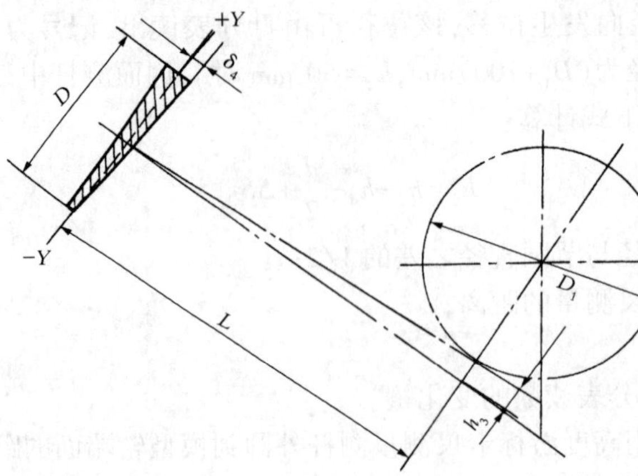

图 5-27 垫板刮削量计算原理

与悬式机组绝缘垫的刮削一样,垫板的刮削应该在找出最大刮削量及方向以后,分区刮成斜平面。如果喷嘴中心线在转轮径向和轴向同时存在偏差,则最大刮削量及方向应由式(5-19)、式(5-20)计算的结果合成求得。

$$\delta_{\max}=\sqrt{\delta_Y^2+\delta_X^2} \tag{5-21}$$

$$\beta=\arctan\frac{\delta_Y}{\delta_X} \tag{5-22}$$

这正如图 5-28 所表示的情况。

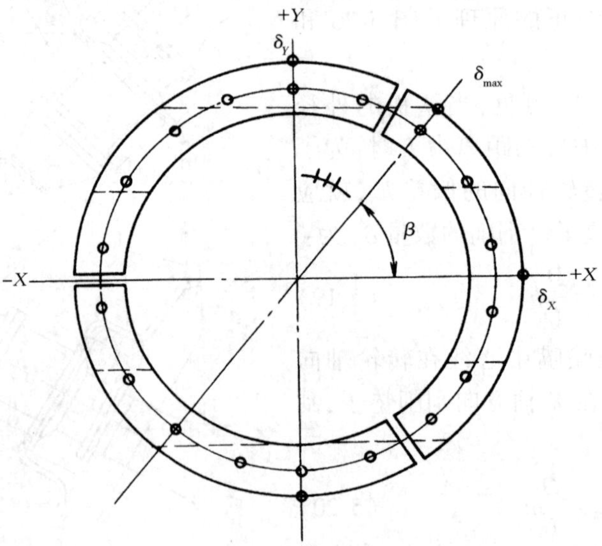

图 5-28 垫板分区刮削成斜平面

复习思考题

5-1　水斗式水轮机喷嘴中心线应满足哪些要求？如何检查和调整？

5-2　卧式水轮发电机组按轴承座个数不同分成哪些类？应用情况如何？

5-3　卧式混流式水轮机有哪些结构特点？安装的基本程序如何？

5-4　卧式混流式水轮机的蜗壳安装时有哪些基本要求？如何测量和调整蜗壳的位置？

5-5　如何安装卧式机组的轴承座？

5-6　如何研刮卧式机组的轴瓦？轴瓦间隙如何测量及调整？

5-7　卧式发电机的转子如何吊装？

5-8　四支点机组的盘车分成哪几个阶段进行？水轮机轴线如何测量和调整？发电机轴线又如何检查和调整？

5-9　三支点机组的盘车分哪两个阶段进行？如何检查联轴后是否成一条直线？如何进行整轴的轴线调整？

5-10　卧式水斗式水轮机由哪些部分组成？安装的基本程序如何？

项目6 贯流式水轮发电机机组的安装

【项目导读】

贯流式水轮机是开发低水头水力资源的新型机组,其出现的历史较短,但具有独特的优点,所以发展较快。贯流式水轮机(一般指灯泡式)引水部件简单,水力损失较少,机组运行效率较高,具有较高的过水能力和较大的比转速,贯流式机组结构紧凑,与同一规格的转桨式水轮机相比其尺寸较小,可布置在坝体内,省去了复杂的引水系统,减小了电站的开挖量和混凝土量。贯流式水轮机适合作为可逆式水泵水轮机使用。由于贯流式水轮机具有这些特点,所以它在潮汐电站上可用以双向发电、双向抽水和泄水。本项目主要介绍贯流式水轮机埋设件安装,主轴及轴承的安装、导水机构及转轮与转轮室的安装、发电机的安装和轴伸贯流式机组的安装。

【项目目标】

知识目标:

1. 了解贯流式机组的基本特点和安装程序。
2. 熟悉埋设件安装、主轴及轴承的安装、导水机构及转轮与转轮室的安装过程。
3. 掌握发电机的安装、轴伸贯流式机组的安装方法。

技能目标:

1. 能说出贯流式水轮机安装的基本程序。
2. 学会贯流式水轮机转轮与主轴组合、吊装时的调整方法。

【课程思政】

党的二十大报告提出,以国家重点生态功能区、生态保护红线、自然保护地等为重点,加快实施重要生态系统保护和修复重大工程。推进以国家公园为主体的自然保护地体系建设。实施生物多样性保护重大工程。

任务6.1 贯流式机组的基本特点和安装程序

6.1.1 贯流式水轮机的特点

随着我国水电建设事业的发展,低水头水力资源的开发和利用也日趋增多。贯流式水轮机是开发低水头水力资源的新型机组,适用的水头范围为2~25 m,贯流式水轮机出现的历史较短,但具有独特的优点,所以发展较快。

贯流式水轮机(一般指灯泡体式)与转桨式水轮机比较具有以下特点:

(1)贯流式水轮机的引水部件简单,转轮进口变成直的收缩形引水管,出口是扩散形尾水管,水流从进口到出口的流动方向变化不大,水力损失较少,机组运行效率较高。贯流式水轮机尾水管恢复动能可占总水头的40%以上。

(2)贯流式水轮机具有较高的过水能力和较大的比转速,所以在水头与功率相同的条件下,贯流式的转轮直径要比转桨式小10%左右。

(3)贯流式机组结构紧凑,与同一规格的转桨式水轮机相比,其尺寸较小,可布置在坝体内,省去了复杂的引水系统,减小了电站的开挖量和混凝土量。根据有关资料统计,贯流式机组比转桨式机组的土建费节20%~30%。

(4)贯流式水轮机适合作为可逆式水泵水轮机使用。

由于贯流式水轮机具有这些特点,所以它在潮汐电站上可用以双向发电、双向抽水和泄水。

6.1.2　贯流式机组的安装程序

如图6-1、图6-2所示,贯流式机组上游端(前端)的引水管、座环等,下游端(后端)的尾水管里衬等都是埋设在混凝土中的,安装机组时必须首先安装、定位。中间部分的导水机构、转轮室等必须同时与前、后的埋设部分对正,势必要后一步安装,而且要整体调整。至于发电机、主轴、轴承等,则要先吊入灯泡体,再安装就位。由此,贯流式水轮发电机组的安装程序将与其他机组不同,而且灯泡体式和轴伸式机组也不一样。

以灯泡体式机组为例,安装的基本程序是(见图6-3):

(1)安装尾水管里衬、座环等埋设件;

(2)主轴、轴承的组合、检查;

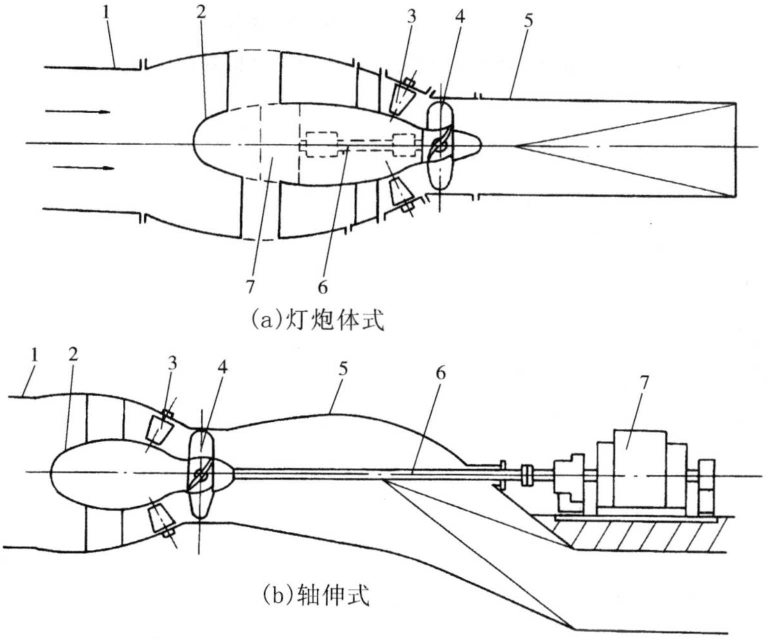

1—引水管;2—灯泡体;3—导水机构;4—转轮;5—尾水管;6—主轴;7—发电机

图6-1　贯流式机组简图

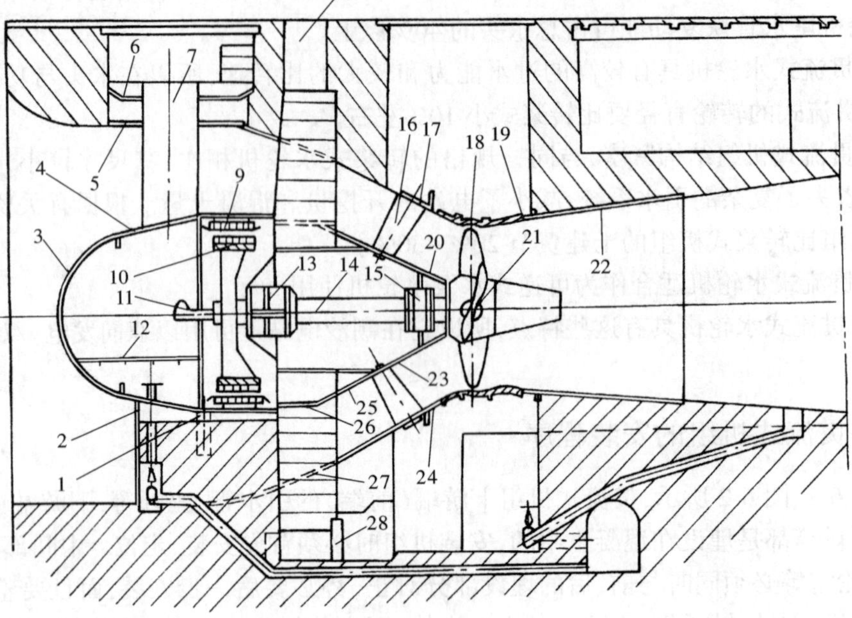

1—基础支撑;2—机墩盖板;3—灯泡头;4—冷却套;5—导流板;6—盖板;7—风道;8—进人孔;
9—定子;10—转子;11—受油器;12—台板;13—径向推力组合轴承;14—主轴;15—导轴承;
16—活动导叶;17—导叶传动机构;18—转轮室;19—伸缩节;20—导水锥;21—转轮;
22—尾水管;23—内配水环;24—外配水环;25—前锥体;26—座环内壳;
27—座环外壳;28—座环下部支柱

图6-2 典型灯泡贯流式水轮发电机组简图

(3)吊入主轴-轴承组合体,轴线调整、定位;
(4)导水机构预装配;
(5)导水机构正式安装;
(6)安装转轮及转轮室;
(7)安装发电机转子;
(8)安装发电机定子;
(9)安装灯泡体头部;
(10)受油器及附属装置安装。

这里罗列的基本程序,每一项都包含了不少内容,而且有些是平行进行的,有些是交叉进行的。这里将介绍其中的主要内容,至于其他部分请参照制造厂资料,或者按《灯泡贯流式水轮发电机组安装工艺导则》(DL/T 5038—1994)进行。

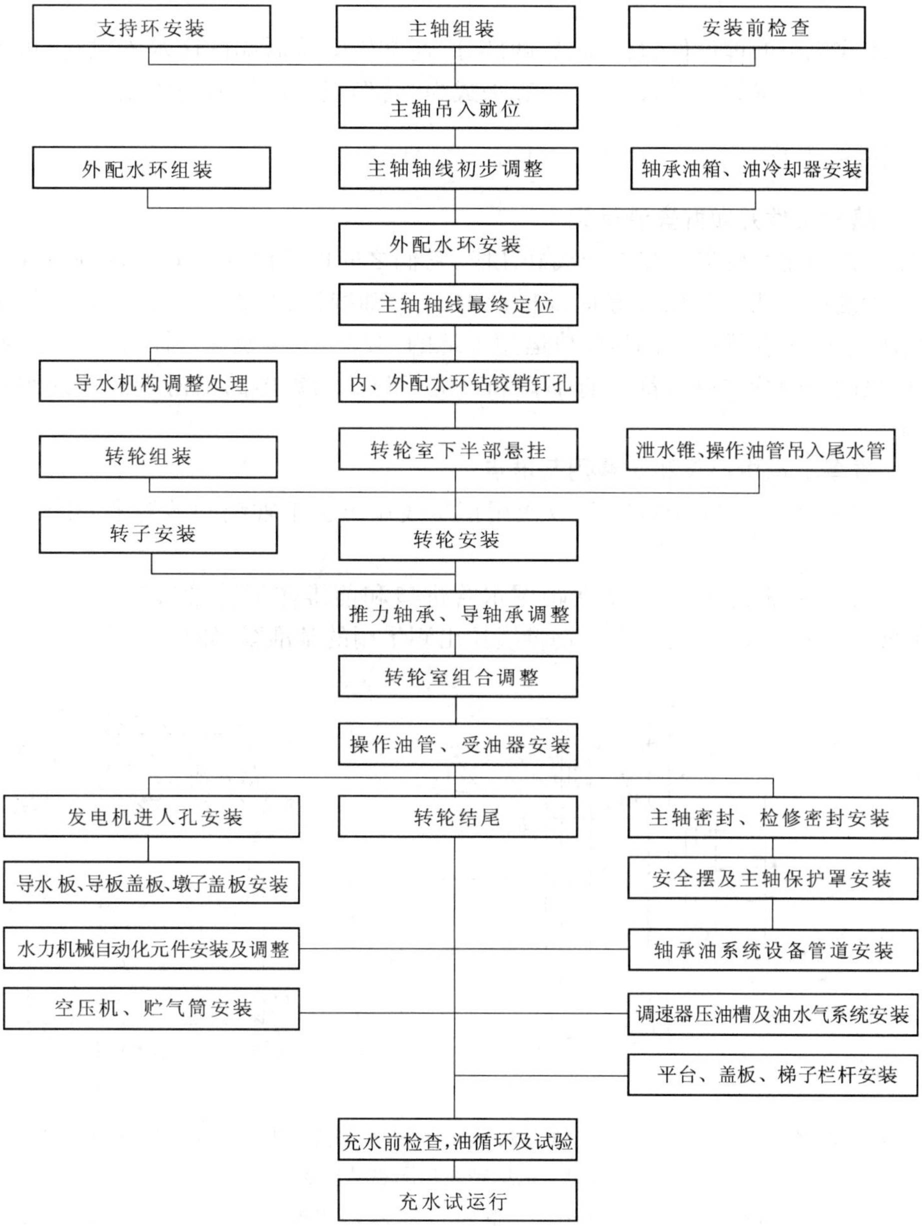

图6-3 灯泡贯流式水轮机安装工艺流程

任务 6.2 埋设件安装

灯泡体式机组的埋设件包括前、后两部分,通常先安装后端的尾水管里衬,再把前端的引水管、座环、前锥体等吊入,先组合起来成为"管形壳",再整体调整、定位。

6.2.1 准备工作

6.2.1.1 清理工件并做好安装标记

厂家提供的尾水管里衬往往分成好几段,它们之间的焊缝应做好焊接剖口和对应标记。尾水管的进口法兰须做好竖向及横向的 Y、X 轴线标记,以便安装时对正其中心位置。引水管、座环、前锥体等都是分块运到工地的,有上、下半及内、外壳之分。这些分块以及部件之间的焊缝、接口,都应有剖口和对应标记。前锥体的下游端法兰还须有 Y、X 轴线标记。

6.2.1.2 准备标高中心架和测量用基准点

(1)在机坑中设置标高中心架,以便用钢琴线拉出机组轴线和转轮中心线,如图 6-4 所示。

(2)为了今后测量方便,分别在距尾水管进口和前锥体下游管口 300 mm 左右的地方,在地面设置测量基准点,或者用钢琴线拉出测量用的基准线,如图 6-4 所示。

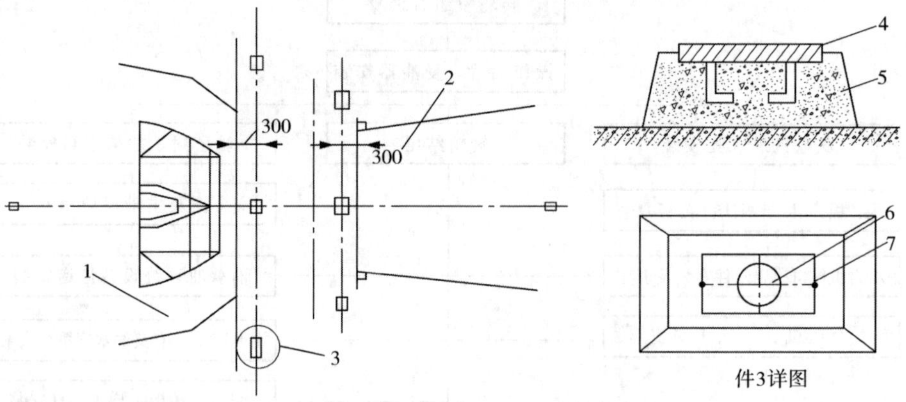

1—座环(管型壳);2—尾水管;3—测量控制点;4—钢板;5—高强度混凝土;6—控制线;7—冲眼

图 6-4 机组轴线和测量基准点

(3)当厂房内有两台及以上机组时,应同时就各台机组设置上述的轴线、测量基准点或测量基准线。

(4)机组轴线、转轮中心线以及测量基准,平面位置误差不超过±1 mm,高程误差不超过±1 mm。

6.2.1.3 设置下部支柱及临时性支撑

由图 6-4 可见,座环吊入后将放在下部支柱上。而尾水管里衬吊入后可以用支柱支撑,也可以用楔子板或千斤顶支撑。这些下部支柱或楔子板等,都必须事先设好基础板才能架设。座环的下部支柱如图 6-5 所示，其基础板需事先埋在前期混凝土内。下部支柱以上摆放垫板和楔子板，当座环吊入并调整就位后，再点焊两侧的固定板以稳定座环的位置。

(1)基础板的平面位置误差不超过±5 mm，高程误差允许范围为 0~5 mm，表面水平度误差在总长度上不大于 1 mm。

(2)下部支柱的平面位置误差不超过±5 mm，垂直度误差在总高度范围内不大于 5 mm。

(3)安装尾水管里衬。尾水管里衬可能分段运至工地，应首先吊入进口的第一段，初步找正位置，再依次吊入其他各段，组焊成整体后再作最终的调整、定位。在充分锚固后浇筑混凝土。

尾水管里衬的定位以进口法兰为准，兼顾出口断面，如图 6-6 所示。

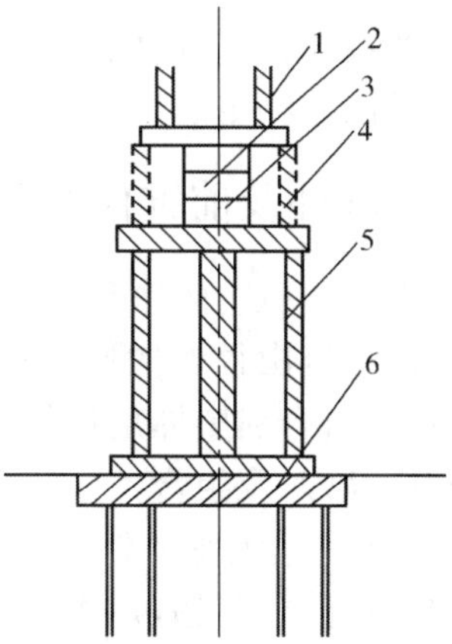

1—座环外壳；2—楔子板；3—垫板；4—固定板；5—座环下部支柱；6—基础板

图 6-5　座环的下部支柱

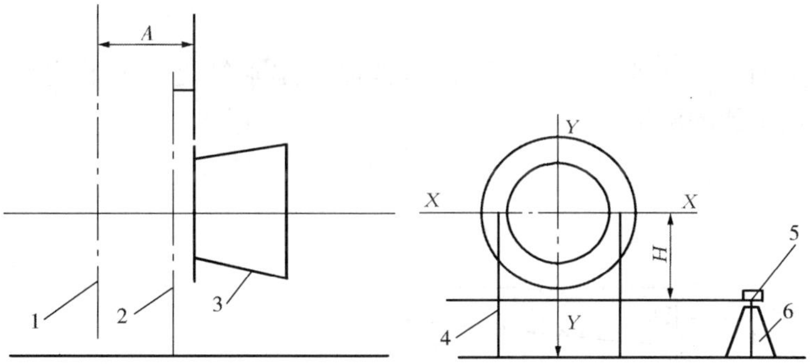

1—机组轴线；2—转轮中心线；3—测量基准线；4—尾水管里衬；5—钢卷尺；6—水准仪

图 6-6　尾水管里衬的测量

其具体做法是：

(1)对正测量基准点，拉出垂直和水平方向的两根测量基准线，如图 6-6 所示。

(2)检查管口的 *Y—Y*、*X—X* 标记与基准线的对应情况，调整管口的中心位置。

(3)用钢卷尺做成标尺，用水准仪测量管口 *X—X* 标记的高程。

(4)用钢卷尺或内径千分尺，检查管口上、下、左、右四方到测量基准线的距离，掌握管口平面的垂直度误差、平面度误差，并加以调整。

(5)当测量基准线到转轮中心线的距离为已知值时，上项测量就同时掌握了管口到转轮中心线的距离偏差；否则应以转轮中心线为准测量管口四方的距离。如果座环已安装，则应以座环的下游侧法兰面为准，测量尾水管管口与它的距离，同样应该上、下、左、右四方测量。

(6)以机组轴线为准,用钢板尺测量尾水管进、出口断面四方到轴线的距离,有利于整体的调整、定位。但应注意所测距离包含了尾水管里衬的不圆度或形状误差在内,应该看成参考性的测量。

6.2.2 座环及前锥体的安装

灯泡体式机组的座环分成内壳、外壳,而且都由上、下两半构成,再加上内、外壳之间的支撑件总是由很多构件组成的。座环还要与前锥体,以及前面的引水管、导流板等连接,往往在组合成整体后进行定位调整。座环的安装见图6-7。

6.2.2.1 吊入及组合

(1)首先吊入座环外壳的下半部,并初步找正。其高程误差控制为0~±3 mm,中心及轴向位置误差不超过±2 mm。调整好后用连接板与下部支柱临时固定,如图6-5所示。

(2)吊装座环内壳的下半部,按制造厂记号与外壳的下半部找正。内壳下半部顶平面的四角高程应一致,相互高差不大于2 mm,对设计高程的误差控制为0~+5 mm。

(3)安装侧向支撑,吊入座环内壳的上半部,与内壳下半部组合成整体。

(4)吊装座环外壳的上半部以及进人孔、梯形柱等。

(5)吊装前锥体,经过专用的中心架使前锥体与座环内壳相对固定,而且两者的横向*X—X*标记等高。

(6)安装座环内、外壳间的支撑件;在前锥体与尾水管之间安装定距管,定距管见图6-8,用于轴向位置的调整。

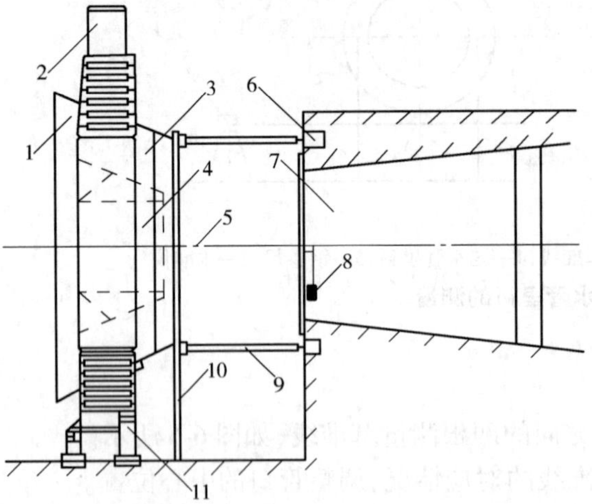

1—座环外壳;2—进人孔;3—前锥体;4—座环内壳;
5—钢琴线;6—侧向支柱;7—尾水管;8—间距管;
9—前锥体中心架;10—座环下部支柱;11—重锤

图6-7 座环及前锥体安装

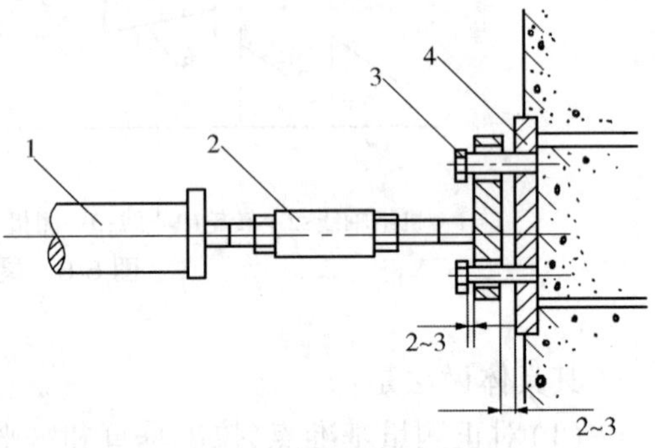

1—定距管;2—调整螺栓;
3—定距管法兰;4—侧向支座

图6-8 定距管

6.2.2.2 整体调整、定位

(1)为了调整座环内壳的中心位置及轴线方向,可以用钢琴线拉出机组轴线,再以内径千分尺及耳机测量座环内壳的四周半径,用千斤顶和拉紧器调整,直到符合要求。

(2)座环内壳下游端法兰面的垂直度、平面度,以及它的轴向位置,可以用钢琴线挂出测量基准线进行测量,方法与图 6-5 的类似。

(3)前锥体法兰面的垂直度、平面度,仍用挂钢琴线的方法测量。该法兰面至尾水管进口法兰的距离,则由定距管控制和调整,一般用钢卷尺测量,如图 6-7 所示。

6.2.2.3 锚固并浇筑混凝土

座环和前锥体调整定位之后完成组焊,在充分锚固以后浇筑混凝土。

任务 6.3 主轴及轴承的安装

如图 6-2 所示,灯泡体式机组的主轴和轴承都装在灯泡体内。前面靠近发电机的是径向推力组合轴承,而后面靠近水轮机转轮的是径向的导轴承。径向推力组合轴承由座环内壳支撑和固定,导轴承由导水锥内的支撑架支撑和固定。主轴和轴承的安装分成两阶段进行:先在安装间组合成整体,再整体吊入并调整、定位。

6.3.1 主轴与轴承的组合、检查

在安装间布置支撑架如图 6-9 所示,将主轴水平地放在支撑架上,其水平度误差应不大于 0.5 mm/m。

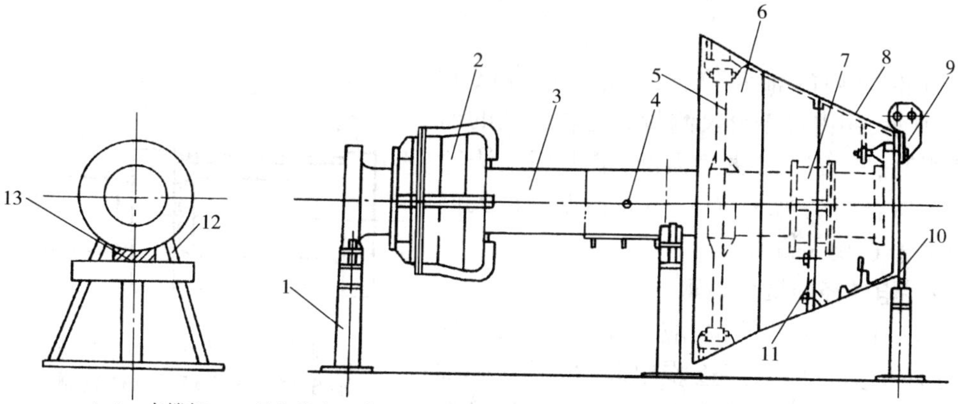

1,5—支撑架;2—径向推力组合轴承;3—主轴;4—起吊中心;6—内配水环;7—导轴承;8—导水锥;9—上部吊板;10—下部支撑板;11—扇形支撑板;12—支撑管;13—硬质木垫

图 6-9 主轴、轴承组合

6.3.1.1 组装推力环

径向推力组合轴承的结构见图 6-10,其中的推力环由上、下两半块组合而成并固定在轴上。装推力环时先装下半块,再吊入上半块,对正合缝和端面再拧紧组合螺栓。

(1)合缝用 0.05 mm 塞尺检查,外侧应无间隙,内侧允许局部间隙,但长度不得超过周长的 1/10。

(2)端面的平直度用刀口尺检查,合缝处的错牙不得大于 0.02 mm。而且必须顺机组转动方向,后一块低于前一块。

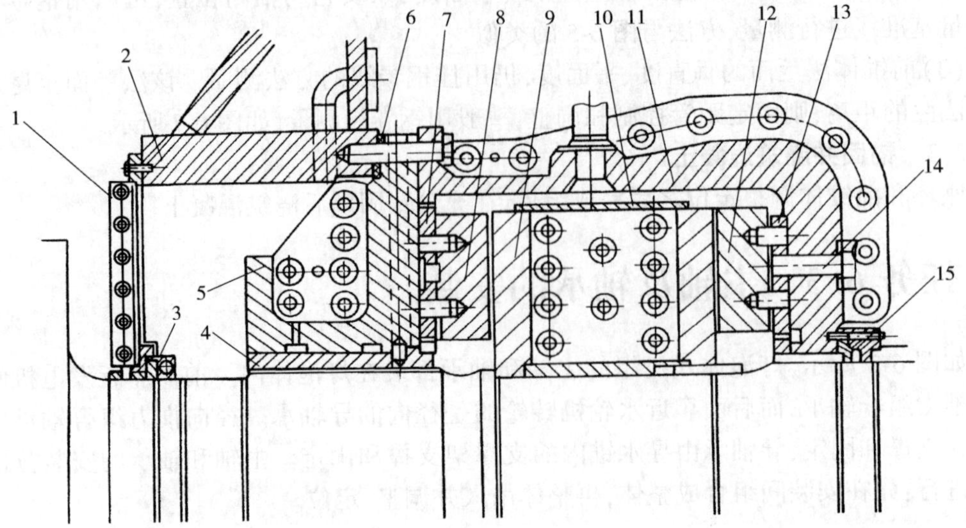

1—端盖;2—支持环;3,15—密封;4—导轴瓦;5—导轴承体;6—调整垫;
7—反向推力抗重环;8—反向推力瓦;9—推力环;10—盖板;11—推力轴承体;
12—正向推力瓦;13—正向推力抗重环;14—正向推力支柱;15—密封

图6-10 径向推力组合轴承

(3)推力环的轴向位置及端面垂直度如图6-11所示,用内径千分尺测量。主轴法兰的加工精度很高,检查时以法兰为准,推力环至法兰的距离应符合图纸要求,而且四周各点的最大偏差不得大于0.05 mm。

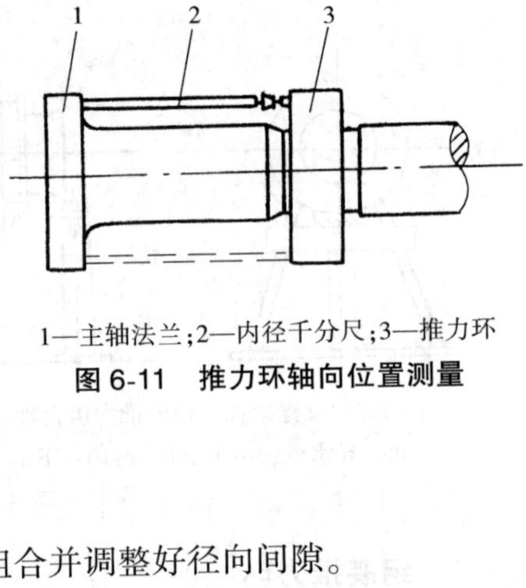

1—主轴法兰;2—内径千分尺;3—推力环

图6-11 推力环轴向位置测量

6.3.1.2 组装径向推力轴承

如图6-10所示的结构,应按反向推力瓦、导轴瓦、正向推力瓦的顺序逐步组装,最后安装轴承体。其中,推力瓦的轴向间隙、导轴瓦的径向间隙都应按制造厂要求做调整。

6.3.1.3 组装导轴承

导轴瓦及导轴承体都分上、下两半,要在轴上组合并调整好径向间隙。

6.3.1.4 组装内配水环和导水锥

在导轴承座上安装扇形支撑板,再将内配水环和导水锥组合起来,套装在轴承体和扇形支撑板外面,以销轴和临时支架固定,如图6-9所示。

(1)检查并调整导水锥端面到主轴法兰的距离,使其符合图纸要求。

(2)检查并调整内配水环内圆到主轴的距离。实测的上部距离应比下部的小,上下差值约为扇形支撑板偏心量的2倍。左、右的实测距离应一致,偏差不大于0.1 mm。

6.3.2 主轴-轴承组合体的吊装

6.3.2.1 准备工作

(1)如图 6-12 所示,在座环内壳上组装径向推力组合轴承的支持环。

(2)在座环内壳里安装承重梁和台车。

(3)在尾水管里衬内安装承重梁和吊杆。

(4)准备桥机和主轴吊具,在安装间试吊,吊起后主轴-轴承组合体应呈水平状态。

6.3.2.2 主轴-轴承组合体的吊装

(1)将主轴-轴承组合体平稳地吊入机坑,旋转 90°后送入座环内壳。在径向推力组合轴承的壳体落在台车上后,缓慢地移动台车和桥机的小车,直到如图 6-12 所示的位置。

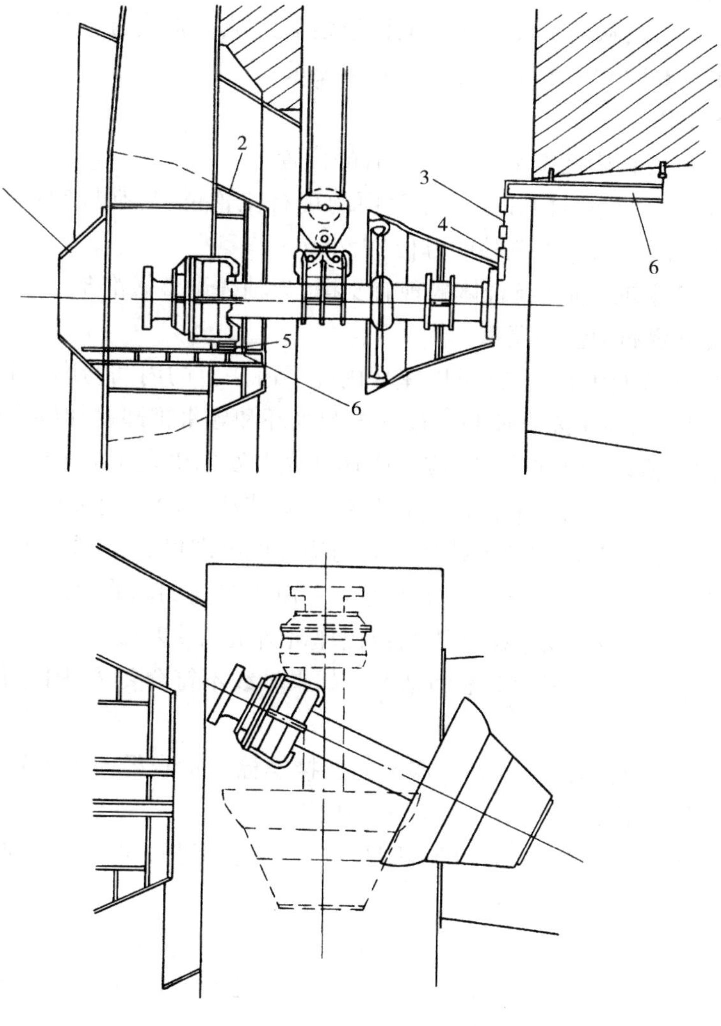

1—支持环;2—座环内壳;3—吊杆;4—上部固定吊板;5—台车;6—承重梁

图 6-12 主轴-轴承组合体吊装

(2)安装尾水管端的吊杆,拆除桥机的吊钩,主轴-轴承组合体由台车和吊杆支撑。

(3)继续向前移动台车,在径向推力组合轴承的壳体与支持环接触后进行组装,但只初步拧紧在 *X—X* 标记附近的四个连接螺栓。

(4)组装内配水环与座环内壳,初步调整使它们同心,拧紧1/4或稍多的连接螺栓。

(5)在前锥体与内配水环之间,沿 *Y—Y* 方向设千斤顶,用千斤顶支撑主轴-轴承组合体的后端,从而拆除台车、吊杆等安装工具。

6.3.3 主轴轴线的调整定位

一方面,主轴在组装发电机转子和水轮机转轮以后,受重力作用,其轴线必然会有所下沉,因此安装主轴时应使轴线略高于运行时的轴线位置,下沉的预留量应按制造厂要求调整。另一方面,主轴轴线应成水平线,保证主轴与转子连接的法兰面成铅垂面,并与定子的安装法兰面平行,从而保证将来发电机组装后气隙沿轴线方向均匀一致。主轴轴线的调整定位,正是要同时满足这两方面的基本要求。

6.3.3.1 准备工作

(1)由制造厂资料确定安装时主轴应有的位置。

(2)实测定子安装法兰面和主轴法兰面的现有位置情况,掌握它们之间的平行度误差,从而明确主轴法兰面应该调整的方位、大小。

(3)稍微放松主轴-轴承组合体的现有支撑,为轴线调整做准备。

6.3.3.2 轴线位置的测量和调整

(1)主轴转轮端的中心位置,可以座环内壳下游法兰的内圆为准,用内径千分尺测量主轴到法兰内圆的四周距离来控制。移动内配水环和导水锥即可加以调整。

(2)主轴发电机端的中心位置,应以座环外壳上发电机定子的安装法兰为准,用经纬仪检查主轴法兰的 *X—X*、*Y—Y* 标记是否与定子安装法兰的相同标记对正来控制。移动径向推力轴承的壳体,改换它与支持环之间的垫片厚度即可调整,参见图6-10。

(3)主轴轴线的水平度和方位,可转化为主轴法兰面的垂直度及它与座环外壳法兰的平行度来测量。用钢琴线悬挂垂线及拉出座环外壳 *X—X* 轴线,再用内径千分尺测量主轴法兰与它们之间的距离就能准确掌握。如果轴线不符合要求,则应调整主轴前、后两端的支撑。

(4)初步调整后拧紧内配水环与座环的连接螺栓。检查径向推力轴承壳体与支持环之间的法兰间隙,配置相应的垫片后再拧紧固定。

(5)此后应检查导水锥下游端的内圆与主轴法兰之间的四周间隙,四周间隙应均匀,最大偏差不大于平均间隙的20%。

主轴轴线的最后检查,应在安装转轮及发电机转子以后进行。检查时先用手动油泵向轴承输入压力油,使机组转动部分上升后再下降,连续三次以上保证两端的导轴承与主轴方向一致,再检查轴线的位置情况。

任务6.4　导水机构及转轮与转轮室的安装

6.4.1　导水机构预装配

贯流式水轮机一般采用斜向式导水机构,典型结构见图6-13。活动导叶的内端由销轴和内轴套定位在内配水环上。而外端轴则插在外配水环的相应孔内,由外轴套和球铰轴承定位。外端轴再经过拐臂、连杆等与控制环相连。由于内配水环已经安装在主轴-轴承组合体上,并随主轴安装到位,导水机构的预装配只在外配水环上进行,预装以后再吊入机坑与内配水环组装在一起。

活动导叶与外配水环的预装配见图6-14,其基本程序如下。

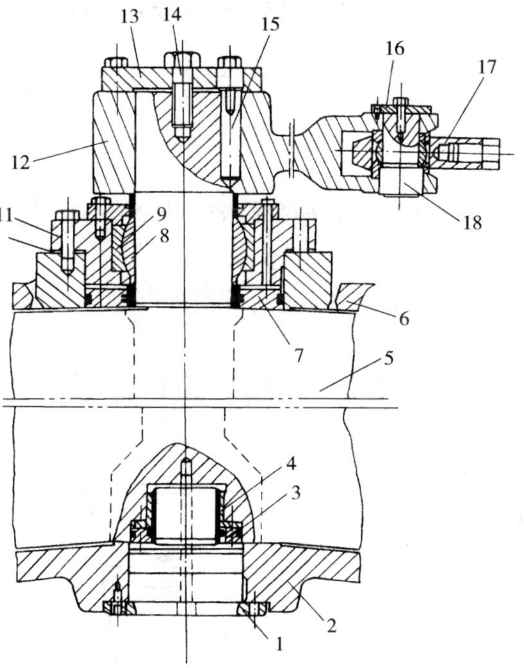

1—导叶内销油;2—内配水环;3—内密封环;4—内轴套;5—活动导叶;6—外配水环;7—外密封环;8—球铰;9—球铰轴承;10—调整垫;11—外轴套;12—拐臂;13—压盖;14—调整螺钉;15—柱销;16—盖;17—连杆;18—剪断销

图6-13　导水机构

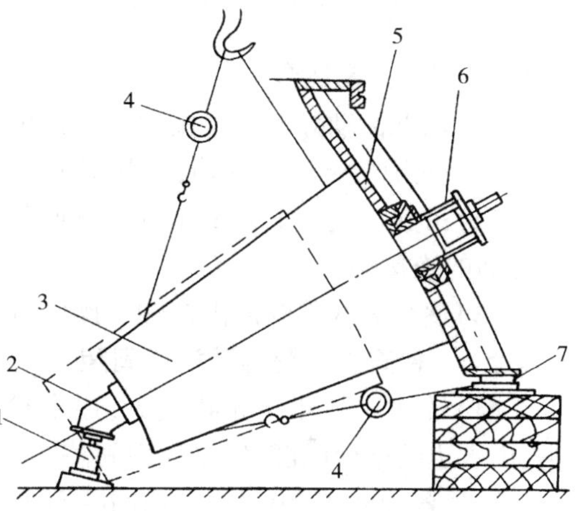

1—千斤顶;2—专用尾座;3—活动导叶;4—葫芦;5—外配水环;6—专用套筒;7—楔子板

图6-14　导叶与外配水环预装配

6.4.1.1　组合外配水环

外配水环是由两半块拼合而成的,由于尺寸和重量都较大,应事先准备好支撑,如图6-14所示的方木加楔子板做成的支柱。再将两半块外配水环都水平放置在支柱上进行组合,最后应调整它的水平度,使出水边法兰(上方)的水平度误差不大于0.2 mm/m。

6.4.1.2 **逐个安装活动导叶**

按制造厂的编号,逐个装入活动导叶、球铰轴承、外轴套等。其中,活动导叶的内端要先用专门的尾座支撑,如图6-14所示。在安装拐臂及导叶端盖以后,在导叶与外配水环之间塞入非金属的垫片,再拧紧调整螺钉将导叶向外拉,使导叶紧贴垫片及外配水环。这以后即可拆去尾座支撑,让导叶成悬臂状态定位在外配水环上。

6.4.1.3 **组装控制环**

控制环也是分成两半的结构,必须在外配水环上的相应位置处进行组合。控制环与外配水环之间有钢球和滚道组成的支承结构,组合时应注意四周间隙均匀一致,以保证控制环动作灵活,不发生卡阻及跳跃。

6.4.1.4 **组装连杆并调整连杆长度**

在控制环转角与导叶开度相适应的位置,按编号逐个装入连杆。连杆的长度事先在专用工具上调整一致,实际的两孔中心距与设计值之间允许偏差不超过±0.5 mm。各连杆的最终长度要在调整导叶立面间隙时决定。

6.4.2 导水机构的正式安装

6.4.2.1 **吊入及组合**

(1)取下活动导叶与外配水环之间的垫片,用调整螺钉使导叶紧靠外配水环,这就使导叶端面间隙全部留在内端,有利于吊装。

(2)吊起已组合的外配水环及导叶等,进入机坑并安装到位,拧紧外配水环与座环外壳之间的连接螺栓。

(3)逐个装入导叶的内销轴。操作时可以用千斤顶等适当调整导叶内端的位置。

6.4.2.2 **检查并调整导叶端面间隙**

(1)转动控制环使导叶全关,逐个检查导叶内端进、出水边的端面间隙,实测端面间隙应符合制造厂要求。如果各导叶进、出水边端面间隙不等,说明导叶轴线位置不正,应适当转动外配水环位置来调整(转动内配水环也可以调整,但它影响导轴承的位置,必须重新检查主轴的轴线)。

(2)动作调整螺钉,使端面间隙在内、外两端合理分布。为了全面掌握导叶端面间隙的情况,应对每个导叶的内、外端面各测四点,如图6-15所示。

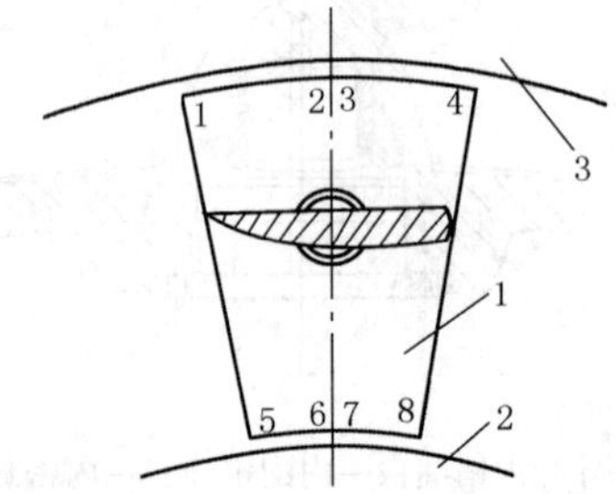

1—活动导叶;2—内配水环;3—外配水环

图6-15 导叶端面间隙测量

6.4.2.3 **检查并调整导叶立面间隙**

全关位置时导叶的立面间隙应符合制造厂要求,或者只允许总长度1/4范围内,局部间隙不大于0.25 mm,其余部分0.05 mm塞尺不能通过。

在立面间隙均匀但偏大时,可以适当调整连杆长度予以解决,调整后的连杆长度即为最终长度。

6.4.2.4 **导叶实际开度检查**

一般在控制环操作到100%、50%开度时,用内卡尺及钢板尺检查导叶的实际开口大小。这可以分别测量各导叶内、外端的开口尺寸,然后用平均值进行分析、比较。平均值应符合制造厂要求,各导叶的开口对平均值的最大偏差不得超过±5%。

6.4.2.5　复查控制环

控制环与外配水环间的间隙及配合情况应符合要求,保证控制环动作灵活、可靠。

6.4.3　转轮室及转轮的安装

(1)转轮的组合、检查。定桨式机组,转轮只需清洗及必要的检查。转桨式机组,转轮必须按制造厂要求进行预装及油压试验。

(2)吊入转轮室的下半部,按制造厂要求悬挂在机坑中。

(3)吊入转轮并与主轴连接。其中,联轴螺栓的拧紧应按图纸要求控制伸长量,保证各螺栓连接紧密而又均匀一致。转轮法兰与主轴法兰的结合面应无间隙。

(4)组合转轮室并调整定位。①吊入转轮室上半部,进行上、下半部的组合。②连接转轮室与外配水环。③连接转轮室与伸缩节,通过伸缩节与尾水管相连。在这一过程中不断检查转轮与转轮室之间的间隙,并根据间隙情况对伸缩节进行调整。为了准确掌握各轮叶的间隙情况,对每个轮叶应在端部测量三点间隙,要求实测间隙对平均值的最大偏差不超过 20%。④组装以后适当转动主轴,在转轮处于不同位置时复查四周的转轮间隙。无论转轮位置如何,轮叶端部间隙均应符合要求。

在这以后进行水轮机其他部分的安装,转桨式机组的受油器、输油管路等则在安装发电机之后组装。

任务 6.5　发电机的安装

灯泡贯流式水轮发电机安装的工艺流程见图 6-16。

6.5.1　发电机转子的组合、吊装

6.5.1.1　发电机转子的组合、检查

将转子中心体水平地放在支墩上,按制造厂编号对号入座地挂装磁极。挂装时注意检查磁极的中心高度和外圆半径,保证符合设计要求。这以后进行连线,安装阻尼环、引出线等工作。再按规定进行有关的电气试验检查。这一部分的操作程序和质量要求都与立式发电机一致,只不过中心体上没有主轴,只有联轴法兰,因而测圆架的形式不同。

6.5.1.2　吊装发电机转子

(1)用制造厂配给的专用工具吊起转子并翻身。

(2)将转子吊入机坑,在中心达到主轴高程时缓慢靠近主轴法兰。适当旋转主轴使螺孔对正,用两根销钉作导向,插入四根联轴螺栓,再对称、均匀地逐步拧紧,使转子逐步进入法兰止口并安装到位。

(3)用 0.05 mm 的塞尺检查,法兰止口及配合面均应无间隙。

(4)拧紧这四根联轴螺栓,铰或磨销钉孔,再打入销钉。

(5)装入并拧紧所有联轴螺栓,控制螺栓伸长量符合设计要求。

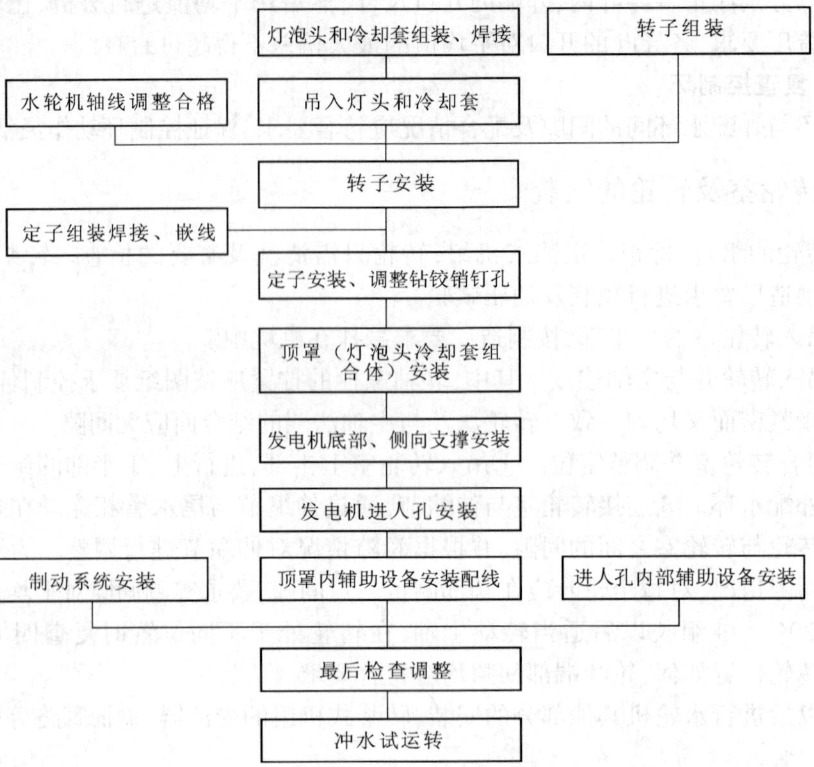

图 6-16 灯泡贯流式水轮发电机安装的工艺流程

6.5.2 发电机定子的安装

(1)分瓣定子应事先组合成整体。

(2)吊起定子并翻身,使轴线成水平状态。

(3)将定子吊入机坑,达到高程后缓慢套入转子。套入转子时应在四周的气隙内设置导向条,避免定子与转子直接摩擦,这与立式发电机吊装转子时的操作相类似。

(4)定子吊装到位后,插入并拧紧定子与座环外壳之间的连接螺栓,在这一过程中不断检查四周气隙的大小。发电机两端的气隙应均匀,各磁极的实测气隙对平均值的最大偏差不超过±10%。

(5)最后应检查定子外壳的密封情况,按规定进行有关的电气试验。

6.5.3 安装灯泡体顶罩

6.5.3.1 顶罩的组合及吊入

顶罩是由灯泡头、冷却套等组成的,一般先组焊成整体再吊入机坑。如果受吊装条件限制,也可以分段吊入机坑,在流道内组焊成整体。

顶罩应在安装发电机以前就吊入机坑,放在流道内等待安装。因为吊装发电机后机坑口就太小了。顶罩的吊入情况如图 6-17 所示,在吊入的同时需向上游侧牵引。

6.5.3.2　顶罩的安装

顶罩是灯泡体的前段壳体，而且是悬臂状态固定在发电机定子上的。由于它的尺寸和质量较大，还要在运行时承受很大的浮力及水压力，因而在安装时必须注意两个问题：①保证连接处的密封性能。②保证发电机定子的位置在安装中及运行时都稳定不变。

顶罩与定子外壳是用法兰连接，螺栓固定的。为了保证密封性能，在连接和拧紧螺栓的过程中，必须注意密封条的压紧程度四周要均匀一致，必要时应加密封胶或白铅油。

为了保持定子的位置不变，在组装顶罩时可用百分表监测它的下沉量，如图6-18所示。顶罩的下方有基础支撑，侧边还有侧向支撑，在连接顶罩与定子以后，再安装并调整这些支撑。用下部支撑使顶罩向上升，从而让定子回到组装顶罩前的高度。调整侧向支撑时则注意两侧同时顶紧，但顶罩及定子不发生横向位移。

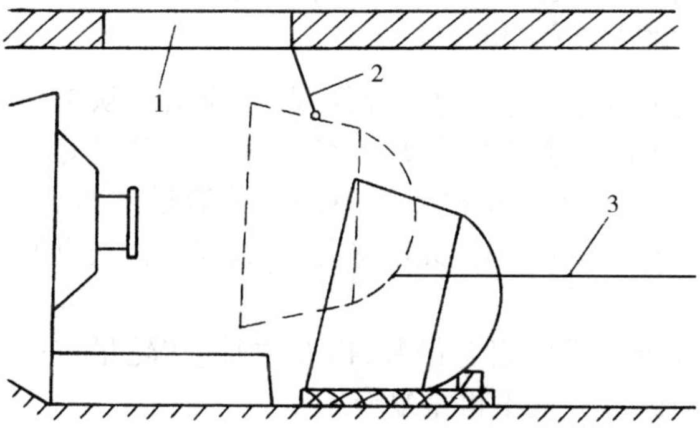

1—机坑口；2—起吊索；3—牵引索

图6-17　顶罩吊入

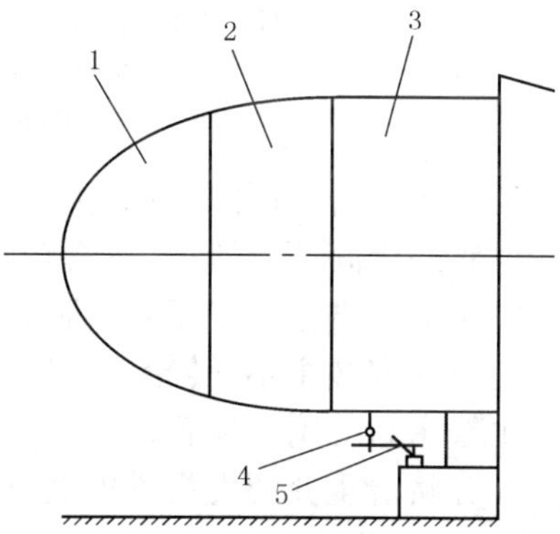

1—灯泡头；2—冷却套；3—定子；

4—百分表；5—百分表座

图6-18　顶罩安装

顶罩的基础支撑和侧向支撑都带有球面或球形头的受力结构，安装定位后可在一定范围内做调整，从而保证顶罩及定子在运行时有正确的位置。支撑的外部还常做成翼形，以减小水流阻力。

任务6.6　轴伸贯流式机组的安装

6.6.1　轴伸贯流式机组的组成和安装程序

轴伸贯流式机组多为定桨的，容量通常比灯泡体式的小，如不超过2 000 kW，典型结构如图6-19所示。它的引水管和尾水管矩形断面的里衬是埋设在混凝土中的，而流道的其余部分，包括座环、内外配水环、转轮室、尾水管的锥段和弯管则是安装在混凝土支墩上的。前段流道的中间设有较小的灯泡体，以安装导轴承支撑主轴的上游端。主轴的下游端穿过尾水管壁面再与发电机主轴相连，发电机安装在尾水管上方的地面上，它有前后两个轴承座，靠近水轮机的装有径向推力轴承，另一个只是导轴承。

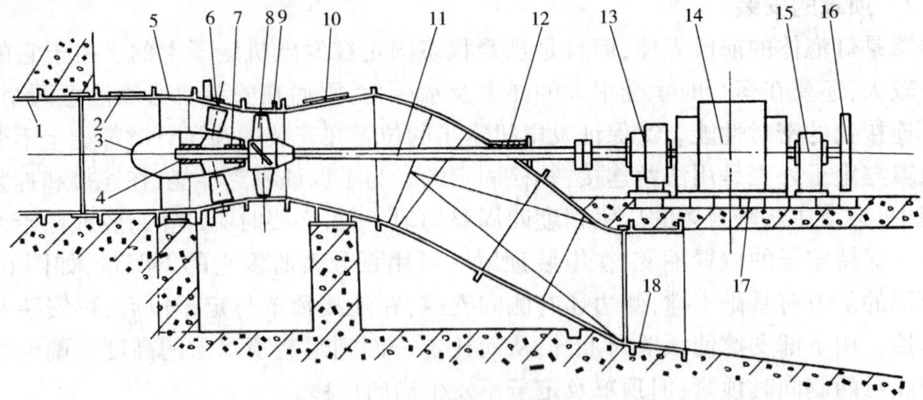

1—引水管里衬;2—连接管;3—灯泡体;4—水轮机导轴承;5—座环;6—导水机构;
7—主轴密封装置;8—转轮;9—转轮室;10—尾水管;11—主轴;12—主轴尾端密封;
13—径向推力轴承;14—发电机;15—径向轴承;16—飞轮;17—发电机机座;18—尾水管里衬

图6-19 轴伸贯流式机组

从安装角度看,轴伸贯流式机组必须首先安装前、后的埋设件,其次应组装从座环到尾水管弯管的中间部分流道,再将转轮、主轴吊装进流道,最后安装主轴密封装置等附属部分。安装的基本程序如下:①埋设引水管及尾水管里衬。②中间部分流道的组合、吊装。③组合并安装主轴、转轮。④导水机构正式安装。⑤安装发电机,轴线的检查、调整。⑥安装主轴密封等附属装置。

本任务将着重介绍埋设件安装,中间部分流道的组合吊装,以及主轴、转轮吊装等部分,与灯泡体式机组或立式机组安装相类似的部分就不再重复介绍了。

6.6.2 埋设件的安装

6.6.2.1 准备工作

(1)设置标高中心架,用钢琴线拉出机组轴线和转轮中心线,如图6-20所示。当厂房内有两台以上机组时,应同时拉出各机组的轴线,而且轴线应足够长,以便同时用于发电机的安装。

(2)设置测量基准线。应在引水管的下游侧、尾水管的上游侧,在距管口300 mm左右处各设一条测量基准线。测量基准线应与转轮中心线平行,而且轴向距离为已知数。

(3)按制造厂图纸准备混凝土支墩及地脚螺栓孔。

(4)清理引水管和尾水管里衬,在管口法兰上做好 *X*—*X*、*Y*—*Y* 轴线标记。

6.6.2.2 吊装并找正

(1)一般同时吊装并调整引水管和尾水管里衬的位置。

(2)引水管的中心位置应以机组轴线为准,用钢板尺或内径千分尺测量四周半径来调整。尾水管里衬的位置较低,中心位置可在轴线上悬挂垂线,用钢板尺测量轴线至管口中心的高度差来控制。

(3)管口的垂直度仍用在管口外挂垂线,测量垂线至管口上、下方距离的办法控制。

(4)管口的轴向位置,以及它们与转轮中心线的平行度,应以测量基准线为准进行测量和调整。

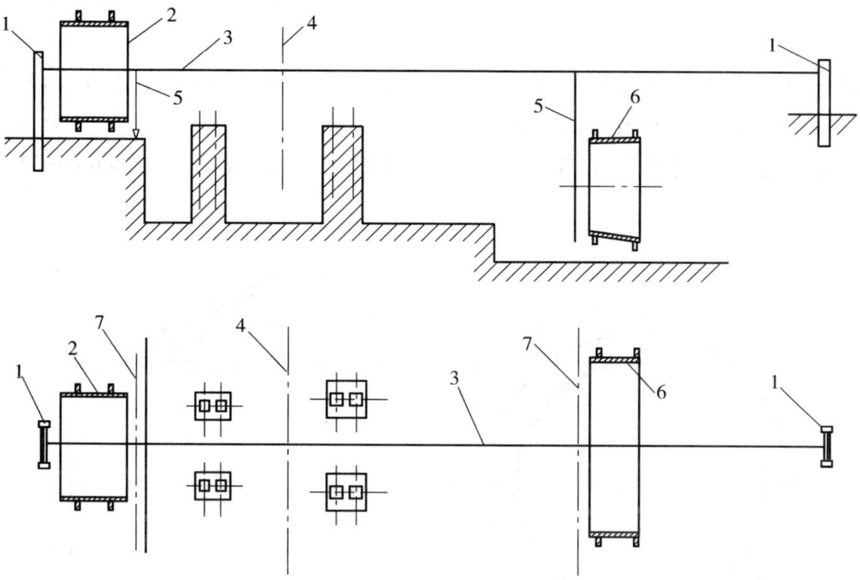

1—标高中心架;2—引水管里衬;3—机组轴线;4—转轮中心线;
5—悬垂线;6—尾水管里衬;7—测量基准线

图6-20 轴伸贯流式机组埋设件安装

引水管和尾水管的安装质量,可参照灯泡体式机组的情况执行。

6.6.2.3 锚固并浇筑混凝土

引水管和尾水管里衬都必须充分锚固,按要求逐层地浇筑混凝土。

6.6.3 中间部分流道的组合、吊装

流道的中间部分,包括连接管、座环、内外配水环、转轮室、尾水管锥段、尾水管弯管。首先要在安装间按制造厂图纸组装成整体,再整体吊入机坑并找正。

(1)组装时应注意制造厂预留的对应标记,在各结合面上加密封垫片或密封胶条。活动导叶也可以同时进行预装配。

(2)由于组合以后长度很大,整体吊装应充分注意吊点的布置,以及吊索、吊具的适当配搭,保证吊起后前、后端的法兰面呈垂直状态。

(3)吊入机坑后由混凝土支墩及基础板、楔子板支撑,安装连接管和尾水管端面的千斤顶、拉紧器,初步对正前、后端管口以后才能松掉吊索、吊具。

(4)引水管与连接管的连接情况如图6-21所示。两者之间留有50 mm左右的轴向间隙,在外面用围带封焊面形成整体。尾水管弯管与尾水管里衬的连接形式也是如此,因而整个中间流道的组合体可在轴线方向适当挪动。同时,这种用围带连接的形式也允许管口有少量错牙,便于修整,从而保证流道内壁最终呈圆滑状态。当然,必须在流道组合体调整定位以后才焊接围带的内侧焊缝。

(5)流道组合体的位置调整应该以机组轴线和转轮中心线为准。吊装后用钢琴线拉出机组轴线,以内径千分尺测量各主要内孔的四周半径,例如转轮室、灯泡体内孔、主轴尾

端密封座内孔等,从而对组合体的位置进行调整。至于轴向位置,应保证转轮中心线对正。

(6)流道组合体的支点比较多,如图6-20、图6-21、图6-22所示,前、后端面有十个以上的千斤顶、拉紧器作用,而中间还有四个混凝土支墩。组合体又是由很多分段连接而成的、长度很长的壳体,在进行位置调整时必须全面放松、整体移动,注意防止由于支撑不协调而产生变形。

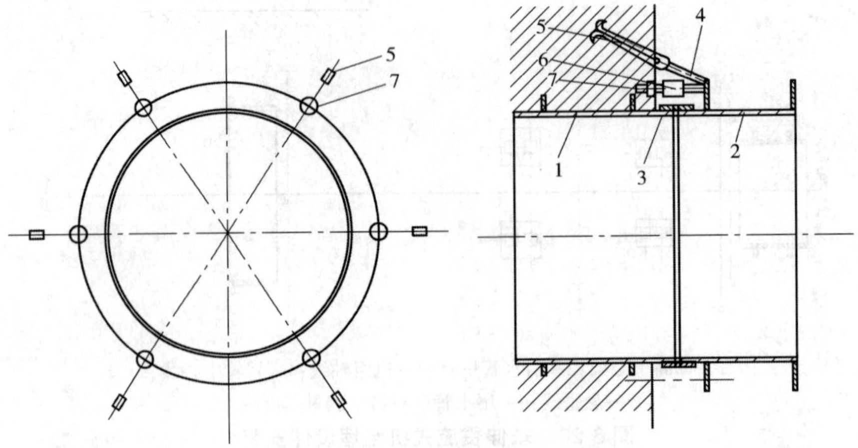

1—引水管;2—连接管;3—网带;4—拉紧器;5—锚筋;6—千斤顶;7—支柱

图6-21　座环、连接管的安装

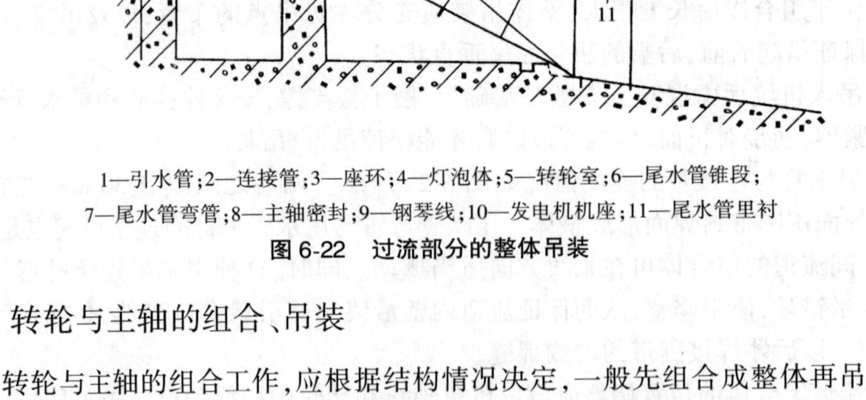

1—引水管;2—连接管;3—座环;4—灯泡体;5—转轮室;6—尾水管锥段;
7—尾水管弯管;8—主轴密封;9—钢琴线;10—发电机机座;11—尾水管里衬

图6-22　过流部分的整体吊装

6.6.4　转轮与主轴的组合、吊装

(1)转轮与主轴的组合工作,应根据结构情况决定,一般先组合成整体再吊装,也可以在吊入转轮室以后组装。水轮机导轴承及密封装置,多数需事先组装在轴上再吊入安

装在灯泡体内。

(2)吊装主轴之前先复查流道中间部分的安装质量，尤其应检查转轮室内壁对轴线的同轴度，四周半径的最大偏差不得超过设计转轮间隙的±4%。

(3)拆出转轮室、尾水管锥段、尾水管弯管的上半部。将主轴吊成水平状态，进入机坑后沿轴线方向适当挪动，从而使后端插入尾水管密封座内孔，前端插入灯泡体。

(4)组装水轮机导轴承形成主轴的前端支撑，再与后端的发电机主轴相连，使水轮机转动部分达到工作位置。

(5)吊装转轮室的上半部，再用塞尺检查四周的转轮间隙，检查时对每个轮叶至少测三点，而且应使主轴适当转动，在转轮的不同位置上进行测量。所测得的实际间隙应均匀，最大偏差不得超过平均间隙的±10%。

(6)转轮与转轮室之间的间隙，是水轮机最重要的间隙，它也是机组轴线与流道部分轴线重合程度的表现。对轴伸贯流式机组而言，流道部分的轴线已在引水管和尾水管里衬预埋时决定，中间部分流道的调整余地不大。当转轮室间隙不符合要求时，应当调整主轴及转轮的位置。这即是应与机组轴线的检查、调整结合进行。

轴伸贯流式机组属于三支点机组，在联轴法兰和水轮机主轴轴颈上设百分表，用前面任务 5.4 所介绍的方法就能保证轴线成一条直线。而这条轴线的位置主要由发电机的两个轴承座决定，当转轮室间隙不均匀时，就可以适当移动轴承座来加以调整。

当然，轴线调整以后应检查发电机气隙，从而最后确定发电机定子的位置。

复习思考题

6-1 贯流式水轮发电机组在结构上有哪些特点？安装中有哪些特殊问题？

6-2 灯泡贯流式机组的埋设件包括哪些部分？安装程序如何？

6-3 灯泡体式机组的发电机如何安装？与立式机组相比有什么不同？

6-4 贯流式水轮机的导水机构有什么特点？预装配如何进行？

6-5 如何吊装主轴-轴承组合体？

6-6 轴伸贯流式机组的安装程序如何？与灯泡体式机组有什么不同？

6-7 灯泡体式机组的主轴与轴承按什么程序组合成整体？应满足哪些基本要求？

6-8 贯流式水轮机转轮与主轴组合、吊装是怎样进行的？

项目7 水轮机机组的启动试运行

【项目导读】

水轮发电机机组运行是一项复杂的综合性工程,一般来说,包括水工建筑物、机械设备、电气系统三大部分。它们各有设计要求,而又要协调一致,最终目的是保证水轮机机组运行正常和安全地发电。由于土建施工及机电设备的安装总是分项进行的,而且往往经历了相当长的时间,最后是否达到了设计要求,能不能正常运行,这样的问题只能由实践来回答。水轮发电机机组的启动试运行,就正是在投产以前所进行的综合性试验检查。本项目主要介绍机组启动试运行的目的和内容,机组启动试运行中的检查试验过程及要求等。

【项目目标】

知识目标:

1. 了解水轮机机组启动试运行的目的和内容。
2. 熟悉水轮机机组启动试运行的程序和基本要求。
3. 掌握机组空载试验和机组带负荷试验检查内容。

技能目标:

1. 能说出水轮机机组启动试运行的内容。
2. 学会机组带负荷与甩负荷试验方法。

【课程思政】

党的二十大报告提出,立足我国能源资源禀赋,坚持先立后破,有计划分步骤实施碳达峰行动。完善能源消耗总量和强度调控,重点控制化石能源消费,逐步转向碳排放总量和强度"双控"制度。推动能源清洁低碳高效利用,推进工业、建筑、交通等领域清洁低碳转型。

水轮发电机机组的起动试运行,正是在投产以前所进行的综合性试验检查。水力发电为低碳经济活动,对我国碳排放"双控"达标有巨大作用。

任务7.1 机组启动试运行的目的和内容

7.1.1 启动试运行的目的

对于一台已经安装完毕的机组,它是否能安全可靠地投入系统运行,除在设计、制造、安装几个环节上要确保质量外,还必须通过机组的启动试运转,用实践来检验机组的质量。只有通过试运转证明机组质量符合设计和有关规程、规范后，才能正式投入生产运行，安全可靠地为工、农业生产和人民生活输送强大的电力。

当机组安装工程基本完成后，或大修机组完工并经检验合格后，对机组进行一次综合性的启动运行试验，称为机组启动试运行，目的如下：

(1)参照设计、施工、安装等有关规程、规范及有关技术文件的规定，结合电站的具体情况，对整个水电站建筑和安装工作进行全面系统的、整体的质量检查和鉴定，以检验土建工程施工质量，以及机电设备的制造与安装质量是否符合设计要求和有关规范、规程的规定。

(2)通过启动试运行，了解机电设备的安装质量，掌握机电设备的运行性能，测定运行中必要的技术数据并录制一些设备特性曲线，作为正式运行的基本依据之一，为电厂编制运行规程准备技术资料。

(3)通过试运行前后的检查，及时发现遗漏或尚未完工的工作以及工程和设备存在的缺陷，并及时处理，避免发生事故，保证建筑物和设备能安全可靠地投入运行。

(4)根据订货合同，有些电站进行机组的效率试验和稳定性试验，以验证厂家保证值，作为电厂运行调度的依据。

(5)通过试运转证实机组质量符合设计及有关规范、规程要求后，就可移交给电厂，投入正式生产。

7.1.2 启动试运行的主要内容和基本程序

启动试运行的工作范围很广，包括检查、试验和临时运行等几个方面。每一方面的工作与其他方面的工作都互相密切联系，但其中以试验为主。这是因为机组首次启动，对其运行性能还不了解，必须通过一系列试验后才能掌握机组运行特性。所以，启动试运行各阶段的检查和运行工作是在保证安全的前提下为完成各项试验工作而安排的。

大中型水电站机组启动试运行的基本程序如下：

(1)引水设备充水前，设备的调整、试验和过水系统的检查、封堵。

(2)引水设备充水试验。

(3)机组第一次启动及空载运行试验。包括首次启动试验，手动，自动开、停机试验，动平衡试验，机组过速试验及一系列电气试验——发电机三相短路干燥过程中的试验、发电机直流耐压试验、发电机空载特性试验等。

(4)机组并列及带负荷下的试验。包括同期并列试验、甩负荷试验、低油压关闭导叶试验、动水关闭快速闸门或主阀试验、发电机调相方式运行试验(在规定机组能承担调相任务时)及72 h带负荷运行试验等。

任务7.2 机组启动试运行中的检查试验过程及要求

7.2.1 水轮发电机组试运行前检查

7.2.1.1 过水系统检查

(1)进水口拦污栅工作正常、清洁干净。

(2)进水口闸门工作正常，闸门处于关闭状态。尾水闸门工作正常。蜗壳排水阀、钢管排水阀处于关闭状态。

(3)压力钢管、调压井、尾水管等过水系统已检验合格,清理干净。通流部分的闷头、入孔(门)的盖板均已严密封闭。

(4)水轮机主阀已调试合格,启闭情况良好,油压装置工作正常。

(5)蜗壳、转轮室及尾水管已清扫干净,固定转轮的楔子,或轴流式转轮的悬挂吊具、临时支座等均已拆除。

7.2.1.2 **水轮机检查**

(1)水轮机转轮及所有部件已安装完工,检验合格。施工记录完整,上、下迷宫环间隙或轴流式水轮机转轮叶片与转轮室间隙已检查,无遗留杂物。

(2)顶盖排水装置检验合格,自流排水通道畅通无阻。真空破坏阀已安装竣工,经严密性渗漏试验与设计压力下动作试验合格。

(3)主轴密封已安装完工,经检验密封完好。

(4)水导轴承润滑及冷却系统已检查合格。油位正常,温度传感器及冷却水压已调试合格,各整定值符合设计要求。

(5)导水机构已安装完工,检验合格,并处于关闭状态。接力器锁定投入,导叶的最大开度和关闭后的严密性及压紧行程等检验符合设计要求。

(6)各压力表、示流计、流量计、摆度和振动传感器及各种变送器都已安装完毕,管道及附件连接良好。

7.2.1.3 **调速器及其设备检查**

(1)调速器设备完好,并调试合格。油压装置压力和油位正常,透平油化验合格,各部表计及其设备符合要求。

(2)油压装置油泵(手动或自动)在工作压力下运行正常,无异常振动和发热,集油槽浮子继电器动作正常。高压补气装置手动及自动动作正确。

(3)手动操作将油压装置的压力油通向调速器,经检查各压力油管、阀门和接头附件均无渗漏油现象。

(4)进行调速系统联动调试的手动操作,检查调速器、接力器及导水机构联动动作的灵活性与可靠性,检查在全行程内动作的平稳性,检查导叶开度、接力器行程和调速柜内的导叶开度指示器三者的一致性。

(5)用紧急关闭的方法初步检查导叶全开至全关所需时间,并录制导叶开度与接力器行程的关系曲线。

(6)对于转桨式水轮机,应由调速器操作、检查桨叶指示器的开度与实际开度的一致性,模拟各水头下导叶和桨叶开度的协联曲线。

(7)对调速器自动操作系统进行模拟操作,检查自动开机和自动停机,各部件装置动作的准确性和可靠性。

7.2.1.4 **发电机检查**

(1)发电机整机已安装(检修)完成,检验合格,记录完整。发电机内部已彻底清扫,定子、转子空隙内无任何杂物。

(2)推力轴承的高压起顶装置已调试合格,压力继电器工作正常;单向阀及管道阀门都无渗油现象。

(3)导轴承及推力轴承油位正常,测温装置及冷却水压已调试,整定值符合设计要求。

(4)发电机风罩内所有管路阀门、接头、电磁阀、变送器都已检验合格,处于正常工作状态。

(5)发电机内灭火水管、水喷雾灭火喷嘴均已检查合格。管路及喷嘴经手动动作正确,压缩空气畅通无阻。

(6)发电机制动系统已检验,调试合格,手动与自动工作正常。

(7)发电机转子集电环、碳刷架已检验,并经调试合格。

(8)发电机风罩内所有电缆、导线、辅助线、端子板均已检查,正确无误。

(9)发电机的空气冷却器已检验合格,水路畅通无阻,阀门无渗漏水现象。

(10)测量工作状态的各种表计、振动和摆度的传感器均已调试整定合格。

7.2.2　机组充水试验

7.2.2.1　试验条件

(1)机组充水试验开始,应认为是电站机组启动试运行正式开始,应确认前项的试验检查已全部完成。

(2)充水前,应确认进水口检修闸门和工作闸门处于关闭状态;确认进水主阀处于关闭状态;确认调速器、导水机构处于关闭状态;接力器锁定已锁好。

(3)利用尾水倒灌或技术供水管向尾水管充水,提起尾水闸门,检查顶盖、导水机构、空气围带、尾水入孔(门)等处的漏水情况。

7.2.2.2　钢管充水

(1)充水前在进水工作闸门下游侧检查闸门渗漏情况,确认无问题后开始充水。

(2)打开检修闸门的充水阀,观察检修闸门与工作闸门之间水位上升情况,平压后提起检修闸门,并搁置牢固。

(3)缓慢打开工作闸门充水阀,向压力钢管充水,监视压力钢管水压表读数,检查压力钢管充水后的情况。

(4)检查钢管伸缩节、入孔(门)的漏水情况;检查充水过程中钢管通气孔是否畅通。

(5)待压力钢管充水至平压后,以手动或自动方式使工作门在静水中启闭试验三次,调整记录闸门启闭时间,并在机旁盘(或中控室)作远方启闭操作试验,闸门工作应可靠。

7.2.2.3　蜗壳充水

(1)打开主阀的旁通阀向蜗壳充水,待主阀上、下游两侧水压基本平衡后,操作主阀、检查阀体启闭动作情况,记录开启、关闭时间。

(2)主阀在手动操作合格后,进行自动操作的启闭动作试验,分别进行机旁和远方操作试验,验证主阀在静水中启闭的正确性。

(3)压力钢管充满水后,打开技术供水管的总供水阀,并调整水压,使压力水通过各冷却器管路,检查管路系统漏水情况。

(4)观察厂房内渗漏水情况,考核渗漏排水泵的能力和运转可靠性。

7.2.3　水轮发电机组空载试运行

7.2.3.1　启动前准备

(1)主机周围各层场地清理干净,吊物孔盖板盖好,通道畅通,通信指挥系统可随时待命,各部位运行人员已培训后进入岗位,各测量仪器、仪表已调整就位。

(2)确认充水试验中出现问题已处理合格。

(3)各部冷却水、润滑水投入后,水压正常;润滑油系统、操作油系统工作正常。

(4)上、下游水位已记录,各部原始温度已记录。

(5)启动高压油泵,顶起发电机转子。油压拆除后,检查制动闸,确认制动闸已全部落下。对弹性金属塑料瓦的机组,首次启动时仍应顶一次转子。

(6)水轮机主轴密封水已投入,检修密封的围带已排除气压。

(7)调速器各机构应处于下列准备工作状态:①油压装置至调速器的主油阀已开启,调速器液压操作柜已接通压力油,油压正常;②调速器滤油器位于工作位置;③调速器处于手动位置;④调速器的导叶开度限制位于全关位置;⑤调速器的转速调整机构位于额定转速位置;⑥永态转差系数可调整到2%~4%。

(8)机组有关设备应符合下列状态:①发电机出口断路器(油断路器或真空断路器)断开;②发电机集电环的碳刷拔出;③水力机械保护装置和测温装置已投入;④拆除所有试验用的短接线及接地线;⑤外接标准频率表(例如数字频率表或红外线转速表),监视发电机转速。

7.2.3.2 首次手动启动试验

(1)拔出接力器锁定,手动打开调速器的导叶开度限制机构,待机组启动后,将开度限制手柄放在大于空载开度位置。当机组转速接近额定值时,再将开度限制机构调小,最后稳定在空载开度位置。对于额定转速较高的机组可分阶段升速。

(2)记录机组的启动和空载开度,当达到额定转速时,校验电气转速表应位于100%的位置。

(3)在机组升速过程中,应加强各部轴承温度的监视,不应有急剧的上升及下降现象。机组启动后达到额定转速,在半小时内每隔5 min测量一次推力瓦和导轴瓦的瓦温,以后可适当延长记录间隔时间,并绘制推力瓦的温升曲线,观察油面变化是否处于正常值。待温度稳定后,标定好各部油槽运行油位线,记录稳定温度,此值不应超过设计值。

(4)机组启动过程中,应监视机组各部位是否正常,若发现异常现象,如金属撞击声,水轮机室窜水,轴瓦温度突然升高,推力油槽甩油,机组摆度过大,机组振动较大等应立即停机。

(5)监视主轴密封水压和顶盖排水情况。

(6)测量、记录机组运行摆度(双振幅),其值应不超过轴瓦间隙或符合厂家设计规定。

(7)记录全部水力测量系统表计读数。

(8)测量、记录各部振动,其值不应超过《水轮发电机组安装技术规范》(GB/T 8564—2003)的规定或见表7-1。当振动超过规范要求时,应进行动平衡试验。

(9)测量永磁机电压与频率关系曲线。在额定转速下测量绕组电压值。

(10)测量发电机一次残压、相序,相序应正确无误。

(11)打磨发电机集电环表面。

7.2.3.3 机组空转运行时调速系统的调整

(1)电液转换阀或电液伺服阀的活塞振动应正常。

(2)根据永磁机的电压或机端电压互感器残压电平,选择调速器信号源的变压器抽头,或确定输入工作电平范围。

（3）频率给定范围应符合设计要求。

表 7-1　水轮发电机组各部位振动允许值

（单位：mm）

机组型式	项目		额定转速 n(r/min)			
			$n<100$	$100\leq n<250$	$250\leq n<375$	$375\leq n<750$
立式机组	水轮机	顶盖水平振动	0.09	0.07	0.05	0.03
		顶盖垂直振动	0.11	0.09	0.06	0.03
	水轮发电机	带推力轴承支架的垂直振动	0.08	0.07	0.05	0.04
		带导轴承支架的水平振动	0.11	0.09	0.07	0.05
		定子铁芯部位机座水平振动	0.04	0.03	0.02	0.02
		定子铁芯振动(100 Hz 双振幅值)	0.03	0.03	0.03	0.03
卧式机组	各部轴承垂直振动		0.11	0.09	0.07	0.05
灯泡贯流式机组	推力支架的轴向振动		0.10	0.08		
	各导轴承的径向振动		0.12	0.10		
	灯泡头的径向振动		0.12	0.10		

注：振动值是指机组在除过速运行外的各种稳定运行工况下的双振幅值。

（4）进行手、自动切换时，接力器应无明显摆动。在自动调节状态下，机组转速相对摆动值，对于大型调速器不超过±0.15%的额定转速，对中小型调速器不超过±0.25%的额定转速，特小型调速器不超过±0.3%的额定转速。

（5）调速器空载扰动试验应符合下列要求：①扰动量一般为±8%；②转速最大超调量，不应超过转速扰动量的30%；③调节次数不超过两次；④从扰动开始到不超过机组转速摆动规定值为止的调节时间应符合设计要求；⑤记录油压装置油泵向压力油罐送油时间及工作周期；⑥在调速器自动运行时，记录导叶接力器活塞摆动值及摆动周期。

7.2.3.4　首次启动后的停机及检查

（1）操作开度限制机构进行手动停机，当机组转速降至额定转速的30%左右时，手动加闸使机组制动。停机后解除制动闸。

（2）停机过程中检查下列各项：①监视各部轴承温度变化情况；②检查转速继电器工作情况；③录制停机时转速与时间关系曲线；④检查各部油槽油面变化情况。

（3）停机后，投入接力器锁定。

（4）停机后检查项目如下：①各部螺栓、销钉、锁片及键是否松动与脱落；②检查转动部分焊缝是否有开裂现象；③检查上、下挡风板，挡风圈，导风叶是否有松动或断裂现象；④检查制动闸摩擦情况及动作灵活性。

（5）在相应水头下，调整开度限制机构、主令开关的空载开度接点。

7.2.3.5　过速试验与检查

（1）机组在空载条件下的摆度与振动应符合规范 GB/T 8564—2003 的要求才能做机

组过速试验。

(2)根据设计规定的整定过速保护装置整定值进行机组过速试验。

(3)将转速继电器的115%和140%额定转速的接点从机组保护回路中断开。

(4)以手动开机方式使机组转速达到额定转速。待机组运行正常后,将开度限制机构继续开大,使机组转速上升到额定转速的115%。调整转速继电器相应的转速接点后,继续将转速升至预定的规定值,并调整过速保护装置在相应的转速点。

(5)过速试验过程中,应监视并记录各部摆度及振动值,记录各部轴承温升情况。过速试验后应进行下述检查:①全面检查转动部分有无松动,如转子磁轭键、磁极键、阻尼环及磁极引线、磁轭压紧螺栓等;②检查发电机定子基础及上、下机架基础连接螺栓等情况;③进行前述四项的停机检查。

7.2.3.6 自动启动和停机试验

(1)自动启动和停机试验的主要目的是检查自动开、停机回路的正确性。具有计算机监控系统或以计算机监控系统为主的水电站,自动开、停机应由计算机系统完成。

(2)自动开、停机前应确认以下两项:①调速器处于自动位置,功率给定置于空载位置,频率给定或转速调整置于额定频率,调速器参数在空载最佳位置。②确认所有水力机械保护回路已经投入,励磁回路应调整试验合格;模拟试验动作应正确,自动开机条件已经具备。

(3)自动开机可在中控室进行,也可在机旁进行,还应做下列各项检查:①检查各自动化元件能否正确动作。②记录发出开机脉冲升至机组额定转速所需时间。③检查调速器的动作情况。

(4)机组自动停机过程中及停机后检查项目:①记录自发出停机脉冲至转速降至制动转速所需时间。②记录自制动加闸至机组停止转动所需时间。③检查转速继电器和自动化元件动作是否正确。

7.2.3.7 水轮发电机升压试验

1. 发电机升压试验应具备的条件

(1)发电机定子绝缘电阻及吸收比合格,并符合规范要求,耐压试验合格。

(2)发电机保护系统投入,励磁及其调节回路电源投入,辅助设备及信号回路电源投入。

(3)发电机振动、摆度等监察系统投入。

2. 电压升至50%额定电压后的检查

自动开机回路各部分应正常。测量发电机电流互感器二次侧残压,并检查对称性。如无异常,可手动升至50%额定电压值,并检查下列各项:①发电机引出母线与断路器及分支回路设备工作情况是否正常。②运行中机组振动和摆度情况。③电压回路二次侧相序、相位与电压是否正常。

如上述情况正常,继续升压至发电机额定电压。

3. 发电机升压过程检查

发电机在升压过程中,应检查低压继电器、过电压继电器工作情况。

4. 发电机空载特性曲线录制

发电机空载特性曲线指发电机电压和励磁电流上升、下降关系曲线。当发电机励磁电流升至额定值时测量发电机的最高电压。

5. 灭磁检查

分别在 50%、100%额定电压条件下跳灭磁开关,检查消弧情况,录制示波图,并求取灭磁时间常数。

7.2.3.8 发电机空载条件下,励磁调节器的调整试验

(1)具有起励装置的晶闸管励磁调节器的起励工作,应正常可靠。

(2)检查励磁调节系统的电压调整范围,应符合设计要求。自动励磁调节器应能在发电机空载额定电压的 70%~110%内稳定并调节平稳。

(3)在发电机空载额定转速下,手动控制单元调节的范围:下限不得高于发电机空载励磁电压的 20%,上限不得低于发电机额定励磁电压的 110%。

(4)测量励磁调节器开环放大倍数。

(5)在等值负载情况下,录制和观察励磁调节器各部特性。对于晶闸管励磁系统,还应在额定励磁电流情况下,检查功率整流桥的均流系数与均压系数。功率整流桥设有串联元件均压措施,以及并联支路和整流柜之间的均流措施,均压系数不应低于 0.9,均流系数不应低于 0.85。

(6)应检查在发电机空载状态下,励磁调节器的投入,上下限的调节,手、自动的切换工作情况,并检查励磁调节器开、停机等情况下的稳定和超调量,即在发电机空载,转速为额定转速的 0.95~1.0,突然投入励磁使发电机电气从零升至额定值时,超调量不大于额定值的 10%,振荡次数不超过 2~3 次,调节时间不大于 5 s。

(7)带自动励磁调节器的发电机电压—频率特性试验,应在发电机空载状态下,改变发电机的转速,测量端电压的变化值,录制发电机电压—频率关系曲线。自动励磁系统应保证频率值每变化 1%,发电机电压变化值不超过额定值±0.25%。

(8)晶闸管励磁调节器应进行低励磁、过励磁、断线、过电压、均流等保护的调整及模拟动作试验,其动作应正确。

(9)对于采用三相全控整流桥的静止励磁装置还应进行逆变灭磁试验。

7.2.4 机组对主变压器及高压配电装置试验和主变压器冲击合闸试验

7.2.4.1 机组对主变压器及高压配电装置短路升流试验

1. 试验前检查

(1)发电机侧电压设备(发电机断路器、隔离开关)及有关高压设备均已试验合格,具备投入运行条件。

(2)主变压器经试验验收合格,油位正常,分接头开关正常。

(3)高压配电装置经试验验收合格。

(4)主变压器高压侧或高压配电装置在适当位置,已装设可靠的三相短路点。

(5)投入发电机继电保护、自动装置和主变压器控制及信号回路。

2. 短路升流试验

(1)开机后递升加电流,检查各电流回路的通流情况和表计指示,并绘制主变压器、母线差动保护和线路保护的电流相量图。

(2)投入主变压器继电保护装置。

7.2.4.2 机组对主变压器及高压设备递升加压试验

(1)拆除主变压器及高压配电装置各短路点的短路线。

(2)手动递升加压,分别在发电机额定电压值的25%、50%、75%、100%等情况下检查一次设备工作情况。

(3)检查电压回路和同期回路的电压、相序和相位是否正确。

7.2.4.3 电力系统对主变压器冲击合闸试验

(1)发电机侧的断路器及隔离开关均已断开,必要时可拆除主变压器低压侧母线连接端子的接头。

(2)投入主变压器中性点接地开关。水电站机电设备的安装、运行与检修。

(3)投入主变压器继电保护及冷却系统的控制、保护及信号。

(4)合主变压器高压侧断路器,使电力系统对主变压器冲击合闸五次,每次间隔10 min,检查变压器有无异状,并检查主变压器差动保护及瓦斯保护动作情况。

(5)有条件时,录制主变压器冲击时激磁涌流示波图。

7.2.5 水轮发电机组并列及带负荷试验

7.2.5.1 水轮发电机组空载并列试验

(1)检查同期回路的正确性。

(2)以手动和自动准同期方式进行并列试验。在正式并列试验前,应先断开相应的隔离开关,进行模拟并列试验,以确定同期装置的正确性。

(3)正式进行手动和自动准同期并列试验。录制电压、频率和同期时间的示波图。

7.2.5.2 水轮发电机组带负荷试验

1. 水轮发电机组的带负荷试验

操作调速器的转速调整或功率给定使有功负荷逐步增加,并观察各仪表指示及各部位运行情况和各负荷下尾水补气装置工作情况;观察机组在加负荷时有无振动区,测量摆度与振动值,必要时进行补气试验。

2. 水轮发电机带负荷下励磁调节器试验

(1)在发电机有功功率分别为0、50%、100%的额定值时,按设计要求调整发电机无功功率从零到额定值。调节应平稳,无跳动。

(2)有条件时,可测定并计算水轮发电机的端电压调差率、调差特性等,其应具有较好的线性,符合设计要求。

(3)有条件时,可测定并计算水轮发电机端电压静调差率,应符合设计要求。当无设计规定时,对半导体型不应大于0.2%~1%,对电磁型不应大于1.0%~3.0%。

(4)对晶闸管励磁调节器,应分别进行各种限制器及保护的试验和鉴定。

3. 机组突变负荷试验

根据现场情况，机组突变负荷变化量不应大于额定负荷的 25%，应自动记录机组转速、蜗壳水压、尾水管压力脉动、接力器行程和功率变化过程，并选择各负荷工况下的调速器的最优调节参数。

7.2.6　水轮发电机组甩负荷试验

7.2.6.1　甩负荷试验应具备的条件

（1）将调速器的参数选择在空载确定的最佳值。

（2）调整好测量机组振动、摆度、蜗壳压力、机组转速（频率）和接力器行程等电量和非电量的监测仪表。

（3）所有继电保护及自动装置均已投入。

（4）自动调节励磁已选择在最佳值。

7.2.6.2　机组甩负荷试验

甩负荷试验应在额定负荷的 25%、50%、75%和 100%下分别进行，并记录有关数据。同时应录制各种参数变化曲线。记录格式见表 7-2。

当电站受运行水头和电力系统条件限制时，若机组不可能带额定负荷或甩额定负荷，则可按当时条件在尽可能大的负荷下进行甩负荷试验。

表 7-2　机组甩负荷试验记录

机组负荷(kW)	记录时间	机组转速(r/min)	导叶开度(%)	导叶关闭时间(s)	接力器活塞往返次数(次)	调速器调节时间(s)	蜗壳实际压力(MPa)	真空破坏阀开启时间(s)	吸出管真空度(mmH_2O)	大轴法兰处运行摆度	上导轴承处运行摆度	水导轴承处运行摆度	上机架振动		定子振动		转速上升率(%)	水压上升率(%)	永态转差系数		转轮叶片关闭时间(s)	转轮叶片角度(°)
													水平	垂直	水平	垂直			指示值(%)	实际值(%)		
										(mm)												
	甩前																					
	甩时																					
	甩后																					

上游水位：　　下游水位：　　记录整理：　　技术负责人：　　年　月　日

注：1. $转速上升率=\frac{甩负荷时最高转速-甩负荷前稳定转速}{甩负荷前稳定转速}\times100\%$；

2. $蜗壳水压上升率=\frac{甩负荷时最高水压-甩负荷前蜗壳水压}{甩负荷前蜗壳水压}\times100\%$。

7.2.6.3　**自动励磁调节器的稳定性和超调量检查**

当发电机甩100%额定负荷时,发电机电压超调量不应大于额定电压的15%~20%,振荡次数不超过3~5次,调节时间不大于5 s。

7.2.6.4　**水轮机调速系统调节性能检查**

校核导叶接力器紧急关闭时间、蜗壳水压上升率和机组转速上升率等,其均应符合设计规定。

7.2.6.5　**调速器动态品质检查**

考核机组甩负荷时,调速器的动态品质应达到如下要求:

(1)甩100%额定负荷后,在转速变化过程中超过稳态转速3%,波峰不应超过两次。

(2)机组甩100%额定负荷后,从接力器第一次向关闭方向移动起到机组转速摆动值不超过±0.5%为止,所经历时间不应大于40 s。

(3)接力器不动时间,对于电液调速器不大于0.4 s,对于机械调速器不大于0.5 s。

7.2.6.6　**转桨式水轮机甩负荷后检查**

对转桨式水轮机,甩负荷后应检查调速系统的协联关系和分段关闭的正确性,以及突然甩负荷引起的抬机情况。

7.2.7　水轮发电机组连续带负荷运行

(1)完成以上试验内容经验证合格后,机组已具备并入电力系统带额定负荷连续运行条件。连续试运行时间,对新投产机组为72 h,对大修机组为24 h。若由于水库未达设计水位等外部特殊原因使机组不能达到额定出力,可根据具体情况确定机组应带最大负荷值。

(2)根据正式运行值班制,全面记录运行有关参数(见表7-2)。

(3)在连续运行中,由于机组及附属设备的制造和安装质量原因引起运行中断,经检查处理合格后重新开始连续试运行,中断前的运行时间不得累加计算。

(4)连续试运行后,应停机检查并将蜗壳钢管的水排空,检查机组流道部分及水工建筑物排水系统情况,消除并处理连续试运行中发现的所有缺陷。

(5)新投产机组72 h试运行,并经停机处理发现的所有缺陷后,即可开始为期一年的试生产。试生产由电站建设单位委托生产单位进行。生产期满后,方可办正式移交。通过国际招标引进的进口机组在连续72 h试运行后还应投入一般为30 d的商业运行。

复习思考题

7-1　水轮发电机组启动试运行的目的是什么?

7-2　怎样进行引水设备的充水试验?

7-3　机组做过速试验的目的是什么?

7-4　试述机组带负荷与甩负荷试验的目的。

7-5　试运行前的检查工作包括哪些内容?

7-6　充水试验的目的是什么?怎样进行?

7-7　机组的启动试运转怎样进行？包括哪些主要内容？

7-8　机组空载试验的主要内容有哪些？

7-9　机组带负荷试验如何进行？检查内容有哪些？

7-10　72 h 试运行的基本要求是什么？

项目8 水轮发电机机组的振动与平衡

【项目导读】

水轮发电机机组在运行中的振动是一种普遍存在的、不可能完全避免和消除的现象。机组运行都要克服运行中的不稳定现象,它成为机组设计、制造、安装、运行和检修中要解决的突出问题,只要将振动限制在允许的范围内,它对机组本身及其工作并无妨害。但是当振动超过一定限度时,对机组设备本身及对周围的建筑物甚至对整个水电站的运行都会带来很大的危害。本项目主要介绍机组振动的原因和危害、机组振动的测量方法、机组振动的分析方法,水轮机转轮静平衡试验以及发电机转子动平衡试验。

【项目目标】

知识目标:

1. 了解水轮机机组振动的原因和危害。
2. 掌握水轮机机组振动的分析方法。
3. 掌握水轮机转轮静平衡、发电机转子的动平衡调节方法。

技能目标:

1. 能分析水轮发电机机组振动的原因及来源。
2. 学会水轮发电机机组振动测量方法。

【课程思政】

党的二十大报告指出,教育、科技、人才是全面建设社会主义现代化国家的基础性、战略性支撑。必须坚持科技是第一生产力、人才是第一资源、创新是第一动力,深入实施科教兴国战略、人才强国战略、创新驱动发展战略,开辟发展新领域新赛道,不断塑造发展新动能新优势。

任务8.1 机组振动的原因和危害

8.1.1 振动的危害

大中小型机组都要克服运行的不稳定,它成为机组设计、制造、安装、运行和检修中要解决的突出问题。

和其他机械设备一样,水轮发电机机组在运行中的振动是一种普遍存在的、不可能完全避免和消除的现象。只要将振动限制在允许的范围内,它对机组本身及其工作并无妨害。但是,当振动超过一定限度时,对机组设备本身及对周围的建筑物甚至对整个水电站的运行都会带来很大的危害,主要有:

(1)引起机组零部件金属焊缝中疲劳破坏区的形成和扩大,从而使之发生裂纹,以至断裂损坏而报废。

(2)使机组各部位紧固连接部件松动,导致这些紧固件本身的断裂,加剧被其连接部分的振动,促使它们迅速损坏。

(3)加速机组转动部件的相互磨损,如大轴的剧烈摆动可使轴与瓦的温度升高,使轴承烧毁;发电机转子的过大振动会增加滑环与电刷的磨损,当励磁机与发电机的轴是刚性连接时,转子的剧烈振动也会增大整流子的磨损,并使整流子和集电环上发生跳火现象。

(4)尾水管中的水流脉动压力可使尾水管壁产生裂缝,严重的可使整块钢板剥落。

(5)共振所引起的后果更为严重,如机组设备和厂房的共振可使整个设备和厂房毁坏,当尾水管中的水流脉动频率与发电机及电力系统的自振频率接近时,负荷的微小变化所发生的共振,可能引起发电机本身的极大波动和电力系统的大幅度振荡,因而可使机组从系统中解列,对水电站和电力系统的安全运行带来严重危害。

(6)机组过大的振动不仅危及水电站的安全运行,而且影响水电站和电力系统的经济运行。这是因为不少机组均有一明显振动区,为保证机组的安全,应避开振动区运行,这就给机组之间和系统之间负荷的合理分配带来困难,因而不利于水电站和电力系统的经济运行。

8.1.2　振动的原因

引起水轮发电机组振动的原因很多,根据干扰力的不同形式,大体上可分为三类:机械因素引起的振动、水力因素引起的振动和电磁因素引起的振动。

8.1.2.1　机械因素引起的振动

1. 转子质量不平衡

由于转子质量不平衡,转子重心 S 对轴心 O 产生一个偏心距 e,如图 8-1(a)所示。当轴以角速度 ω 旋转时,由于失衡质量离心惯性力的作用,如图 8-1(b)所示,O_1 绕 O 做圆周运动,回转半径就是振幅。这种振动的特征是:振幅是随转速变化而变化的,转动角速度升高,振幅 y 增大。当转动角速度接近临界值时,振幅 y 剧烈增大产生共振。转动角速度下降时,振幅 y 也下降。所以,一般大中型机组在设计时都要保证机组的临界转速大于最大飞逸转速的 10%~15%,以避免共振。

转动部分产生的不平衡离心力作用在轴承上,引起支承部分(上、下机架,水导轴承)的振动,振动频率就是转动频率 $f=n/60$,振幅与转速的平方成正比。

2. 机组轴线不正

机组轴线不正的主要表现形式是轴线与镜板摩擦面不垂直、轴线在法兰结合面处曲折,如图 8-2 所示。由于轴线倾斜和曲折,机组转子的总轴向力 P 不通过推力轴承中心,就产生一个偏心力矩。随着转子的旋转,偏心力矩也同时旋转,使各支柱螺栓的受力是脉动力,其脉动频率与转速频率相同,从而产生推力轴承各支柱螺栓的轴向振动,转子也随之产生振摆。轴线不正,也是引起径向振动的原因之一。

3. 轴承缺陷

当轴承松动,或间隙过大润滑又不良,或轴承与固定止漏环不同心等,都会发生干摩擦,引起机组的横向振动。

8.1.2.2　水力因素引起的振动

产生振动的水力因素,因水轮机课程中已讲过,这里只做一般介绍。

1. 蜗壳、导叶引水不均引起的转轮进水流冲击

理想情况下,导叶在任何位置(开度)时,它两侧的流速和压力都呈均匀的分布状态,

相邻流道内具有同样的能量平衡,此时水流正常平顺。然而,由于加工和安装上的误差,各个叶片和各个流道的形状与尺寸总是有一定的差别,有些差别还可能较大,这就会对水流产生扰动,扰动水流进入转轮区就会与之发生冲击,引起水轮机的振动和水压脉动。

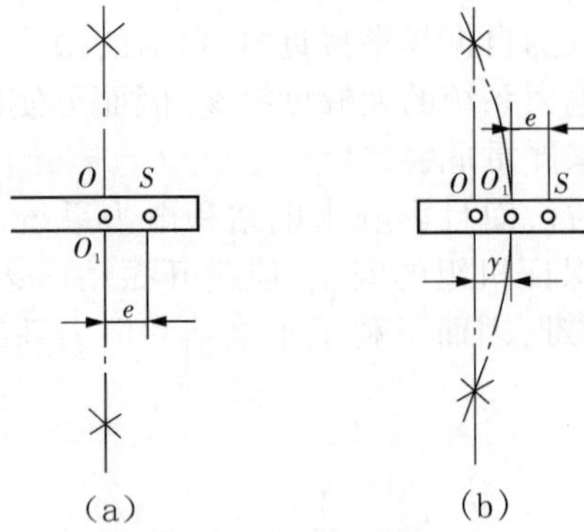

图 8-1　转子弓状回旋

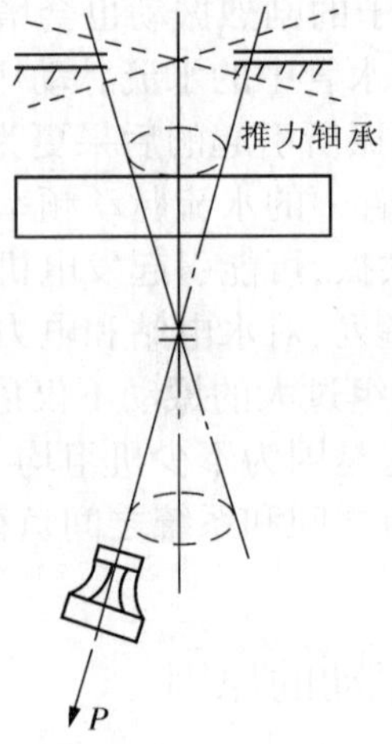

图 8-2　转子振摆

蜗壳进水不均也能产生压力脉动。这种情况主要发生在鼻端处。蜗壳鼻端处的隔板(最后一个固定导叶)起隔流作用,即把从压力钢管来的水流和流到蜗壳末端的水流分开。由于水流在蜗壳里的摩擦损失,上述两股水流具有不同的能量,即鼻端隔板两侧水流的压力和流速不同,它们在鼻端后相遇就发生扰动,此扰动水流通过导叶流道与转轮相碰撞就会产生压力脉动。

2. 卡门涡列

当水流绕流叶片,由出口边流出时,便会在出口边处产生涡列,旋涡从叶片的正面和背面交替出现,形成对叶片尾部交变的作用力。当涡列频率与叶片自振频率相同时,便产生共振。共振时,叶片的动应力可能达到平均应力的50%以上,加上振动频率较高,因而极易使叶片产生疲劳裂纹甚至完全断裂。

3. 空腔气蚀

水轮机在非设计工况下运行会产生空腔气蚀,由空腔气蚀引起机组的顶盖和推力轴承出现剧烈的垂直振动,它比横向振动的危害性更大。

4. 间隙射流

轴流式水轮机中,叶片和转轮室间隙处,由于正背面压差的存在,会形成一股射流,速度很高。由于转轮的旋转,对转轮室某一部分来说,交替出现瞬时压力升高和降低,形成周期性的压力脉动。这种压力脉动会引起转轮室振动,使金属疲劳。

5. 止漏环压力脉动

由于制造和安装上的原因,水轮机止漏环处偏心,或由于轴处于弓状回旋,它们引起止漏环间隙发生周期性的变化,造成间隙内水压力脉动,从而引起转动部分的自激振动。

8.1.2.3　电磁因素引起的振动

引起振动的电磁因素主要来自转子绕组短路、空气间隙不均匀等。

1. 转子绕组短路

当一个磁极的磁动势因短路而减少时,跟它相对的磁极的磁动势并没变,因而出现一个跟转子一起旋转的辐向不平衡磁拉力，引起转子振动。这种振动幅值的大小取决于失去作用的线圈匝数。此种振动的特征是：当接入励磁电流时，就发生振动，励磁电流增大，振动幅值也随之增大，去掉励磁，振动即行消失。由于这一特征，就很容易把它与其他原因产生的振动区分开来。

2. 空气间隙不均匀

当发电机转子不圆或有摆度时，造成空气间隙不均匀，从而产生单边的不平衡磁拉力，随着转子的旋转而引起空气间隙周期性变化，单边不平衡磁拉力沿着圆周做周期性运动，引起机组振动。这种振动也是随励磁电流的增大而增大。

任务 8.2　机组振动的测量方法

由任务 8.1 叙述的内容可知，引起水轮发电机组振动的原因是多方面的，有时几种原因交织在一起。所以，要想确切地判断某一振动现象的具体原因，就需要对各种振动的特点和规律有所了解，因此需要进行振动试验，并对试验结果进行分析，以便采取相应措施，有针对性地解决振动问题。

水轮发电机组振动试验包括如下几项振动要素的测量：振动量（位移、速度、加速度、振幅）的测量，频率与周期的测量以及波形和相位的测量等。测量方法按振动的转换方式可分为电测法、光测法和机械测振法。由于机械测振法和电测法在机组振动的测量中应用较多，下面只简单介绍这两种方法。

8.2.1　机械测振法

机械测振仪主要用于测量振动的位移，适用于低频振动，大多数具有笔式记录装置，以便测量振动的时间历程，通过与时间信号的比较，可算出振动频率和周期，并确定振动的波形和相位。

用百分表测振：此法简单，使用方便，但它只能测振幅，不能描绘振动曲线，分析不了频率等其他特性。用百分表测振动的方法是：用桥式起重机吊一重物，此重物对机组振动部位来说是相对静止的，本身不受振动影响。再把百分表固定在重物上，使百分表的测杆触头紧紧顶住机组被测部位，并使测杆方向与振动方向一致。这样，根据百分表的读数，测量出振幅的大小。

在找不到适当的不受振动影响的静止固定点的情况下，为了进行振动测定，而采用由百分表和重块等部件构成的惯性机械测振仪。

惯性机械测振仪是根据下述强迫振动原理制成的：具有一定质量的弹性悬挂着的惯性体受迫振动时，如果自振频率是干扰频率的 1/3 以下，则此弹性体不发生振动，即它对干扰力保持相对静止。

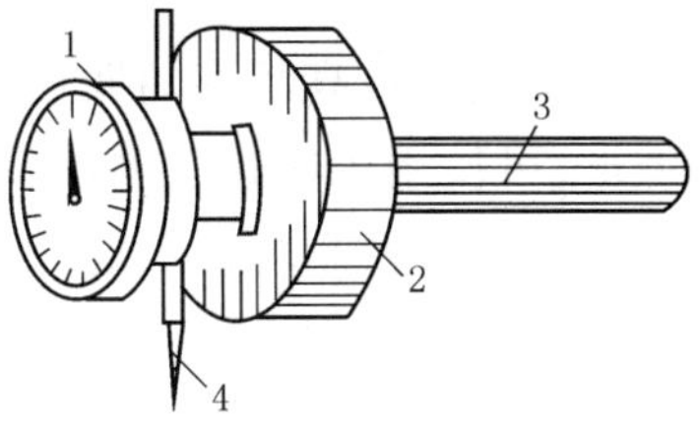

1—百分表；2—重块；3—手柄；4—测杆

图 8-3　手握式惯性测振仪

惯性测振仪的测量机构仍然是百分表，它有手握式和固定式两种类型。如图 8-3 所示为一种手握式惯性测振仪，其结构为：百分表1固定在有附加重块2的金属手柄3上。整个仪器本身是惯性重物。握着仪器的手可看作弹性体，仪器在手中的自振频率与仪器的质量及操作人员有关，其值一般为3Hz左右。测量时将测杆4与振动体紧密接触，如果被测频率较高，则仪器本体将不会追随高频振动，因而百分表就能较准确地指示出被测物体振幅的大小。

如图8-4所示为固定式测振仪的一种结构。百分表1嵌在惯性重块2内，利用8根垂直的圆柱弹簧4将惯性重块吊在框架3上，百分表的测杆5与框架的圆环6接触，百分表可以在垂直平面内转动，故可以测量该平面内任何方向的振动，测量方向取决于百分表测杆的方向，螺钉8用来制住惯性重块，螺帽9是用来调整弹簧拉力的。测量时把框架固定于机组设备的振动部位，显然，如果被测振动的频率远远大于仪器内悬挂系统的自振频率，则当仪器框架与被测部位一起振动时，由于重块的惯性作用，百分表实际上是不动的，因而和手握式测振仪一样，百分表的指示即为被测部位振动的振幅值。

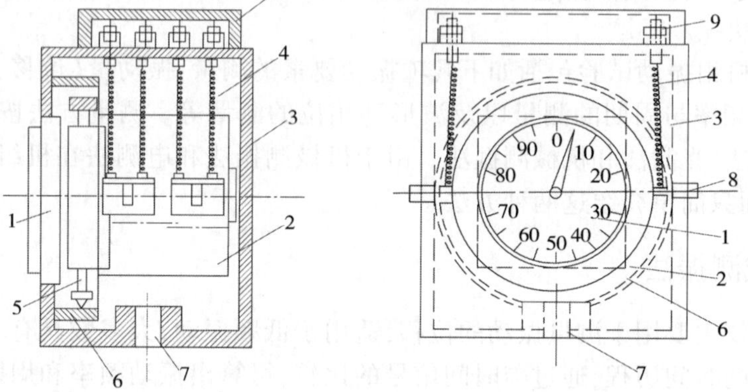

1—百分表；2—重块；3—框架；4—圆柱弹簧；
5—测杆；6—圆环；7—螺孔；8—螺钉；9—螺帽

图8-4 固定式惯性测振仪

上述带有百分表的测振仪，所能测量的振动频率范围一般在12 Hz以内，在此范围内，可以得到较好的测量精度。当被测振动频率很高时，用这类测振仪测量均会带来很大的测量误差。

为了测量较高频率的振动和振动的时间历程，既能测得振动的振幅值，又能测得频率和波形，可使用机械式示振仪。示振仪测振动是利用机械杠杆原理将振动量放大后，自动记录在转动的特制纸带上的。

这里介绍一种手握式示振仪。这种示振仪的核心部分是连接测轴和指针的杠杆机构，如图8-5所示。在中心轴上装有与被测振动部件表面接触的测轴2，中心轴利用小球3和能绕中心铰5转动的记录指针（钢针）4相接，为了使测轴和被测部件表面有一定接触而装有弹簧6，其弹力可以进行调整。测量时随着振动值的变化，通过杠杆机构，钢针在以一定速度移动的敷有涂料的纸带7上画出相应的振动曲线，纸带是通过带有发条的钟表式机构移动的。另外,在示振仪上装有计时器,计时器每一秒钟在纸带上做一标记,以便能计算振动的频率。计时器的动作由继电器控制,继电器的电源是 1.5 V 的小电池,装在仪器盘中,也可用外接电源。

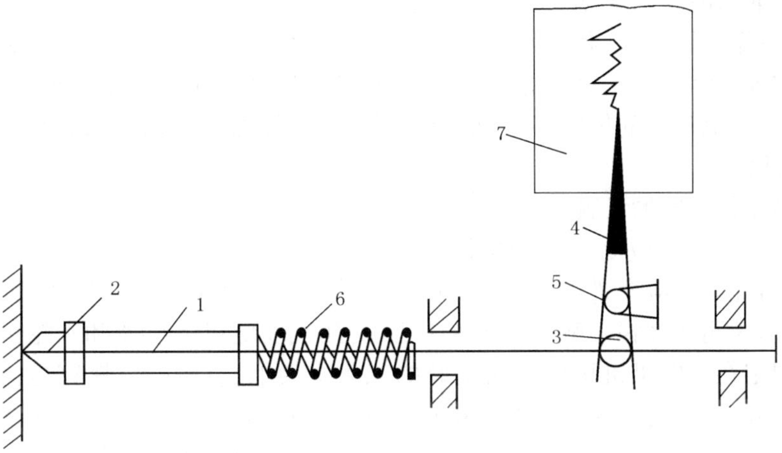

1—中心轴;2—测轴;3—小球;4—钢针;5—中心铰;6—弹簧;7—纸带

图 8-5　手握式示振仪的杠杆机构

图 8-6 是手握式示振仪的外形,其测轴 1 的中心轴和弹簧一起被置于导管 2 内,螺钉 3 用以调整弹簧的弹力,小柄 4 用作为纸带移动的开关,也用作计时器的开关,旋钮 5 用于旋紧纸带移动的发条,开关 6 用于计时器接通本身的电源或外接电源,打开盒盖 7 可观察示振仪钢针的工作情况。测量时要将整个仪器拿在手中,这时人即为弹性体,仪器盒及其全部零件即为惯性重物,因此整个仪器对振动部位来说是相对静止的,所记录的结果能较准确地反映振动的实际变化情况。

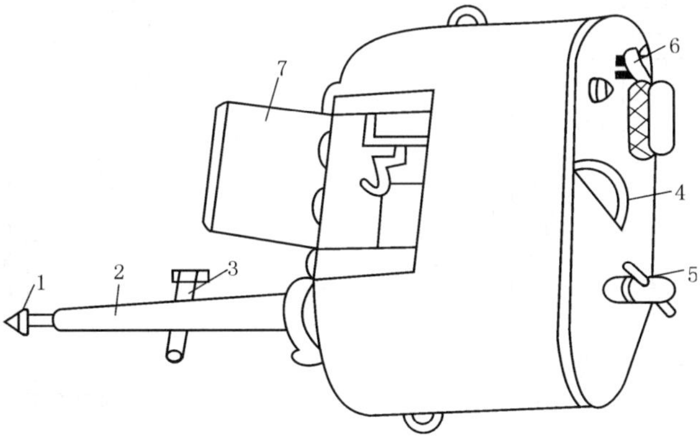

1—测轴;2—导管;3—螺钉;4—小柄;5—旋钮;6—开关;7—盒盖

图 8-6　手握式示振仪的外形

8.2.2　电测法

8.2.2.1　电测法的测振原理

利用传感器将非电量的机械振动量(振幅、速度、加速度)转换成电量或电参数(电流、电压、电阻、电容、电感),通过仪表测量这些参数的大小和变化,即可测出振动量,电测法是比较完善的测振方法。这种测振法的优点是灵敏度高,频率范围广,便于记录和分析,容易实现遥测和自动控制,因此这种方法目前得到了普遍的应用;缺点是易受电磁场的干扰,所以测振时应采取必要的屏蔽措施。

电测法测振的原理是:利用传感器将振动量变化过程转换成电量和电参数,再通过放大,进入示波器显示、记录,也可通过模数转换,输入到电脑进行记录和分析。应变梁是一种将振动量变为电阻量的传感器,它是较常用的传感器之一。这里只介绍应变梁式传感器的使用方法。

8.2.2.2 测振传感器的设置

测振传感器(俗称应变梁)在被测部件测点的设置有如下两种情况:

第一种情况是将应变梁固定于厂房内相对静止的支架或起吊重物上,而自由端则以螺钉或滚轮与被测部件相接触。如图8-7所示,测试发电机下机架和水轮机顶盖的振动时,应变梁固定在水轮机机坑墙上所安装的三角支架上,自由端以螺钉与被测部位相接触;测大轴摆度时,应变梁固定于安装在水导轴承油箱盖上的三角架上,自由端以渡轮与大轴相接触。在测量发电机上机架振动时,可将应变梁固定在起吊重物上。

第二种情况与上述相反,即将应变梁固定在被测部件上,将自由端与相对静止的支架或起吊重物的某一平面相接触,在这种情况下所测的部件振动特性和第一种情况是一样的。图8-8为将应变梁固定于发电机上机架上,而自由端与起吊重物相接触的示意图。

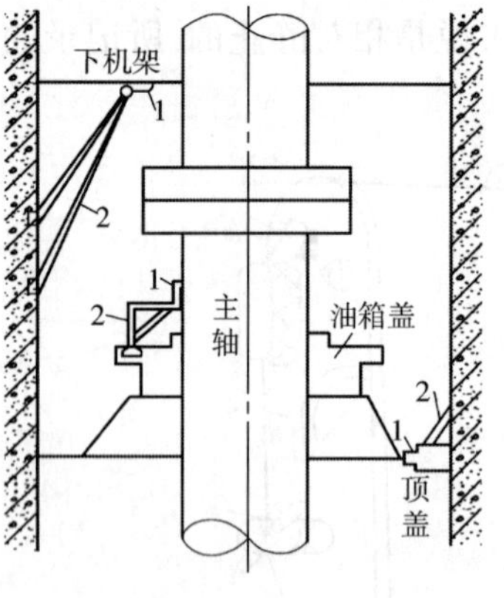

1—应变梁;2—支架

图8-7 应变梁固定在相对静止的支架上

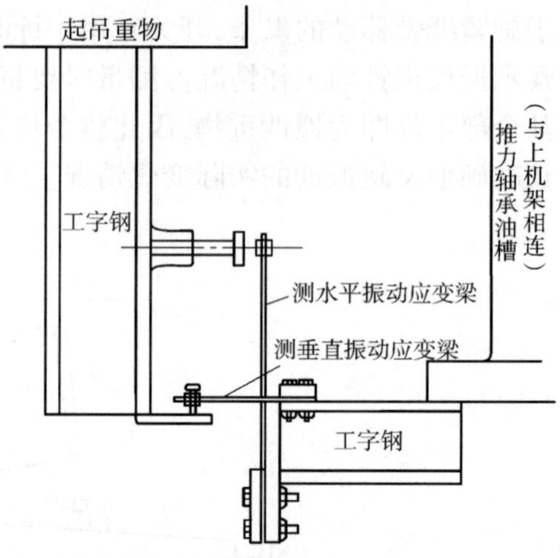

图8-8 应变梁固定在被测部件上

为了能真实测得被测部位的振动状态,无论采用哪种固定情况,都要求事前将与应变梁自由端相接触的部件表面用砂纸打磨光滑,无论是螺钉还是滚轮,都应紧压接触点,使之有一定的预压应力。

8.2.2.3 测振系统的调整与率定

应变梁固定于测点之后,将应变片引出端与各测量仪器(应变仪、示波器)之间用导线连接。在施测前应使测振系统预热一定时间。如测振系统产生电压不平衡，示波器振动子光点发生偏移，应通过动态电阻应变仪进行调整，使测振系统达到平衡。应当指出，系统电路平衡的调整应与示波器振动子选择同时进行，为避免在测量时振动子被烧毁，应按反映实际振动幅值的示波器输入信号电流的 2 倍来选用振动子。

对选好的振动子进行调整平衡后，即可标定测振系统的振动比例尺。标定时，将厚度为 a(a=0.15～1 mm，其上限根据不同测点可能出现的最大振动量而定）的塞尺插入已固定好的应变梁自由端螺钉（或滚轮）与接触点之间，此即相当于振动量 A 引起应变梁的变形，从而引起振动子光点偏移 L。这样，对不同塞尺厚度 a_i 就可得若干个相应光点偏值 L，点绘成一直线，取其斜率，即得振动比例尺

$$M = \Delta A/\Delta L \tag{8-1}$$

考虑到在测试过程中，由于温度等因素对应变片及测量线路的影响，振动比例尺可能发生变化。因此，每测量一次后，都应重新校正一次振动比例尺。但是，如果每次测量后都像上文所述那样用塞尺校正，是很不方便的，而且会影响整个测试工作的进度。为避免这种情况，可用校正电阻 R_T 进行校正，即在上述指定出振动比例尺 M 的平衡桥路的任一臂上并入一标准校正电阻 R_T（见图 8-9），此电阻 R_T 可外接至桥路平衡箱，也可采用动态应变仪中的专设标定电阻。图 8-9 中的 R_p 为绕组电位器，它与电阻 R_M 及 R_b 都是为调整电桥平衡用的。由于 R_T 的投入，可使平衡好的电桥失去平衡，从而使示波器振动子光点产生偏移 L_i。

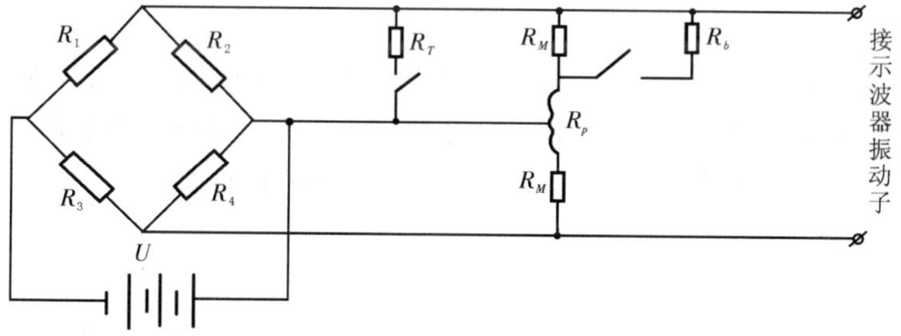

图 8-9　具有平衡补偿回路的电桥原理图

在测试过程中，每次测量完毕即可投入此校正电阻 R_T，使振动子产生一定光点偏移 L_i，如果 $L_i'=L_i$，则说明在前段试验过程中原来的振动比例尺 M 没有发生变化，如果 $L_i'\neq L_i$，则说明温度等对应变片或测量线路产生了某些影响，因而振动比例尺也发生了变化，这样校正的比例尺为

$$M' = M\frac{L_i}{L'_i} \tag{8-2}$$

式中　M'——校正后比例尺；

M——原先标定传感器时所确定的比例尺；

L_i——标定传感器时投入校正电阻所产生的振动子光点偏移值；

L_i'——每次测试完后投入校正电阻所产生的振动子光点偏移值。

这样，根据试验中所记录示波器上任一瞬间的纵坐标 L，按校正比例尺 M'，即可求得

相应的振幅 $A=M'L$。

以上是机组振动的部分测量方法。有关机组主要部件固有频率的测定等,因篇幅有限这里就不再介绍。

任务 8.3 机组振动的分析方法

机组振动试验的目的在于寻找振源,为此必须对试验的数据进行整理加工,根据振幅、频率等振动要素,进行综合比较,分析总的趋势,抓住主要矛盾,有针对性地进行处理。下面是对部分工况下的振动试验所进行的分析。

8.3.1 转速试验

机组在空载无励磁、变转速下所进行的振动试验为转速试验。根据这种试验结果绘制出各测振部位振幅 A 与机组转速 n 的关系曲线 $A=f(n)$ 和振动频率 f 与转速 n 的关系曲线 $f=f(n)$。

如果试验结果表明,机组在额定转速 50%~100%的变化范围内,各导轴承处振动的振幅较大,且大轴不同方位又有明显的差别,但振动频率 f 为 k_1 倍的转速频率,即 $f=k_1n/60$,而且当常数 k_1 为推力轴瓦个数时,则可判定机组振动的原因是大轴曲折、导轴承或推力轴承调整不当等。这些一般属于机组安装调整的质量问题,可按严格的安装质量标准通过重新调整来解决。

如果在各导轴承处的振幅较大,大致与转速的平方成正比增大,振动波形接近正弦波,振动频率与转速频率相一致($k_1=1$),则可判定振动原因是机组转动部分的质量不平衡所引起的,应做机组动平衡试验,并根据试验结果加配重处理。

8.3.2 励磁试验

机组在空载额定转速、变励磁电流的情况下所进行的振动试验是励磁试验。根据这种试验结果可以绘制出各测振部位振幅 A 与机组励磁电流 I 的关系曲线 $A=f(I)$。

如果试验结果是各导轴承处的径向振动振幅较大,且随励磁电流的增加而增大,振动频率 f 为 k_2(某一整数)倍的转速频率,即 $f=k_2n/60$,则机组的振动是由于转子绕组匝间短路而产生的磁拉力不平衡所引起的。

如果导轴承处的振动幅值虽然较大,且在不同方位又有显著差别,但却与励磁电流的变化无明显关系,振动频率也等于 k_2 倍的转速频率,则机组振动是由于转子不圆等原因造成的发电机定子和转子之间的空气间隙不匀所产生的磁拉力不均衡所致。

如果机组在冷态下启动,在机旁可听到发电机"磁磁"声的振动,定子各瓣合缝处的切向振动和定子径向振动的频率与发电机的主极频率相一致,并且振幅随着励磁电流的增加而增大,但当机组带上负荷时,随着发电机定子铁芯温度的上升,这种振动的振幅逐渐减小直至消失,那么由这种现象可判定,这种振动是由于定子铁芯合缝松动和硅钢片叠压不紧所引起的定子铁芯振动。

8.3.3 负荷试验

机组在额定转速、变负荷情况下所进行的振动试验为负荷试验。根据试验结果绘制出各测振部位振幅 A 与机组有功负荷 P_g 的关系曲线 $A=f(P_g)$ 或振幅与导水机构接力器行程 S 的关系曲线 $A=f(S)$。

如果试验结果是机组振动的振幅随负荷和导水机构开度的增加而增大，而且水轮机导轴承处的振幅变化比发电机导轴承处的振幅变化更敏感、更剧烈，振动频率 f 为转速频率的 k_3 倍，即 $f=k_3n/60$（k_3 是与水轮机转叶叶片数或导水机构导叶数等因素有关的系数），但在机组压水调相运行，振动又消失，由这些现象可判定这种振动是由于水轮机进水不均匀、不对称所产生的水力不平衡所引起的。在这种情况下，应检查水轮机过流通道是否局部堵塞，水轮机工作轮叶片出水边开口是否一致，工作轮上冠、下环是否偏心而使止漏环间隙不对称等问题，并采取必要措施予以解决。

如果机组在某一负荷区运行时各测振部位的振动（特别是上下机架、推力轴承及水轮机顶盖的垂直振动）较大，振动频率 f 一般低于机组转速频率，即 $f=n/(60b)$（$b=4\sim6$ 或 $b=2\sim5$）。同时在尾水管、蜗壳、水轮机顶盖处出现剧烈的水压力脉动，伴有很大的噪声，而若避开这一负荷区运行，振动又明显减弱，则由此可判定这种振动是由于在尾水管产生空腔气蚀、中心涡带不稳定所致。针对这种情况应采取补气措施，破坏尾水管中真空，减轻水压力脉动和气蚀现象，从而减轻或消除这种振动。

8.3.4 调相试验

如果水轮发电机组在发电工况下有剧烈的振动，而将水轮机转轮转至调相工况运行后振动消失，则说明振动是由水力不平衡所引起的。如果机组转调相运行后振动仍未减弱，则可肯定振动是由机组的机械不平衡或电磁不平衡所引起的。为进一步查明振源，可拆开主轴的连接法兰，使发电机单独做调相运行。这时若发电机振动消除，则振动是由水力不平衡所引起的；若振动仍未消失，则振动的干扰力来自发电机的机械因素或电磁因素。可进一步做上述的励磁试验，若振动与励磁电流无关，则振动的原因就是发电机的机械原因。

对上述各项振动试验结果的分析，基本上是以单一的简谐振动为基础的，而实际工作中碰到的往往是多简谐振动，它们的组合方式又很复杂，有时同相位叠加，有时对称抵消一部分，有时呈某一夹角使轴位发生多变等。这样就可能在同一工况的不同时间测出不完全一样的振动波形，这就给振动分析带来了困难。针对这种情况，在振动试验中必须合理组织和安排各种工况的试验，对各试验结果进行综合分析。分析时要分清主次，排除次要因素的影响，以找出引起振动的主要原因。有的试验可能要反复进行若干次，而且在整理资料过程中必须采用频率分析仪、频谱分析仪，以找出组成复杂振动的各简谐振动的频率，从而可以找出振源。

为了更准确地判定振动原因，还应当结合机组在运行和检修中所积累的资料来综合分析。在运行和检修中可能会发现种种引起机组振动的缺陷，但有的缺陷还不能肯定是否确实存在，缺陷对振动影响的程度也不很清楚，因而也难以分清主次。通过对振动试验结果的综合分析,就可将两者一致的方面保留下来,不一致的方面作为次要因素处理,偶然情况可不予考虑。

总之,通过综合分析,就可较准确地判断引起机组振动的种种原因。针对这些原因可采取相应的有效措施,使振动局限于允许范围以内,以保证机组正常运行。

下面以一台水轮发电机机组振动分析处理的实例,具体说明试验、分析、处理等步骤。

【例 8-1】 有一台立式水轮发电机机组,设计水头 270 m,额定功率 40 MW,同步转速 500 r/min。新机并网后,发现摆度、振动随负荷加大而增大。由于长时间在较大摆度下运行,促使上、下导轴瓦支柱螺栓松动,轴瓦间隙增大,反过来又使机组摆度及振动再扩大。如此循环致使摆度及振动逐渐增加到不能允许的程度。重新调整导轴瓦间隙后,摆度及振动有显著的减小,但随着带负荷运行时间的延长,摆度及振动又逐渐扩展。为寻找振动原因,做了以下三个试验。

(1)转速试验:测得各种转速下的摆度及振动,见表 8-1。

表 8-1 转速、摆度与振动测量记录 (单位:1/100 mm)

测量部位	转速(r/mm)				
	300	350	400	450	500
上导摆度	8	12	16	20	23
法兰摆度	3	6	9	12	14
水导摆度	5	5	5	5	6
上机架振动	0	1	2	6	8
定子振动	0.5	1	2	3	4
水导振动	0	1	1	1	2

(2)励磁试验:测得各种励磁电流的摆度及振动,见表 8-2。

表 8-2 励磁电流、摆度与振动测量记录 (单位:1/100 mm)

测量部位	励磁电流(A)									
	0	10	160	300	500	550	670	800	930	1 050
上导摆度	22	24	25	27	28	30	29	29	28	27
法兰摆度	12	12	15	18	20	12	13	14	15	18
水导摆度	5	5	5	5	5	5	5	5	5	5
上机架振动	10	11	11	12	12	12	12	12	12	11
定子振动	4	4	5	5	5	5	5	5	6	6
水导振动	2	2	2	2	2	2	2	2	2	2

(3)负荷试验:测得各种负荷的摆度与振动,见表 8-3。

根据上述试验数据,将各工况下的上机架振动和水导振动绘制成特性曲线,如图 8-10 所示。

从图 8-10 中明显地可以看出,振动是由发电机转子质量不平衡及水轮机的水力不平衡叠加而造成的,必须逐一地加以解决。

经三次试加重,做动平衡试验,在发电机转子上加了配重,测得各处摆度及振动见

表 8-4。

表 8-3 负荷、摆度与振动测量记录 （单位：1/100 mm）

测量部位	有功功率（MW）							
	5	10	15	20	25	30	35	40
导叶开度（%）	20	32	38	44	54	60	68	75
励磁电流（A）	500	560	620	690	780	880	940	1 030
上导摆度	28	28	29	30	30	33	33	33
法兰摆度	20	28	33	38	42	48	49	50
水导摆度	5	7	9	10	12	15	17	18
上机架振动	12	12	12	12	13	14	14	14.5
定子振动	5	5	6	7	8	9	10	10
水导振动	2	3	5	6	8	8	9	10
水轮机各部水压	顶盖：$(1.4\sim1.75)\times10^5$ Pa；下止漏环腔：$(6.5\sim13)\times10^5$ Pa；尾水管：$(3\sim55)\times10^4$ Pa							

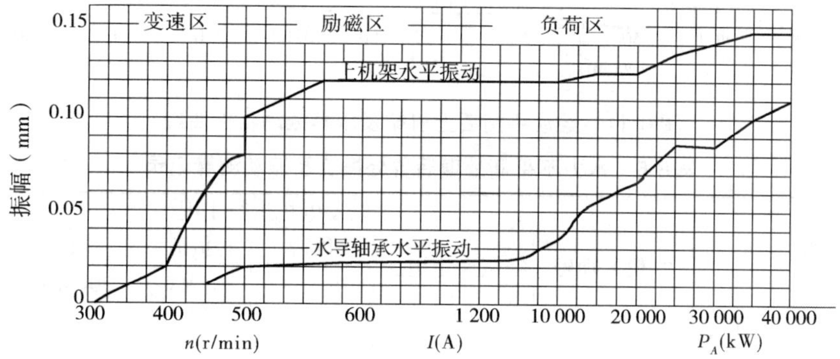

图 8-10 上机架及水导振动特性曲线

根据表 8-4 中的测量记录，绘制上机架及水导振动的特性曲线，如图 8-11 所示。

表 8-4 动平衡试验后摆度及振动测量记录 （单位：1/100 mm）

测量部位		水轮发电机运行工况				
		空载无励磁	空载额定电压	负荷 13.5 MW	负荷 26.5 MW	负荷 36.5 MW
摆度	上导	42	30	25	30	32
	法兰	18	18	18	20	22
	水导	9	8	7	7	9
水平振动	上机架	3	5	9	10	12
	水导	0.2	0.6	1	2	3.5
水压脉动（$\times10^5$ Pa）	顶盖	1.9	1.8~1.9	1.8~1.9	1.7~1.9	2
	上止漏环	6.3	6.3~6.5	7.5~8.0	7.5~8.5	9.0~9.8
	下止漏环	4.5~8.5	2.5~8.5	2.5~11	2.5~13	0~25

比较图 8-10 与图 8-11,可以看出动平衡试验处理后,效果显著。在空载额定转速下上机架水平振动已由 0.08~0.1 mm 降到 0.04 mm,水导轴承的水平振动由 0.02 mm 降到 0.002 mm。但带负荷时振动仍然较大,从下止漏环水压脉动变化幅度之大,可以肯定水涡轮将产生与水压脉动相应的水力不平衡。根据经验,把水涡轮止漏环间隙调匀,便能降低水压脉动值,相应地也降低了水涡轮的水力不平衡。再次开机,测得各处摆度及振动,见表 8-5。

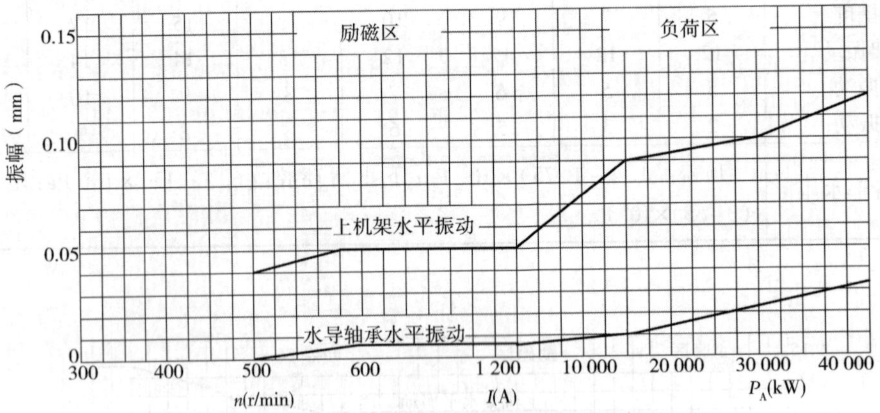

图 8-11　经动平衡后上机架及水导振动特性曲线

表 8-5　水力不平衡处理后各处摆度及振动测量记录　　(单位:1/100 mm)

测量部位		水轮发电机运行工况					
		空载无励磁	空载额定电压	负荷 10(MW)	负荷 20(MW)	负荷 30(MW)	负荷 40(MW)
摆度	上导	5	5	7	7	7	8
	法兰	12	12	12	14	16	18
	水导	6	7	8	8	10	10
水平振动	上机架	5	5	5	6	6	6
	水导	1	1	1	1.5	2	2
水压脉动 ($\times 10^5$ Pa)	顶盖	1.5~1.55	1.45~1.55	1.45~1.55	1.2~1.5	1.5~1.6	1.7~1.75
	上止漏环	7	7~7.2	8~9	8~11.5	10~11.5	10~11.5
	下止漏环	6.5	6.5~7	7~9	7~13.5	10~12	8~10
	导叶后	9~11.5	8~12	11~15	12~16	13~17	15~18.5
	尾水管	0.35~0.4	0.35~0.4	0.35~0.5	0.4~0.6	0.25~0.5	0.1

根据表 8-5 中的测量记录,绘制上机架及水导振动特性曲线,如图 8-12 所示。

比较图 8-10 与图 8-12 可以看出,在满负荷(40 MW)运行时,上机架水平振动由 0.145 mm 降低到 0.06 mm,水导轴承的水平振动从 0.1 mm 降低到 0.02 mm。以后长期运行一直在此数值上下稳定运行,说明上述试验、分析及处理是正确的。

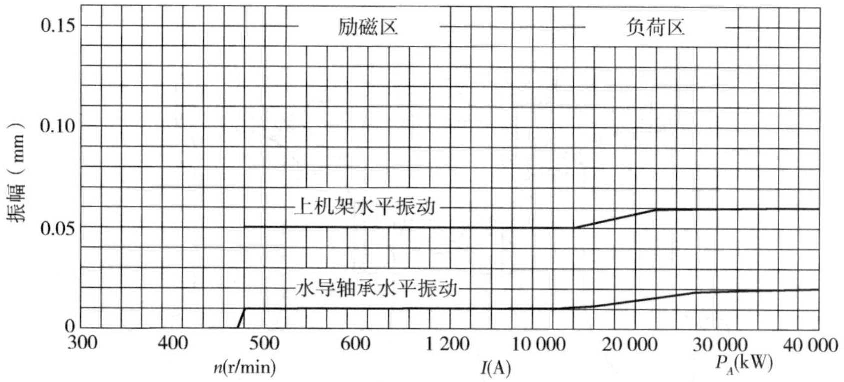

图 8-12 经水力不平衡处理后上机架及水导振动特性曲线

任务 8.4 水轮机转轮静平衡试验

对于整体运至安装工地的转轮在出厂前，或对分瓣运往工地组装焊接后的转轮，或经过检修补焊后的转轮，都应做静平衡试验。

8.4.1 试验目的

水轮机转轮在制造时因铸造和加工等原因，以及检修时大量气蚀补焊的因素，都会使转轮重心偏离几何中心，当转轮旋转时会产生不平衡离心力，此离心力会使机组产生机械振动，使水轮机的导轴承遭受脉动冲击力。水轮机转轮静平衡试验的目的，就是要把转轮重心的偏心值降低到允许的范围内，以免由于转轮重心偏心的存在，使机组产生离心力造成主轴在运行中产生偏磨，水导处摆度增大或引起水轮机在运行中的振动，甚至还会使机组零件破坏和地脚螺栓松动，而造成重大事故。

8.4.2 试验装置

大中型混流式和轴流式水轮机转轮，均采用立式静平衡方法。常用的静平衡装置是支承式，一般采用调整螺杆的结构方案，如图 8-13、图 8-14 所示。它们一般由金属支座、平衡底板座、平衡底板、平衡球、平衡板、定心板、平衡托架、调整螺杆等组成。锻制的平衡底板座和平衡底板固定在金属支座的上部。锻制的球，支承于平衡底板上，由固定在被平衡零件上的托架握持，为了能使桩平衡系统的重心调整到适当的位置，设置了调整螺杆和螺杆套，平衡球就装在调整螺杆下端头的平衡板上。

球和平衡底板要用锻钢毛坯加工，经淬火后再研磨，以保证足够的硬度和粗糙度，减少变形和摩擦阻力。

为防止转轮产生倾覆事故，在进行静平衡试验时，必须在转轮下设置防止转轮倾覆的方木或钢支墩，为了支承和防止焊接配重时烧坏球面接触面，必须在转轮下放置 4 个千斤顶，以便用来支承转轮，或在施焊时用千斤顶升起转轮，使平衡球面离开平衡底板。

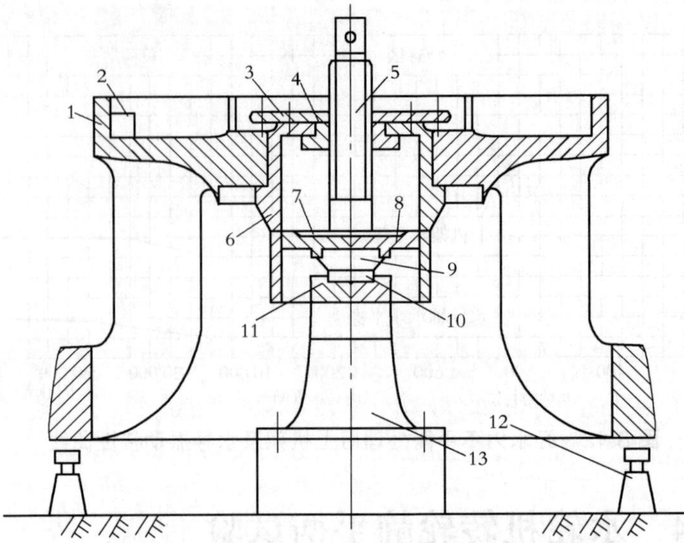

1—转轮;2—加配重块位置;3—压环,4—螺杆套;5—调整螺杆;6—平衡托架;7—定心板;
8—平衡板;9—平衡球;10—平衡底板;11—平衡底板座;12—千斤顶;13—金属支座

图 8-13 转轮静平衡试验装置

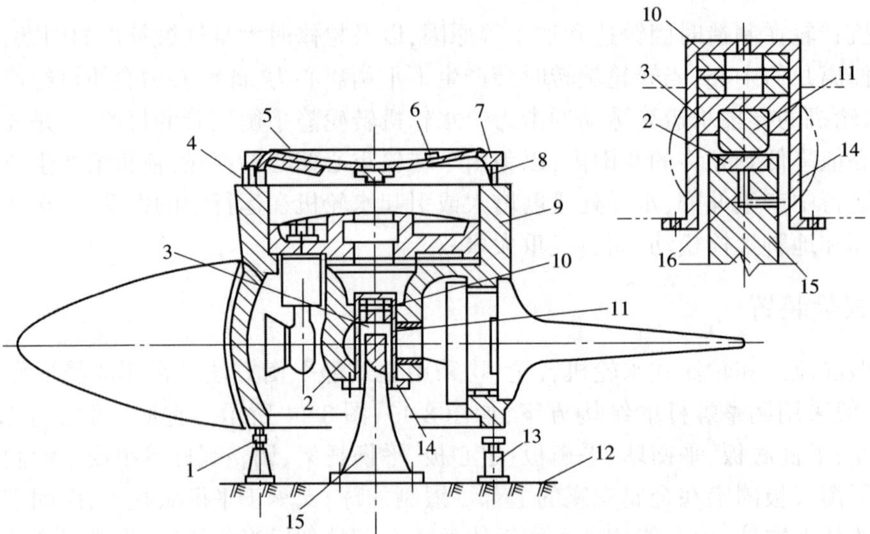

1—测量百分表;2—平衡底板;3—定心板;4—方形水平仪;5—配重块位置;
6—精平衡时所加配重块;7—下增量;8—组合埠螺钉;9—转轮;10—垫环;
11—平衡球;12—基础平台;13—千斤顶;14—平衡托架;15—支墩;16—排气孔

图 8-14 轴流式水轮机转轮静平衡试验装置

8.4.3　试验原理

将转轮稳定在平衡装置上，假若在下环距中心为 R 处放试重 P，则转轮会倾斜一个角度 $\angle OO_0O_1$，下环下沉一个 H 值，如图 8-15 所示。这里力矩 PR 不但要克服转轮重心偏离轴中心的力矩 Ga，而且要克服摩擦力矩 μGa。这样，力矩的平衡方程式为

$$PR=Ga+\mu G \tag{8-3}$$

式中　G——被平衡系统的质量，kg；

P——下环所加试重的质量，kg；

R——下环所加试重至中心线的距离，mm；

a——转轮重心与转轮几何中心线的距离，mm；

μ——滚动摩擦系数，对于钢对钢，为 0.01～0.02 mm，实践证明，这个系数太大。

由于转轮是整体倾斜一个角度，则 $\angle OO_0O_1=\angle AO'A'$，故为

$$\frac{H}{R}=\tan\angle AO'A'=\tan\angle OO_0O_1=\frac{a}{h} \tag{8-4}$$

式中　H——下环的下沉量；

h——球心至转轮重心的距离。

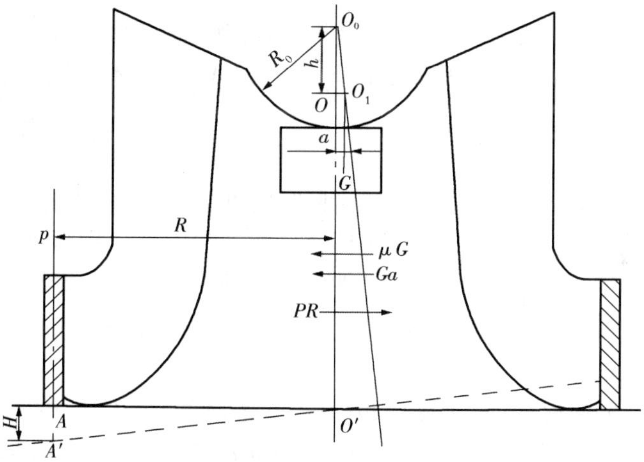

图 8-15　平衡原理图

由式(8-4)可得

$$a=\frac{H}{R}h$$

所以式(8-3)可写成

$$PR=G\frac{H}{R}h+\mu G \tag{8-5}$$

由式(8-5)可知，被平衡系统的重心 O 与球心 O_0 间的距离 h 越小，能使系统失去平衡的力也越小，即平衡装置的灵敏度就越高。

(1)当系统重心在球心下方,并且系统重心在转轮几何中心线上时,则球心 O_0 和重心 O 的连线与几何中心线重合,当平衡系统在静止状态时,线 O_0O 是垂直的(重心在支撑点的正下方),由于转轮几何轴线与 O_0O 线重合,则转轮几何轴线处于垂直位置,则转轮下环上平面处于水平状态(转轮在车削加工时要保证下环的上下平面与几何轴线的垂直度)。

(2)当系统重心在球心下方,重心不在转轮几何中心线上时,则 O_0O 线与转轮几何轴线有一夹角 α,当平衡系统处于静止位置时,线 O_0O 处于垂直状态,则转轮几何轴线 O_0O_1 倾斜 α 角度,则转轮下环上平面的不水平度为 $\tan\alpha$。

(3)当系统重心与球心重合(即 $h=0$)时,则被平衡系统处于随遇平衡状态,不能进行试验。

(4)当系统重心在球心上方(即 $h<0$)时,则处于不稳定状态,被平衡系统将会发生倾覆事故。

8.4.4 试验方法

8.4.4.1 试验前的准备

1. 主要工具和仪器

精度为0.02 mm/m的方形水平仪两架;与方形水平仪等重的铁块两块(平衡水平仪用);量程为0.5 m的钢板尺1只或4只;量程为0~10 mm的百分表1只;1 kg重的铁块1块和质量为1 kg、2 kg、3 kg重的砝码各1个,千斤顶4只;方木或钢支墩4个;平衡配重用的铁板或铅块若干。

2. 场地选择布置

试验场地应由设计给出。要求设在基础坚固、吊运设备方便的地方。试验前应清扫场地,以基础支墩为准,在直径相当于下环直径的四周上,分别等距地放好4个钢支墩(或方木)和4只千斤顶,并调整4个钢支墩使之在同一高程上,调整千斤顶顶面高程使之高出支墩的高程,一般以转轮放上后使球与平衡底板间保持5 mm的距离为准。

3. 试验装置的安装

(1)金属支座、平衡底板座、平衡底板安装。由于这些零件是在厂家已组合好一体到货的,所以安装时只需把支座底面与平衡底板顶面清洗干净,吊放在基础支墩上,用螺栓固定即可,并保证平衡底板水平度不低于0.02 mm/m。

(2)平衡球、平衡板、定心板、平衡托架等的安装:这些零件也是整体到货的,安装前将其清扫检查后,放置在转轮组合场地的中央,然后吊起转轮放在托架四周的千斤顶上,松开钢丝绳,再用桥机通过转轮法兰孔把托架这个组合件对正中心缓慢提起后,拧紧压环螺栓及其周围的顶丝,利用调整螺杆将球心调到高于重心的位置。

(3)检查平衡托架外圆与转轮内圆周边间隙,使之周边间隙相等,保证球心在转轮几何中心线上。

8.4.4.2 h 值的调整

上述准备工作完成后,在平衡底板顶四面涂一圈黄油,中间抹一层机油。在转轮下环上面画出四等分线,以便放水平仪和配重块。吊起转轮,运至试验场地上方,对准中心,将被平衡重物放在 4 只千斤顶上,使四等分线位于 X、Y 轴线上。吊放被平衡重物时,应有人监视球面与平衡底板间的距离,放好后松开吊绳和吊攀。

将 4 只千斤顶同时缓慢落下,观察被平衡重物是否处于稳定平衡,要特别注意防止转轮倾覆。如果不能出现稳定平衡,就要设法找出原因,经调整后使之平衡。

用钢板尺测量下环下平面到各钢支墩的距离,找出最高点,把平衡块加在最高点上,使下环大致成水平状态。此时,再将 1 kg 重铁块加在下环上面,用百分表测出此点的下沉量 H,将这个值代入式(8-5)求出 h 值。

实践中,往往发现按式(8-5)计算出的 h 值,在不同试重时互不相同,相差太大,其原因是 μ 值选取的不当所造成。所以,做静平衡试验时,可以认为 μ 值是未知数。为了求出 h 和 μ,可以用不同的试重砝码 P_1、P_2、P_3 加在下环的同一位置,可测得下环下沉量 H_1、H_2、H_3,解联立方程,求出该试验的 h 和 μ 值

$$h=\frac{(P_1-P_2)R^2}{(H_1-H_2)G} \tag{8-6}$$

$$\mu=\frac{(P_2H_1-P_1H_2)R}{(H_1-H_2)G} \tag{8-7}$$

然后用 P_3 和 H_3 计算的结果进行校核。用这种方法几次计算的 h 值,相差仅在 2%左右,而算出的 μ 值都远远小于 0.01 mm。

根据式(8-6)算出 h 值后,如果超过规定值,可参照表 8-6,将转轮顶起,旋动调整螺杆,改变球心位置,使其符合规定值。然后落转轮,准备进行粗平衡试验。

8.4.4.3　粗平衡试验

如图 8-16 所示,在转轮下环 X 和 Y 的等分线上放置两架水平仪,为克服水平仪本身的重量影响,在其 $-X$ 和 $-Y$ 的等分线上对称地放置与水平仪等重的平衡块。根据水平仪的水平情况,在轻的一侧放平衡重物,使转轮轴线垂直。平衡重块质量的大小,可根据水平仪的读数进行计算

表 8-6　转轮立式静平衡试验 h 的允许值

被平衡转轮质量(t)	h 值(mm)	
	最大	最小
5 以下	40	20
10 以下	50	30
50 以下	60	40
100 以下	80	50
200 以下	100	70

$$H=\sqrt{(\delta_X R)^2+(\delta_Y R)^2}=R\sqrt{\delta_X^2+\delta_Y^2} \tag{8-8}$$

$$P=\frac{hH+\mu R}{R^2}G \tag{8-9}$$

$$\alpha = \arctan \frac{\delta_X}{\delta_Y} \tag{8-10}$$

式中 H——使水平仪指示为零时,转轮轻的一侧下环下沉量,mm;

P——平衡配重的质量,kg;

δ_X、δ_Y——在 X、Y 轴线上水平仪的读数(1 格=0.02 mm/m);

α——平衡配重块在转轮上的安放角;

G——转轮质量,kg;

R——水平仪在下环上的放置半径,mm;

h、μ——球心至转轮重心的距离、滚动摩擦系数,用前面介绍的计算值,mm。

按计算出的 P 和 α 放置平衡配重,并调整其大小和方位,直到水平仪气泡居中为止,记下最后平衡配重的大小 P_1 及方位角 α_1。

为消除平衡工具本身所造成的误差,当平衡工具旋转 180°后,再次用上述方法求出配重的大小 P_2 和方位角 α_2。把 P_1、P_2 放大到一定比例按 α_1、α_2 角画成矢量图。连接 AB,并取 AB 的中点 C,则 $\overrightarrow{OC}$ 就是所求配重的大小 P_0 和方位角 α。如图 8-17 所示,$\overrightarrow{CA}$、$\overrightarrow{CB}$ 则分别是因平衡工具误差进行两个方位试验时所需的配重,其大小相等,方向相反。

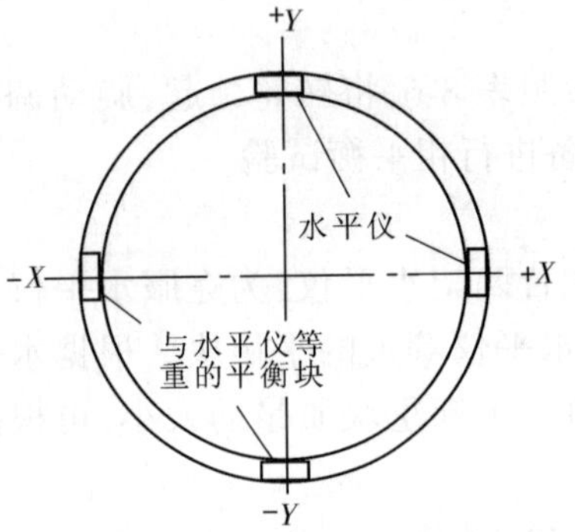

图 8-16 水平仪放置位置

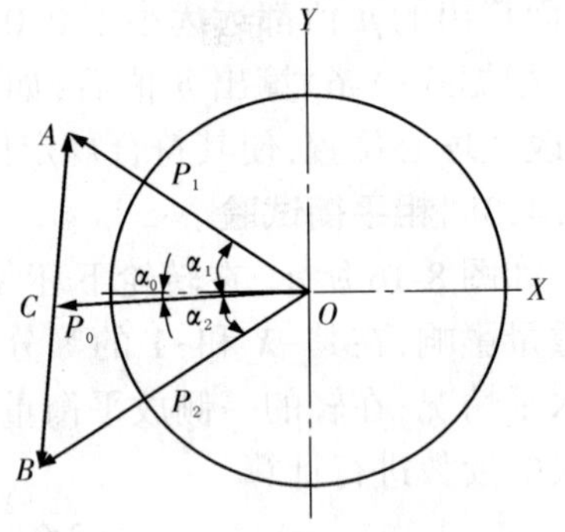

图 8-17 图解法求转轮实际所需配重

将平衡工具误差所需配重暂时固定在下环上,而把转轮偏重所需配重因实际安放在上冠上面,故可根据配重在上冠安置处的半径求出上冠处应加配重的大小

$$P' = \frac{R}{R'} P_0 \tag{8-11}$$

式中 P_0、R——在下环上的配重量、放置半径,kg、mm;

P'、R'——转换到上冠上的配重量、安置半径,kg、mm。

由于配重多采用焊接方法安置,故在配重物称重时,需把焊接金属量算进去。

8.4.4.4 精平衡试验

转轮粗平衡的配重块安放定位后,须再次进行精平衡试验。方法仍是用水平仪测下环的水平,在轻的一侧加平衡配重。对不同的转轮,有不同的精度要求,一般在转轮的图纸中都标明残留不平衡质量矩的允许值。建议转速较低的机组,允许的残留不平衡质量矩根据转轮质量按曲线 1 查取,转速较高的机组按曲线 2 查取(见图 8-18)。

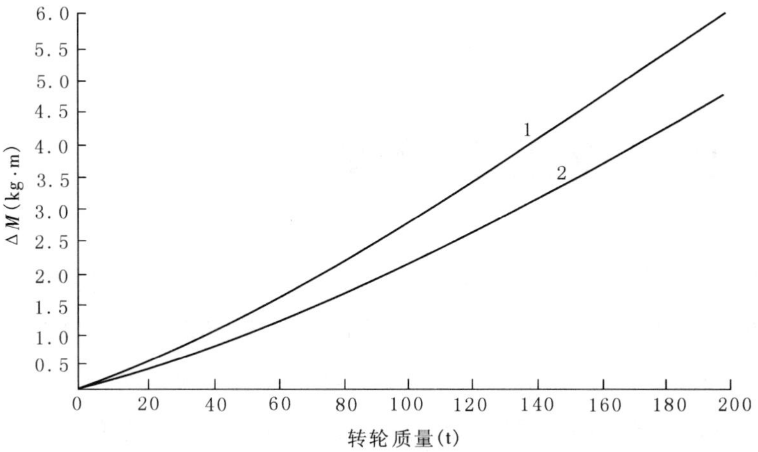

图 8-18 允许残留不平衡质量矩

根据允许残留不平衡质量矩,计算在下环处配加规定质量后的允许下沉值

$$H_0=\frac{(PR-\mu G)R}{Gh} \tag{8-12}$$

式中 PR——允许残留不平衡质量矩,kg · m;

R——百分表所在位置的半径,m。

用水平仪在 X、Y 轴线上进行平衡检查,转轮实际下沉值 $H'<H_0$。

实际下沉值为

$$H'=R\sqrt{\delta_X^2+\delta_Y^2} \tag{8-13}$$

式中 δ_X、δ_Y——在 X、Y 轴线上水平仪实际读数;

R——水平仪在下环处的放置半径,mm。

精平衡的平衡配重焊在转轮上之后,需再次复查,直到 $H'<H_0$ 为止。

复习思考题

8-1 引起机组振动的原因一般有哪些?机械振动和电磁振动的因素各有哪些?

8-2 一般常用哪些试验进行振动原因的分析?每种试验都有什么做法?

8-3 水轮机转轮静平衡试验的目的是什么?

8-4 试说明水轮机转轮静平衡试验原理。

8-5 试推导求 h 值的计算公式。

8-6 转轮静平衡试验前,要做好哪些准备工作?

8-7 如何进行 h 值的计算和调整?

8-8 怎样进行粗平衡试验和计算?

8-9 怎样进行精平衡试验和计算?

8-10 为什么要进行动平衡试验?

8-11 简述振动的测量方法。

项目9 施工组织设计

【项目导读】

在进行工程施工之前,都要制订计划。这个计划包括任务、内容和要求,以前常用的是水平横道图,但其不易看出子项目或工序间相互依赖、相互制约的逻辑关系,看不出一个项目、一个工序提前或推迟完成对整个计划的影响及影响程度,看不出哪些是关键工作,无法用计算机进行计算和控制等,因此横道图只适用于小而简单的计划。现在我们常采用网络计划技术,其原理是首先应用网络的形式来表达一项计划内各个工作(任务、子工程、活动、过程、工序)的先后顺序和相互关系,通过计算算出整个计划和各项工作的开始、结束时间,找出关键工作及关键路线;对计划进行完善调整,选择最优方案并实施;在计划的执行过程中,实行有效的监督控制和适当调整,保证合理地使用人力、物力和财力,多快好省地完成规定任务。本项目主要介绍施工组织设计网络计划技术及在安装检修工作中的应用,施工作业计划的编制和网络计划技术在实际中的应用。

【项目目标】

知识目标:

1. 了解网络计划技术概念。
2. 掌握利用网络计划技术进行施工作业计划的编制方法。
3. 掌握网络计划技术在安装检修工作中的应用方法。

技能目标:

1. 能说出网络计划的绘制步骤。
2. 能结合工程实际情况编制施工组织设计。

【课程思政】

党的二十大报告提出,深入推进能源革命,加强煤炭清洁高效利用,加大油气资源勘探开发和增储上产力度,加快规划建设新型能源体系,统筹水电开发和生态保护,积极安全有序发展核电,加强能源产供储销体系建设,确保能源安全。

任务9.1 网络计划技术简介

在进行工农业生产和建设,以及开展科学研究时,事先都要制订计划。这个计划包括任务、内容和要求,其任务有哪些子项目,相应的技术措施和组织措施是什么,整个任务及各子项目的开始、结束时间等。为能直观表述上述内容，计划通常用图表方式来表示，以前常用的是水平横道图。

横道图具有直观、易懂、便于检查和计算资源需要量等优点，因而至今已使用了近百年，并在继续使用。缺点是：不易看出子项目或工序间相互依赖、相互制约的逻辑关系，看不出一个项目、一个工序提前或推迟完成对整个计划的影响及影响程度，看不出哪些是关键工作，无法用计算机进行计算和控制等。因此，横道图只适用于小而简单的计划。

20 世纪 50 年代后期，国外陆续出现一些计划管理新方法，其内容大同小异，我们统称为网络计划技术，国内也称统筹法。这一方法的原理是首先应用网络的形式来表达一项计划内各个工作（任务、子工程、活动、过程、工序）的先后顺序和相互关系；其次通过计算整个计划和各项工作的开始、结束时间，找出关键工作及关键路线；再次对计划进行完善调整，选择最优方案并进行实施；最后在计划的执行过程中，实行有效的监督控制和适当调整，保证合理地使用人力、物力和财力，多、快、好、省地完成规定任务。用于计划工作的网络表达方法有双代号法、单代号法、搭接网络等，本节只介绍双代号网络计划。

9.1.1　双代号网络计划

9.1.1.1　绘图符号和网络计划

完成一项计划（工程等），需要进行许多活动（如工程、工作、任务、过程、工序等），我们用一个箭杆表示一项活动，活动的名称写在箭杆上面，执行这项活动所需要的时间（时间单位可用年、月、日、时）写在箭杆下面，箭尾表示活动开始，箭头表示活动结束，在箭头和箭尾分别画上圆圈并标注序号，用前后两个圆圈内的序号来代表这项活动（$I—J$），这种方法称为双代号表示法（见图 9-1）。

箭杆尾部圆圈称为活动的始点事件（事项），箭杆头部圆圈称为活动终点事件，圆圈也称为结点。

计划中的所有活动按先后顺序和相互关系用上述符号从左向右连接起来，前导活动的终点事件可作为紧接着的后继活动的始点事件，并且在每个箭杆下方标明活动所需持续时间和资源总需要量或资源需要量强度，这样的图形称为双代号网络计划（见图 9-2）。

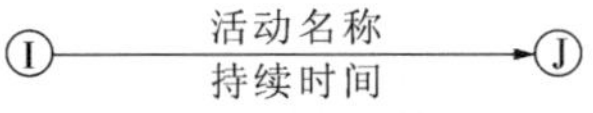

图 9-1　双代号表示法示意图

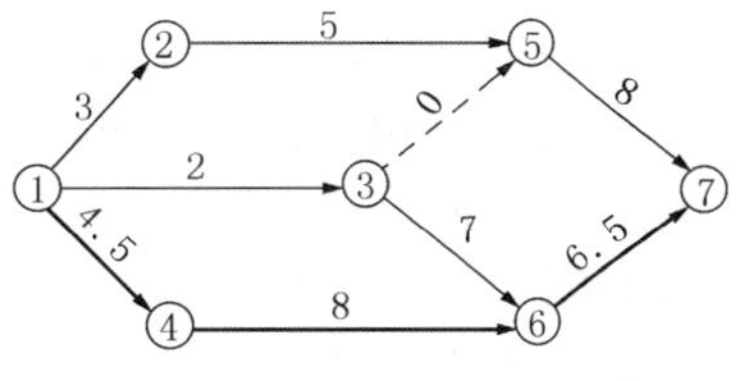

图 9-2　双代号网络计划图

图 9-2 中每个活动有两个结点，箭杆由此出发的结点称活动的始点事件，箭头所指的结点称活动终点事件。一个结点可同时为几个活动的始点事件或终点事件，也可同时为几个活动的终点事件或为另几个活动的始点事件，事件就这样把相关的活动联系起来，表示不同的逻辑关系。事件与活动不同，它仅表示活动开始或结束的瞬间，它不消耗任何时间和资源。

为了说明一个活动的开始（图 9-2 中的活动 5—7），必须等待另一些活动的结束（图 9-2 中的活动 1—3、2—5）后才能进行，这样既便于绘图又不引起混乱，我们常引入虚箭号(图9-2中活动3—5),它也可算做一个活动,只不过是不消耗时间和资源的活动,因而称为虚活动。虚活动的引入,对表示活动间的前后逻辑关系提供了一个方便的手段。

图9-2为双代号网络计划的一个极简单的例子,从该图中可以看出,网络的起始结点(网络始点事件)沿着箭头方向到终点结点(网络终点事件)之间有多条路线,通过计算可求出工期最长的路线(本例为1—4—6—7所组成的路线),这条路线称为关键路线,也可称为主要矛盾线或临界路线。位于关键路线上的活动称为关键活动(本例有活动1—4、4—6、6—7)。完成计划需将计划中所有活动都完成,组成关键路线的关键活动完成的早晚直接关系到整个计划完成的早晚,因此在网络计划上通常用黑粗线等明显方式表示出来。

有时在一张网络图上,可能出现几条与最长工期相等的路线,这几条路线都称为关键路线。关键路线不是一成不变的,在一定的条件下关键路线和非关键路线可以互相转化。例如,由于技术革新缩短了关键活动的持续时间或非关键活动的时间延误,都可能引起关键路线和非关键路线间的相互转化。

位于非关键路线上的活动,均有若干机动时间(富余时间、时间储备),称为时差。它意味着这些活动的开始或结束日期可以在时差范围内延缓而不影响整个计划按时完成或不影响后继活动按原计划开始。作为计划的组织者,可以在时差的范围内改变活动的开始、结束时间,以达到均衡生产、均衡资源需要量强度的目的。

关键活动在网络计划中所占比重比较小,而且对活动和事件数愈多的复杂网络计划,关键活动数占活动总数的比例愈小,这样就便于计划的组织者集中精力,抓住主要矛盾,搞好工作。

概括地说,活动、事件和路线是组成网络计划的三大要素。

9.1.1.2 网络逻辑

按照习惯,网络图都是从左方开始,向右方前进的。

在两个事件之间,只能有一个活动,在活动始点事件发生前,活动不能开始,在活动进行完毕前,活动终点事件不能发生。

在网络中,由事件和活动形成许多路线,但任一路线都不可能回到它所经过了的任一事件和活动上去。

计划中各项活动之间的逻辑关系可用表9-1所示的表达方式来表达。

双代号网络计划活动间的逻辑关系表达得比较清楚,必要时还可用箭杆的长短来表示活动持续时间的长短。但在逻辑关系比较复杂时,必须增添虚活动,使网络图比较复杂,容易出错,且不便修改,这也是双代号法的主要缺点。

9.1.1.3 网络计划的绘制步骤

网络计划技术在水电建设中,主要用来编制建筑施工、机电安装、运行维修的生产计划和工程施工计划。编制计划的具体步骤如下:①熟悉图纸、调查研究、分析情况;②制订施工方案,确定施工顺序;③确定活动名称和内容;④计算工程量及劳动力、设备等资源需要量;⑤确定活动的持续时间;⑥绘制工艺网络计划;⑦绘制生产网络计划;⑧网络计划的计算;⑨网络计划的优化;⑩网络计划的修改和调整。

上述步骤有时是穿插进行的,并非截然分开。所谓工艺网络计划是只从施工工艺和技术上的可能性来考虑顺序安排的网络计划,它没考虑设备、资金、劳动力等资源供应条件问题,因而是工期最短的计划。但是,实际的资源供应强度是有限的,计划人员须在考虑不同资源供应具体条件下编制各种生产网络计划,经综合技术经济比较,择优选用。在施工过程中，根据施工条件和进度的变化，及时调整计算，选用新条件新情况下的最优方案，从而保证计划的顺利执行和控制，达到预期目的。

表 9-1　逻辑关系的表达方式

逻　辑　关　系	表　达　方　式
A 完成后，B 才能开始	
A 完成后，B 和 C 才能开始，B 和 C 平行进行	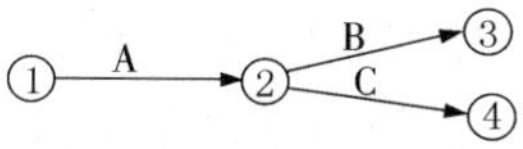
A 和 B 完成后，C 才能开始，A、B 平行作业	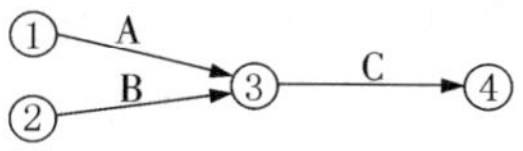
I 和 J 完成后，K 和 L 才能开始，且平行作业	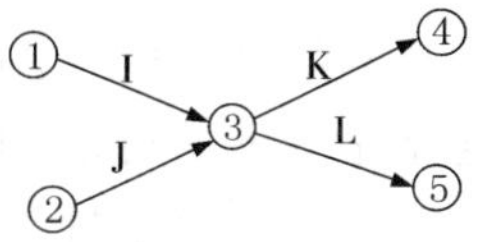
I 完成后，J 才能开始，I 和 J 完成后，L 才能开始	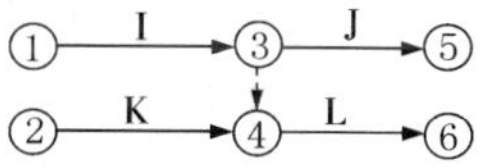
K 完成后，M 和 N 才能开始，P 紧接于 M，M 和 N 都完成后 Q 才开始，P 和 Q 都完成后 R 才开始	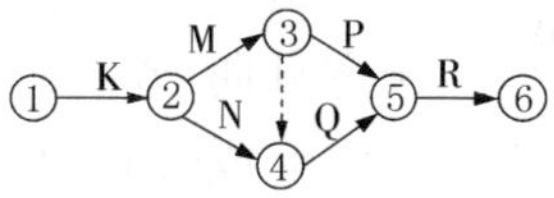
A、B、C 三项平行进行，D、E、F 分别紧接 A、B、C；D、E、F 都完成后，P、Q、R 平行进行	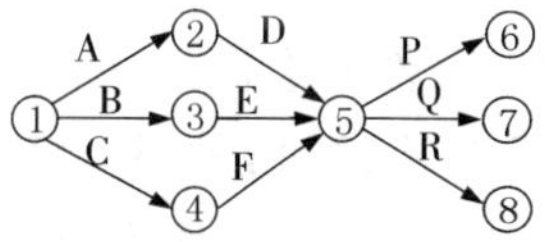
I、J 平行进行，M、N 分别紧接 I、J；I、J 都完成后，P 才能开始，M、N、P 平行进行	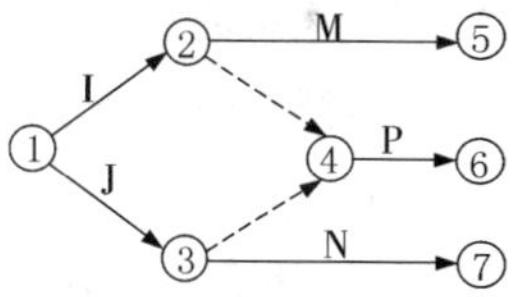

严格来说，工艺网络计划也是一种生产计划，但为了说明问题，突出工艺网络计划和生产网络计划的差别，才分别予以叙述。在实际工作中不一定非要截然分成两个步骤来进行。

当进行网络计划的计算，特别是用计算机进行计算时，网络计划要数据化，只有数据化才能信息化，因此结点必须编号。结点编号规则如下：①同一网络计划，须用统一的符号进行结点编号（一般用阿拉伯数字编号）；②在网络计划中，各结点编号不允许重复；③一个活动与一对结点编号（i—j）对应；④后继结点编号一定要大于前导结点的编号，即 $i<j$。

结点编号的号码可按自然数顺序选用，为了便于修改，或者插入某些不可预想的工作，编号的数字可以不连续，在自然数中由小到大间隔选数进行编号，间隔大小自行决定。

9.1.2　网络计划的时间计算

9.1.2.1　几个时间参数

在网络计划的时间计算中，常用几个时间参数，现分别介绍如下。

(1)活动持续时间 te:有的文献称为期望间隔时间、工序作业时间,它是完成某项活动估计所需时间。时间单位可根据计划的大小和范围选用年、月、日、时等,但对同一网络计划,所有活动的持续时间应采用同一时间单位。

编制计划时,活动持续时间的估计是非常重要的。一般按活动性质、复杂程度、作业人数和设备工具的配置来估计。有定额按定额计算,无定额时按经验统计数据估算。活动持续时间估计必须在保证质量和安全的基础上进行。

(2)最早预计日期 TE:预计事件发生的最早日历日期,称为最早预计日期,即以该事件为始点事件的所有活动最早开始时间。事件的最早预计日期,是按从网络计划始点事件到所考虑事件所有可能路线的持续时间和的最大值。若已知网络始点事件的日历日期(计划开始日期),它就用日历日期表示;若不知网络始点事件的日历日期,则用持续时间数表示。

关键路线是网络计划中从网络始点事件到网络终点事件所有可能路线中耗时最大的一条路线。这条路线上所有活动持续时间的累加值就是网络终点事件以时间数表示的最早预期日期。它决定了整个任务的最早完成时间。由此可见,要想提早完成计划,必须首先缩短关键路线上的活动持续时间。

(3)最迟允许日期 TL:最迟允许日期是在不影响整个计划按时完成条件下允许事件发生的最迟日期。网络终点事件的最迟允许日期就是该项计划最迟允许完成日期,它等于计划项目业主规定日期,或者是因政治、经济、自然条件诸因素考虑所决定的日期。若对计划工期没有规定完成时间,则网络终点事件的最迟允许日期等于该事件的最早预期日期。网络计划中其他事件的最迟允许日期是整个计划的最迟允许完成日期减去从该事件到网络终点事件所有路线中最长路线上活动持续时间之和。

(4)最早开始时间 ES:表示某项活动的最早可能开始时间。以网络始点事件为始点事件的活动,最早开始时间等于整个计划的开始时间。其余活动的最早开始时间等于该活动始点事件的以时间数表示的最早预计日期。

(5)最早结束时间 EF:表示某项活动最早可能结束时间。数值等于该活动最早开始时间与该活动持续时间之和。

(6)最迟结束时间 LF:表示某项活动的最迟必须结束时间,否则就会造成整个计划的延误。以网络终点事件为终点事件的活动,最迟结束时间等于用时间数表示的整个计划的最迟完成时间。其余活动的最迟结束时间等于该活动终点事件以时间数表示的最迟允许日期。

(7)最迟开始时间 LS:表示某项活动最迟必须在这个时间开始,否则就会造成整个计划的延误。活动的最迟开始时间等于该活动最迟结束时间与持续时间之差。

(8)总时差 TF:表示某项活动在最早开始时间开始而又不影响整个计划如期完成的情况下所允许的时间延误。数值等于其最迟开始(结束)和最早开始(结束)时间之差。

(9)局部时间 FF:表示某项活动在最早开始时间开始而又不影响后继活动按其最早开始时间开始的情况下所允许的时间延误。数值等于该活动所有后继活动最早开始时间的最小值与该活动最早结束时间之差。

9.1.2.2 时间计算的数学模型

无论是手工计算还是编制网络计划时间计算的电脑程序,都应先建立数学模型。肯定型网络计划的数学模型见表9-2~表9-4。

表9-2 事件时间计算数学模型

数学模型	注释
(1) $TE(0)=0$	假定网络始点事件编号为0,整个计划由时间0开始
(2) $TE(j)=\max\{te(i,j)+TE(i)\}$ $i \leqslant j \leqslant n$ $i<j,(i,j)\in P$	(1)"$\in$"是集合论中的一个符号,其意义是"属于",$(i,j)\in P$表示活动i—j是网络P中的一项活动; (2)n为网络终点事件的编号; (3)max{ }是求{ }内所有数值中的最大值
(3) $TL(n)=TS$	TS为规定的网络计划完成时间。若无规定,则$TL(n)=TE(n)$
(4) $TL(i)=\min\{TL(j)-te(i,j)\}$ $0 \leqslant i \leqslant n-1$ $i<j,(i,j)\in P$	(1)此式的应用范围是$0\sim n-1$; (2)min{ }是求{ }内所有数值中的最小值; (3)i,j两个事件由活动i—j相联

表9-3 活动的时间计算模型

数学模型	注释
(1) $ES(i,j)=TE(i)$ $ES<(j,k)=\max\{EF(i,j)\}$	活动i—j的最早开始时间等于其始点事件i的最早预计日期,以j为始点事件的活动,最早开始时间等于所有以j为终点事件的活动最早结束时间的最大值
(2) $F(i,j)=ES(i,j)+te(i,j)$	
(3) $LF(i,j)=TL(j)$ $LF(i,j)=\min\{LS(j,k)\}$	活动i—j的最迟结束时间等于其终点事件的最迟允许日期,以j为终点事件的活动,其最迟结束时间等于所有以j为始点事件的活动的最迟开始时间的最小值
(4) $LS(i,j)=LF(i,j)-te(i,j)$	
(5) $TF(i,j)=LS(i,j)-ES(i,j)$ $=LF(i,j)-EF(i,j)$	活动i—j的总时差等于该活动最迟开始(结束)时间与最早开始(结束)时间之差
(6) $FF(i,j)=TE(j)-EF(i,j)$ $FF(i,j)=\min\{ES(j,k)-EF(i,j)\}$	活动i—j的局部时差等于其终点事件j的最早预计日期与其最早结束时间之差; 活动i—j的局部时差等于后继活动(以j为始点事件的活动)最早开始时间的最小值与活动i—j最早结束时间之差

表 9-4　活动位于关键路线的必要充分条件数学模型

数学模型	注释
以事件来分,必须满足: (1) $TE(i)=TL(i)$ (2) $TE(j)=TL(j)$ (3) $TL(j)=TE(i)+te(i,j)$	注意:满足(1)、(2)两条,仅说明事件 i,j 是关键路线上的事件。但不能说明 $i—j$ 活动是关键活动,只有同时满足(1)、(2)、(3),才能说明活动 $i—j$ 是关键路线上的活动,即关键活动
按活动参数 $TF(i,j)$ 最小 $TF(i,j)=0$	当规定了网络计划完成时间时,凡 TF 为最小值的活动均是关键活动; 当没规定网络计划完成时间 $TL(n)=TE(n)$ 时,总时差为零的活动为关键活动

9.1.2.3　网络计划的时间计算

网络计划的时间计算,手工计算有图上计算法、表算法和矩阵法三种,计算机计算按数学模型模拟手算步骤和思路编程进行。计算顺序是:对事件来说,先从网络始点事件到终点事件逐步计算 TE,后从网络终点事件到网络始点事件逐步计算 TL;对活动来说,先从始点事件编号小的到始点事件编号大的逐步计算活动的 ES、EF,后从终点事件编号最大的到终点事件编号最小的逐步计算 LF、LS,而 TF 和 FF 是在上述计算完成后进行的。

如图 9-3 所示的网络计划,图算法结果如图 9-4 所示。表算法和矩阵法结果见表 9-5、表 9-6。

根据以上步骤,可以列出计算机程序框图(见图 9-5),由所编程序,还可对上述时间进行日历日期换算,只要输入网络计划的所有信息、开工的日历日期和每周工作天数,不但可输出每项活动的 ES、EF 等参数,还可输出最早开始(结束)、最迟开始(结束)的日历日期和完工日期,更便于指挥调度。

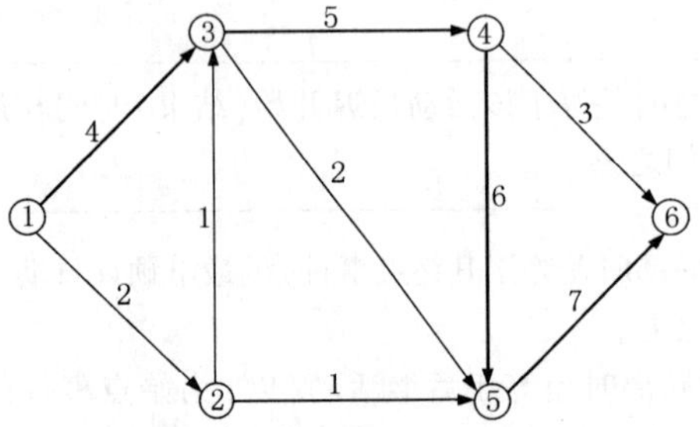

图 9-3　网络计划示意图

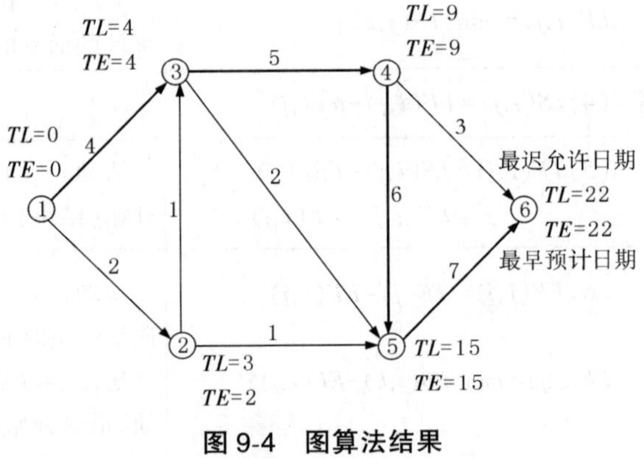

图 9-4　图算法结果

表 9-5　图 9-3 网络计划表算法结果

I	J	*te*	*ES*	*EF*	*LS*	*LF*	*TF*	*FF*
1	2	2	0	2	1	3	1	0
1	3	4	0	4	0	4	0	0
2	3	1	2	3	3	4	1	1
2	5	1	2	3	14	15	12	12
3	4	5	4	9	4	9	0	0
3	5	2	4	6	13	15	9	9
4	5	6	9	15	9	15	0	0
4	6	3	9	12	19	22	10	10
5	6	7	15	22	15	22	0	0

总工期:22　　　　关键路线:1—3—4—5—6

表 9-6　图 9-3 网络计划矩阵法结果

I	J					
	1	2	3	4	5	6
1	0 0	1 1 2 0 2	0 0 4 0 4			
2		3 *TE*— 2	1 3 1 1 3		1	
3		*TL*	4 4	0 4 5 0 9	9 13 2 9 6	
4		*TF* *LS* *te* *FF* *EF*		9 9	0 9 6 0 15	10 19 3 10 12
5					15 15	0 15 7 0 22
6						22 22

总工期:22　　　　关键路线:1—3—4—5—6

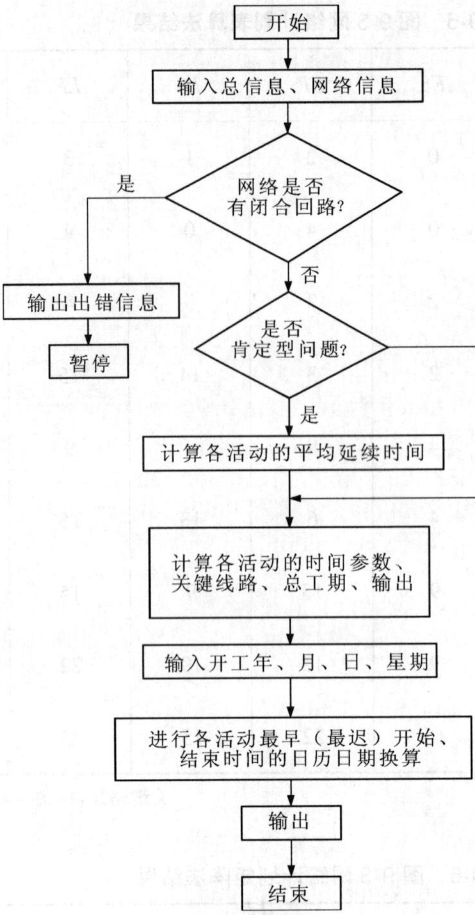

图 9-5　计算机计算框图

计算机对图 9-3 例题的打印输出结果如下：

I	J	*te*	*ES*	*EF*	*LS*	*LF*	*TF*	*FF*
1	2	2	0	2	1	3	1	0
1	3	4	0	4	0	4	0	0
2	3	1	2	3	3	4	1	1
2	5	1	2	3	14	15	12	12
3	4	5	4	9	4	9	0	0
3	5	2	4	6	13	15	9	9
4	5	6	9	15	9	15	0	0
4	6	3	9	12	19	22	10	10
5	6	7	15	22	15	22	0	0

关键工序　1—3　3—4　4—5　5—6

总工期:$T=22$　开工日期:1985 年 2 月 18 日星期一　完工日期:1985 年 3 月 12 日星期二

计算机对图 9-3 例题的打印输出的日历日期结果如下:

I	J	最早开始	最早结束	最迟开始	最迟结束
1	2	1985-02-18	1985-02-20	1985-02-19	1985-02-21
1	3	1985-02-18	1985-02-22	1985-02-18	1985-02-22
2	3	1985-02-20	1985-02-21	1985-02-21	1985-02-22
2	5	1985-02-20	1985-02-21	1985-03-04	1985-03-05
3	4	1985-02-22	1985-02-27	1985-02-22	1985-02-27
3	5	1985-02-22	1985-02-24	1985-03-03	1985-02-05
4	5	1985-02-27	1985-03-05	1985-02-27	1985-03-05
4	6	1985-02-27	1985-03-02	1985-03-09	1985-03-12
5	6	1985-03-05	1985-03-12	1985-03-05	1985-03-12

9.1.3　非肯定型问题的时间计算

网络计划中每项活动的持续时间和活动间的逻辑关系都是肯定数值和肯定关系值,称为肯定型问题。第二部分介绍的就是肯定型问题的时间计算。但是在工程项目计划阶段,对每项活动的持续时间只可能做一个时间估计,不可能在实际执行时刚好按估计时间完成,有可能提前,也有可能延迟,故活动的持续时间是难以肯定的;一项工程的施工方案是由施工条件决定的,当施工条件变化时,施工方案也会变化,各活动间的逻辑关系也可能变化,假若在编制计划时把活动间逻辑关系的变化考虑进去,则逻辑关系也是非肯定的。持续时间和逻辑关系这两项中只要有一项,或两项是非肯定的,都称为非肯定型问题。本部分仅介绍活动持续时间不肯定的非肯定型问题。

在活动持续时间不肯定的情况下,对每个活动一般要做 3 个时间估计。首先估计最大可能时间 t_m。该时间是按多次从事该项活动或类似活动工作的经验,估计在 t_m 时间内完成该项活动的概率密度最大。再估计最乐观的时间 t_0,最乐观的估计时间,是进行该项活动最起码的时间,是一切条件都顺利的时间。最后估计最保守的估计时间 t_p,在 t_p 内完不成任务的可能性是很小的,它是将一切可能遇到的麻烦都考虑进去(但不能把灾害性事故和重大自然灾害考虑进去)而估计的时间。

解决活动持续时间不肯定的非肯定型问题的思路是先化非肯定型问题为肯定型问题,然后按计算肯定型问题的方法进行时间计算,最后计算在某一时间内完成计划的可能性。

9.1.3.1 **化非肯定型问题为肯定型问题**

为了便于网络计划的时间计算,要将3个时间估计化成一个持续时间期望值。PERT认为每一项活动的持续时间统计符合β-分布(见图9-6)。

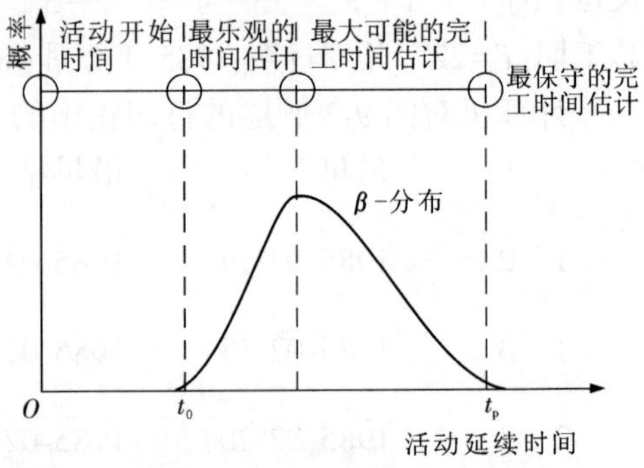

图9-6 β-分布图

这样,可以采用3个时间估计的加权平均值来作为这项活动的持续时间的期望值te。在(t_0,t_m)区间的平均值为$(t_0+2t_m)/3$,在(t_m,t_p)区间的平均值为$(2t_m+t_p)/3$。

活动持续时间分布用$(t_0+2t_m)/3$和$(2t_m+t_p)/3$,各占1/2可能性出现的分布来代替,即

$$te=\frac{1}{2}\left(\frac{t_0+2t_m}{3}+\frac{2t_m+t_p}{3}\right)=\frac{1}{6}(t_0+4t_m+t_p) \tag{9-1}$$

由于持续时间采用了te,就可用肯定型问题的办法进行时间计算。

9.1.3.2 **工期及可能性**

活动持续时间不肯定的网络计划,整个计划的完成时间,较好地符合以M为均值、以σ为标准离差的正态分布(见图9-7)。特别是关键路线上的活动足够多时,这个正态分布就是一个较好的渐近估计。

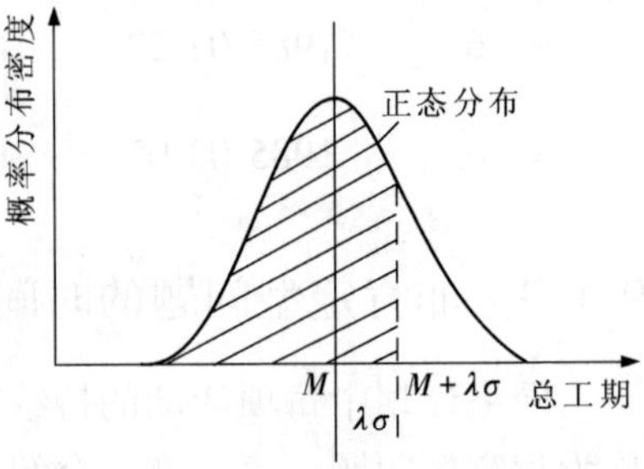

图9-7 计划完成时间的概率分布

整个计划完成时间的平均值,是关键路线上所有活动持续时间期望值te的累加和

$$M=\sum_{i=1}^{S}\frac{t_0(i)+4t_m(i)+t_p(i)}{6} \tag{9-2}$$

每项活动持续时间的方差,可估计为

$$\delta_{te}^2=\frac{1}{2}\left[\left(\frac{t_0+4t_m+t_p}{6}-\frac{t_0+2t_m}{3}\right)^2+\left(\frac{t_0+4t_m+t_p}{6}-\frac{2t_m+t_p}{3}\right)^2\right]$$

$$=\left(\frac{t_p-t_0}{6}\right)^2 \tag{9-3}$$

则整个计划完成时间的标准离差为

$$\sigma=\sqrt{\sum_{i=1}^{S}\left[\frac{t_p(i)-t_0(i)}{6}\right]^2} \tag{9-4}$$

式(9-2)、式(9-4)中的S是指关键路线上的活动数目,t_0、t_p、t_m均为自关键路线上的活动。

如果将计划的总工期定为T,则$\lambda=\frac{T-M}{\sigma}$,通过表9-7查出该计划在$T$时间之内完成的可能性。

表 9-7　可能性 $P(\lambda)$ 表

λ	$P(\lambda)$	λ	$P(\lambda)$	λ	$P(\lambda)$	λ	$P(\lambda)$
0	0. 50	−1. 3	0. 10	0	0. 50	1. 3	0. 90
−0. 1	0. 46	−1. 4	0. 08	0. 1	0. 54	1. 4	0. 92
−0. 2	0. 42	−1. 5	0. 07	0. 2	0. 58	1. 5	0. 93
−0. 3	0. 38	−1. 6	0. 05	0. 3	0. 62	1. 6	0. 95
−0. 4	0. 34	−1. 7	0. 04	0. 4	0. 66	1. 7	0. 96
−0. 5	0. 31	−1. 8	0. 04	0. 5	0. 69	1. 8	0. 96
−0. 6	0. 27	−1. 9	0. 03	0. 6	0. 73	1. 9	0. 97
−0. 7	0. 24	−2. 0	0. 02	0. 7	0. 76	2. 0	0. 98
−0. 8	0. 21	−2. 1	0. 02	0. 8	0. 79	2. 1	0. 98
−0. 9	0. 18	−2. 2	0. 01	0. 9	0. 82	2. 2	0. 99
−1. 0	0. 16	−2. 3	0. 01	1. 0	0. 84	2. 3	0. 99
−1. 1	0. 14	−2. 4	0. 01	1. 1	0. 86	2. 4	0. 99
−1. 2	0. 12	−2. 5	0. 01	1. 2	0. 88	2. 5	0. 99

9. 1. 3. 3　例题

【例 9-1】　如图 9-8 所示为活动持续时间不肯定的非肯定型计划，每项活动都有 3 个时间估计（标在箭杆上方），并算出了每项活动持续时间的期望值 *te*（标在箭杆下方）。

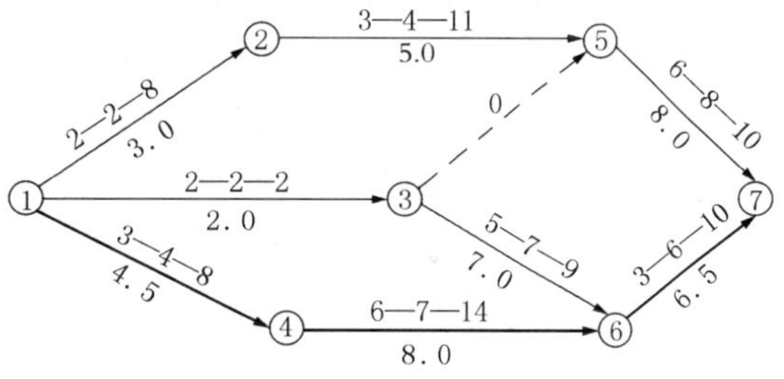

图 9-8　期望值 *te* 图

按持续时间的期望值计算，关键路线为 1—4—6—7。活动的持续时间期望值及方差列于表 9-8。则整个计划完成时间是以 19 为均值，以 1. 8 为标准离差的正态分布。假若规定该计划的完成时间为 22. 6，则

$$\lambda = \frac{T-M}{\sigma} = \frac{22.6-19}{1.8} = 2.0$$

查可能性表（见表 9-7），$P(2.0) = 0.98$，则该计划在时间 22. 6 之内完成的可能性为 98%。

表 9-8　持续时间期望值及方差表

活动	1—4	4—6	6—7	总和
持续时间期望值	4. 5	8. 0	6. 5	19
方差	$\left(\frac{5}{6}\right)^2$	$\left(\frac{8}{6}\right)^2$	$\left(\frac{5}{6}\right)^2$	≈1. 8

一般情况下,完成任务的可能性为30%~70%时,经过努力,是可以在规定时间之内完成任务的。故一般规定工期可按 $T=M\pm0.5\sigma$ 范围决定。

9.1.4 资源进度计划

计划工作的实际说明、编制、执行不但取决于各活动的持续时间、各活动间的逻辑关系等技术条件,还与资源条件(人力、物力、财力)有关,离开了资源条件就谈不上计划。在计划的编制、调整和修订时都要以资源条件为基础。对于同样一个工程,因资源条件不同,进度计划也就不同。

既考虑技术条件,又考虑资源条件,这样的计划称为资源进度计划。

编制资源进度计划时要考虑的资源因素有:在工期一定的情况下,资源需要量强度在整个工期内的均衡;在资源供应强度有限时,使工期的延期最短。有了资源进度计划,就能有计划地供应资源,并带来仓储、运输、人员编制、设备配备方面的均衡,避免人力、物力的闲置浪费,并节约大量的附加建筑工程量。本部分仅就资源均衡性问题进行介绍。

9.1.4.1 资源需要量计划

对于一项计划,当每项活动的开始、结束时间确定之后,就可逐个时段地将该时段内所进行的活动需要资源数量累加起来,成为该时段的资源总需要量。在计划的各个时段的资源总需要量求出之后,可画出该计划从开始到结束的资源总需要量动态曲线,即资源总需要量计划。

就网络计划而言,通过时间计算,每个活动有两个开始时间(最早、最迟)和两个结束时间(最早、最迟),并且每项活动的实际开始时间可以在两个开始时间范围内变化。因此,对于一个网络计划可作出非常多的资源总需要量强度计划,但工作量之大,是难以完成的。所以,一般先做所有活动都按最早时间开始的资源进度计划,简称 *ES* 资源计划,或者先做所有活动都按最迟开始时间开始的资源进度计划,简称 *LS* 资源计划。*ES* 资源进度计划和 *LS* 资源进度计划的做法是相近的,现以图9-9的网络计划为例,说明 *ES* 资源计划的做法。该图箭杆下的数字为该活动的持续时间,单位统一为日,各活动每日需要的资源数在表9-9中列出。为简化起见,表9-9列出的是各活动每日所需的一种资源。活动的持续时间除与该活动所代表任务的技术条件有关外,还与每日投入的资源有关,在一定范围内资源投入得多,持续时间就短。

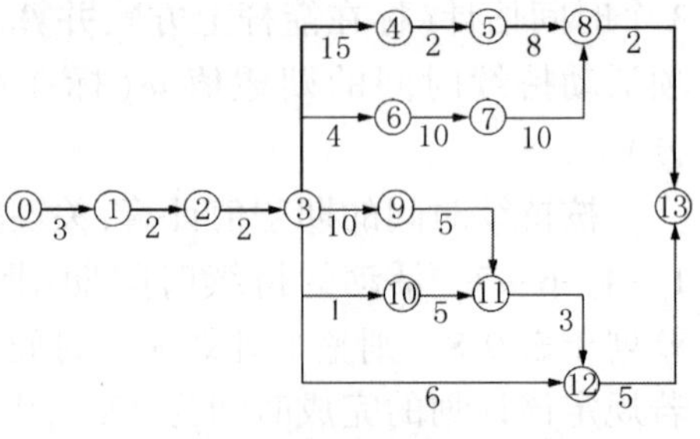

图9-9 网络计划图

做 *ES* 资源计划的步骤如下:

第一步,进行网络计划的时间计算。计算结果列于表9-9。

第二步,作出带时间坐标的各活动都按最早开始时间开始的网络计划图形,箭杆长度代表持续时间,虚线部分代表时差,结果见图9-10(a)。

第三步,做 *ES* 资源计划,画出纵坐标,表示一种资源每日需要量。然后逐日统计每日资源总需要量。第1天,是时段[0,1],凡 $ES=0$,$EF\geq1$ 的活动,在这一天都在进行,所需资源数累加起来。本例第1天仅有活动0—1进行，这一天仅需4个资源。第8天，即时段[7,8]，凡 $ES \leqslant 7$，$EF \geqslant 8$ 的活动都要在这一天进行，本例有3—4、3—6、3—9、3—10、3—12五个活动，故第8天的总资源需要量为21。如此类推，将整个工期内每一天的总资源需要量算出，画出总资源需要量的动态曲线，这个曲线是一个阶梯式的曲线[见图9-10(b)]。

表9-9　网络计划的时间计算

活动		作业时间	每天需劳力数	*ES*	*LS*	*EF*	*LF*	*TF*	*FF*
i	*j*	*te*	*r*(*i*,*j*)						
0	1	3	4	0	0	3	3	0	0
1	2	2	5	3	3	5	5	0	0
2	3	2	4	5	5	7	7	0	0
3	4	15	3	7	7	22	22	0	0
3	6	4	4	7	8	11	12	1	0
3	9	10	6	7	11	17	21	4	0
3	10	1	2	7	20	8	21	13	0
3	12	6	6	7	23	13	29	16	12
4	5	2	2	22	22	24	24	0	0
5	8	8	8	24	24	32	32	0	0
6	7	10	10	11	12	21	22	1	0
7	8	10	6	21	22	31	32	1	1
8	13	2	4	32	32	34	34	0	0
9	11	5	8	17	21	22	26	4	0
10	11	5	6	8	21	13	26	13	9
11	12	3	10	22	26	25	29	4	0
12	13	5	5	25	29	30	34	4	4

实际工作中，每项活动的进行，需要多种资源，如不同工种的劳动力、施工的工具设备、消耗的材料、占用的施工场地等。当给出每项活动这些资源需要量时，相应可做出不同资源的资源进度计划，如*ES*电工计划、*ES*钳工计划、*ES*汽车调用计划等。

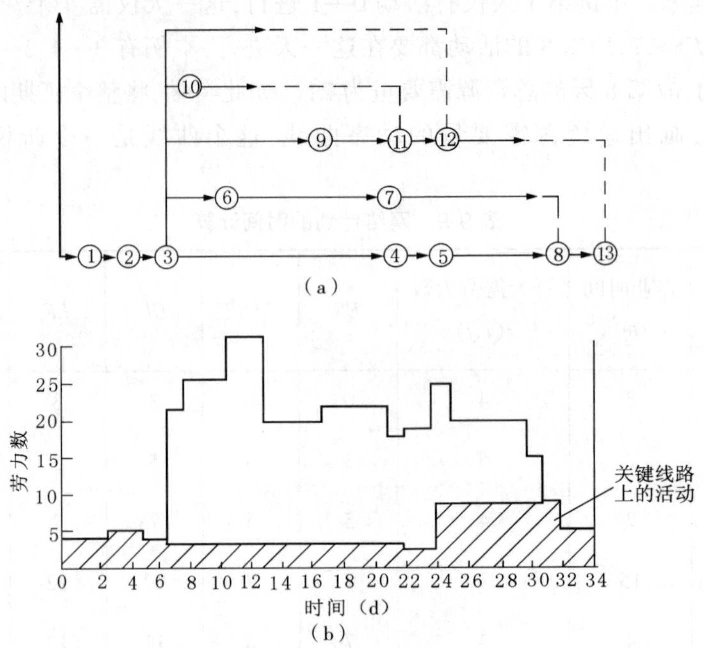

图 9-10　*ES* 资源进度计划

9.1.4.2　资源均衡性调整

从图 9-10 *ES* 资源进度计划中可以看出,每日的资源需要量是很不均衡的,最少时一天需要 4 人,最多时一天需要 31 人。这给资源的配备和供应带来很大麻烦,配备少了,造成资源不足,有些活动不能按计划开展,工程任务难以按时完成;配备多了,在资源总需要量少时,造成人员和设备的闲置,经济上造成损失。单位时间内整个计划需要资源的数量称为资源需要量强度。图 9-10(b)就是计划资源需要量强度的动态曲线。工期一定资源均衡问题,就是在保证工期不变的前提下,适当调整某些活动的开始、结束时间,使计划的资源需要量强度曲线比较平缓。也就是说,在整个工期范围内,每个单位时间内的资源需要量大致相同。资源需要量强度若是均衡的,就能节省人员编制,减少设备、仓库、运输、场地等的配置,从而节约大量开支。

资源需要量均衡性的指标是什么?按使用习惯,只要满足下列条件之一,都可以称为资源需要量强度是均衡的。

(1)工期一定,在整个工期内资源需要量强度的最大值最小。

(2)工期一定,在整个工期内资源需要量强度的均方差最小。

(3)工期一定,在整个工期内资源需要量强度的最大绝对离差(相对平均强度之差)最小。

(4)工期一定,在整个工期内资源需要量强度的极差(最大值与最小值之差)最小。

9.1.4.3　按均方差最小指标进行计划调整

工期一定,资源均衡性调整一般在 *ES* 资源计划的基础上进行。资源均衡性调整是通过在非关键路线上的活动在时差的范围内适当右移(推迟开始、结束时间)而求得的，同时，要保持各活动间逻辑关系不变，因此总时差和局部时差是调整的重要依据。

(1)均方差的概念。对连续曲线，均方差可表示为

$$\sigma^2 = \frac{1}{T}\int_0^T \left[R(t) - \overline{R}\right]^2 \mathrm{d}t = \frac{1}{T}\int_0^T R^2(t)\,\mathrm{d}t - \frac{2\overline{R}}{T}\int_0^T R(t)\,\mathrm{d}t + \overline{R}^2$$

$$= \frac{1}{T}\int_0^T R^2(t)\,\mathrm{d}t - \frac{2\overline{R}}{T}\overline{R}T + \overline{R}^2 = \frac{1}{T}\int_0^T R^2(t)\,\mathrm{d}t - \overline{R}^2 \tag{9-5}$$

式中 σ^2——在整个工期内资源需要量强度的均方差；

$R(t)$——计划在瞬时 t 的资源需要量强度；

$\overline{R}$——计划在整个工期内平均资源需要量强度；

T——计划的总工期。

因 T 和 $\overline{R}$ 均为不变数，故均方差最小即为 $\int_0^T R^2(t)\,\mathrm{d}t$ 最小。

在 ES 资源计划中，资源需要量强度曲线是一个阶梯曲线，若以 R_i 表示第 i 个单位时间里的资源需要量，则

$$\int_0^T R(t)\,\mathrm{d}t = \sum_{i=1}^{T} R_i^2 \qquad (R_1^2 + R_2^2 + \cdots + R_T^2) \tag{9-6}$$

故欲使资源需要量强度的均方差最小，须使 $\sum_{i=1}^{T} R_i^2$ 最小。

(2)活动后移对均方差的影响。计划调整工作是从以网络终点事件为终点事件的活动开始到以网络始点事件为始点事件的活动逐个进行检查，将有时差的活动在逻辑关系不变的情况下右移，而右移的条件是不增加整个计划资源需要量强度的均方差。为研究活动右移对均方差的影响，先介绍几个符号的意义(为叙述用词方便，假定时间单位为天)。K 为活动 $i—j$ 右移前，计划在第 K 天开始；L 为活动 $i—j$ 右移前，计划在第 L 天结束；$r_{i,j}$ 为活动 $i—j$ 每天需要的资源量(某一种资源)；R_K、R'_K为活动 $i—j$ 右移前后，第 K 天整个计划的资源需要量强度；R_{L+1}、R'_{L+1}为活动 $i—j$ 右移前后，第 $L+1$ 天整个计划的资源需要量强度。

一个活动 $i—j$ 右移1天对资源需要量强度的影响是第 K 天资源需要量强度减少 $r_{i,j}$，第 $L+1$ 天资源需要量强度增加 $r_{i,j}$，即

$$R'_K = R_K - r_{i,j} \tag{9-7}$$

$$R'_{L+1} = R_{L+1} + r_{i,j} \tag{9-8}$$

对均方差的影响为

$$R_K'^2 + R_{L+1}'^2 - R_K^2 - R_{L+1}^2 \tag{9-9}$$

把式(9-7)、式(9-8)代入式(9-9)得

$$\begin{aligned}&(R_K - r_{i,j})^2 + (R_{L+1} + r_{i,j})^2 - R_K^2 - R_{L+1}^2 \\ &= R_K^2 - 2r_{i,j}R_K + r_{i,j}^2 + R_{L+1}^2 + 2r_{i,j}R_{L+1} + r_{i,j}^2 - R_K^2 - R_{L+1}^2\end{aligned} \tag{9-10}$$

$$=-2r_{i,j}R_K+2r_{i,j}^2+2r_{i,j}R_{L+1}$$
$$=2r_{i,j}(R_{L+1}-R_K+r_{i,j})$$

又由于 $r_{i,j}$ 永远是个正值,故当 $(R_{L+1}-R_K+r_{i,j})$ 为正值时,活动右移1天会使均方差增加,当 $(R_{L+1}-R_K+r_{i,j})$ 为负值时,活动右移1天会使均方差减小。

因此,活动 i—j 能右移1天的条件之一为

$$(R_{L+1}-R_K+r_{i,j})\leqslant 0 \tag{9-11}$$

9.1.5 网络计划的调整优化

编制网络进度计划时,往往先拟订一个初始方案,这一方案多是在工期进度计划的基础上形成的。然后检查该方案是否满足工期控制要求,是否能够满足人力、物力、财力等资源供应限制条件,是否能以最小的工程费用取得最大的经济效益,在这种检查中逐步对初始方案进行调整优化,最终得出一个在保证工程质量和施工安全前提下的总工期、资源需要量和工程费用及效益方面都比较满意的进度计划,并以此计划安排施工。

9.1.5.1 工期的调整

网络计划编制后,如果计算工期与规定工期相吻合,则无须在工期上做多大调整,如果两者相差较大,则有调整的必要。

(1)当规定工期大于计划工期时,应研究规定工期的合理性和必要性。当确信规定工期不变时,则可采用推迟开工时间的办法,以减少资金投入与产生效益之间的时间,减少投资利息,或适当减少资源投入强度,延长活动的持续时间,使计划完工时间与规定完工时间相近,减少工程费用开支。

(2)当规定工期小于计划工期时,则应首先缩短关键路线上活动的持续时间,即适当减少非关键活动上人力、物力的投入,将这部分资源投入到关键活动上去,减少关键活动的持续时间。技术进步是提高工作效率的强有力武器,开展技术改造和技术革新,改变工艺流程的施工方法,组织交叉平行作业等都是加快施工进度所遵循的方法。

9.1.5.2 资源需要量强度的控制

一项计划所需资源总量,取决于它的工程量及劳动力和设备的生产率,而它的资源需要量强度,则取决于计划的安排。因此,一项进度计划,除应满足工期要求外,还应满足资源供应强度方面的要求。一般要求资源需要量强度在整个工期范围内比较均匀,资源需要量强度的最大值不能大于资源供应强度的最大值。

(1)调整非关键路线上的活动,在时差范围内适当后移,求得资源需要量强度的均匀;或者减少某些非关键活动的资源供应强度,使之在时差范围内适当延长持续时间。

(2)在资源供应量强度有限,不能满足资源需要量强度的要求时,只能采用减少某些活动,甚至关键活动的资源供应强度,延长这些活动的持续时间的办法,或者减少同时作业的活动数量,即将某些活动适当后移的办法解决。采用资源供应量强度有限,使工期延迟最少的办法来调整,不至于使工期推迟太多。

(3)是改变工期、调整资源需要量强度,还是设法增加资源供应量强度而保证工期,

决策上应进行充分的技术经济比较,选用经济上合理的方案。

9.1.5.3　工期费用的优化

有的进度计划,对于工期没有严格的规定,资源的供应也比较灵活(如用租赁等灵活解决),此时,应选择工程总费用最省的优化工期。

对于一项活动,持续时间一般有一个正常时间,正常时间相应于一个较低的费用。如果要求缩短时间,必然需要增加设备、劳动力的供应及技术改进等,显然会增加开支。持续时间可缩短到再也不能缩短为止,称为强化时间,它对应于一个较高的费用。这种一个活动施工费用与持续时间的关系有一条对应曲线,简称 ATC 曲线(见图 9-11)。在应用时为简化起见,往往近似地作为直线处理。

一项工程,随工期的不同,费用也不同。如果各项活动持续时间都按正常时间进行安排,此进度称为正常进度,显然正常进度对应的工程直接费用最低,工期也较长。随着关键路线上活动持续时间的紧缩,非关键活动持续时间的紧缩,工程工期会逐渐缩短,工程直接费用会增加。这样可做出不同的进度安排,它们分别需要开支不同数量的工程直接费用。直至总工期再也不能缩短时,称为强化工期,这种进度安排为强化进度,对应的工程直接费用最高。这种工程工期与工程直接费用对应的曲线称 PTC 曲线(见图 9-12)。

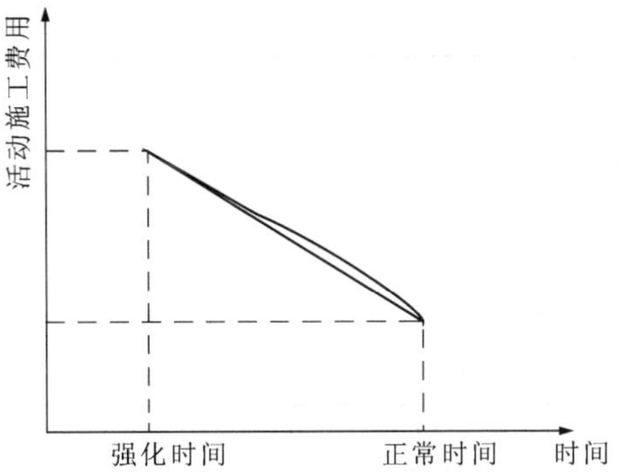

图 9-11　活动持续时间与施工费用的关系

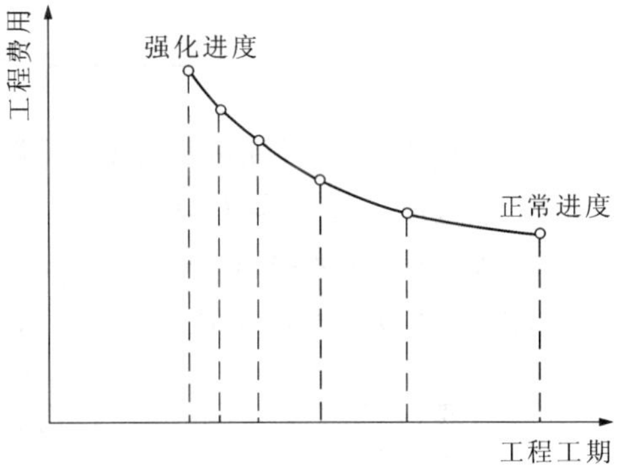

图 9-12　PTC 曲线图

工程总费用由工程直接费用和间接费用所组成,直接费用由 PTC 曲线查得,间接费用一般与工期长短成正比。所以,产生总费用最低的工期,称为总费用最低的优化工期(见图 9-13)。目前,在工程施工合同上,除标明工程款外,还对工期和质量都提出要求及建立相应的奖励条款。对于工程完成后能立即发挥很大作用,创造很大效益的工程(如水电站),提前投产奖的金额是很高的。若将费用、奖励都计算进去,可取效益最高的工期。

仅举例简介最优工期的确定方法和思路。

【例 9-2】　某项工程计划,活动间逻辑关系如图 9-14 所示,各活动持续时间的正常时间和费用、强化时间和费用列于表 9-10,试作 PTC 曲线。如果该工程的间接费用为 150 元/d,试确定工程计划的最优工期。

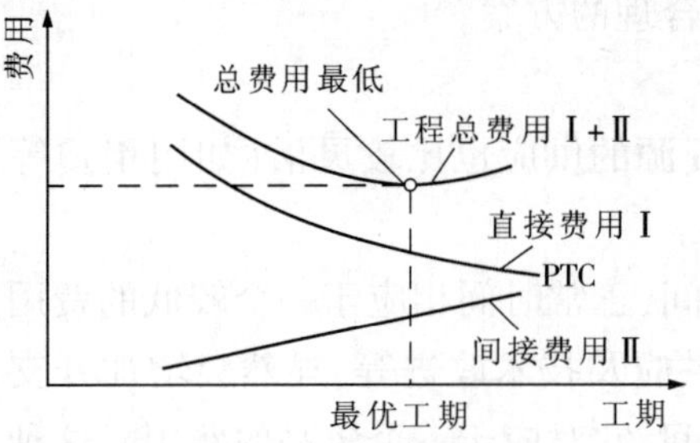

图 9-13 工期—费用优化图

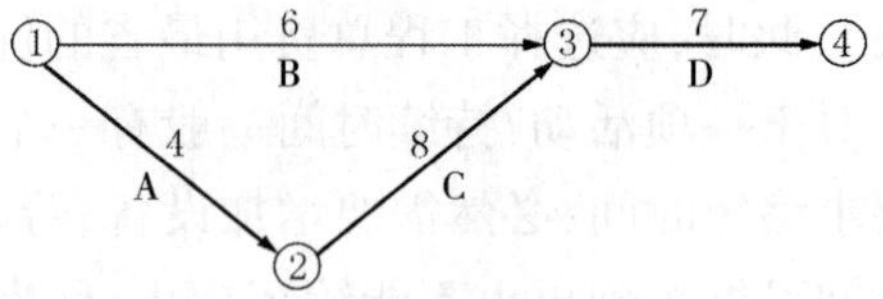

图 9-14 逻辑关系图

表 9-10 持续时间和费用、强化时间和费用

活动	正常情况		强化情况	
	持续时间(d)	费用(元)	持续时间(d)	费用(元)
A	4	600	2	1 000
B	6	800	3	1 400
C	8	500	3	1 200
D	7	600	2	1 200

解:(1)按正常时间进行计算,计算结果见表 9-11。

正常进度的总工期为 19 d。

直接费用 600+800+500+600=2 500(元)

(2)作各项活动的 ATC 曲线,并得 ATC 曲线斜率。

表 9-11 正常时间计算结果

活动	*ES*	*EF*	*LS*	*LF*	*TF*
A	0	4	0	4	0
B	0	6	6	12	6
C	4	12	4	12	0
D	12	19	12	19	0

本例曲线从略,ATC 曲线斜率见表 9-12。

表 9-12 ATC 曲线斜率

项目	A	B	C	D
斜率(元/d)	200	200	140	120

(3)按上面的斜率表,首先紧缩关键路线上的斜率较小的活动 D,可紧缩 5 d。此时总工期为 14 d,直接费用为 3 100 元。

(4)在关键路线上,按斜率的小大顺序紧缩。

紧缩C,可紧缩8−3 =5(d),则总工期为9 d,直接费用为3 800元。

(5)A也可紧缩,但此时与非关键路线上的活动B只有1 d的时差,故先紧缩A 1 d,得工期8 d,直接费用4 000元。

(6)A还不是强化时间,可以紧缩1 d,为缩短总工期,B也须同时紧缩1 d。此时总工期为7 d,直接费用为4 400元。

(7)7 d就是工程的强化工期。虽然此时B仍能紧缩,但紧缩B不可能缩短总工期,不必要增加直接费用。

(8)通过以上计算,作PTC曲线(见图9-15)。

(9)为了确定最优工期,在图9-15上同时画出间接费用直线,并得总费用曲线。总费用最低点的费用为5 150元,最优工期为9 d。

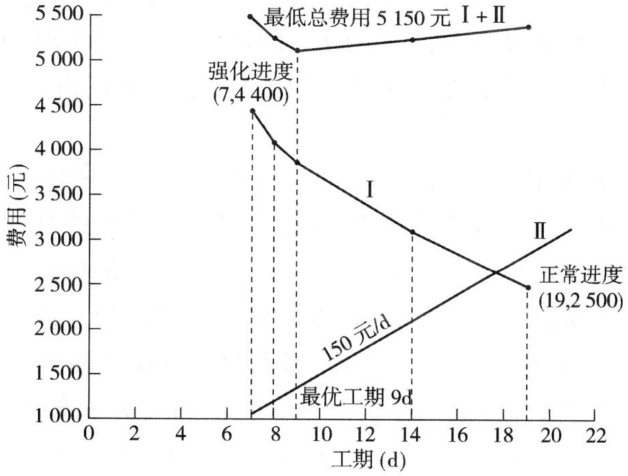

图9-15 PTC曲线

从例9-2可看出:如果首先从关键路线上的活动中紧缩ATC曲线费用斜率小于间接费用斜率的活动持续时间,总费用会减小。如果紧缩费用斜率大于间接费用斜率的活动持续时间,或者同时紧缩几个活动持续时间的费用斜率之和大于间接费用斜率的活动持续时间,总费用会增加。所以,在紧缩工期时,首先紧缩位于关键路线上且费用斜率最小的活动,而在延长工期时,首先延长非关键路线上且费用斜率最大的活动,都容易寻求到优良的方案。

任务9.2 网络计划技术在安装检修工作中的应用

水力发电工程是一项投资多、工期长的工程,而工程经济效益,绝大多数靠发电量来实现。水力发电机组的安装工作,是水力发电工程中最后的子工程之一,尽量实现机组的快速安装,是从事水电工作的人员都要考虑的问题。水力机组的安装和检修工作,工序多、技术要求高、施工人员的工种多、施工设备的品种多,在安装时还与土建工作相互衔接交叉作业,使得安装和检修工作的组织变得很复杂。由于网络计划技术能表达这种复杂的关系,能计算出各活动的完成情况对总工期的影响,能应用计算机从而对计划的实施进行动态控制,因而在水电施工和机组安装与检修工作中获得广泛的应用。水力机组安装进度计划的研究分析工作,在电站设计阶段就要开始进行,设计单位所进行的施工组织设计就包括安装进度,并据此分析厂房布置对施工的影响,业主单位根据进度计划实现有计划地招标和订货,施工单位制订更为实际的直接组织施工的计划。制订计划,必须建立在广泛调查研究的基础上,包括对厂房、机组、交通、场地情况的了解和分析,清楚制造厂家的加工方法和结构设计习惯。而对施工单位,要掌握的资料则更具体翔实,包括施工设备的配备、性能和数量,施工人员的数量和素质,本单位及兄弟单位已有的经验等。在资料收集分析的基础上制订多种工艺方案和进度方案,在保证质量和安全的前提下分析工期、工时消耗、原材料消耗、费用和收益等。分析各项指标,选取最优方案作为实施计划。

计划的编制,有一个由简单到详细,由详细到简单的过程,并根据使用单位不同而有详细程度不同的计划。对于决策者,计划比较简单明了,主要反映几个关键的大活动和结点;对计划执行人员,则应更为翔实,特别是多单位、多工种的配合部分,更要明确表示出来。

对于一个大型电站,单机施工时间长,而往往要求一年内多台机组投产,常采用多台机组平行流水作业方式。这一方式的建立,是在单机工艺过程的基础上。如图9-16所示为某大型混流式水轮发电机组安装进度。图9-16中的代号所表示的活动:1—2尾水管里衬安装及二期混凝土浇筑,2—3基础环、座环安装及二期混凝土浇筑,3—4蜗壳挂装、焊接、探伤,4—5机坑里衬安装,5—6从座环底部到发电机层浇筑混凝土,6—7座环加工,1—7定子外壳、铁芯组装试验,7—8定子吊入机坑,8—9导水机构预装,9—10转轮、主轴吊入,10—11导水机构安装,11—12推力支架安装,1—12转子装配,8—12定子下线、耐压试验,12—13转子吊入,13—14联轴,14—15上机架安装,15—16发电机总安装,16—17机组试运行。

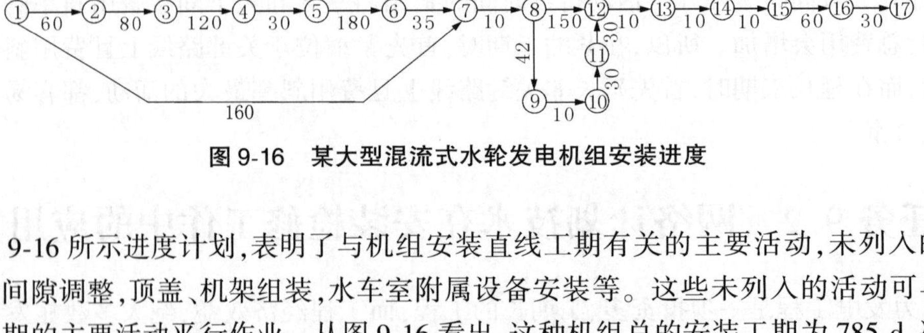

图9-16 某大型混流式水轮发电机组安装进度

图9-16所示进度计划,表明了与机组安装直线工期有关的主要活动,未列入的活动如导叶间隙调整,顶盖、机架组装,水车室附属设备安装等。这些未列入的活动可与影响直线工期的主要活动平行作业。从图9-16看出,这种机组总的安装工期为785 d,决不能等一台机组安装完成投产后再开始第二台机组的安装。一般大型水电站,根据机组台数的多少,一年内投产台数有2台、3台,甚至6台,故间隔二三个月就需开始一台机组的安

装。此时必须考虑安装场地的大小。图9-16所示进度计划，是发电机转子在安装场组装完成后吊入机坑，发电机定子外壳和铁芯，在安装场组装、铁损试验后吊入机坑，在机坑内进行下线、接头和耐压试验。一台定子组装、试验完成后，吊入机坑，空出的安装场才能安排下一台定子的组装。从本例来说，一个安装场地一年只能组装2台定子，若要求一年有4台机组投产，则必须安排两个定子组装场。转子相应地也要两个组装场，在装2台转子的空余时间，完成顶盖、机架的组装工作。

在计划和实施机组的安装时，管理人员要注意和协调几项比较重要的工作。首先注意控制几个关键日期，在计划的关键路线上，有几项大的部件组装工作和几个安装进度的标志，用日历时间表示出来。如定子吊入机坑日期，它标志着定子组装、试验结束，以及水轮机埋件安装及二期混凝土浇筑完成；转轮吊入机坑日期，它标志着转轮装配、试验联轴完成，导水机构预装结束并吊出机坑；转子吊入机坑日期，机组试运行日期，控制了这几项安装进度里程碑式的日期，整个计划就容易控制了。其次是协调工作，安装工作是多单位、多工种参与的工作，它们之间的协调尤为重要。如埋件的安装为混凝土的浇筑，其直线工期约占机组安装总工期的2/3，机组安装，钢筋绑扎、立模，混凝土浇灌既互相交叉又互相干扰，作为土建和机电安装两方面在时间和空间上的协调，场地和起重设备的协调有至关重要的意义，它不但可缩短工期，而且可避免质量和安全事故。再次要搞好机组设备的监造和运输。机组零部件的加工质量对安装进度有很大影响，万一遇到设备缺陷，消除缺陷所耽误的时间无法估计。所以，监造工作应在加工质量、生产进度和设备配套等方面严格把关。设备的运输，实际上是控制设备抵达现场的时间，过早到达，增加仓储费用和保养工作，过迟到达，则延误安装，故在计划中也应列出各零部件抵达现场的最早、最迟时间。

对于施工队和班组，应制订更详细的计划，如定子组装的网络进度计划。以定子吊装时间来决定定子组装工作的完成时间。这种计划甚至可以用小时为时间单位，把每一个零件的安装，每一项测量、调整工作都计划进去，便于班组人员分工合作，按质按时地完成各自的任务。又如大型混流式水轮机蜗壳挂装、焊接、探伤，有的还有水压试验，工期长达几个月，它处于控制机组安装工期的关键路线上，总耗时占机组安装总工期的1/5左右，缩短其安装工期，对加快机组投产有直接意义。蜗壳是分成很多环节由制造厂下料、成形并加支撑运抵现场的。为加快进度，可预先将单个环节在钢管场拼装成由2个或4个单个环节组成的大节，钢管场的施工条件好，并可保证拼装焊接质量，减少在机坑内的工作量。在机坑内的工作，可组织平行、交叉作业，即首先挂装1号环节，然后分别向上游，向2、3号环节挂装，在挂装了几节后即开始焊接，与挂装工作交叉进行，不等全部焊缝焊完即开始探伤，可利用深夜进行探伤，避免其他信号对探伤信号的干扰，又避免有害射线对其他人员的伤害。

由于在子项目上详细制订了网络计划，人员落实、措施具体、分工明确，保证了子项目的进度，由多个子项目的如期完成，可获得整个计划的如期完成。

任务9.3 施工作业计划的编制

9.3.1 编制机组安装施工作业计划的原则

考虑到水力机组安装施工组织的特点,在编写安装施工组织设计和施工作业计划时,应遵循以下原则:

(1)必须按规定期限完成或提前完成安装工程,并交付运行生产。

(2)按照安装工程各个施工对象规定的施工顺序和期限,依次把人力、物力集中使用,以便在最短的期限内完成计划。其中,要特别注意集中主要力量进行主体工程和对工程进度起控制作用的项目施工,同时注意非主体工程进度与主体工程进度的配合。

(3)组织安装工程、土建工程等不同单位和工种间的平行、交叉作业,以保证质量和加快进度。

(4)注意施工过程的均衡性,保证人员、设备需求的均匀,组织既优质高速,又综合平衡的施工。

(5)减少临时建筑的工程量,充分利用前期工程遗留建筑物,也可提前完成永久性辅助建筑物并提前加以使用。如提前完成电站供水、供电、供气、照明等项目的有关部分,满足安装工程的需要。

(6)开展技术革新活动,推广国内外先进技术。

9.3.2 安装施工组织的项目

机组安装施工组织设计,一般应包括如下项目:

(1)施工条件分析。根据工程所在地区的气象条件,决定露天工程一年内的有效工作日;分析所安装机组的结构特征,指出安装施工的基本特点,说明机组发电计划;根据安装场地及起重设备对安装工作的影响,分析机组零部件供货计划和运输条件对安装工作的影响;根据安装队伍的技术状况和设备状况,分析这些状况对安装工作的影响;本单位及驻地附近加工能力对设备缺陷处理的影响等。

(2)施工程序、施工方法和进度计划。根据工程任务、施工期限和各种施工条件,按照基本作业程序和不同的施工作业方法绘制网络图,据此编制进度计划,制订不同的综合平衡方案,认真进行技术经济比较,提出采用最优方案或较优方案的依据。

(3)场地布置。先规划电站安装间的使用,以转子、转轮组装和定子组装这些主要工程为核心进行布置,若不够用,还可利用暂未装机的机坑和场内其他场地,甚至还可考虑厂外安装间的设置。

(4)临时性工程的规划、施工。其中,包括交通运输路线,各工种的作业场,修配厂、钢管场、仓库、供水、供电、供气、照明、操作台、脚手架、安全网等临时性工程。

(5)技术供应。确定劳动力、材料、机具、动力、劳保用品等的需要量,并根据施工程序和进度计划汇总,确定供应计划。

(6)施工安全措施。提出应考虑的安全技术措施,根据进度,在不同阶段完成相应的措施。

9.3.3　进度计划的类型

工程进度计划可以分成如下三种类型：

(1)总进度计划。它是根据国家或主管单位规定的完工或投入运行的期限，定出整个过程中各单项工程或单台机组的施工顺序和起止日期、投产顺序，定出施工前准备工程项目和期限。

(2)单项工程进度计划。它是对主要单项工程、单台机组及大部件(如埋设件的安装、水轮机安装、定子组装等)进行编制的。要求从施工方法和技术供应等条件论证施工进度的可能性、合理性和经济性。组织平行、交叉作业，并研究加快安装进度和降低工程费用的具体方案。根据单项工程进度计划再对总进度计划进行调整和修正，并编制相应的供应计划。

(3)作业计划。它是保证安装进度，直接指挥现场施工的基本文件，它直接用于安装工作的基层单位，把任务落实到班组和个人。

在着手编制进度计划时，需考虑满足如下要求：

(1)保证电站各台机组按规定的顺序和期限投入运转。组织平行、交叉、流水作业，均衡地使机组投产。

(2)安排有利的工作条件。尽量使安装的各单项工程在最有利的条件下施工。如有些工作不允许在0~5 ℃以下进行，则应尽量避免该项工作在冬季施工，以减少附设加温设备，节省支出。

(3)合理选择施工顺序。工程进度计划所选定的施工顺序和施工设施，应该同所采用的施工方法和施工技术相适应，与所拥有的资源条件相适应。如定子整体吊装工作，它要求安装间面积大，起吊技术要保证定子变形不超过允许值。

(4)合理使用资金。水利枢纽的建设是耗用资金较多的项目，尽快安装机组，使整个电站尽快达到设计的发电能力，就能加快资金回收，有时不惜增加部分工程费用，求得更多的发电效益和减少贷款利息。在工程中尽量减少临时性附加建筑，提前完成并充分利用永久性建筑。

(5)物力。在机组安装的一个主要时期内，力求劳动力、材料、动力等需要量的均衡性，以及机电设备、附属企业负荷的均衡性。

(6)保证工程的安全施工。在编制计划时，应将安全措施所需的工作量、材料、设备考虑进去，当工程进度需要时，相应的安全措施已经投入。例如，高空作业和复杂的架设作业不宜深夜进行，特别危险的工作应安排监护人等。

9.3.4　施工进度计划的编制

根据前述编制进度计划的原则和要求，可按下列步骤编制施工进度计划：

(1)分成几个单项工程。

(2)计算各单项工程和辅助工程的工作量。

(3)初拟各单项工程的进行顺序，列出粗略的安装工作网络图。根据关键路线定出控制性进度表。机组安装的最终控制时间是机组投产顺序和时间,故主机、辅机和电气设备安装应互相配合,共同列出控制性进度表。

(4)选择和确定机组安装各单项工程的施工方法和施工机械。在选择施工方法和施工机械时必须从实际出发,使选出的施工方法和施工机械不但在技术上是先进的,而且经济上是合理的,实际上也是可行的。选择专业化施工队伍,因其技术先进,设备齐全且利用率高,虽总工时费高,但工期短,而计入单机安装成本反而低。

(5)编制工程进度计划草案。根据劳动定额来计算劳动力、材料和施工机械的需要量,并编写出相应的供应计划。

(6)经过以上计算后,在综合平衡的基础上调整并确定施工进度计划。

以上是编制机组安装总进度计划的步骤,这一方法同样适用于编制各单项工程进度计划。总进度计划和单项工程进度计划是相关联的,只是单项工程进度计划更详细些,更接近实际些。通常是在已经初定总进度计划的基础上编制单项工程进度计划,再将单项工程进度计划中出现的问题拿到总进度计划中去平衡调整,如此反复修改,直至符合要求为止。

具体指导施工的是作业计划,是当任务、资源落实到班组,甚至是个人的计划,它要求与实际情况紧密地结合。按时间划分还可分成年计划、月计划、周计划和日计划,这种计划要根据施工的实际情况进行修订,是调度和检查施工任务完成情况的基本依据。作业计划是在总进度计划和单项工程进度计划指导下编制的,是这两个计划的具体实施,又是完成这两个计划的工作基础。

以上三种计划,编制单位也不一样,总进度计划和单项工程进度计划是由工程的主持单位编写的,而基层车间、班组则编写作业计划,在各自的管理范围内进行调度、实施和检查。

任务 9.4 网络计划技术应用示例

下面以某水电施工单位参与江苏宜兴抽水蓄能电站建设为例,介绍其施工组织设计。

9.4.1 概述

9.4.1.1 工程概况及现场施工条件

1. 工程概况

1)电站地理位置及布置

江苏宜兴抽水蓄能电站位于江苏省宜兴市西南郊10 km处的铜官山,距上海、无锡分别约200 km、75 km,处于江苏省用电负荷中心附近。该电站为地下式厂房,引水系统为一洞两机,在每台水泵水轮机上游侧装置了球阀。每条引水洞首部布置有事故闸门,尾水系统采用两机一洞的布置形式,尾水隧洞出口布置有检修闸门。在主副厂房洞内,安装场、机组段、副厂房呈"一"字形布置。主副厂房尺寸约为:长155.3 m、宽22 m、总高52.4 m。主厂房共有四层,分别为发电机层、中间层、水轮机层和蜗壳层。四台主变压器布置在主厂房下游的主变洞内,采用干式高压电缆沿出线斜井引至厂外开关站。电站中控楼位于电站营地综合楼附近,距离主厂房安装场约3 km。电站建成后以二回500 kV出线接入华东电网和江苏主架网,在系统中承担调峰、填谷、调频、调相以及事故备用任务。电站枢纽由上水库、下水库、输水系统、地下厂房洞室群、地面开关站和中控楼等建筑物组成。

2)电站规模

电站装有四台单机出力为250 MW的立轴单级混流可逆式机组,电站装机容量为1 000 MW。水泵水轮机正常最大、最小毛水头分别为413.5m、356.1 m,额定水头为363 m,水泵水轮机额定转速为375 r/min,安装高程为-3.0 m。水泵水轮机转轮直径约为4.5 m,进水球阀直径为2.4 m,尾水管出口直径为5 m,水泵水轮机转轮机组采用上拆方式。发电机、电动机为空冷悬式机组。机组抽水工况启动方式以静止变频启动作为主要启动方式,以同步启动(背靠背)方式作为备用启动方式。发电电动机与主变压器的组合方式采用联合单元接线方式。发电和抽水工况的转换采用发电机电压侧同期、换相方式。电站共装置了四台油循环水冷300 MVA、500 kV电力变压器,布置在主变洞内。采用500 kV SF_6封闭式组合电器(GIS)开关设备,分别布置在主变洞和地面GIS室。二回500 kV干式电缆沿电缆出线斜井敷设,总长度约4 152 m。

3)厂房布置

地下厂房建筑主要包括主厂房、副厂房、安装场及母线洞、主变洞、尾水事故闸门洞和500 kV电缆出线洞等,另外厂区建筑还包括地面开关站、GIS室、继保楼、柴油机房、厂外绝缘油库、透平油库、中控楼、35 kV变电所、一级泵站、二级泵站等。

主、副厂房洞室总长155.3 m,包括主厂房、副厂房、安装场三部分。其中,主厂房长102.2 m,下部宽22 m,上部宽23.5 m,高52.4 m;主厂房分为:发电机层(高程12.8 m),中间层(高程6.8 m),水轮机层(高程0.1 m),蜗壳层(高程-7.3 m)。

主厂房内设有两台250/50 t单小车桥式起重机,轨顶高程23.4 m。

安装场布置在主厂房右端,长38.1 m,宽22 m,与发电机层高程相同;进厂交通洞由安装场下游边墙通入。

副厂房位于主厂房左段,长15 m,宽22 m。

主变洞在主、副厂房洞下游侧,与主、副厂房洞平行,主变洞全长134.65 m,宽17.5 m,高20.7 m,主变洞布置有四台主变压器和相关电气设备。

主厂房和主变洞由四条母线洞相连。母线洞自主厂房中间层接出。每条母线洞长40 m,宽9.0 m,高10 m。

主变洞与地面开关站以一条长609.7 m的500 kV电缆出线洞相连。500 kV电缆出线洞开挖断面为5.8 m×4.45 m,坡度32.5%。

地面开关站的地面高程为195.5 m,平面尺寸为31.5 m×128.35 m,开关站布置有地面出线场、GIS室、继保楼、柴油机房等。

4)电站设计参数

(1)电站任务:在华东电网和江苏主架网中担任调峰、填谷、调相(进相)、调频及事故备用任务。

(2)电站型式:日调节纯抽水蓄能电站。

(3)水库水位:见表9-13。

表9-13 水库水位 (单位:m)

项目	上库	下库
最高位		80.6
设计正常蓄水位	471.5	78.9
正常消落水位	435.0	58.0
死水位	428.6	57.0
水轮机工况额定净水头	363	

(4)机组台数:4台。

(5)单机容量:250 MW。

(6)机组转速:375 r/min。

(7)机组型式:可逆式水泵水轮机-发电电动机。

(8)电气主接线:以二回500 kV线路接入华东-江苏电网的500 kV宜兴变电所,电气距离约为8 km。

(9)厂用电电源:交流,0.4 kV、10 kV;直流,220 V。

2. 对外交通条件

工程位于江苏省宜兴市境内的西南郊10 km处的铜官山区。场内干线公路网已形成,为露天矿山三级公路,并与104国道相连接,104国道从下水库东侧约1.5 km处通过,通过104国道可与苏南公路网沟通,距上海市、无锡市和常州市的公路里程分别为200 km、75 km和71 km。宁杭高速公路从该工程下库附近通过,外来设备器材可直接由铁路或公路运输,再经改拓建后的1#公路运至工地。

进口设备CIF港为上海港军工路码头。

该电站所在地区,是工业基础较发达、人文科技水平较高的地区,交通运输都比较方便,因此对本电站工程的建设创造了有利条件。

9.4.1.2 **合同项目和工作范围**

1. 本合同负责的工程项目和工作内容

(1)机电设备安装工程。除上水库和下水库的进/出水口的金属结构、启闭设备、厂内电梯、尾水事故闸门门洞的桥机及库门、启闭设备,下水库金属结构设备外的全部电站机电设备安装工程。

(2)土建工程。

(3)本合同工程应负责施工临时设施工程的设计、布置、营建、运行管理、维护及拆除。

2. 本合同工程与本工程其他相关合同工程的分标界面

除另有说明外,本合同工程应负责所有安装设备之间的连接电缆(光缆)的敷设工作,并负责其安装设备与其他承包人安装设备之间的连接电缆(光缆)的敷设,并负责接口、试验和调试工作。

(1)本合同工程与引水系统及地下厂房土建工程施工标(YXP/C2)的分界面;

(2)本合同工程与尾水系统及下水库标(YXP/C3)的分界面;

(3)本合同工程与永久观测标(YXP/C4)的分界面;

(4)本合同工程与设备制造的分界面;

(5)本合同工程与 500 kV 开关站、绝缘透平油库建筑装修工程标(YXP/EM2-1)的分界面;

(6)本合同工程与中控楼土建及装修工程标(YXP/EM2-2)的分界面;

(7)本合同工程与地下厂房装修工程标(YXP/EM2-3)的分界面;

(8)本合同工程与调试试验标(YXP/EM2-4)的分界面;

(9)本合同工程与其他标的分界面。

9.4.1.3 本合同工程的施工特点及对策

本合同的施工特点及对策如下:

(1)本合同工程的施工工期控制。①根据施工合同文件规定:本合同工程的装机投产顺序应为 1#、2#、3#及 4#机组。②根据施工合同文件要求,1#机组投入商业运行的时间定于 2007 年 10 月 1 日。以后每隔 4 个月投产一台机组。其后三台机组投入商业运行的时间分别为:2#机组为 2008 年 2 月 1 日,3#机组为 2008 年 6 月 1 日,4#机组为 2008 年 10 月 1 日。

(2)本合同工程施工期起重机与电梯的使用和管理。

(3)根据工程的进度安排,本合同工程的主机安装,从埋件开始,就可以利用厂内桥机作为安装手段进行施工,因此给整个机组的安装创造了有利的条件。

(4)本合同工程的机电安装工作,除开关站、GIS 室、继保楼、柴油机房及中央控制室、绝缘油库、35 kV 变电所,Ⅰ、Ⅱ级泵站等布置在厂外地面外,其他均设在地下厂房内部。因此,地下厂房内部工程施工不会受季雨及风雪的影响,且冬暖夏凉,这给机电安装工程创造了优越的工作环境。但是充分做好地下厂房通风及防火工作应引起足够的注意。

(5)本电站中央控制室,设在距离主厂房外约 3 km 的电站营地综合楼附近,中控楼与电站厂房之间采用电缆连接。

(6)本电站设置四台油循环水冷的 300 MVA、500 kV 电力变压器,布置在主变洞内,采用 500 kV SF_6 封闭式组合电器(GIS)开关设备,分别布置在主变洞及 GIS 室。用二回 500 kV 干式电缆连接。干式电缆沿电缆出线斜井敷设,总长度约 4 125 m(电缆敷设由本标配合施工)。

(7)水泵水轮机座环与蜗壳在厂内已焊为一体,并分为四节运输,其中进口段一节,座环带部分蜗壳一节,其余蜗壳两节,蜗壳与座环在工地安装组焊后,需进行水压试验。

(8)水泵水轮机泄流环/底环为整体式结构,系下拆式就位后四周无混凝土填充。尾水管锥管为可拆式结构,因此尾水锥管也不埋入混凝土中。

(9)本电站安装间设置两个定子组装工位,定子机座组装、叠片及下线工作,均在安装间完成后,吊入机坑安装调整。

(10)本电站推力轴承为弹性支撑结构。推力轴承采用镜板泵内循环冷却方式,推力轴承设置有高压油顶起装置。

(11)本电站的机组制动采取电气制动和机械制动两种方式配合使用,机械制动装置兼作液压顶起装置。

(12)转子铁片分类,严格按照《水轮发电机组安装技术规范》(GB 8564—2003)进行过磅分类,然后按分类进行转子铁片堆积。

9.4.1.4 施工组织设计编写的依据及原则

1. 本施工组织设计编写的依据

(1)宜兴抽水蓄能电站机电设备安装工程施工合同文件、图纸及技术文件。

(2)与本工程有关的法律、法规。

(3)与本工程有关的规程、规范及技术标准。

(4)本公司近十年来在各大型水电站机电安装的施工经验和厂房土建施工经验。

(5)国外大型水电站机电安装的施工经验。

2. 本施工组织设计编制的原则

(1)保证本电站机电安装工程质量一流的原则。

(2)保证文明施工、安全生产的原则。

(3)保证符合国家环保要求的原则。

(4)保证施工工期的原则。

(5)保证满足职工精神文明、政治文明和不断增长的物质生活需要的原则。

(6)保证满足与宜兴抽水蓄能电站其他承包商协调的施工原则。

(7)尽可能地节省投资的原则。

3. 施工组织设计编制说明

(1)本合同工程目前缺乏详细的施工图纸和资料,尤其没有设备制造图纸和资料,因此本施工组织设计中的施工技术方案,是根据施工合同文件和施工经验编写的。

(2)针对宜兴抽水蓄能电站机电安装工程的施工特点及要求,结合在水电站及抽水蓄能电站的施工经验,编制本工程施工作业计划。它是整个施工组织设计的纲,一切施工技术方案及组织措施都是为实现这个目标而制定的。

9.4.2 组织机构、资源配备及生产运行管理制度

9.4.2.1 组织机构及说明

1. 施工组织机构设置的依据

本工程为引水式抽水蓄能电站,地下式厂房,地面式500 kV开关站。引水系统采用一洞两机,尾水系统采用两机一洞的布置方式。根据施工合同文件规定,本合同工程包括机电设备安装工程、土建工程两大部分。

根据施工合同文件的要求,2005年3月1日承包人进点,1#机组2007年9月30日可靠性运行结束,以后每四个月投产一台,4#机组2008年9月30日可靠性运行结束。2008年12月30日本工程竣工。

2. 施工组织机构设置的原则

(1)满足施工合同文件规定的有关要求。

(2)根据本合同工程的客观条件及工程施工特点,结合本公司的施工经验、施工队伍

的技术素质及技术装备等设置施工组织机构。

(3)运用科学而严密的组织管理、先进的工程技术、合理的资源配置,对整个施工环节进行控制,使各个环节的组织管理与具体实施方案形成有机的整体,保证本合同工程机电安装及土建工程顺利进行。

(4)充分利用现场资源。根据施工合同文件对本合同工程进度的要求,合理调配劳动力及物资、设备,做到"安排合理,资源充足,最佳组合,优质施工"。

(5)加强协调配合,减少施工干扰,利用先进的网络系统技术、先进的施工技术及工艺,加快施工进度,保证施工质量,确保本合同工程施工总体进度。

(6)加强施工质量控制,确保施工质量。

3. 组织机构及主要负责人

1)组织机构

宜兴抽水蓄能电站机电安装项目部组织机构见图9-17。

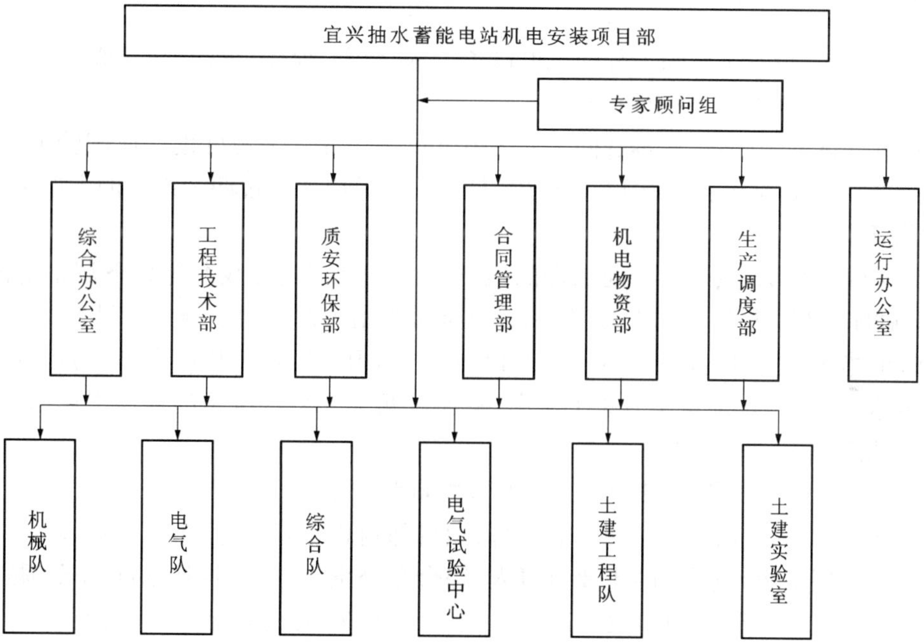

图9-17　宜兴抽水蓄能电站机电安装项目部组织机构

2)7个管理部门的主要职能

(1)综合办公室:主要负责经理交办的日常事务、文件收发流转、党群日常工作、后勤保障服务、治安保卫等工作。

(2)工程技术部:主要负责工程技术管理、技术措施的编制及审批、技术资料的印制及收发工作。

(3)质安环保部:主要负责施工质量的检查验收,竣工资料的编制、移交,施工安全工作的检查、督促、管理,水土保持措施的编制,施工区与生活区的卫生设施及治理,施工中的噪声、粉尘、废物等的治理及防止饮用水源的污染等。

(4)合同管理部:主要负责施工网络计划的编制、劳动力的调配、工程结算、成本控制、财务及合同的管理。

(5)机电物资部:主要负责永久设备的调拨、运输、管理,工程材料、施工设备和施工器具的调配、采购。

(6)生产调度部:负责机电设备安装、土建工程施工的协调及调度工作,施工周计划的编排,与生产有关的对外关系的联络及协调等工作。

(7)运行办公室:在启委会领导下,对机组整个试运行和可靠性运行的配合工作全面负责,包括试运行和可靠性运行物资资料的准备、试运行前的检查验收、运行值班、试运行期间的资料通报等工作。

3)6个施工专业队室的职能

(1)机械队:负责本电站的水泵水轮机、电动发电机、水力机械及辅助设备的安装。

(2)电气队:负责本电站的电工一次、电工二次、通信、照明、接地、计算机监控、工业电视等安装或配合工作。

(3)综合队:负责本合同工程的机电设备运输、起重、焊接、设备(临时或永久)的机加工及地下厂房顶棚网架安装等工作。

(4)电气试验中心:负责本合同工程的电气试验工作。为更好地完成试验工作,我方派出的试验人员将是本科、大中专毕业生,且试验人员应参加过两个以上的大型水电站的电气试验工作。

(5)土建工程队:负责本合同工程的地下厂房、主变洞、母线洞等地下洞室群的混凝土工程,砌体工程,钻孔与灌浆,以及一、二级补水泵站改造中的混凝土工程。

(6)土建实验室:负责本合同土建工程的混凝土配比、采样及强度等试验工作,因此对土建试验人员要求,应有中专以上学历,参加过两个大型水电站的现场工作,且能独立完成本专业工程的试验工作。

9.4.2.2 主要管理人员、专业技术人员和人力资源配置

(1)项目主要管理人员:项目部总经理、项目部副总经理、项目部总工程师。

(2)管理层7个部(室)的主要负责人:综合办公室主任、工程技术部部长、质安环保部部长、合同管理部部长、机电物资部部长、生产调度部部长、运行办公室主任。

(3)施工作业层6个专业施工队(室)的主要负责人:机械队队长、电气队队长、综合队队长、电气试验中心主任、土建工程队队长、土建实验室主任。

9.4.2.3 人力资源配置及进场计划

机电安装施工高峰人数302人,未包括电气试验人员,电气试验人员已归口我公司试验中心统一管理,为保证工程进度,试验人员按本工程进度计划提前一个星期进场。其中,技工和电气试验、探伤、测量人员174人,技术干部18人,管理干部10人,辅助工100人。土建施工人员高峰209人,其中技工122人,管理干部7人,辅助工80人。机电安装施工高峰期为2006年8月至2008年3月,土建工程施工高峰期为2006年1月至2007年1月,施工高峰期总人数268人。具体的机电设备安装工程的人力资源配置及进场计划见表9-14。

表9-14　机电设备安装工程的人力资源配置及进场计划表

序号	工种	2005年											
		1月	2月	3月	4月	5月	6月	7月	8月	9月	10月	11月	12月
1	水机工			0	0	0	0	2	2	12	12	12	12
2	发电机工			1	1	4	8	8	8	2	0	0	0
3	管道工			0	0	0	0	0	2	2	2	2	2
4	调速器工			0	0	0	0	0	0	0	0	0	0
5	电气一次工			0	0	0	0	0	0	0	0	0	0
6	电气二次工			2	6	6	8	8	8	8	8	8	8
7	卷线工			0	0	0	0	0	0	0	0	0	0
8	测量人员			0	2	2	2	2	2	2	2	2	2
9	探伤人员			0	0	0	0	0	0	0	0	0	3
10	电焊工			1	2	2	2	2	10	10	10	10	10
11	起重工			1	2	2	2	4	4	4	4	4	4
12	司机			2	4	4	4	5	5	5	5	6	6
13	技术干部			3	6	6	6	6	6	10	10	10	10
14	管理干部			10	10	10	10	10	10	10	10	10	10
15	辅助工			30	30	30	10	10	10	20	20	20	20
	合计		0	50	63	66	52	57	67	85	83	84	87

序号	工种	2006年											
		1月	2月	3月	4月	5月	6月	7月	8月	9月	10月	11月	12月
1	水机工			0	0	0	0	2	2	12	12	12	12
2	发电机工			1	1	4	8	8	8	2	0	0	0
3	管道工			0	0	0	0	0	2	2	2	2	2
4	调速器工			0	0	0	0	0	0	0	0	0	0
5	电气一次工			0	0	0	0	0	0	0	0	0	0
6	电气二次工			2	6	6	8	8	8	8	8	8	8
7	卷线工			0	0	0	0	0	0	0	0	0	0
8	测量人员			0	2	2	2	2	2	2	2	2	2
9	探伤人员			0	0	0	0	0	0	0	0	0	3
10	电焊工			1	2	2	2	2	10	10	10	10	10
11	起重工			1	2	2	2	4	4	4	4	4	4
12	司机			2	4	4	4	5	5	5	5	6	6
13	技术干部			3	6	6	6	6	6	10	10	10	10
14	管理干部			10	10	10	10	10	10	10	10	10	10
15	辅助工			30	30	30	10	10	10	20	20	20	20
	合计		0	50	63	66	52	57	67	85	83	84	87

续表 9-14

序号	工种	2007年											
		1月	2月	3月	4月	5月	6月	7月	8月	9月	10月	11月	12月
1	水机工	12	12	12	12	12	12	12	12	12	12	12	12
2	发电机工	14	14	14	14	14	14	14	14	14	14	14	14
3	管道工	16	16	16	16	16	16	16	16	16	16	16	14
4	调速器工	6	6	6	6	6	6	6	6	6	6	6	6
5	电气一次工	35	35	35	35	35	35	35	35	35	35	35	35
6	电气二次工	24	24	24	24	24	24	24	24	24	24	24	24
7	卷线工	16	16	16	16	16	16	16	16	16	16	16	4
8	电气维护工	6	6	6	6	6	6	6	6	6	6	6	6
9	测量人员	2	2	2	2	2	2	2	2	2	2	2	2
10	探伤人员	3	3	3	3	3	3	3	3	3	3	3	3
11	电焊工	10	12	12	12	12	12	12	12	12	12	12	12
12	起重工	18	18	18	18	18	18	18	18	18	18	18	18
13	司机	10	10	10	10	10	10	10	10	10	10	10	10
14	技术干部	18	18	18	18	18	18	18	18	18	18	18	18
15	管理干部	10	10	10	10	10	10	10	10	10	10	10	10
16	辅助工	100	100	100	100	100	100	100	100	100	100	100	100
	合计	300	302	302	302	302	302	302	302	302	302	302	288
序号	工种	2008年											
		1月	2月	3月	4月	5月	6月	7月	8月	9月	10月	11月	12月
1	水机工	12	12	12	4	4	4	4	4	4			
2	发电机工	14	14	14	14	4	4	4	4	4			
3	管道工	14	14	14	4	4	4	4	4	4			
4	调速器工	6	6	6	6	6	6	6	6	6			
5	电气一次工	35	35	35	8	8	8	8	8	8			
6	电气二次工	24	24	24	8	8	8	8	8	4			
7	卷线工	0	0	0	0	0	0	0	0	0			
8	电气维护工	6	6	6	6	6	6	6	6	6			
9	测量人员	2	2	2	0	0	0	0	0	0			
10	探伤人员	3	0	0	0	0	0	0	0	0			
11	电焊工	12	10	10	10	10	10	10	10	10			

续表 9-14

序号	工种	2008 年											
		1月	2月	3月	4月	5月	6月	7月	8月	9月	10月	11月	12月
12	起重工	18	18	18	18	10	10	10	10	10			
13	司机	10	10	10	10	10	10	10	10	10	2	2	2
14	技术干部	18	18	18	18	18	18	18	18	18	4	4	4
15	管理干部	10	10	10	10	10	10	10	10	10	4	4	4
16	辅助工	100	100	100	100	40	40	40	40	20			
	合计	284	279	279	216	138	138	138	138	114	10	10	10

注:1. 电气试验人员已归口我公司试验中心统一管理,为保证工程进度,试验人员按本工程进度计划提前一个星期进场(表格中不包括电气试验人员)。

2. 初期考虑临建工程有部分分包给其他承包商,表中人员比原计划要少。

3. 考虑机组埋件阶段施工强度不是很大,对辅助工作了相应的调整。

9.4.2.4 生产、运行、管理制度

(1)生产运行管理的标准。①国家有关标准和法规;②电力行业标准和法规;③宜兴抽水蓄能电站企业标准和管理制度;④制造厂商的设备运行维护手册;⑤本电站的设计文件要求。

(2)技术管理。根据宜兴抽水蓄能电站实际情况,项目部建立由总工程师负责、各专业技术人员组成的技术管理系统,实施施工全过程的技术管理。

(3)生产管理。

(4)运行管理。生产运行管理机构见图 9-18。

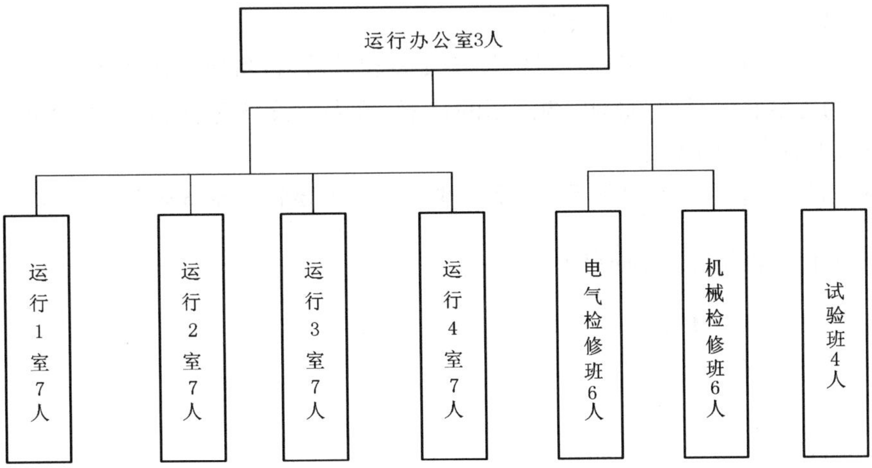

图 9-18 生产运行管理机构

实现电站生产运行的主要技术措施和管理办法如下:

(1)选派优秀的管理人员和技术人员负责本电站的生产运行管理工作,以确保本电站安全、稳定、高效的运行。

(2)按照国家、电力行业及业主公司的标准、法规和管理制度编制本电站的生产运行管理制度,以保障本电站生产运行管理工作的正常运行。

(3)根据设计文件、制造厂设备安装使用说明书、电网调度规程的要求以及设备制造商提供的运行、检修规范,配合运行规程和检修规程、制度的编写工作。

(4)所有运行、检修人员必须进行岗前培训,并经考试合格后,才能上岗;培训方式主要采用理论学习、现场参与安装调试等。

(5)定期向业主汇报工作,及时上报各种生产报表。在发生运行故障和设备异常时应及时进行应急处理,并在事后立即向业主汇报。

(6)及时编制日常维修计划,并经业主批准后按计划安排设备维修。在发生运行异常障碍和设备故障时及时进行设备的事故检修,并同时向业主汇报。

(7)对每一次的设备缺陷处理和保护动作,向业主提供书面的处理报告和分析报告;对生产过程中可能发生的隐患或设备、设计存在的缺陷也及时向业主提出书面处理建议,由业主审核批准后,及时进行消除和改进。

(8)对机组每一次开/停机不成功或机组事故停机,向业主提供详细的分析报告,将从事故的现象、原因和处理意见等方面进行认真的分析,及时总结经验、吸取教训。

9.4.2.5 施工机械设备、安装工具资源配备

1.施工设备、安装工具的配备依据

(1)本合同项目的施工范围、施工期、施工强度。

(2)本施工合同文件拟定的施工技术措施。

(3)确保施工进度,保证工程质量的需要。

(4)确保施工安全,保障生命财产和工程设备安全的需要。

2.施工设备、安装工具配备原则

(1)为顺利实施本合同工程的机电设备安装和试验,自备所有用于各类设备安装、维护、检修用的工器具和试验、监测、调试用的仪器、仪表及设备等,以满足本合同工程量所列项目和施工总进度的需要。

(2)按合同工程量要求编制了“拟投入本工程的主要施工设备表”。

9.4.3 施工平面布置及临建设施

9.4.3.1 施工场地总体布置

1.施工场地总体布置依据及原则

1)布置依据

(1)根据施工合同文件和现场勘察情况。

(2)严格执行国家的有关规程、规范。

(3)根据本工程施工特点及工程现场布置情况,充分利用发包人提供的场内外交通、场地原材料供应等施工条件。

2)布置原则

根据本工程的规模、特点、施工环境及施工条件,拟定本工程的施工总布置,施工场地布置原则如下:

(1)生活营地、施工营地等临时设施与施工道路均按合同文件要求及发包人提供的各种条件在指定的范围内进行规划布置。

(2)所有的生活、施工营地等的规模按施工总进度及施工强度的需要进行规划设计,力求布置紧凑、合理、方便使用,规模精简,以降低工程造价,并尽量避免与其他标段工程施工的干扰和影响。

(3)在地下厂房施工中,施工风、水、电供应等临时工程设施的布置,综合考虑对工程的施工安全、进度、工程投资影响和施工程序、施工交通、施工安全、均衡施工强度等因素。

(4)按国家有关规定和合同文件的要求,所有的生活、生产等设施布置均体现安全生产、文明施工及环保意识。各施工场地及生活区均按有关要求配置足够可靠的环保设施及消防设施,避免施工对公众利益的损害,并考虑为其他承包人提供方便。

(5)地下厂房场地规划布置根据机组各组装部件的结构特点、厂房的结构及施工进度进行综合考虑,场地布置是否合理将直接影响到工程进度的实施,因此在规划布置时应合理地利用场地。

(6)根据工程进度合理地组织机电设备分时段、分批进场,尽可能地减少组装场地相互干扰的矛盾。

(7)根据工程进度和施工要求合理地组织施工设备进场和退场。

2. 生活营地规划布置

根据本标高峰期人数,房屋建筑按300人进行规划布置,占地面积约为5 400 m^2、建筑面积约为2 460 m^2。主要规划有:2栋3层职工宿舍楼、1栋2层管理办公楼、食堂(食堂饭厅兼娱乐室)、澡堂、锅炉房、停车库、停车场等。1#楼为2层办公楼,共18间作为办公用房;2#、3#楼为3层职工宿舍楼共计51间(3.3 m×6 m)(不包括卫生间)。楼房建筑施工图,采用南京市城镇建筑设计院为下库主体标生活营地住宅楼设计的施工图纸。生活区场地供水系统主管为DN80,水源取至业主已建的2#水池。生活区场内用电从业主设置的2#分区变接取10 kV电源,用架空导线引至生活区变压器,降压为0.4 kV后,分别引至生活区各用电点。生活区设有9 m^3 化粪池,各卫生间污水经DN150排污管流入化粪池处理后,排放至主体标生活营地主排污管。生活区内设置有专用垃圾桶,派专人定期清理,运至发包人指定的地点进行处理。

3. 施工营地布置

根据本标实际临时施工用地,对业主仓贮不足的部分设备存放面积进行了核算,并对我方主体标已有的临时设施不再重复布置,占地面积约需9 750 m^2。主要规划有600 m^2 机电设备仓库、600 m^2 简易棚库、1 920 m^2 露天设备堆放场、675 m^2 制作拼装场和原材料堆放场、675 m^2 模板和钢筋堆放场以及物资办公室、劳保库、工具库、小型材料库、管道预制车间、模板加工房、钢筋加工房和其他相关的临时设施等。

4. 地下厂房场地布置

(1)地下厂房临时通道布置。

(2)安装间及机组段场地布置。

(3)主变洞施工设备布置。

(4)母线洞施工设备布置。离相封闭母线及配套设备施工的施工机具、设备将随设备安装的部位就近布置。

(5)500 kV 开关站主要施工设备布置。500 kV 开关站及出线架设备施工的施工机具、设备将布置在被安装设备的近旁。

5.施工与生活用电

发包人在工程下库区设有35 kV 施工(永久)变电所,并提供厂内10 kV 主干线路,向整个工程的施工区和生活区提供电源。

1)地下厂房施工用电

(1)施工供电负荷确定。施工供电负荷的确定在考虑所有参与施工的供电设备总负荷的同时,应对所有设备的使用同期率加以考虑,一般供电设备越多使用同期系数越小。经过对准备投入本工程的供电设备的进一步校核,考虑适当的负荷余量,其施工供电设备容量为:排水泵300 kW、排风机25 kW、桥机350 kW、卷扬机37 kW、电焊机360 kW(18 kW×20台)、空压机90 kW、加温设备100 kW、电热干燥箱10 kW、真空滤油机80 kW、压力滤油机5 kW、真空泵20 kW、回收装置20 kW、拌和机30 kW、振捣器33 kW、地质钻机17 kW、高速制浆机15 kW、双层搅拌桶11 kW、低速搅拌储浆桶16.5 kW、注浆泵37.5 kW、照明70 kW、其他100 kW、总负荷1 727 kW。

(2)供电容量计算。计算公式为:

$$S = K[1.10(K_1 \sum P_c + K_2 \sum P_a + K_3 \sum P_b)]/0.75 \quad (\text{kVA}) \tag{9-12}$$

式中 S——总供电容量,kVA;

K——功率损失系数,取1.05;

K_1——全部施工供电设备同时使用系数,供电设备越多,K_1 越小;

$\sum P_c$——全部施工供电设备功率的总和,kW;

K_2——室内照明设备同时使用系数,一般采用 $K_2=0.8$;

$\sum P_a$——室内照明设备额定容量的总和,kW;

K_3——室外照明设备同时使用系数,一般采用 $K_3=1$;

$\sum P_b$——室外照明设备额定容量的总和,kW。

考虑供电设备使用的重叠程度即设备使用同期率,又顾及大型试验和其他供电等,地下厂房供电容量为:$\cos\varphi = 0.75$ 时,$S=1\ 357.89$ kVA,$P=1\ 018.42$ kW。

将功率因数提高到0.85时,供电容量 $S=1\ 198.15$ kVA,其功率补偿装置容量为:

$$Q_c = \alpha P(\tan\varphi_1 - \tan\varphi_2) = \alpha P q_c = 198.6(\text{kvar}) \tag{9-13}$$

式中 q_c——比补偿功率,取0.23~0.29;

α——年平均有功负荷系数,取0.7~0.75。

则电容补偿容量 Q_c 取200 kvar。

2)开关站施工用电

(1)主要用电负荷。桥机45 kW、电焊机80 kW、电热干燥箱20 kW、真空泵20 kW、回收装置20 kW、照明30 kW、其他20 kW。

(2)容量计算。采用式(9-12)进行计算,考虑到施工设备同期系数及高压试验,其用电容量约为217.14 kVA。

(3)设备选择。选用250 kVA、10 kV/0.4 kV电力变压器一台。

(4)设备布置。从发包人提供的供电8#分区变引接电源,用架空导线引至开关站,经10 kV/0.4 kV变压器变为0.4 kV后,为施工提供电源。

施工变压器安放在地面GIS室外面靠斜坡处。

3)中控楼及配电室施工用电

(1)主要用电负荷。电焊机100 kW、照明20 kW、其他用电设备30 kW。

(2)容量估算。S = 138.6 kVA。

(3)设备选择。选用160 kVA、10 kV/0.4 kV电力变压器一台。

(4)设备布置。从发包人供电4#分区变接取10 kV电源,用架空导线引至施工变压器,降压后分别给中控楼各层及配电室等施工面供电。施工变压器布置在中控楼与配电室之间的适当位置。

4)上水库进/出水口施工用电

(1)主要用电负荷。电焊机100 kW、照明20 kW、其他用电设备30 kW。

(2)容量估算。S = 138.6 kVA。

(3)设备选择。选用160 kVA、10 kV/0.4 kV电力变压器一台。

(4)设备布置。从发包人供电9#分区变接取10 kV电源,用架空导线引至上水库进/出水口施工变压器,降压后分别引至各施工面。

5)下水库进/出水口施工用电

(1)主要用电负荷。电焊机80 kW、其他用电设备30 kW。

(2)容量估算。S = 101.64 kVA。

(3)设备选择。选用125 kVA、10 kV/0.4 kV电力变压器一台。

(4)设备布置。从发包人供电5#分区变接取10 kV电源,用架空导线引至下水库进/出水口施工变压器,降压后分别引至各施工面。

6)一级、二级泵站施工用电

(1)主要用电负荷。电焊机100 kW、照明20 kW、其他用电设备30 kW。

(2)容量估算。S = 138.6 kVA。

(3)根据合同文件答疑信第(02)号,施工电源直接接0.4 kV电源,我方将装表独立计量。

7)施工营地用电

(1)主要用电负荷。电焊机220 kW、机加工车间60 kW、电动工器具30 kW、钢筋加工厂40 kW、木材加工厂30 kW、混凝土预制厂30 kW、照明30 kW、其他30 kW。

(2)容量估算。

施工营地用电容量约为452.76 kVA、P =344.09 kW、$\cos\varphi$ = 0.76。

将功率因数提高到0.85,则功率补偿装置容量为:

$$Q_c = \alpha Pj(\tan\varphi_1 - \tan\varphi_2) = 56.64(\text{kVA})$$

(3)设备选择。选用500 kVA、10 kV/0.4 kV电力变压器一台。选PGJ1型容量为84

kVA 的补偿装置一台。

(4)设备布置。从发包人供电 3#分区变接取 10 kV 电源,用架空导线引至施工变压器,降压为 0.4 kV 后,分别引至办公室电修车间、工具房管道预制间、木材钢筋混凝土构件加工区、仓库、机加工车间等施工面。

8)生活营地用电

(1)主要用电负荷。办公 20 kW、生活设施 240 kW、其他 20 kW。

(2)容量估算。生活营地用电容量约为 258.72 kVA。

(3)设备选择。选用 315 kVA、10 kV/0.4 kV 电力变压器一台。

(4)设备布置。从发包人设置的 2#分区变接取 10 kV 电源,用架空导线引至生活变压器,降压为 0.4 kV 后,分别引至办公室、食堂、澡堂、宿舍等用电负荷。

6. 生活、生产和消防用水

施工期主要用水范围包括生活营地、施工营地、地下厂房、二级补水泵站、500 kV 开关站等部位。其用水量分配为:

(1)生活营地用水量按高峰期 481 人考虑,日用水量约 62 m^3(包含小车冲洗、消防用水)。

(2)施工营地用水量主要用于混凝土预制构件养护、厕所用水、大型汽车清洗、消防以及其他用水等,用水量不大,日用水量约 15 m^3。

(3)地下厂房土建施工用水主要用于灌浆、锚筋孔冲洗、仓面冲洗、养护及清理工作面等。平均日用水量 35 m^3,最大日用水量 45 m^3;地下厂房机电施工用水主要用于蜗壳水压试验、管路水压试验、铜焊机以及消防用水等,每台机组用水量约 720 m^3。

(4)二级补水泵站改造施工用水主要用于混凝土施工中的全面冲洗、养护等,日用水约 10 m^3。

(5)其他部位日用水量 15 m^3。

7. 地下厂房施工期排水和排污

1)地下厂房施工期排水

地下厂房临时排水是确保地下厂房正常施工和设备安全的重要保证,是我方的重中之重,为确保地下厂房排水,我方将按如下方案进行实施:

(1)排水量确定。我方进点后根据现场考察,地下厂房排水量主要为地下断层渗漏积水和施工排水,峰水期排水量估为 350 m^3/h,随着地下厂房进一步向下开挖和雨季高峰期的到来,在排水部位未移交我方之前,我方将进一步核实地下厂房高峰的排水量。

(2)排水设备选择及布置。设备选择按高峰期排水量 400 m^3/h,选择 4 台 100QW100-35-18.5 型潜水泵($Q = 100\ m^3/h$、$H = 35\ m$、$P = 18.5\ kW$)和 2 台 ISW125-315 型排水离心泵($Q = 224\ m^3/h$、$H = 110\ m$、$P = 110\ kW$)。

排水泵房设置在渗漏集水井部位,在排水泵房合适位置布置一个 20 m^3 中间水池。

(3)排水路径确定。排水路径主要考虑有两路:排水管道一路沿排水管道斜井、排水管道上平洞敷设至 PD6 号探洞,然后通过排水管道自流排出洞外;另一路沿进厂交通洞敷设排出洞外。帷幕灌浆完成后,地下断层渗漏积水量将减小,沿 PD6 探洞敷设的管路为主要排水路径。

(4)投运期间负责此系统的运行、维护和完工后的拆除工作。

2)地下厂房施工期排污

在地下厂房合适的部位设置4个移动式免冲活动厕所,粪便由专人定期收集运出,并经化粪处理后排放到指定地点。建筑垃圾经收集后由专人定期运到发包人指定的处理场地。

在污水处理系统未形成前,对施工中产生的废油、废水经收集后运到厂外,然后送到发包人指定的处理地点处理。

8. 施工用风

施工主要用风部位为地下厂房,考虑用风部位比较分散,因此不设集中风源,各部位均采用电动移动式空压机。

(1)土建施工用风;

(2)机电施工用风;

(3)施工营地布置2台0.9 m^3 移动式空压机;

(4)其他施工部位根据用风需要设置0.9 m^3 移动式空压机。

9. 地下厂房施工临时通风

(1)在地下厂房二期混凝土浇筑和机电安装期间,各洞室均已贯通,主厂房已基本形成风流循环条件,在各部位永久通风系统没有形成之前,安装临时通风系统。临时通风系统采用机械通风和自然通风相结合的方式,在通风较差的部位设置轴流风机,可随时移动到产生烟雾、粉尘较多的施工部位,用软风管引导至主风道,以改善这些部位的施工环境,保证施工的正常进行。

(2)在本标施工期间,主要施工部位集中在安装间、机组段和主变洞内。在主机埋件和机组安装阶段,水轮机肘管、锥管、座环、蜗壳、发电机定子机座、转子中心体等部件的组焊是产生施工烟雾的主要来源之一,为改善通风环境,排除施工过程中产生的烟雾,在副厂房和主变洞排风洞内分别布置一台排风量为50 000 m^3/h、40 000 m^3/h 的轴流风机,并用软风管沿洞室顶部敷设导引至厂房排风竖井,以弥补自然通风的不足。在主厂房发电机层、水泵水轮机层以及其他通风较差的施工部位,布置可移动式小型轴流风机(单台排风量为2 423 m^3/h),用帆布软风管导引至主风道,以改善此部位的通风环境。

(3)永久通风系统形成后,将所有的临时排风系统拆除。

10. 施工照明措施

(1)在地下厂房及其附属洞室、交通洞等,每25 m布置一盏250 W自镇流荧光高压汞灯,离地面4 m高。

(2)在安装场放置一盏太阳灯,在主厂房各层施工面及主变、母线等施工面放置投光灯。

(3)施工时,应遵守《水工建筑物地下开挖工程施工技术规范》(DL/T 5099—1999)第13.3节的规定,人体能触及到的地方,照明电压不得高于36 V;在湿的地方及导体内施工时,照明供电电压不应大于24 V。

(4)办公室采用日光灯照明,走廊卫生间采用吸顶灯照明,澡堂采用防水灯照明,锅炉房采用防水防爆灯照明。

(5)生产、生活区道路照明采用高杆路灯,电缆采用 VLV22-3×10+1×6,直埋敷设。

11. 施工通信

根据标书要求和本工程现场通信条件,进点后根据现场实际需要向发包人申请安装20门固定电话和一定数量的移动电话作为现场施工及对外的通信联络,并配备15对对讲机作为各施工部位与专业施工的通信联络,保证现场施工及对外的通信联络畅通。施工通信采用三种形式兼备,即有线电话、手机及对讲机。各施工部室及施工队配备能与外界联系的有线电话;项目部领导、各部室领导及主要技术负责人配备手机;施工单项工程的施工联络,如放电缆、盘车、调试和试运行等工作配备对讲机联络。

9.4.3.2 临时设施布置

临时设施布置原则:①临时设施包括生产临时设施和生活临时设施,这些设施设置时依据两大原则,一是以人为本,二是有利生产。②临建工程的设置:一是考虑安全,二是从工作实际需要出发,三是保证工程质量,四是有利于保质保量如期发电。

9.4.3.3 临时设施的拆除

工程结束后,在合同规定的范围内,对本标段所建的临时设施进行拆除与清理,并按监理人指示进行环境整治。

复习思考题

9-1 双代号网络计划是如何表示的?

9-2 什么是网络计划的关键路线?它的活动有什么特点?

9-3 网络计划的绘制步骤是怎样的?

9-4 网络计划的时间参数有哪些?

9-5 怎样计算非肯定型问题的时间?

9-6 编制资源进度计划时要考虑哪些因素?

9-7 网络计划的调整优化应如何进行?

项目10　水轮机机组的检修

【项目导读】

水轮发电机机组在运行中必须能安全可靠地发电。为了使机组具有很高的运行可靠性,保证机组经常处于良好的工作状态,就必须对机组进行有计划的检查和修理,以便及时发现问题,消除隐患,防止事故停机。为了使机组保持长期高质量运转,还应贯彻以预防为主的检修工作。检修工作应有目的、有计划、有组织地进行。遵守到该修必修、修必修好的原则,严格按照规章制度办事。只有高水平、高质量的检修工作,才能保证机组长期的安全运行。本项目主要介绍水轮机机组检修类别、周期与质量标准,水轮机泥沙磨损和气蚀破坏的一般情况,水轮机泥沙磨损和气蚀破坏的主要修理方法和技术措施,轴瓦的修复,发电机检修,机组经常出现的故障和处理方法等。

【项目目标】

知识目标:

1. 了解水轮机机组检修类别、周期。
2. 了解水轮机机组检修质量标准 、水轮机泥沙磨损和气蚀破坏的一般情况。
3. 掌握水轮机机组检修的主要修理方法和技术措施。
4. 掌握水轮机机组检修中经常出现的故障和处理方法。

技能目标:

1. 能分析水轮机机组典型故障发生的原因及来源。
2. 学会水轮机转轮气蚀区的补焊方法。

【课程思政】

党的二十大报告指出,中国式现代化是人与自然和谐共生的现代化。人与自然是生命共同体,无止境地向自然索取甚至破坏自然必然会遭到大自然的报复。我们坚持可持续发展,坚持节约优先、保护优先、自然恢复为主的方针,像保护眼睛一样保护自然和生态环境,坚定不移走生产发展、生活富裕、生态良好的文明发展道路,实现中华民族永续发展。

任务10.1　水轮机机组检修类别、周期与质量标准

10.1.1　机组检修类别及周期

10.1.1.1　检修类别

机组检修工作大致可分为四类。

(1)维修检查。这是在运行机组不停机情况下,经常性的维修工作。目的是消除和防止机组运行过程中可能发生的故障。

(2)小修。小修一般在停机状态下进行。一般是设备发生了故障(或事故)需立即处理的项目,或有目的地检查和修理机组的某一重要部件。通过小修能掌握被修部件的使用情况,并可为编排大修项目提供依据。

(3)大修。大修主要是为解决运行中出现并经小修无法予以消除的严重设备缺陷。大修时需拆卸机组某些复杂的部件和机构,拆卸部件多少,视机组设备损坏的程度而定。

(4)扩大性大修。全面、彻底地检查每一部件结构及技术数据。这是一种为消除运行过程中,由于零部件的严重磨损、损坏,导致整个机组性能和技术经济指标严重下降的机组修复工作。机组扩大性大修时,通常要将机组全部分解、拆卸,转子吊出,检修所有被损坏的零部件,协调机组各部件和各机构间的相互联系,修复和改造机组的某些部分。

机组的大修可分为三个阶段:大修准备阶段,修理阶段和大修后的检查、试验阶段。在大修准备阶段,首先必须了解设备设计、制造、安装、运行中的问题,如设备结构的合理性、原发电机安装质量、以往大修后的质量和问题、机架振动、摆度、温升等情况;其次要明确本次大修工作主要处理问题,制订大修计划表,然后做好检修工具、材料、备件、检修用的设备和场地等准备工作。修理阶段按照大修计划和质量标准进行。大修完后需进行质量检查,通过试运转检查机组运行状况和一系列试验。如在运行中发现还存在缺陷,则还需继续处理,直至合格。

10.1.1.2 机组检修的周期

定期检修按工作内容和要求不同分为维护检查、小修、大修和扩大性大修这几类。一般的周期和占用时间见表10-1,其中小修和大修的情况见表10-2。

表10-1 定期检查的分类和周期

分类	间隔周期	历时(d)
维护检查	每周一次	0.5
小修	每年两次	2~7
大修	一般4~6年一次 多泥沙电站3~4年一次	20~30
扩大性大修	8~10年一次	45~70

表10-2 小修、大修的标准项目占用时间 (单位:d)

转轮直径(mm)	混流式		轴流式		冲击式	
	大修	小修	大修	小修	大修	小修
<1 200	20	3			10	3
1 200~2 500	25	3			20	4
2 500~3 300	28	5			25	6
3 300~4 100	33	7	35	8	30	6

10.1.2 水轮发电机检修项目和质量标准

水轮发电机机械部分检修项目和质量标准,见表10-3~表10-5。从表中可以看出,水轮发电机检修项目和质量标准中,不少内容与水轮发电机安装的要求是一致的。

表 10-3　发电机维修项目及质量标准

编号	项目	质量标准
1	各部轴承检查	油面合格，油色正常，轴承无异声，瓦温正常，无漏油甩油，冷却器水流通畅
2	机组外观检查	振动、声响无异常
3	测量导轴承摆度	符合规定标准，无异常增大
4	制动器外观检查	无异状，无漏油
5	表计检查	指示正确，无渗漏
6	发电机冷却水管预备水源检查	各阀位置正确，无漏水现象

表 10-4　发电机小修项目及质量标准

编号	项目	质量标准
1	推力轴承及导轴承外部检查	无异状，将油污、灰尘擦干净，漏油严重时应进行处理
2	制动器、制动环检查与清扫	制动环表面无毛刺，螺杆头与磁轭键均未凸出制动环表面，制动器连接螺钉无损伤、折断，油污灰尘应擦干净
3	制动器给风动作试验	制动器动作灵活，给风后，风压能保持在 600 kPa 以上
4	油、气、水管路及各阀检查	不渗漏，管阀外部擦干净
5	发电机盖板及挡风板检查	螺钉紧固，焊缝无裂缝，钢板无裂缝
6	转子各部检查	螺栓紧固，结构焊缝与螺母点焊无开焊，磁轭无松动或下沉现象，风扇无松动变形，铆钉完整无缺。转子各部清扫干净
7	定子与机架结合螺栓、销钉及结构焊缝检查	销钉无松动，结构焊缝与螺母点焊无开焊，灭火水管不松动，且经通风试验畅通无阻
8	空气冷却器外部检查	不漏水
9	各表计检查	指示不准的应拆下进行校验，装后接头不漏
10	过滤网清扫	将灰尘清扫干净

表 10-5　机组大修项目及质量标准

项目		质量标准
推力瓦与导轴承	1. 轴瓦刮研	刮研挑花,前后两次的刀花应垂直,进油边的研刮应按图纸进行。推力瓦要求有2~3个/cm^2接触点。分块式导轴承瓦要有2个/cm^2接触点,不接触面积每处不大于轴瓦面积的2%,其总和不得超过该轴瓦面积的8%。筒式瓦刮研后,间隙应符合图纸要求,轴瓦接触点应为1~2个/cm^2
	2. 推力轴承高程及水平度	高程应符合转子安装高程,水平度应在0.02 mm/m以内
	3. 卡环	受力后用0.03 mm厚塞尺检查,有间隙的长度不得超过圆周长的20%,且不得集中在一处
	4. 推力瓦受力调整	刚性推力轴承推力瓦支柱螺栓拧紧最后二三遍时,用力应均匀,位移应一致;液压支柱式在承受转动部分重量之后,各弹性油箱的伸缩值,相互间最大差值小于0.3 mm
推力瓦与导轴承	5. 导轴承间隙调整	轴承总间隙值按图纸要求确定。分块式单侧间隙应按轴线的实际位置及方位确定,调后误差不得超过±0.01 mm,轴瓦下部托板与轴瓦间无间隙,上部压板与轴瓦间保持0.5 mm左右间隙
	6. 轴承绝缘	推力油槽充油后,推力轴承与之绝缘值不得小于0.3 MΩ(用1 000 V摇表测量)。有绝缘的导轴瓦绝缘值在50 MΩ以上
	7. 推力瓦温度计	正常温度应当在60 ℃以内,最高不得超过70 ℃
机组轴线	1. 盘车测量轴线	记录无误,计算准确
	2. 轴线处理	修刮推力头或主轴法兰的位置与深度应正确,接触面要大于70%,加垫位置应正确
	3. 轴线调整	各部摆度不得超过表规定值
转子	1. 转子圆度	各半径与平均半径之差,不得超过设计空气间隙的±5%
	2. 磁极铁芯中心高程	允许误差不超过±2 mm
	3. 转子对定子相对高差	磁极中心低于定子铁芯中心的平均高差,其值应为铁芯有效长度的0.4%以内
	4. 发电机空气间隙	各实测点间隙与实测平均间隙值偏差不超过±10%

续表 10-5

项目		质量标准
定子及机架	1. 定子铁芯合缝间隙	局部间隙在 0.2 mm 以下的长度不大于全长的 2%
	2. 定子铁芯的椭圆度	定子铁芯内径最大、最小值之差宜小于设计空气间隙的 10%
	3. 铁芯及线圈检查	铁芯组合应严密，无铁锈，齿压板不松动，线圈应完整，绝缘无破损、胀起及开裂现象。线圈表面无油垢
	4. 机架轴承座的水平误差	应小于 0.15 mm
	5. 机架轴承座的高程误差	按水轮机法兰盘找正，偏差值小于 1.5 mm
	6. 机架中心偏差	应小于 1.0 mm
	7. 机架及定子振动	振动应在规定范围之内
发电机辅助设备	1. 制动器分解检查	各零件无损坏，皮碗或密封圈变质或损坏应更换
	2. 制动器及管路耐压试验	根据厂家标准进行。厂家如无规定，按顶转子最大油压的 1.25 倍耐压 10 min
	3. 空气冷却器清洗及耐压试验	清洗干净，按工作压力的 1.5 倍进行通水试验，历时 10 min，应无渗漏
	4. 油冷却器清洗及耐压试验	清洗干净，按工作压力的 1.5 倍进行通水试验，历时 10 min，应无渗漏
	5. 各油槽清洗	清洗干净，并刷上耐油漆
	6. 温度计校验，压力表、转速表及转速继电器的校验	按厂家标准进行，如无厂家标准，膨胀型温度计可按 2~3 次校验的平均值，误差为±4 ℃。压力表、转速表及转速继电器的误差应符合厂家规定，如无规定，应按 2.5 级计算
机组中心测定及调整	1. 上、下机架水平	检修前后无明显变化
	2. 测前准备工作	钢琴线对中找正后与固定止漏环中心之偏差小于 0.03 mm
	3. 测量结果	发电机定子测量误差为±0.10 mm，其余各部为±0.02 mm，水轮机的止漏环中心偏差小于 0.10 mm，止漏环不圆度小于平均间隙的 5%，定子中心偏差小于 1.0 mm，各导轴承中心偏差在图纸规定范围之内

任务 10.2　水轮机泥沙磨损和气蚀破坏的一般情况

10.2.1　水轮机泥沙磨损的一般情况

通过水电站水轮机过流通道的工作介质中,若含有足够量的悬浮泥沙,坚硬的泥沙颗粒撞击过流表面,使其疲劳破坏,此过程就叫作水轮机泥沙磨损。

水轮机过流零件受泥沙磨损的外观特征为,表面呈鱼鳞状波纹,磨损轻微的地方,有沿着水流方向的划痕和斑点;当磨损较严重时,则彼此连成一片,具有破坏痕迹的表面有阴暗光泽,形状细长。

水轮机过流零件遭到破坏的原因很多,除事故损坏外,最主要的原因是泥沙磨损、气蚀破坏和化学腐蚀。这三种原因引起的破坏形式有所不同。气蚀破坏的特征是零件表面呈海绵状,金属表面好似被一小块一小块地啄成相当深的小洞,形成蜂窝,在破坏初期,这些小洞是不连续的,小洞旁边的金属表面可以是完好的。化学腐蚀的特征则是零件表面的金属一层一层地被剥落,破坏只在表面进行,破坏层很薄。泥沙磨损对零件表面的破坏,破坏区连成一片,就是在初期也呈片状的连续磨损和斑点。此外,它的破坏深度较化学腐蚀的破坏层要深。但是,有时这三种破坏因素同时存在,特别是气蚀破坏和泥沙磨损常常是伴随出现的,仅仅根据表面破坏的特征区别破坏原因,有时是很困难的,而只能分析出零件破坏的主要原因。

泥沙磨损是一种严重的破坏过程。严格地说,只要河流中含有泥沙,取用该河流的水作为工质时,水轮机就会遭到泥沙磨损。但当水电站在枯水期或汛期前平水期工作,且从库容很大的水库或具有足够沉降尺寸的特设沉沙池中取水时,由于水中含沙量很少,泥沙磨损对水轮机的破坏是很轻微的。但当河流的含沙量较大或引水设备的沉沙性能不良时,水轮机将遭到严重的泥沙磨损破坏。一般河流在汛期可能集中通过全年输沙量的80%~90%,有时,经过一个汛期的工作,水轮机就遭到必须大修补焊的严重破坏。

水轮机泥沙磨损所导致的严重恶果是通流零部件的破坏,并由此引起一系列的经济损失。水轮机遭到泥沙磨损破坏后,效率将显著下降。图10-1表示国外某水电站遭到严重泥沙磨损破坏后,水轮机效率的实测结果。曲线1表示水轮机遭到严重破坏后的效率,曲线2表示小修后的效率,曲线3表示更换新转轮后的效率,曲线4表示新转轮经夏季3个月运行后的效率,曲线5表示新转轮经6个月运行后的效率。效率下降意味着发电减少,损失增大。

水轮机泥沙磨损将使检修周期缩短,检修时间和工作量增加,从而使检修费用和检修期间的电能损失增加。水轮机之所以必须检修,是由于零部件发生损坏。由于近代水电站的水轮机均具有较为完善的自动保护和自动控制系统,所以事故性损坏不易发生。经常性损坏包括任何机器都存在的轴承和密封的磨损、易损件的老化、表面积垢等,这些都需要检修、处理。但由这些原因引起的检修工作易于进行,工作量不大,有的甚至可以在运行过程中加以处理,不决定检修周期和工作量。而重要的经常性损坏,就是水轮机因气蚀和泥沙磨损所造成的严重损坏。在多泥沙河流水电站中工作的水轮机,泥沙磨损严重时,它往往是决定水力机组检修周期和检修工作量以及检修时间的唯一因素。水轮机泥沙磨损的破坏程度决定检修的工作量。我国黄河上一些水电站水轮机均遭到严重的泥沙磨损破坏,有的转轮补焊一次就消耗电焊条数吨,可见工作量之大。

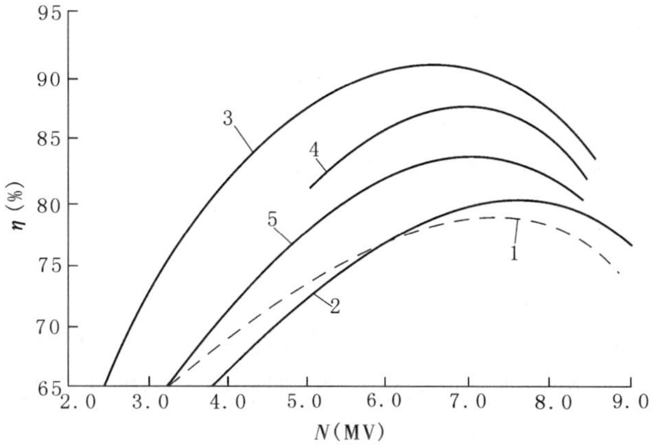

图 10-1 国外某水电站水轮机遭泥沙磨损后的效率变化

此外,泥沙磨损将给水电站的运行带来很大困难。由于频繁的检修,水电站无法正常工作,为了修复遭到破坏的水轮机,水电站必须配备大量的检修人员;汛期过后,多泥沙河流上的梯级电站水轮机大批检修,使电力系统供电紧张,而不得不加大系统的备用容量,这些都是很不经济的。遭到泥沙磨损破坏的水轮机,当金属损失太多,转轮静平衡遭到破坏时,机组振动加剧,危及安全。例如,苏联卡纳基尔水电站水轮机因磨损导致机组振动加剧,使定子齿槽板断裂而割破绝缘,酿成定子线圈击穿的严重事故。水轮机导水机构磨损严重,关闭时泄漏流量过大,致使无法正常停机。混流式水轮机上迷宫环受磨损严重时,大量没有经过消能的水流可以将尾水管护面冲掉,并继续冲刷混凝土基础,影响整个机组的安全。

我国多泥沙河流上水电站的水轮机,泥沙磨损的情况是严重的。我国华北、西北地区,大多数河流流域包括广阔的黄土高原和黄土丘陵地区,汛期暴雨频发,强度大,大量泥沙被地表径流带入河流,使河水含沙量很高,泥沙中坚硬颗粒较多。例如,通过三门峡上游陕县水文站的多年平均年总输沙量竟高达 1.3 亿 t,为世界罕见。在黄河干流与支流上兴建的一些水电站,水轮机均遭到了不同程度的磨损破坏。一些早期修建的水电站,由于库区淤积,数量较多、粒径较大的泥沙被引入水轮机,致使过流表面遭到严重破坏,这样一些水电站每年因泥沙磨损需检修机组的工作量是十分巨大的。

泥沙磨损是一种物理破坏过程。被水流挟带的泥沙具有一定的动量,当它以一定的方向冲击微观看来是不平整的水轮机流道壁面时,冲击点处的局部压强虽小于材料的破坏强度,但在多次的频繁冲击下,材料将发生疲劳破坏,微小的金属颗粒被剥落。初期被磨损的表面变得粗糙,从而加速了后期磨损破坏的进度。

泥沙磨损与下列因素有关:①含沙水流的特性,如含沙浓度、水流速度、泥沙粒径、泥沙颗粒形状、泥沙硬度等。②水轮机流道边壁材料特性,如材料的表面硬度、冲击韧性、表面弹性、表面光洁度及铸造缺陷等。③磨损时的工作条件,如水轮机的工作条件、流道几何参数。

一般地说,水流的含沙量愈高,水流速度愈大,泥沙颗粒愈大,泥沙颗粒愈硬,水轮机材料表面愈软、愈不光滑,水轮机遭到泥沙磨损的破坏程度(通常以失重或体积损失表示)就愈严重。奥拉海拉斯维里提出如下关系式

$$S = KU^m \tag{10-1}$$

式中 S——单位时间内单位被磨损表面金属的失重;

U——相对于磨损表面的水流平均流速;

K——取决于各种因素的系数,其中包括含沙浓度、粒径、硬度,以及其他与磨损有关的因素;

m——指数,$m=2.7\sim3$。

式(10-1)建立了金属失重与流速之间的关系,可见流速增大,磨损将随之加剧。高水头的水轮机,在其他条件相同或相近的情况下,泥沙磨损的破坏比低水头水轮机要严重得多。

混流式水轮机中易受泥沙磨损的零部件主要有:水轮机转轮,转轮上、下迷宫环,顶盖,导叶和导水机构底环等。转轮中水流速度较高,因而转轮叶片的正、反面均能遭到严重的磨损破坏。导叶上、下端面间隙和转轮上、下迷宫环间隙中,水流速度亦较高,因而在间隙的两个结合面上均能遭到严重的破坏。

轴流式水轮机易被泥沙磨损的零件,除转轮叶片外,还有转轮室、转轮叶片的外缘也常遭到严重的破坏。

除水轮机的过流表面可能遭到泥沙磨损破坏外,某些非过流表面,如导叶的上、下枢轴与轴套、水润滑的水轮机密封等,也常由于泥沙的窜入而遭破坏。

10.2.2 水轮机气蚀破坏的一般情况

当静止的或流动的液体内部压力降低到某一限度时,液体气化,局部形成气泡或气穴,随后在压力较高的地方,气泡或气穴重新凝聚,这一整个过程称为气蚀。在以水为工质的水轮机通道中,由于流速较高,压力降低是不可避免的,因而难免产生气蚀。

当气泡或气穴随同水流一起进入高压区而发生凝聚时,由于时间非常短促,造成频率极高、压力很大的微观水击,使固体壁面疲劳破坏。此外,在气泡或气穴崩溃的过程中,还伴有温度升高、电化学腐蚀加剧等现象,从而加剧了固体材料破坏的进程。由气蚀现象引起材料的破坏叫气蚀破坏。

气蚀破坏是水轮机发展的重大障碍之一,也是运行的水轮机经常性损坏中最常见的一种形式。

水轮机上发生的气蚀均属于流体动力气蚀,它大体上可分为三种类型:翼型气蚀、局部气蚀和间隙气蚀。轴流转叶式水轮机和混流式水轮机的气蚀部位及各种类型气蚀所造成的危害程度有所不同。此外,在混流式水轮机中,还有发生在转轮出口和转轮中心处的空旋气蚀。

在轴流转叶式水轮机中,翼型气蚀、局部气蚀和间隙气蚀等同时发生。翼型气蚀是在转轮翼栅中水流绕流时,翼型背面压力下降,并低于当时温度下水的气化压力,而产生的

一种气蚀。一般的轴流式水轮机叶片翼型均是空气动力的翼型，这种翼型在参与能量转换的过程中，背面的压力是降低的，并经常处于真空状态，因而容易产生气蚀。间隙气蚀则主要发生在转轮叶片外缘端面与转轮室的耦合间隙中，这里具有很高的流速。局部气蚀则是由于绕流条件不良，造成局部脱流和旋涡所引起的一种气蚀，它常常发生在过流表面不平整处与叶片吊孔附近。

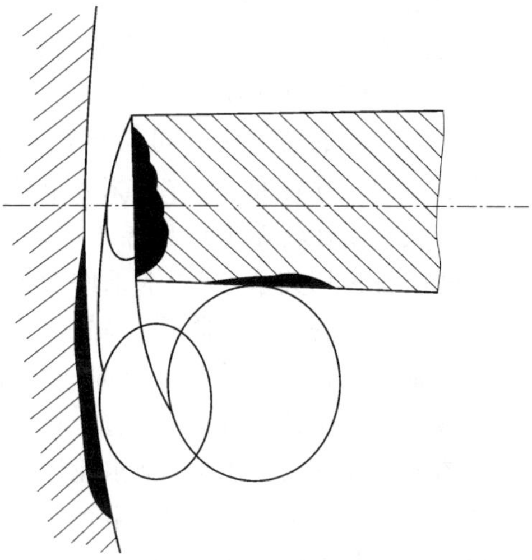

图 10-2　间隙气蚀形状

轴流式水轮机的气蚀破坏情况表明，叶片两个端面的间隙气蚀具有重要意义，它是造成轴流式水轮机气蚀破坏的主要形式。从间隙泄出的高速水流，在叶片外缘的背面形成旋涡，从而在该处造成严重的气蚀破坏。图 10-2 示出叶片周缘由于水流围绕叶片时产生的气蚀和从缝隙流出后产生的旋涡气穴造成的典型破坏情况。

图 10-3 显示出国外某电站水轮机经 13 700 h 的运转后，转轮叶片和转轮室的气蚀破坏情况。叶片上的气蚀破坏区位于叶片背面的进口边处和靠轮缘的地方，叶片正面转轮缘处也发生了气蚀破坏，转轮室遭到严重的破坏。

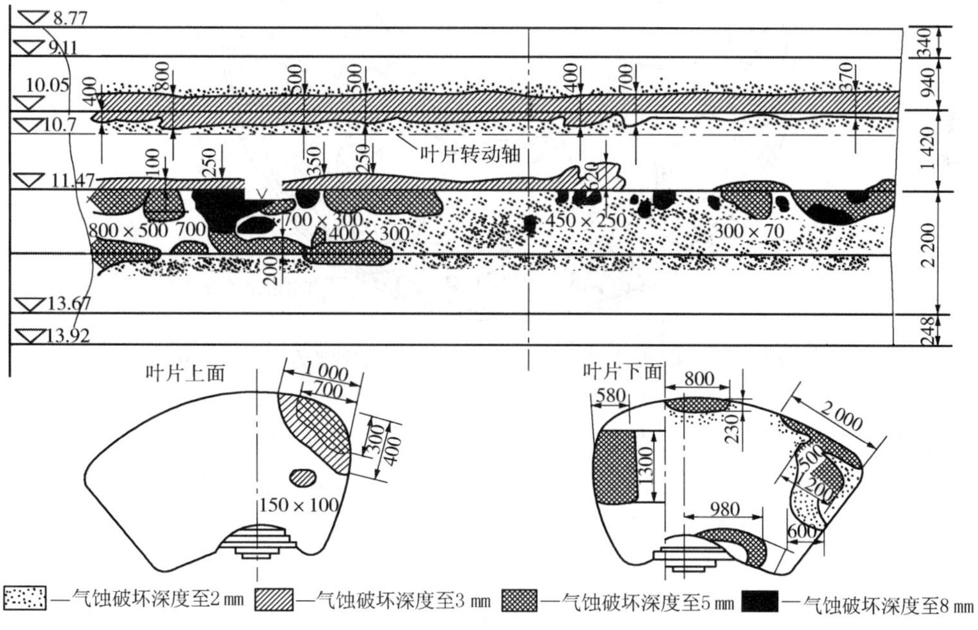

图 10-3　水轮机转轮叶片和转轮室的气蚀破坏情况　（单位：mm）

国内外大量的现场调查表明,许多运行的水轮机,实际的安装高程较低,有较大的气蚀安全裕度,但这些水轮机也遭到了严重的气蚀破坏,其中也包括轴流式水轮机。

混流式水轮机的气蚀破坏主要发生在转轮叶片的背面。对混流式水轮机,局部气蚀与间隙气蚀破坏处于次要地位。

不同型号的转轮在不同工况下运转时,翼型气蚀破坏区域有所不同,大多数位于靠近转轮下环的叶片背面,有时在靠近下环的内表面也发生气蚀破坏。混流式水轮机的间隙气蚀一般发生在转轮下环与导水机构底环的间隙中。间隙气蚀的发生同含沙水流对迷宫环的磨损有密切关系,在清水条件下工作的水轮机,通常不易发生间隙气蚀。局部气蚀发生在转轮上冠的减压孔附近及尾水管紧接转轮下环的部位。

混流式水轮机转轮叶片背面的气蚀破坏区一般有3个部位:靠叶片进口边处、叶片挠曲度最大的部位、叶片的出水边。每区的破坏程度取决于转轮型号和运行条件。

图10-4显示了HL240型水轮机转轮叶片背面靠下环处的气蚀破坏情况。该机检修后经7 675 h的运行,每个铸钢叶片的气蚀破坏面积达0.4~1 m^2,深度达10~15 mm。此后破坏面积基本稳定不变,其中一个叶片的不锈钢敷焊板始终未遭气蚀破坏。

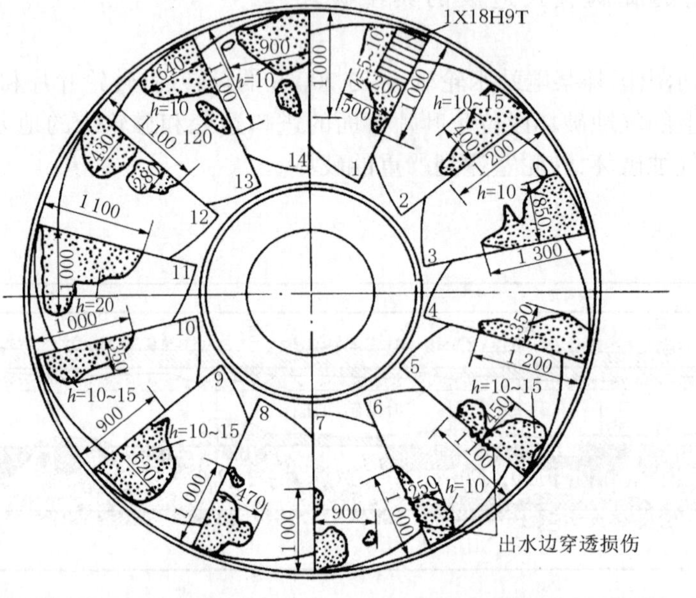

图10-4　HL240型水轮机转轮叶片背面的气蚀破坏　(单位:mm)

转轮叶片发生气蚀破坏的程度,同叶片的线型与制造质量有很大关系。同一型号的转轮装在同一电站,工作条件又相近,然而气蚀破坏情况可能相差悬殊,同一转轮的不同叶片,表现出不同的气蚀性能,都说明了这一点。例如:我国某水电站3#机组与2#机组均为HL220型,运行工况基本相同,但前者的气蚀破坏远比后者严重;2#机组第5#叶片运行28 175 h基本完好,而其他叶片均遭到不同程度的破坏。翼型实测表明,发生严重气蚀破坏的叶片实际翼型与设计图纸给定的翼型间的偏差达40~50 mm,且表面凹凸不平,而2#机组的第5号叶片,翼型表面光滑,尺寸误差只有8~10 mm。因此,制造和检修时保证叶片的质量是十分重要的，否则不但容易发生翼型气蚀，而且还可能由于叶片表面的凹凸不平诱发局部气蚀。

对于高水头水轮机，由于转轮区域水流速度很大，更应注意通流表面的制造和检修质量，否则极易发生由于表面粗糙引起的局部气蚀。

混流式水轮机转轮出口处常形成一个同工况有关的空腔气穴涡带，在其内部含有大量的气泡，当气泡崩溃时，将使转轮的泄水锥以及尾水管的锥形段和肘管遭到气蚀破坏，涡带的偏心旋转还导致尾水管和机组的振动。

水轮机气蚀所造成的直接恶果是通流部件的损坏，进而使水轮机的效率降低，电能损失增大，缩短机组的使用寿命，缩短检修周期，耗费大量的人力和物力，因而造成很大的经济损失。为修复被气蚀严重损坏的水轮机所花费的劳动是巨大的，因此必须十分重视对于气蚀和气蚀破坏的研究工作，设法减轻由气蚀破坏给水轮机运行所带来的沉重压力。

同一型号的水轮机运行于不同电站，转轮遭到气蚀破坏的程度有所不同，这里除存在水轮机材料、线型、表面光洁度等制造因素的差别外，还同水轮机的运行历时、淹没深度、机组出力和尺寸、运行水头、是否在运行中补气及补气的方式等一系列运行条件有关。一般来说，水轮机运行的时间久，吸出高度的安全裕量较小，水轮机的功率大，偏离最优工况远，运行中不补气或补气不良，这些情况都将使转轮比较容易遭到气蚀破坏。

为了衡量气蚀破坏的严重程度，而引入所谓气蚀破坏强度这一术语。但是，对这一术语的理解，目前尚不统一，存在着几种度量气蚀破坏强度的方法。

用侵蚀深度表示气蚀破坏强度是最常用的度量方法，因为随时间的推移侵蚀深度不断增加，而侵蚀面积增长缓慢。

图 10-5 说明了表面气蚀侵深的次序。气蚀破坏发生的部位基本不变，侵蚀面积也较稳定，因而在一定的绕流条件下，气蚀破坏强度可以由单位时间的侵蚀深度来表示。

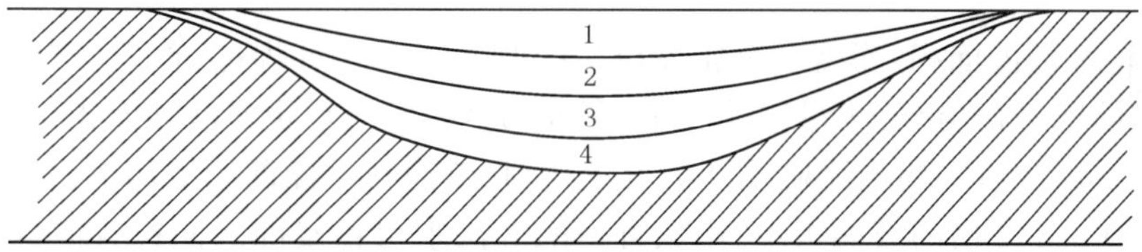

1~4—慢蚀区

图 10-5　零件表面气蚀破坏的次序

任务 10.3　水轮机泥沙磨损和气蚀破坏的主要修理方法及技术措施

水轮机过流零部件遭到泥沙磨损和气蚀破坏后，需要在现场进行修复，使其恢复工作能力。由以上两种因素造成的损坏尽管有所不同，但却有着最为基本的共同点，那就是工作零部件表面金属的大量流失和在局部形成穿孔。所以，两种情况的修复工作基本相同，并构成水轮机的主要检修工作内容。

10.3.1 转动部分检修

10.3.1.1 转轮气蚀和泥沙磨损后的修复

混流式水轮机的转轮发生气蚀的部位多半有3处,如图10-6所示。3区气蚀最为常见,它位于叶片背面,靠近下环和出水边一带;2区气蚀为叶片进水边的背面;1区气蚀位于叶片进水边正面,靠近下环的内侧。遭到泥沙磨损和气蚀破坏的混流式水轮机转轮,修复的主要方法是补焊。目前常用的是表面分层补焊法。下面主要介绍这种修复方法。

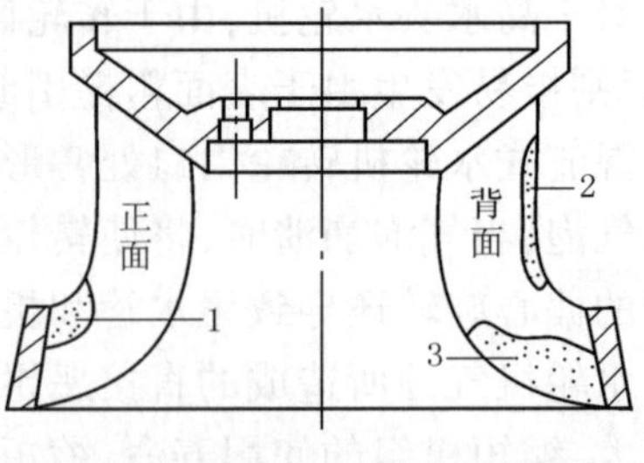

1—叶片进水边正面;2—叶片进水边背面;
3—叶片背面靠下环和出水边一带

图10-6 混流式水轮机转轮气蚀的部位

(1)工具与焊接材料准备。为了使转轮补焊工作能够顺利进行,必须提前做好工具和焊接材料的准备工作。所需要的主要工具和设备有直流电焊机、焊具、风铲、碳弧气刨、砂轮机、探伤设备、加温和保温设备、测量工具和仪器等。焊接材料则采用国产的堆277、堆276等耐气蚀堆焊电焊条,这类焊条抗气蚀性能良好,生产原料丰富,价格较低廉。堆277是低氢型药皮的堆焊电焊条,采用直流电源,焊条接正极,焊缝金属能加工硬化,富有韧性,并具有良好的抗裂性能。堆焊层硬度$R_c \geq 20$,堆焊金属的主要成分为:碳≤0.3%,锰10%~14%,铬12%~15%。堆276焊条可交、直流两用,其他性能同堆277。对于泥沙磨损破坏的转轮,宜采用国产堆217铬钼钒堆焊电焊条进行修复,它的堆焊层具有很高的抗泥沙磨损稳定性。这种焊条是低氢型药皮,铬钼合金钢芯,采用直流电源,焊条接正极。堆焊层硬度$R_c \geq 50$,堆焊金属成分为:碳约0.35%,铬约9%,钼约2.5%,钒约0.6%。为了节省焊条,底层可用优质低碳钢焊条堆焊。

(2)转轮被侵蚀面积、深度和金属失重量的测量。转轮补焊前,首先应对气蚀和泥沙磨损的破坏情况进行检查,测量侵蚀面积、深度和金属的失重量。侵蚀面积可用涂色翻印法测量。在侵蚀区域的周边涂刷墨汁等着色材料,待涂料干燥前用纸印下,再将纸放在刻有10 mm×10 mm方格的玻璃板下,用数方格的方法求得各侵蚀区面积,将每块面积叠加起来便得出每个叶片或整个转轮叶片的侵蚀面积。侵蚀深度可用探针或大头针插入破坏区测量,再用钢板尺量得。如图10-7所示为某电厂自制的侵蚀深度测量器,它可以很方便地测得各部位的侵蚀深度。曲线弓1用厚度为8~10 mm、宽度为25~30 mm的铝板制成,其长度视侵蚀区域大小而定,带有刻度的测针5连同紧固零件一起可以在曲线弓的槽内滑动,测定出曲线弓下各点的深度。测量时,先将曲线弓1弯至与被测部位的曲率相同,轻轻靠近叶片,防止曲线弓变形,将测针插入被测点,再旋紧紧固用螺帽2,使测针固定在曲线弓上,曲线弓下测针的读数即为该点的侵蚀深度。

金属的失重量,可用泥子按叶片的曲面形状涂抹在侵蚀区上,然后取下称重,按其比重换算出金属的失重量。上述测量结果将作为评定破坏强度的原始数据和检修工作的必备资料加以记录保存。

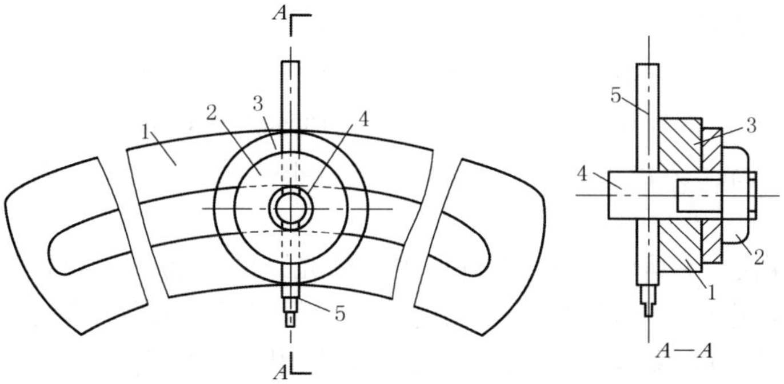

1—曲线弓;2—紧固用螺帽;3—垫片; 4—紧固螺栓;5—测针

图 10-7　某电厂自制的侵蚀深度测量器

(3)气蚀区的清理和补焊。对需要补焊的地方,应先将气蚀层用风铲和碳弧气刨剥掉。剥去的深度一般达到使 95%以上的面积露出基本金属。用砂轮将高点和毛刺磨掉。对于侵蚀深度不超过 2 mm 的区域可直接用砂轮机打磨。对于个别小而深的孔可不必清理,对于较大的深坑,为避免铲穿成孔,可留下 3 mm 左右不予清除,作为堆焊的衬托。对于穿孔严重的叶片出水边,可事先做出样板,然后将气蚀的叶片成块割掉,按样板用中碳钢板进行复制,复制完毕再拼焊在叶片上。

近年来,一般水电站多采用碳弧气刨清理侵蚀区,它操作简单,工效较高,但烟雾大,碳粉飞溅厉害,必须加强通风,以改善工作条件。

在水电站内补焊转轮,难以进行热处理回火和矫形,所以转轮较大面积的堆焊必须采用合理的工艺,控制转轮的不均匀变形,减少内应力,从而避免发生裂纹。国内外水电站在检修实践中,积累了不少这方面的经验。许多水电站的实践表明,在低温下进行堆焊,应力大,变形大,容易发生裂纹,所以最好在施焊前,用远红外线加热片对转轮进行整体预热,待温度达到 100 ℃左右,采用对称分块跳焊法进行施焊。当转轮直径较小时,可由一人施焊,轮流对称焊,直径较大的转轮,宜采用四名或两名焊工沿圆周方向对称施焊的方法,如图 10-8 所示。假如有四名焊工堆焊 14 个叶片的转轮,A、B、C、D 四个区域,四人分别占据 1、8、4、11 号叶片,同时施焊后,四人同时向一个方向转换位置,占据相邻的叶片施焊。对于同一个叶片,如果补焊的工作量很大,为使叶片均匀受热,应采用分块跳步焊的方法施焊。分块的尺寸没有严格限制,一般可以分成 200 mm×150 mm 的方块,各块接头应错开。在同一个叶片上换位时,最好间隔 1~2 个方块区,使堆焊的热量均匀分散。堆焊时,最好每层焊波交叉压焊,每次的堆焊量要少。对于侵蚀深度大于 8 mm 的地区,属于严重破坏区,一般要先行堆焊。先用与母材化学成分接近的结 426 或 427 打底。最后焊两层不锈钢焊条,焊肉要高出原来表面 2 mm 以上,以便焊后用砂轮机打磨光滑并符合原来的型线。对于已穿孔的部分,孔中应事先加入填板,填板周围分几次施焊。最后在填

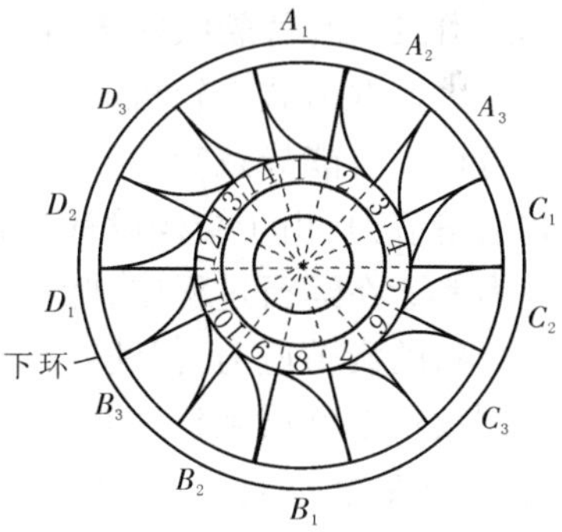

图 10-8　分块对称焊工作图

板表面和焊缝上堆焊两层抗磨损或抗气蚀的表面层。

当补焊工作在转轮室内进行时,通风是一项重要工作。实践表明,在主轴头上设鼓风机,在钢管的通气孔设抽风机,并保证转轮室内的风速在0.6 m/s以上时,焊工感觉良好。风向最好从焊工头部上方流入,从下方流出。千万不要从下方吹入,更不要从背部吹入,防止焊工感冒。

(4)磨光和探伤。补焊完成后,应进行表面磨光。磨光前,先用超声波进行补焊区的探伤检查。要求叶片与上冠及下环的根部、叶片中部、侵蚀堆焊区等均不得有裂纹、夹渣和沙眼。否则,应铲(刨)掉重焊。磨光工作一般是用砂轮机进行的,边磨边用事先做好的模板检查,使其恢复到原来的型线。经验证明,在叶片型线正确的条件下,表面越光滑,组织越细密,抗蚀性能则越强。

值得提出的是,近年来某些遭受泥沙磨损破坏严重的水轮机,采用非金属涂层(环氧砂浆涂层、聚酯胺橡胶涂层等)作为水轮机过流表面的保护层,运行实践表明是有效的。环氧砂浆涂层施工方便,可在短时间内抢修被磨损的转轮,对机组不拆卸小修比较有利,节省开支,是一种很有前途的水轮机修复方法。

转轮经补焊修复后,必须达到如下补焊要求:①经探伤检查,叶片与上冠及下环根部、叶片中部、侵蚀堆焊区等均不得有裂纹;②叶片曲面光滑,不得有凸凹不平处;③补焊层打磨后,不得有深度超过0.5 mm、长度大于50 mm的沟槽和夹纹;④抗气蚀或泥沙磨损层不应薄于5 mm;⑤叶片如经修型处理,与样板的间隙应介于2~3 mm,且间隙同间隙长度之比要小于2%;⑥应做静平衡试验,消除不平衡质量。

转轮的变形应满足如下规定:①转轮上冠与下环的圆度单侧变形,从止漏环处测量应小于原有单侧间隙的±10%;②转轮上冠与下环不同轴度的变形,应在原定止漏环间隙的±10%以内;③转轮轴向变形小于0.5 mm;④叶片开口变形小于检修前叶片开口的1%~1.5%;⑤法兰变形小于0.02 mm/m,不得有凸高点。

10.3.1.2 叶片裂纹检查与处理

大型混流式水轮机的转轮,由于采用铸造或铸焊或分瓣焊接等工艺,使得转轮自身存在着许多可能导致叶片产生裂纹的因素。如由于铸造工艺不良引起的夹沙、气眼等缺陷和铸造应力,由于结构设计不合理而残存的结构应力,由于电焊工艺不合理而带来的焊接应力等。在运行过程中,叶片要承受水流脉动作用力,这种以某一频率振动的脉动力能引起材料的疲劳应力,促使叶片在应力集中的地方发生裂纹。严重时有的叶片出现龟裂,甚至裂纹长度伸展到整个叶片而形成断裂,直接威胁着机组的安全运行。必须注意检查,早期发现,及时处理。

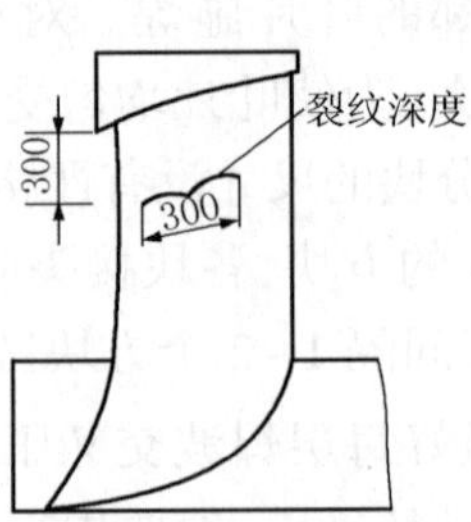

图10-9 叶片裂纹标记 (单位:mm)

(1)裂纹检查与标记:叶片裂纹可使用超声波探伤仪进行检查。发现裂纹,应标记出裂纹的部位、长度和深度,如图10-9所示,以便开坡口进行补焊。

(2)裂纹焊接工艺:为了进行裂纹补焊,必须事先将裂纹处用碳弧气刨开好坡口。根据裂纹的深度和施焊工艺,坡口的形状和尺寸,如图10-10所示。

图 10-10(a)、(b)、(c)、(d)用于裂纹没有穿透叶片厚度的情况下,其中图 10-10(b)、(d)两种形式为好,图 10-10(a)、(c)次之,因为角度太尖易夹渣;图 10-10(e)、(f)、(g)、(h)型坡口用于裂纹穿透的情况下,其中图 10-10(f)型坡口用于发生在叶片上的裂纹为好,而图 10-10(g)型坡口一般常用于叶片与下环接合部位的裂纹上。

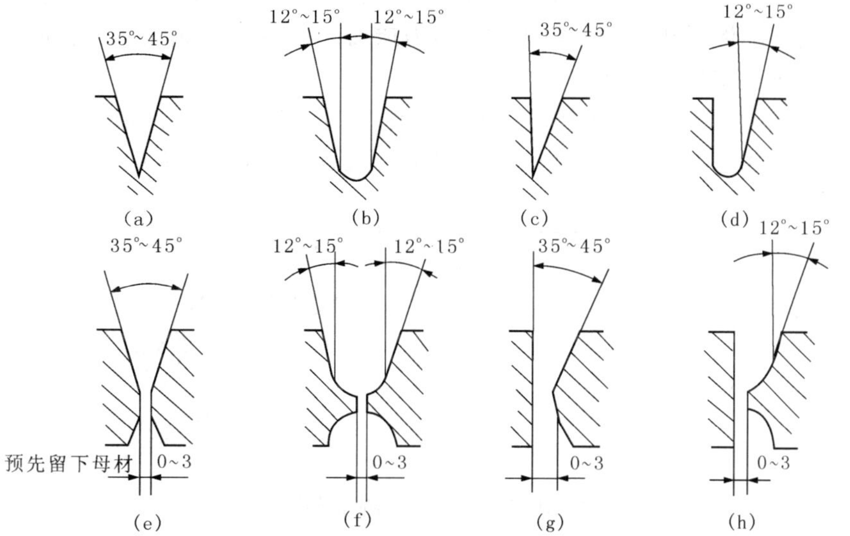

图 10-10 各种坡口的形状和尺寸 (单位:mm)

打出如上形状的坡口后,还必须用 30%浓度的硝酸溶液进行酸洗检查,用毛笔将酸液涂在坡门底部,几秒后酸液便可渗入裂纹。此时用棉花或布将酸擦干。如存在裂纹,就可看到黑色的裂纹,这就要求继续加深坡口,直至用酸洗法检查后证明不存在裂纹为止。要注意采用双面坡口时,应将母材预先留下 2~3 mm;在焊过几道焊肉之后,再将母材刨去。因为第一道焊肉与这种母材之间容易夹渣。为了防止焊接应力过大,一般在焊接之前需要将叶片加热。目前有些电站用远红外线加热片对部件进行加温,效果很好。

根据母材的化学成分选取与之相接近的焊条。要求焊条保持焊皮干燥,不脱落,焊前至少在温度高于 300 ℃的烘箱中烘干 1 h 以上,随烘随用,以防潮湿。

焊工要经过考试合格才能准其焊接。焊接时,应对称均匀地分布在各叶片上,以减小焊接变形。对深度大于 30 mm 的坡口应采用镶边焊,其焊接步骤如图 10-11 所示。图 10-11(a)为单边焊,头几道焊肉先镶在较厚的一面,以防发生焊接裂纹。坡口焊满后,需焊一层退火层或采取保温措施使之缓缓冷却。如坡口在气蚀区,则退火层应采用抗气蚀焊条如堆 277,厚度仍要高出 3 mm 左右,以便进行表面磨平处理。

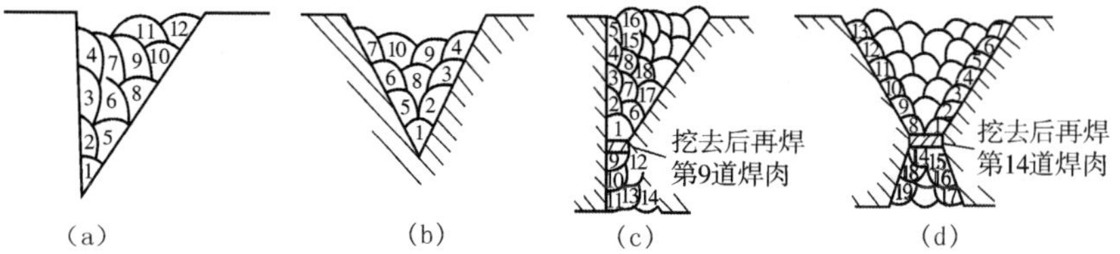

图 10-11 各种坡口镶边焊步骤

为了减小焊接内应力,在施焊过程中,除第一道焊肉和退火层外,其余焊道都应进行锤击。

全部坡口堆焊完毕,用探伤法进行检查,合格后,用砂轮机将叶片表面按原型线磨平。如有气孔、夹渣和裂纹,应刨掉重焊。

由于叶片受力后可能在叶片出水边发生塑性变形,或者气蚀补焊后型线被破坏,使得叶片与叶片之间的流道宽度不均匀而产生水力振动,引起效率的降低。大修时,必须检查叶片开口度和进行整形处理。

(1)叶片开口度测量:根据制造厂所给图纸的技术数据和允许值,列成图10-12和表10-6的形式,由专人进行测量和记录,一般应反复进行两次,以便互相检验。

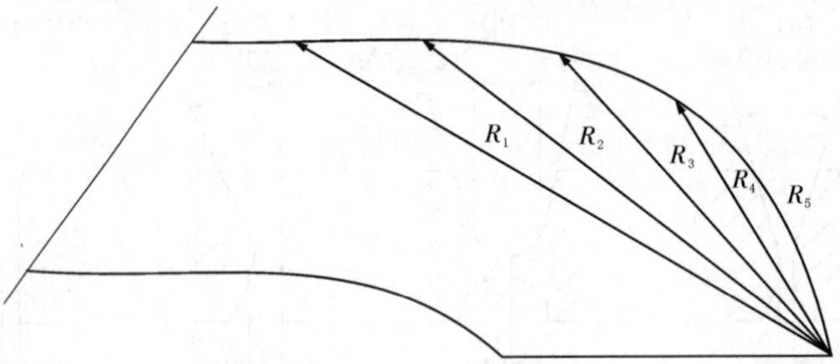

图10-12 叶片开口测点分布图

表10-6 叶片开口测量(检修前、后)表

叶片号	测点					
	R_1 =	R_2 =	R_3 =	R_4 =	R_5 =	R_6 =
	开口设计值					
	$\alpha_1+\Delta$	$\alpha_2+\Delta$	$\alpha_3+\Delta$	$\alpha_4+\Delta$	$\alpha_5+\Delta$	$\alpha_6+\Delta$
1—2 2—3 ⋮ 14—1						

测量者__________ 记录者__________ 年 月 日

(2)叶片整形:通过叶片开度测量,从相邻两组叶片的开口值中,可以看出某一叶片出水边型线已发生变化。为了消除变形,一般用气焊火把叶片背面烤红,然后在正面放上该型线样板用千斤顶顶,直到合格为止。

堆焊时应注意以下几点:①采用小电流短弧堆焊。电流太大,金属熔化较深,扩大热影响区,母材中的碳也可能渗入焊缝,形成碳化铬,从而降低堆焊层的含铬量和抗蚀性能;此外,在堆焊过程中,运行速度应一致,电弧应稳定,并尽量采用短弧。②避免发生气孔。焊条应保存在干燥通风的地方,使用前要烘干;母材金属表面去污,清理干净。③根据变形情况进行堆焊,并处理过大的残余变形。

为了防止和减小焊接过程中转轮的变形，除采用合理的焊接工艺外，必须对转轮各部进行严密监视，以便及时发现变形，并及时处理。例如，中小型转轮叶片的出水边较薄，侵蚀区域的补焊容易引起叶片开口变形，所以在叶片出水边的正面焊加强筋板，其形状应吻合于叶片出水边正面，长度应超过气蚀补焊区，筋板的一端顶在下环内侧，单侧点焊于叶片正面出口边 50~80 mm 处，并与下环内侧点焊牢固，如图 10-13(a) 所示，补焊完成后再拆除。对于尺寸较小的转轮，有条件时进行回火处理，以消除内应力。

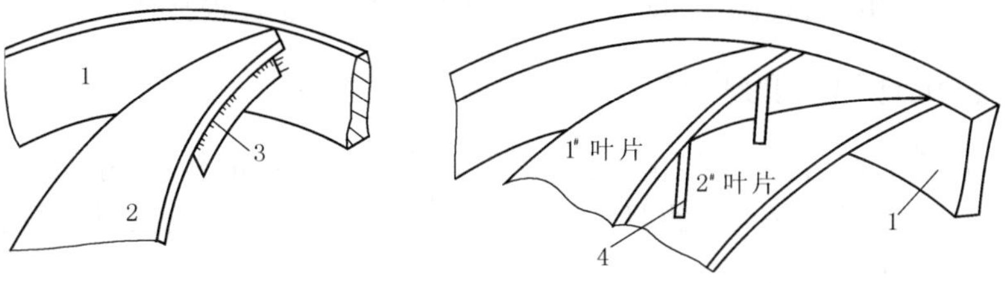

1—下环；2—叶片；3—筋板；4—支柱

图 10-13　用支柱或筋板控制叶片变形

10.3.2　导叶的修复

导叶根据水轮机的容量和水头的不同，可用铸铁、碳钢、不锈钢整体铸造，或用钢板焊接制成。导叶枢轴损坏不太严重时，采用电焊修复，然后在车床上加工。中、高水头水电站含沙量较大，常使水轮机导叶体遭到严重磨损破坏，导叶进出口边常被磨掉许多，已不能在关闭导叶时全部切断水流，如果仍用补焊办法修复，其工作量甚大且不易保证质量，因而必须更换导叶。

近年来，为了减缓高水头电站导叶的磨蚀，研制出双导流板非翼型导叶，如图 10-14 所示。从该图可以看出，每个导叶有两个导流板，因此它的整流效果好，水流在流出导叶时不脱流，不会出现翼型气蚀。同时，由于导叶的上下端板远大于翼型导叶体的厚度，在相同端面间隙下水流通过端面间隙的阻力增大，流速减小，制止了间隙气蚀，也保护了导叶轴颈不遭磨蚀。

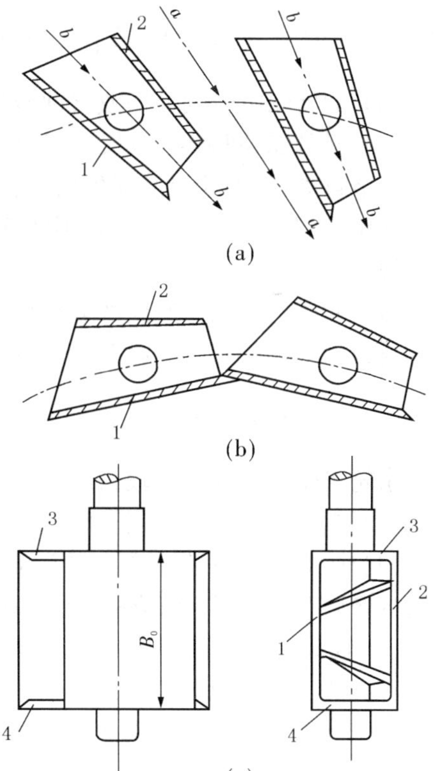

1—内侧板；2—外侧板；3—上端板；4—下端板

图 10-14　双导流板非翼型导叶

10.3.3　水轮机顶盖和底环的修复

顶盖与底环的过流面如无抗磨板，应设法在检修过程中加设。如果有抗磨板，则用补焊的方法修复被损坏的抗磨板。由于抗磨板尺寸大而薄，补焊时极易产生扭曲变形，为了避免出现这一情况,必须用螺栓加固后再施焊。如果抗磨板已磨损破坏严重,且修复困难,应更换新件。

10.3.4 导叶枢轴套的修复

铸铁的导叶枢轴套如果与顶盖配合良好,磨损仅在端面上发生。此时,可将已损坏的端面去掉,用一配置的钢护环补偿被去掉的部分,并用螺栓紧在轴套端面上,表面焊平、打光。轴瓦磨损时,应更换新件。目前普遍推广使用氟塑料复合轴瓦或尼龙复合轴瓦。

10.3.5 水轮机迷宫环的修复

水轮机迷宫环损坏后,无法用电焊修复,因为迷宫环本身很薄,尺寸很大,少量的补焊将引起难以消除的变形;此外,迷宫环的圆度和表面质量要求很高,很难再修复,因此一般常采用更换新迷宫环的方法。

为了缩短工期和降低成本,可以轮流更换固定止漏环和转动迷宫环。如果先更换转动的止漏环,其外径尺寸应稍大些,以适应固定迷宫环因磨损而增大了的内径。当然,只有当迷宫环损坏不太严重时,才能采用轮流更换的办法。

迷宫环一般分瓣到货,装配成圆环,应将分瓣面的焊缝打磨平整。

10.3.6 轴流式水轮机转轮室的修复

钢制的转轮室受到磨损或气蚀破坏后,用补焊的方法修复并不困难。补焊后应进行打磨,使补焊区域同未磨损的区域连成整体的光滑表面。为了保证转轮叶片在运行过程中的调节自如,又不使泄漏损失增大,打磨工作应按样板进行。

转轮室损失严重时,可装置不锈钢护面,由小块不锈钢板拼焊成一带状的护面,对于抗气蚀与抗泥沙磨损均有一定的作用。

铸铁制作的转轮室遭到严重磨损后,用钢制的转轮室更换是合理的,采用过流面为不锈钢材料,其背面为碳钢的“复合钢板”更为理想,这将给以后的检修工作带来不少方便。

10.3.7 主轴磨损检查与处理

水轮机轴的轴承段在较长时间运行后要发生磨损,特别是水润滑的橡胶导轴承其不锈钢段磨损严重。为了恢复大轴的圆度,应在大修时对轴颈进行检查和处理。

(1)轴颈检查:对大于1 m的油润滑的轴颈,单侧磨损值小于0.10 mm为合格;用水润滑的橡胶瓦导轴承,单侧偏磨值在0.5 mm以下为合格。

(2)轴颈处理:当轴颈偏磨超过允许值时,要进行处理,有现场处理和运回制造厂处理两种方法。如在现场处理,由于缺大车床只能用土方法。某电厂以大轴为支柱,皮带绕过大轴带动转动架可以绕轴作圆周运动,用固定在走刀架上的砂轮进行磨削处理,如图10-15所示。

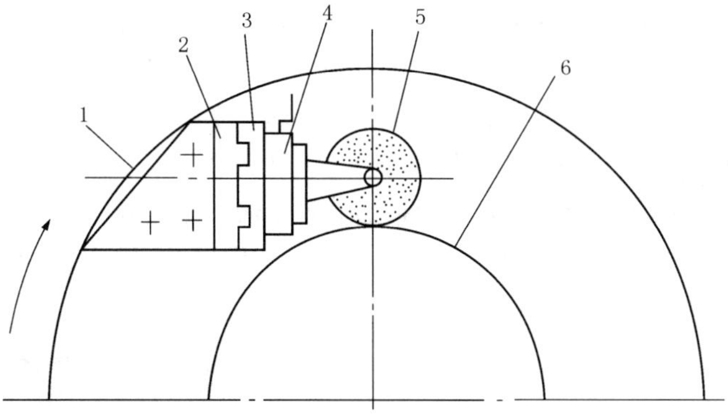

1—转动架；2—纵向导轨；3—纵向溜板；4—小刀架；5—砂轮架；6—水轮机主轴

图 10-15　土法磨大轴简图

如果发现不锈钢衬有横向深沟，可用堆 227 或 K2018 焊条补焊，然后磨光，或者用喷镀不锈钢，其效果也不错。若有几道小沟可不必处理。如现场解决不了，可将大轴拆下，运到制造厂车削。

任务 10.4　轴瓦的修复

水力机组的轴承有推力轴承、上导轴承、下导轴承和水导轴承，这些轴承的轴瓦都是由钨金（轴承合金）浇注在钢制的瓦背上加工研磨制成的，用稀油润滑。有的水轮机导轴承用清水润滑，轴瓦用硬橡胶制成。下面介绍钨金瓦的检修。

当检查发现轴瓦磨损，轴瓦被电流点蚀或因温度过高而烧伤，但不严重时可用熔焊的办法，用电烙铁将钨金焊补瓦的损坏处，然后加工研磨达到接触点的要求。补焊时先用尖头烙铁后用平头烙铁把表面熔平整，采用分段间隔熔焊法，如图 10-16 所示。焊肉要比原来表面高 1~2 mm，然后加工成近似曲面，再进行研磨刮削。

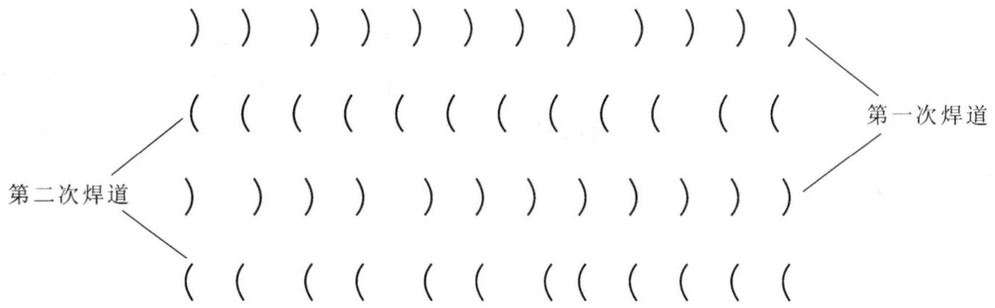

图 10-16　分段间隔熔焊法

当检查发现轴瓦磨蚀严重或大面积脱壳时，应将瓦上的钨金全部熔掉，重新挂瓦。挂瓦用的轴承合金材料应与原来的轴承合金材料相同，一般为 ChSnSb11-6，焊剂由氯化铵、氯化锡各 1 份，氯化锌 12.5 份，盐酸 0.5 份，水 23.6 份混合制成。熔炉（熔温在 430~460 ℃）、预热炉及搪锡炉（温度在 300~350 ℃）各一台，挂瓦工艺如下：①将瓦坯刷洗干净，露出金属光泽,在预热炉中加温至300~350 ℃。图10-17(a)、(b)分别是导轴瓦和推力瓦的瓦坯。②将预热好的瓦坯拿出,外刷一层焊剂立即放入搪锡炉搪锡,要均匀全部搪上一层锡。③将搪好锡的瓦坯清扫干净放入胎具中,浇注轴承合金,合金熔液呈孔雀蓝色。④浇注钨金后,用水管向胎具四周冲水冷却,同时用从熔炉中拿出的烙铁不断加热上层钨金,防止因外表冷却而凝固,致使内部出现气孔和夹渣。⑤浇完后应进行质量检查,不得有脱壳现象,表面不得有气孔、夹渣。如温度适宜,动作迅速,钨金瓦的质量不会有问题。

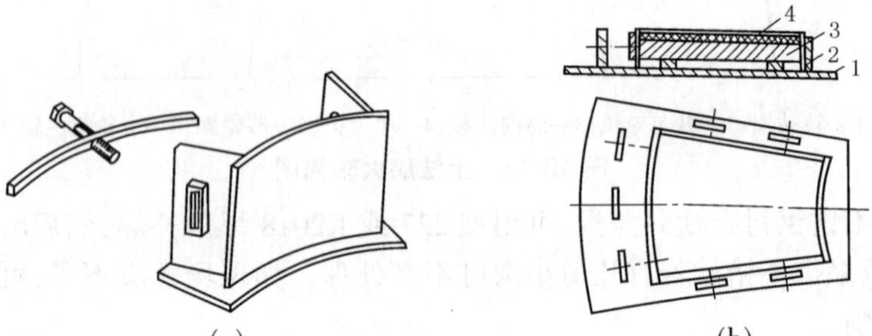

1—胎具;2—石棉;3—瓦坯;4—锡基合金

图10-17 导轴瓦和推力瓦瓦坯

将浇注合格的瓦块,放在机床上初加工。导轴瓦表面加工成所要求的弧面,推力瓦则要加工平整达到所要求的厚度。然后进行研磨、刮瓦达到要求的接触点。

任务10.5 发电机检修

发电机的检修包括电气和机械两方面的工作。电气方面主要是绝缘检查及处理,因为长期运行以后,定子、转子的绝缘程度可能下降。如绝缘漆老化,绝缘材料被油污、灰尘等污染,某些局部的损伤等都会造成绝缘下降。至于线圈烧损后的发电机,需要重新嵌线,更有一系列电气方面的工作。在机械方面,发电机常见的问题有转子失圆、某个磁极松动、定子机座松动、推力头松动及轴承缺陷等,制动系统故障也是经常发生的,本任务将介绍机械方面的主要问题及处理方法。

10.5.1 转子检修

悬式机组扩大性大修时,转子检修的项目主要有:发电机空气间隙的测量、转子起吊前的准备工作和吊出、转子测圆、磁极拆装、磁极键打紧和转子吊入等。这里只介绍磁极拆装和转子各部件检查。

10.5.1.1 磁极拆装

为了处理转子圆度或更换磁极线圈绝缘等工作,要进行磁极拔出和挂装工作。

(1)磁极拔出:如果拔出磁极工作是在发电机坑内进行的,应事先将磁极上端的发电机盖板、上部挡风板、支持角钢、上部消火水管等部件拆除,还要把磁极下方有碍于拔磁板的部件(下部挡风板等)拆除,再把上、下风扇和"T"形槽盖板拆去,铲开磁极键头部的焊点,松开阻尼环接头和线圈接头。在拔磁极时应注意:①为拔键省力,在吊出前 20~30 min,从磁极键上端倒入煤油,以浸润两键结合面间的铅油。②在磁极下端用千斤顶或木块将磁极顶住,如图 10-18 所示。③用桥机主钩慢慢将大头朝上的键向上吊起。当把大头键拔出一段后,用卡子把两键一起卡住吊出,用布条编号,妥善保管。④把该磁极的两对键拔出后,在磁极线圈上下部罩上圆柱形的防护罩,系上钢丝绳,将磁极缓慢吊出,平放在软木上。⑤取出磁极弹簧,查好数目,加以保管。

(2)磁极挂装:大修中的磁极挂装与安装中转子装配时的磁极挂装基本相同,这里不再重述。

(3)对磁极凹入或凸出的处理:磁极挂装后进行转子测圆时,发现有个别的磁极凸出或凹入,其处理部位见图 10-18 *A—A* 剖视图中的 *ab* 与 *cd* 处。如磁极凸出,将磁轭在 *ab*、*cd* 处磨去一些;如磁极凹入,可在磁极与磁轭接触面 *ab*、*cd* 处加垫后重新挂装,直至圆度合格为止。

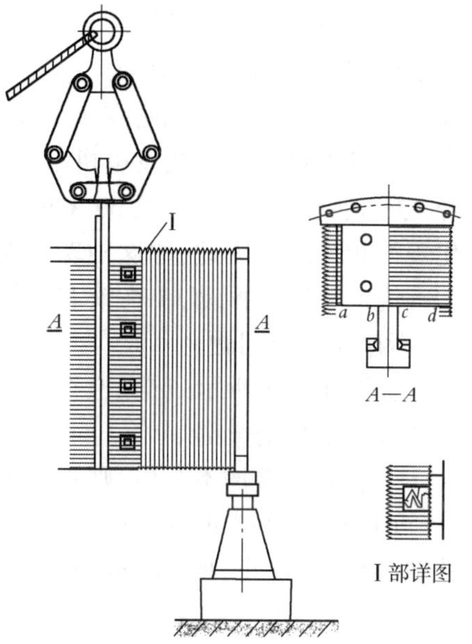

图 10-18 拔磁极键

10.5.1.2 **转子各部检查**

由于机组频繁地启动(特别是调峰机组),使转子与主轴承受交变脉冲力的低频冲击。时间长了,会使螺栓松动、焊缝开焊、磁轭下沉等。检修转子时应注意上述各项并做好处理。

(1)焊缝检查:大修中对转动部件的各焊缝,应进行全面检查,对于开焊的地方要用碳弧气刨吹去,开成 V 形坡口,用电热加温至 90 ℃左右,进行堆焊。焊好后把焊渣清理干净。

(2)螺栓检查:对于轮毂与轮臂的连接螺栓、磁轭穿心螺栓等都要用小锤敲击,检查是否松动,如有松动,应用大锤打紧,然后点焊固定。拧紧磁轭的穿心螺栓时,应检查螺栓下端头不得伸出制动闸板。制动闸板的接头按旋转方向,后一块不得高于前一块。

10.5.2 定子检修

大修时对定子的检查项目有:检查定位筋是否松动,定位筋与托板、托板与机座环板结合处有无开焊现象,通风铁芯衬条、铁芯是否松动,压紧螺栓应力值是否达到 120 MPa 等。

如果发现定位筋松动或移位应立即恢复原位补焊固定。若发现铁芯松动或进行更换某种零件,必须重新对压紧螺栓应力进行检查。

10.5.2.1 **压紧螺栓应力测定**

采用应变片和应变仪对压紧螺栓的应力进行测定。方法是在压紧螺栓上贴上应变片并用导线引至应变仪。应力与应变成正比的关系,即

$$\sigma = E\varepsilon \tag{10-2}$$

式中 σ——应力,MPa;

E——材料弹性模数,$E=2.1\times10^5$ MPa;

ε——应变量。

当$[\sigma]=120$ MPa 时,ε 可事先算得。于是,当拧紧螺帽时,一边检查 ε 值,一边注意使用扳手的长度和用力的大小。当 ε 合格时,记下扳手长度和用力大小,以后每个螺帽均以这个力矩拧紧便可。

10.5.2.2 **冷态振动处理**

有的机组由于定子铁芯合缝不严或铁芯松动,当启动至空载、励磁投入后,在交变磁场的作用下,可能产生振动。这种振动的轴向分量极小,而沿着径向和切向的分量却很大。振幅随温度的变化而变化。如机组在室温 30 ℃启动,切向振动双幅值为 0.11 mm,人站在发电机盖板上或发电机附近的地板上有发麻的感觉。随着带负荷引起线圈温度上升,铁芯温度也上升,升至 60 ℃时双向振幅骤降到 0.01 mm。这种现象与合缝间隙的变化规律相一致。因此,称这种现象为冷态振动。

为消除冷态振动,要在铁芯合缝处加垫,消除间隙,减少振动(铁芯在现场叠片的定子,不存在这个问题)。

如图 10-19 所示,首先检查 1~6 条缝的合缝间隙,只处理不合格的合缝。

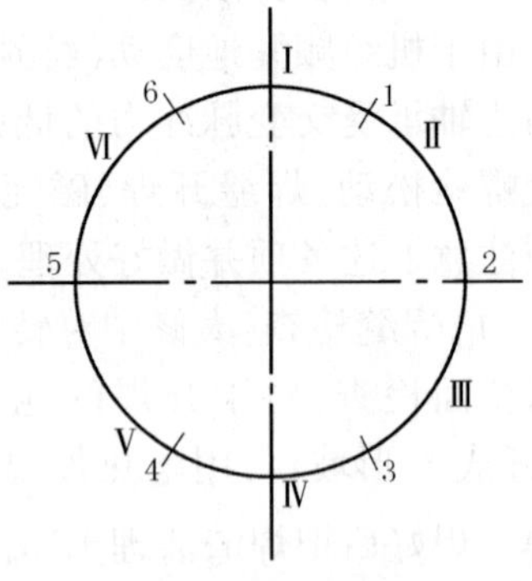

图 10-19 定子合缝检查、处理示意

假若 6 条缝均不合格,则用下面的步骤进行处理。

(1)松开分瓣Ⅱ、Ⅲ、Ⅳ的基础螺栓,松开合缝 1、4 的组合螺栓,将Ⅱ、Ⅲ、Ⅳ三瓣整体按与 1、4 合缝垂直的方向往外移,在 1、4 合缝处加垫(青壳纸、毛毡、环氧涤纶毡等)。再将Ⅱ、Ⅲ、Ⅳ瓣整体通过合缝 1、4 与另一瓣组合起来,拧紧Ⅲ、Ⅳ的基础螺栓。

(2)松开分瓣Ⅰ、Ⅵ的基础螺栓和合缝 2、5 的组合螺栓,将Ⅰ、Ⅱ、Ⅳ三瓣整体按与 2、5 合缝垂直的方向往外移,在合缝 2、5 处加垫,然后拧紧 2、5 合缝的组合螺栓和Ⅵ的基础螺栓。

(3)松开合缝 3、6 的组合螺栓和Ⅲ的基础螺栓,将Ⅰ、Ⅱ、Ⅲ三瓣整体按与 3、6 合缝垂直的方向往外移,在合缝 3、6 处加垫后,再拧紧 3、6 的组合螺栓和Ⅰ、Ⅱ、Ⅲ瓣的基础螺栓。

(4)定子合缝板间隙过大时,亦应同时加金属垫处理之,每个合缝加垫的层数不宜超过两层。

10.5.3 轴承检修

发电机轴承的检修工艺与轴承的安装工艺无太大差异,这里只介绍推力头的拔出和推力瓦的刮瓦等工艺。

10.5.3.1　推力头拆卸

推力头和主轴一般采用过渡配合，其间隙为 0~0.08 mm。由于配合公差甚小，为了在拔出时不别劲，使主轴处于垂直状态是很必要的。这就要求各风闸闸瓦的顶面在同一水平面上。

(1)将风闸的各闸瓦调至同一水平，为了测得各风闸闸瓦的高差，首先给风，使各闸瓦紧贴在制动环上。对于用凸环（锁定板）锁定的风闸（见图 10-20），测出凸环顶面与托板底面之间的距离 e 值后排风。由于闸瓦摩擦损失程度不同，使得各闸瓦高度不一致（各闸瓦的 e 值不相同），为了使转子顶起同一高度，采用在闸瓦上加垫的方法处理。

每块闸瓦上的加垫厚度为

$$H=B-e \tag{10-3}$$

式中　H——加垫厚度，mm；

B——转子预定上升高度，mm；

e——凸环顶面与托板底面间的距离，mm。

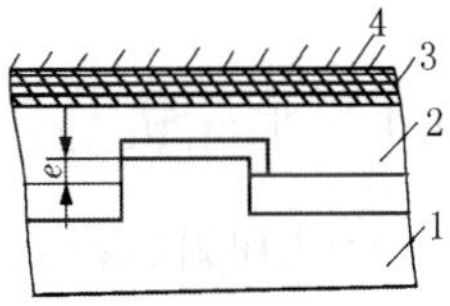

1—制动环；2—闸瓦；3—托板；4—凸环

图 10-20　测各闸瓦的高差

根据计算出的 H 值在各相应的闸瓦顶面加垫使之水平。

启动油泵，顶起转子，几个人同时把凸环搬至锁定位置，然后排油，使转子落在制动闸上，此时转子升至同一高度 B，推力头已悬空。

对锁定螺母型的制动闸，只要在顶起转子后，将各锁定螺母拧靠在制动闸托板上即可。

(2)取下推力头的卡环。松掉卡环上的螺钉，在卡环合口处插入斜铁，用悬在吊钩上的吊锤把斜铁打入，如图 10-21 所示。

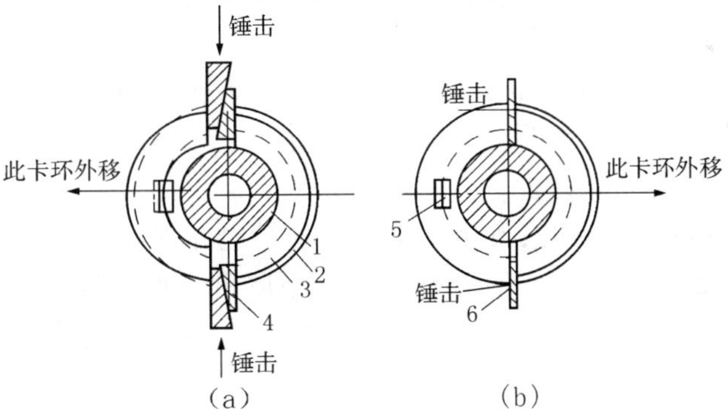

1—主轴；2—推力头；3—卡环；4—斜铁；5—键；6—铝垫

图 10-21　推力头卡环拆卸

将一卡环用斜铁打出，吊走。剩下一个卡环，垫上铝垫用吊锤打出，然后吊走。

(3)拔出推力头。由于推力头与主轴是过渡配合，头一二次拔推力头时，要用下面的方法：拆下推力头与镜板的连接螺钉，用钢丝绳将推力头挂在主钩上，稍稍拉紧。启动油泵，顶起转子，在互成 90°方位的推力头和镜板之间加上 4 个铝垫，排油落下转子。这样，主轴随转子下降,推力头被垫卡住,拔出一段距离。反复进行几次,每次加垫厚度控制介于6~10 mm,渐渐拔出推力头,直至能用主钩吊出为止。

当拔过几次之后,推力头与主轴配合变松,就可以用吊车直接将推力头拔出。

10.5.3.2 推力瓦刮瓦

许多水电站发生过烧瓦现象或合金瓦与钢环脱壳等缺陷。轻微者,可用熔焊方法处理。严重者,需要重新刮瓦。

刮瓦的方法与导轴瓦刮瓦的方法相同(具体内容见项目1),只是在托瓦平台上放一个浇推力瓦的胎具,按浇导轴瓦的方法进行浇锡基合金即可。

任务10.6 机组经常出现的故障和处理方法

10.6.1 水轮机与附属设备在运行中的故障

水轮机和附属设备在运行中的故障是多种多样的,主要表现在以下几方面。

(1)当导水机构全关闭后,机组长时间不能降低到允许对机组施加制动的转速。发生这种故障的原因有:导水机构立面与端面密封严重损坏,导水机构的安全设备(剪断销、脆性连杆等)因导叶间有异物卡死而破坏。这些原因均使导叶不能完全切断水流。

应当切换为手动调节或开度限制,根据技术安全操作规程,更换导叶的安全设备,以消除后一种原因所产生的故障。对于前一种原因引起的故障,由于故障状态是渐进恶化的,应提早安排修理。

(2)机组转速超过正常值的40%~50%,此时转速继电器拒绝动作。这种由调速器的不正常工作引起的转速升高,可能发生在转速继电器的调整阶段或水轮机甩负荷时。

应当调整调速器,以消除转速过高的故障。

(3)转速继电器拒不动作,也不给闸门下落和水轮机主阀关闭发出脉冲。必须设法使机组转速恢复到额定转速,然后停机检查转速继电器和调速器,在查明故障原因之后,予以消除。

(4)水轮机在带负荷运行时,发生了由于转速继电器误动作、油压装置压力油罐的压力下降或压力继电器的误动作等原因,而向闸门下降和主阀关闭发出脉冲。必须检查转速继电器、压力油罐及压力继电器,以便查明故障原因,并予以消除。

(5)并列运行的机组,在原来的导叶工作开度下,出力下降;单个独立运行的机组,导叶开度不变时,转速下降。这两种情况均是拦污栅通道被杂物堵塞而引起的。

应当测量拦污栅前、后的压力降,发现拦污栅已被堵塞时,应及时加以消除。最好在不停机的情况下进行,用专门的清污设备清扫拦污栅。

(6)水轮机在开机时,它在空载额定转速下所对应的导叶开度,大于安装后第一次运行时所记录的空载开度。产生这种情况的原因是:拦污栅被木材、冰块等异物堵塞,闸门或主阀未全开启,转叶式水轮机转轮叶片的启动角度不正确等。

应当检查拦污栅的堵塞情况,设法清扫;检查闸门与主阀的全开位置,使其全开,根据指示仪表,调整转轮叶片的启动角度。

(7)转叶式水轮机转轮叶片密封不良,引起调速系统大量漏油。

应当检查叶片密封的情况,如橡胶盘根是否老化、撕裂,密封弹簧的弹性是否足够等。

(8)巴氏合金油轴承温度过高。产生的原因有:油泄漏太多,油泵或毕托管工作不正常,水浸入轴承的油室,油冷却器水源中断等。

为了准确确定轴承过热的原因,必须在运行过程中持续地进行观察,投入备用油泵,或增加油室的充油量,当油温上升到极限的安全值时,应立即停机处理。水润滑的导轴承排水管中水温过高,则是由润滑水流量过小引起的。应当检查示流继电器的工作情况,切换备用水源。

(9)水轮机顶盖被水淹没。发生的原因是:顶盖排水系统工作不正常和水轮机顶盖损坏。

必须检查顶盖排水的监视系统是否正常,切换手动启动水泵;改变水轮机的运行工况,以便使转轮上部的水压接近零值。如果顶盖漏水严重,用上述方法不能消除故障,则应停机处理。

(10)水轮机甩负荷时,真空破坏阀不动作,空气不能进入转轮区域。产生的原因,可能是真空破坏阀的机械部分破坏或操作杆卡死。

应当检查真空破坏阀机械部分的相互联系。对于被动式的真空破坏阀,尚需检查阀与控制环或接力器推拉杆间的机械联系。在停机状态下,向带油缓冲器的真空破坏阀中注油,并检查手动真空破坏阀是否正常。

(11)在启动时,机组主轴在水轮机导轴承处的摆度不超过标准值,随着推力轴承温度的升高,主轴摆度增大,当温度为60~70 ℃时,摆度值可能增大5~10倍。发生这种故障的原因,主要是油温升高引起推力轴承热变形的结果。应当停机调整推力轴承。

(12)压力表指示不正常。主要原因是压力表测量管路中有空气或压力表损坏。前者应当排除空气,后者则应更换压力表。

10.6.2　水轮发电机在运行中的故障

(1)当推力轴承的油温和轴瓦体温超过规定值2~3 ℃时,应当检查冷却系统,并取油的试样化验;如果温度持续上升,应当停机,打开推力轴承,确定故障原因,并设法消除。

(2)发电机导轴承温度过高。可能是因为安装导轴承时,与其他环形件不同轴所造成的;也可能是由于轴领的表面状态不佳引起的;又可能是由于润滑不充分和油污染造成的。应当停机,打开导轴承,观察轴领的表面状态,测量间隙,检查润滑油质。如果是不同轴所致,应当重新调整导轴瓦的间隙;如果是第二种原因,应当改善轴领的表面状态;若是第三种原因造成的,应当改善润滑条件或更换新油。

(3)从油室取出的油试样中发现有水:这可能是冷却器的蛇形管破坏或管路连接处密封不良引起的,应当停机检修。

(4)在发电机区域出现敲击声、振动和噪声。这可能是定子外壳连接件破坏,也可能是转子或定子铁芯连接件损坏。

如果这些现象突然出现,必须立即停机检查,查明原因,消除故障。

上面介绍的机组在运行中经常出现的故障及处理方法,仅仅是个梗概。不同机组在运行中所出现的故障,应做具体分析,制订正确的处理方案,不能生搬硬套。

总之,要提高水轮发电机组运行的可靠性,避免或者减少故障,需要不断地提高安全运行技术水平。机组的检修工作必须坚持以预防为主,早期杜绝设备故障的发生。因此,定期检查是很重要、很关键的。进行预防性的保养和维修工作,要对水轮机、发电机、励磁机、调速器以及相应的辅助设备,进行定期的试验和检查,提前找出故障原因,予以消除。

在定期检查中,通过正确的技术判断,进行必需的保养、修理、更换,甚至于进行改进性的大修,这是提高水电站机组运行可靠性的办法之一,而且已成为机组安全运行所不可忽视的一项工作。

复习思考题

10-1 水轮发电机机组检修工作是如何分类的?各自的检修周期是如何规定的?

10-2 水轮发电机机组的检修项目有哪些?

10-3 水轮机转轮发生磨损和气蚀后如何进行修复?

10-4 水轮机导水机构的检修项目有哪些?

10-5 水导轴承的检修项目有哪些?

10-6 如何处理推力轴承的故障?

10-7 怎样进行转轮气蚀区的补焊工作?

10-8 怎样进行叶片裂纹的焊接工作?

10-9 如何进行导叶漏水量的测定?

10-10 怎样进行导叶轴颈的磨损处理?

10-11 什么情况下需要重新挂瓦?怎样进行导轴承分块瓦的挂瓦工作?

10-12 瓦面在什么情况下需要熔焊?怎样进行钨金瓦的熔焊工作?

10-13 怎样拔出转子磁极?

10-14 转子磁极有个别凹入或凸出时,怎样处理?

10-15 定子发生冷态振动时,如何处理?

10-16 检修时,怎样拔出推力头?

10-17 怎样进行导叶磨损和气蚀部位的处理?

10-18 试述导叶尼龙轴套抱轴的处理方法。

附录　三峡电厂 700 MW 水轮发电机机组安装调试

一、概述

三峡水电站是世界上最大的水电站和发电厂。电站采用坝后式，设左、右岸两座厂房，共安装 32 台混流式水轮发电机组，单机额定容量 700 MW，总容量 22 400 MW，年平均发电量近千亿千瓦时。

三峡水轮发电机组容量属于世界最大的机组，同时由于防洪和排沙的需要，在汛期需在水库维持低水位的条件下运行，因而机组运行水头变幅特别大，达到 52 m，远远超过目前世界上已有特大机组的运行条件，成为设计制造安装难度特别大的机组。

葛洲坝集团三峡机电安装工程施工项目部中标三峡左岸电站 4 台 ALSTOM（阿尔斯通）机组安装调试和 14 台机组公用系统设备安装。从 2001 年 12 月 11 日 5[#]机组第一瓣定子机座吊入机坑，到 2004 年 4 月 7 日 10[#]机组 72 h 试运行结束，历时 2 年零 4 个月，实现了 5[#]、6[#]、4[#]、10[#]机组投产发电任务，总装机容量 2 800 MW，为缓解全国电力紧张做出了突出贡献，同时也为长江电力实现了丰厚的赢利。4[#]机组安装工期仅 379 d，创三峡当年机组安装工期最短纪录。10[#]机组更上一层楼，安装工期仅 307 d。4 台机组安装质量优良，受到国务院三峡工程质量检查专家组和设计制造厂家的一致赞扬。

三峡阿尔斯通 700 MW 机组是国内首次安装的世界上最新型水轮发电机组，机组的多项综合指标都为世界之最。水轮机最大出力 852 MW，发电机最大连续出力 840 MVA，推力轴承最大推力 5 800 t，定子内径 18.8 m，转子质量 1 780 t，机组总质量 6 600 t，都超过伊泰普、大古力投产的巨型机组。

三峡机组整机尺寸大，受运输、加工条件限制，不能在工厂做成整体后运到工地，1/3 制造工作在安装现场进行。三峡机组的安装不仅质量要求高，而且工作量巨大，被列为三峡工程重大技术难题之一。这里以阿尔斯通机组为例，按照实际安装顺序依次展示破解这道难题的安装技术。

二、定子组装

（一）定子整体结构简介

定子吊装、定子基坑分别见附图 1、附图 2。

（1）ALSTOM 发电机定子主要由定子机座、定子铁芯及定子线圈组成。

（2）定子机座及定子铁芯组装在组装机坑进行。

（3）定子铁损试验及下线在定子安装机坑进行。

（4）定子机座分 5 瓣到货，在施工现场组焊成整体。

（5）定子铁芯由 32 余万张 0.5 mm 厚的高质硅钢片现场堆积而成。

（6）整圆由 80 根定位筋定位。

附图1　定子吊装

附图2　定子基坑

(7)组装完成后的整体定子最大外径23 100 mm,最大高度6 380 mm,定子铁芯高度2 950.4 mm,定子铁芯内径18 800 mm,整体定子总重710 t。

(二)定子组装与安装程序

定子组装与安装程序见附图3。

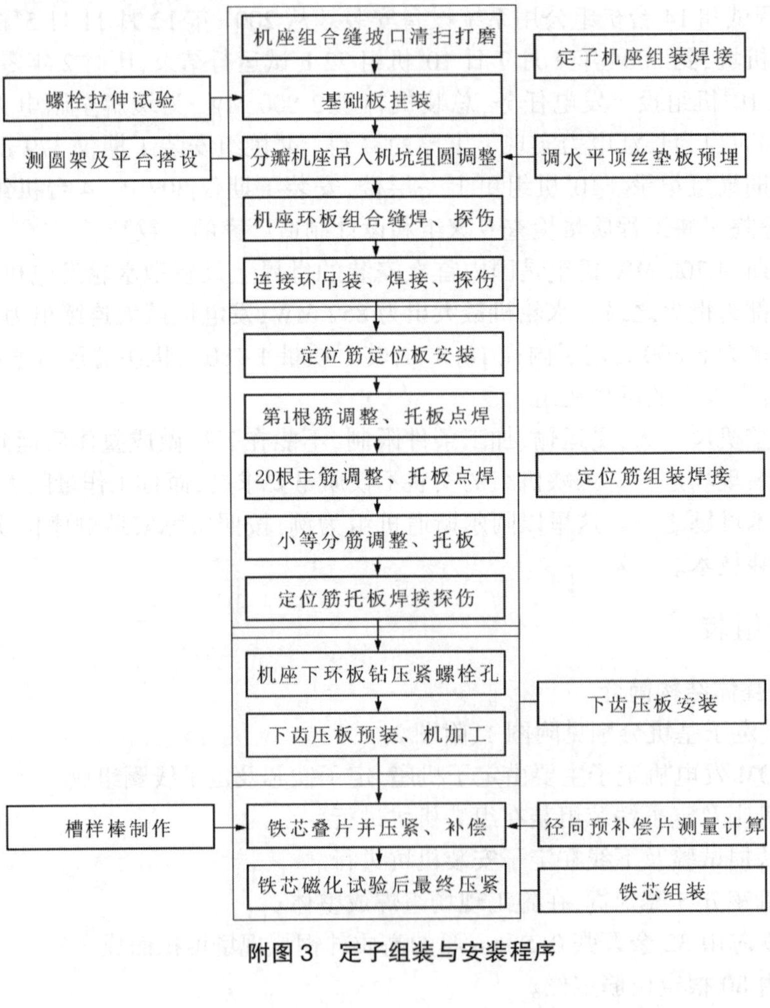

附图3　定子组装与安装程序

(三)定子机座组装及焊接

定子机座组装见附图 4。

附图 4　定子机座组装

(1)定子机座分 5 瓣到货,每瓣机座重 40 t,在施工现场组装及焊接成整体。

(2)第一瓣定子机座吊入机坑时,按照定子实际安装位置,调整其中心和水平。

(3)安装并调整好测圆架平台和测圆架。

(4)检查调整下环板处定子机座半径及水平。

(5)定子连接环安装于定子机座上,作为上机架安装基础。

(6)定子机座组合缝焊接采用 MAG 混合气体保护焊,其中环板焊前要求预热至 160 ℃。背部气刨清根,并对表面打磨处理。焊缝完成后,对焊缝做 100% PT 和 100% UT 检验。

(四)定位筋组装焊接及下齿压板安装

定位筋组装焊接见附图 5。

附图 5　定位筋组装焊接

(1)定位筋安装前,对测圆架垂直度、跳动进行精确调整,并起落测圆架支臂,中心柱垂直度不发生变化。

(2)按照图纸位置要求,在机座2、6层环板上安装定位板,调整其半径,并用C形夹固定。

(3)安装首根定位筋,测量其半径、垂直度、扭斜满足技术要求。

(4)定位筋半径要求9 485 mm,垂直度要求0.15 mm,扭斜要求0.05 mm。

(5)定子定位筋共计180根。大等分弦距定位筋共20根,以首根定位筋为基准进行安装。每等分定位筋8根。

(6)用千分尺检查大等分弦距,用弦距样板检查小等分弦距,满足±0.15 mm公差要求。

(7)测量调整定位筋。

(8)定位筋焊接采用气保焊,由5名焊工对称逐环焊接。

(9)定位筋托块焊接后复测定位筋技术数据满足技术要求。

(10)下齿压板共计135块。预装时将下齿压板与下环板临时固定,测量其水平,并对下齿压板进行机加工。

(五)定子铁芯组装及定子吊装

(1)定子铁芯由32万余张0.5 mm厚的高质硅钢片现场堆积而成。叠片前测量50箱冲片高度,初步计算铁芯补偿片数量。

(2)首张冲片的中心位置位于15#定位筋处,每层之间沿顺时针方向错开1/3齿。普通冲片厚度0.5 mm。

(3)叠片高度达到20 mm时,插入槽样棒,每张冲片插2套,并对铁芯进行整形,铁芯堆积到要求高度时,安装绝缘套。绝缘套沿铁芯高度方向共布置12层,每层布置135个,共计1 620个。

(4)为保证定子铁芯堆积质量,叠片过程中,随时对小段高进行测量调整。

(5)铁芯由47段铁芯小段和46层通风沟组成,共540槽,分7次压紧,临时压紧螺栓M 20×1.5、长1 820 mm。

(6)叠片设计压紧压强为15 kg/cm^2,每个螺栓的压紧力约为125 kN,螺栓伸长值大约为6.2 mm。

(7)铁芯堆积完成后,安装上部齿压板,上部齿压板共计135块。

(8)定子永久穿芯压紧螺栓螺纹M 20×1.5,长3 320 mm,铁芯压紧后螺栓伸长值为(6.17±0.62)mm。

(9)测量定子半径,满足(18 800±1.5)mm要求。

至此,定子组装完成,转入下道安装工序。定子铁芯组装见附图6。

(六)新工艺

(1)定子铁芯下齿压板为分块式,在工地预装后按照水平要求配加工,下齿轮板水平度得到保证。

(2)铁芯上、下阶梯段在齿端开有小槽,铁芯最终压紧后在小槽处插入绝缘片用环氧胶黏结,不做热压。

附图 6　定子铁芯组装

三、定子绕组安装

(一)定子绕组结构简介

(1)发电机定子绕组为三相五支路星形连接,绕组形式为双层条形波绕组。

(2)线棒由 42 股(2.12×13.5)mm^2包玻璃丝铜扁线和 6 股空心的不锈钢扁线组成,罗贝尔 540°换位编制,线棒绝缘采用 MicadurOR 环氧云母绝缘系统,绝缘等级为 F 级。

(3)绕组上、下端各布置一个支承环,支承环采用 $\phi50$ 玻璃丝绳注胶固化工艺。

嵌线时,在线棒直线段绕包填充含有硅胶化合物的半导体无纺布,线棒上下层之间安装 RTD 垫条或梯形截面的半导体垫条,槽楔下安装有波形弹性垫条。

(4)绕组端部斜边垫块及槽口垫块均采用环氧适形材料工艺,线棒接头采用中频银铜钎焊工艺。

(5)三相五支路引出采用 $\phi45/\phi15$(外径/内径)汇流铜环集中引出到定子机座出口处,汇流环共 9 层,分布在定子机座上部整个圆周上。

(6)绕组端部绝缘采用浸胶玻璃丝绳固定无底绝缘盒工艺,极间连线和汇流环接头绝缘采用屑状干云母带包扎。

(7)定子绕组采用水内冷却方式,每 6 根线棒组成一个水支路,共有 180 个水支路。汇流环共计 30 个水支路。在定子机座上部布置两圈冷却纯水环管,与外部纯水装置连接。内部水接头用聚氟四乙烯塑料管连接。定子绕组结构见附图 7。

附图 7　定子绕组结构

(二)定子绕组安装程序

定子绕组安装程序见附图8。

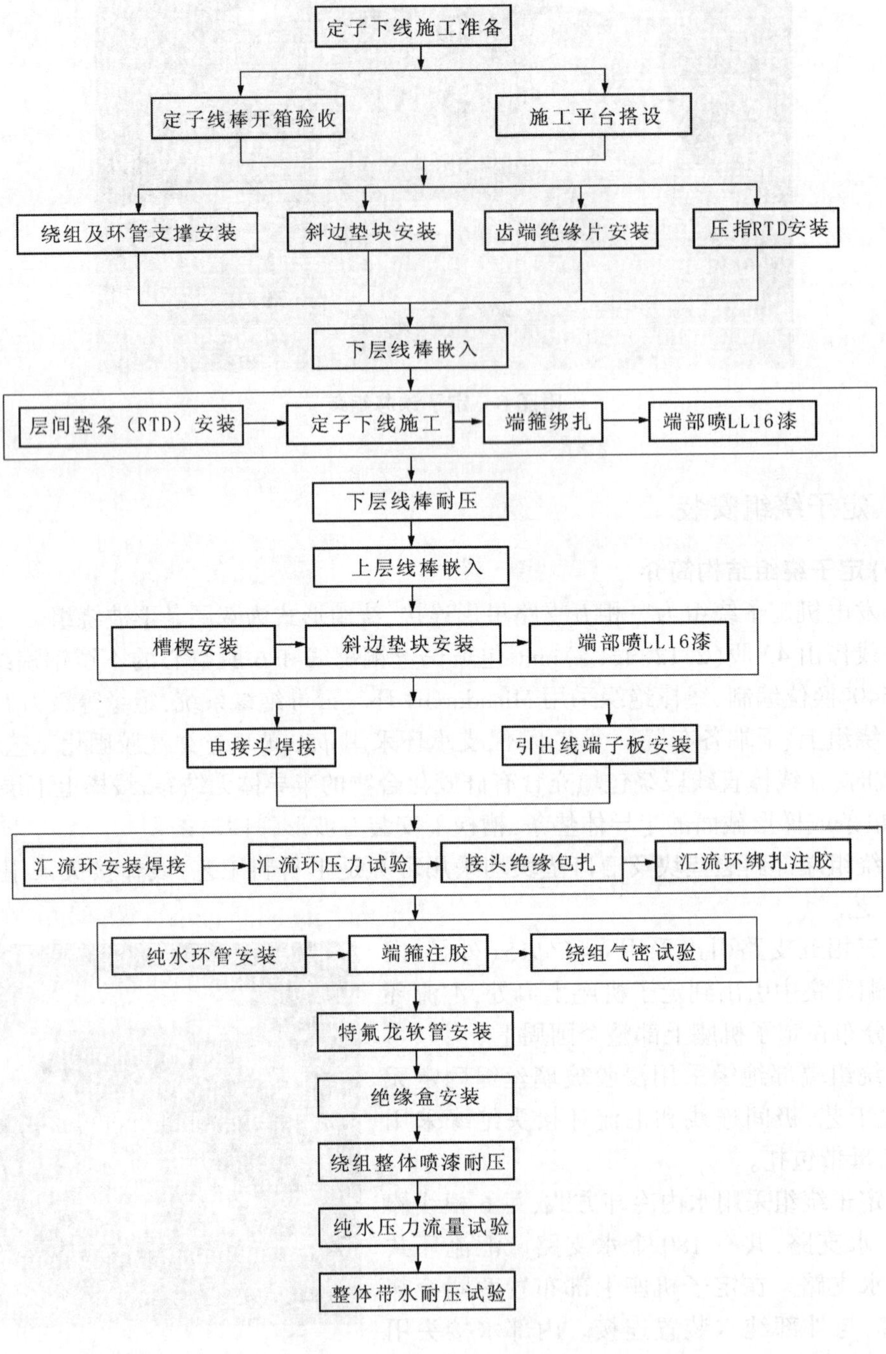

附图8　定子绕组安装程序

（三）定子绕组安装前工作

（1）绕组及汇流环支撑各 60 个，均布于定子机座上部，以焊接方式与机座相连接。

（2）安装上、下端阶梯片中的绝缘片，并用两组分树脂黏固。

（3）定子上、下端齿压板压指间各均布 9 根 RTD。

（4）线棒嵌入前，在线棒直线段缠绕半导体聚酯无纺布带。在对折的绕包带内填充有适当厚度的微膨胀半导体胶。定子绕组安装前示意图见附图 9。

（四）线棒安装及电接头焊接

线棒安装见附图 10。

附图 9　定子绕组安装前示意图

附图 10　线棒安装

（1）线棒嵌入前，在线棒直线段缠绕半导体聚酯无纺布带。在对折的绕包带内填充有适当厚度的微膨胀半导体胶。定子上、下层线棒共计 1 080 根。线棒单根质量 90 kg。安装后检查线棒端部至铁芯距离，满足约 548.3 mm 的要求。

（2）半导体垫条共计 360 根。RTD 共计 180 根，层间 RTD 及垫条安装在硅胶尚未固化前进行。用压线木板和临时槽楔将下层线棒固定，临时槽楔固定间距为 400～500 mm，硅胶固化后，拆卸临时槽楔和压线木板。下层线棒安装后对其端部进行固定。安装间隔块，间隔块安装后，将支承环、间隔块及线棒绑扎在一起。

（3）绑扎完成后，对绑扎带涂胶，并向直径 50 mm 玻璃丝绳内注入 EP310 环氧胶。固化后涂 LL16 漆。耐压前，测量绝缘电阻满足 50 MΩ 要求。对下层线棒进行电压为 52 kV 的工频交流耐压试验，试验时间 1 min。

（4）上层线棒嵌入按顺时针方向进行，嵌入前对线棒进行绕包处理。嵌入后，调整高程，使上下层线棒电接头对齐。在上层线棒绝缘表面放上适当厚度的保护垫条，再在保护垫条外面放一层弹性波形垫条，槽楔放在线槽最外面，将内楔插入弹性波形垫条和保护垫条之间，将槽楔与垫条打紧。保护垫条共 6 种厚度。

（5）上端部电接头焊前，调整电接头平齐度。焊接采用 MFG-50 型中频焊机银铜钎焊。焊前在接头间插入银焊片，用“G”形夹夹紧电接头。焊片熔化温度约 710 ℃，银焊丝规格为 L-Ag15P，$\phi2$。

（6）下端部焊接工艺与上部相同。接头焊后，清除上下焊接头表面焊料、焊瘤及氧化物,用丙酮、白布擦拭,使焊接头呈现本色,检查焊接质量。

(7)极间连接线共计105支路,均由空心紫铜管制作而成。极间连接线焊接要求与电接头焊接相同。

(8)在接头阶梯段用环氧泥进行平滑过渡。固化后进行绝缘包扎,包扎厚度与原绝缘厚度相同。

(五)汇流环管、绝缘盒安装及试验

汇流环管见附图11。

(1)定子15分支主引出线和中性点连线由分布在定子上端的汇流环管组成。汇流环管层数分别为8层和9层。

(2)汇流环管接头通过专用拉紧工具进行调整固定。用中频感应圈按照定子接头焊接工艺进行焊接。焊接完成后,对每个分支的环管进行1 500 kPa氮气渗漏试验。

(3)将原绝缘处削出斜坡,长度大于50 mm,用环氧云母带进行包扎。再用玻璃丝带进行保护并涂刷环氧胶。

附图11 汇流环管

(4)在整圈汇流环安装完成后,用ϕ25玻璃丝绳对汇流环进行绑扎。用专用注胶器对绑扎注EP118胶,注胶压力60 kN。胶固化后在其外表面涂刷LL16漆。

(5)安装线棒冷却特氟龙软管。线棒水支路连接采用特氟龙软管,分线棒间的连接和线棒与纯水环管的连接也用特龙软管。安装前用烘箱加热软管至50 ℃,以便于软管安装调整。为防止水支路软管接头在长期运行中产生松动,用玻璃丝带对接头进行缠绕。

(6)上部普通绝缘盒安装于连接线棒间软管的电接头处。绝缘盒安装时,在水接头处斜穿玻璃丝绳,套入绝缘盒,调整其高度。开口绝缘盒安装于水支路连接软管的电接头处。安装时,在其开口处装入绝缘套管,用玻璃丝绳缠绕穿绑。下部普通绝缘盒安装方法与上部普通绝缘盒安装方法相同。

(7)定子绕组安装完成后,对定子进行喷漆,并进行46 kV、1 min交流耐压试验和60 kV直流泄漏电流试验。

(8)安装调整纯水装置。满足要求后,对定子绕组进行水流量及压力试验。合格后,做43 kV带水交流耐压试验。

至此,定子绕组安装完成,转入下道安装工序。

(六)新工艺

(1)定子线棒嵌入线槽前,在线棒直线段缠绕填充硅有机树脂半导体胶的绕包带,固化后略膨胀呈弹性,保证了线棒防晕层与铁芯良好的接触,有效降低了槽电位。

(2)端箍采用ϕ50玻璃丝绳注胶固化工艺。端箍在轴向无绝缘支撑架,且上、下层线棒之间无层间端箍结构。该工艺安装简单,质量可靠。

（3）绝缘盒均为敞开式绝缘盒。安装时，采用浸胶玻璃线绳缠绕在电接头周围以固定绝缘盒，胶体固化后与绝缘盒形成牢靠的整体。该工艺与国内传统的绝缘盒内灌注填充胶工艺相比，操作简单，速度快，且清洁美观。

四、转子组装

（一）转子结构简介

（1）ALSTOM 发电机转子由圆盘支架、磁轭、磁极组成（见附图 12）。圆盘支架为斜元件结构，由 1 个整体中心体和 16 瓣斜支臂焊接组成。

附图 12　转子结构示意图

（2）转子磁轭在现场叠装，叠完后加温热套。磁轭径向收缩力通过磁轭键、垫片及键槽板传递到转子支架上，磁轭切向力通过磁轭副键、主键及键槽板传递到转子支架上。磁轭键、键槽板共 32 个。

（3）键槽板在支架焊接完成后预装并加工，磁轭堆积时临时固定，磁轭压紧后与支架立筋板焊接。磁轭热套过盈量 5 mm，通过在磁轭与键槽板间加垫来达到。磁轭下压板落在键槽板挂钩上，上压板用止动块卡在键槽板上。

（4）磁极共 80 个，用磁极键固定在磁轭上，在磁极与磁轭间加垫来调整转子直径，调整垫片焊在磁极上。磁极上、下端装有阻尼环。

（5）组装完成后的转子最大外径为 ϕ18 738，最大高度为 3 600 mm，总重 1 780 t。

（二）转子组装工艺流程

转子组装工艺流程见附图 13。

（三）转子支架组装焊接

转子支架组装焊接见附图 14。

（1）ALSTOM 发电机转子由圆盘支架、磁轭、磁极组成。圆盘支架为斜元件结构，由 1 个整体中心体和 16 瓣斜支臂焊接组成。

（2）转子磁轭在现场叠装，叠完后加温热套。磁极共 80 个，用磁极键固定在磁轭上。组装完成后的转子最大外径为 18 738 mm，最大高度为 3 600 mm，总重 1 780 t。转子中心体吊装就位，中心体重 100 t。

（3）转子圆盘支架由 16 条支臂组成。单根支臂质量 18.4 t，高 3 255 mm。组装后的转子圆盘支架外径（8 305±5）mm，支架水平 8 mm。

（4）为保证焊接环境温度相对稳定，焊前在转子周围搭设防风棚，同时测量调整转子圆盘支架各部技术尺寸，满足图纸要求。

（5）为减小焊接变形，在焊缝上加焊定位板，定位板共计 320 块，厚 30 mm。转子支架焊缝共计 32 条。采用 GMAW 溶化极气体保护焊。焊缝预热温度 80~100 ℃。径向缝焊接采用 GMAW 溶化极气体保护焊。焊缝共计 16 条。8 名焊工对称施焊。预热温度

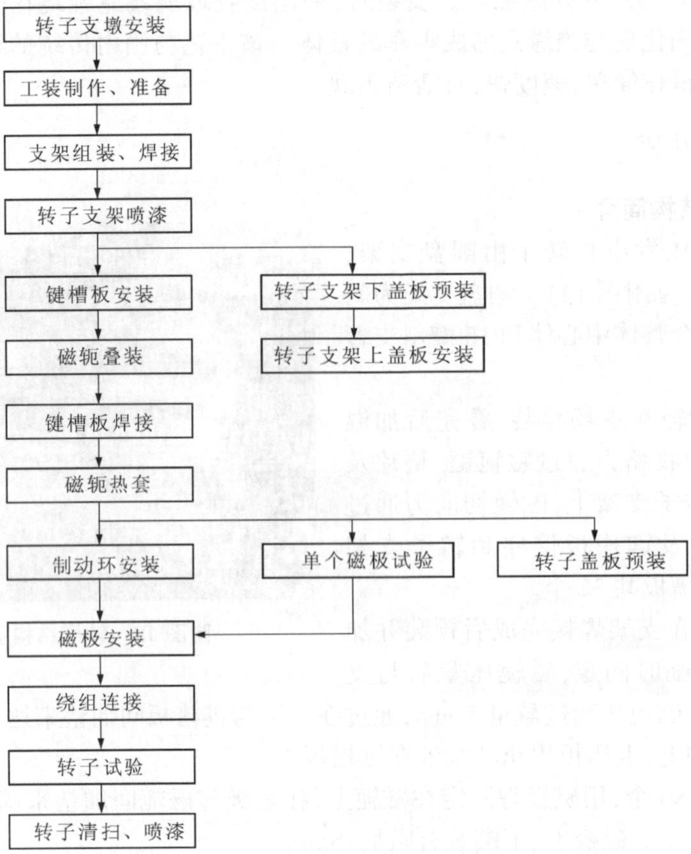

附图13　转子组装工艺流程

附图14　转子支架组装焊接

100~120 ℃。

(6)焊缝完成后,对焊缝进行 100% MT 磁粉探伤及 100 % UT 超声波探伤。

(四)转子磁轭叠装

转子磁轭叠装见附图 15。

附图 15　转子磁轭叠装

(1)键槽板共计 32 根,配键前检查键槽板键槽宽度。安装副键,检查键槽板与键装配尺寸。安装键槽板,用螺栓及“C”形夹临时固定。测量键槽板半径,根据实测数据,对键槽板立筋设计余量进行加工。

(2)挂钩距中心体下法兰面 565 mm,并预留磁轭下挠值 2.2 mm。

(3)安装转子磁轭下压板。堆积 3 层磁轭冲片,调整磁轭下压板位置。测量下压板半径,满足(9 044.7±1)mm 要求。

(4)冲片设计厚度 3 mm,单张重约 24.2 kg。叠片前抽查冲片实际厚度,计算补偿片安装层数。冲片叠装前,对冲片称重分类,叠片时将相同重量的冲片沿圆周方向均布堆积。叠片至 120 mm 高度时,每块下压板安装长、短各 4 个叠片销。

(5)调整磁轭圆度,测圆架测量磁轭半径满足 9 043 mm 要求。根据计算,在磁轭堆积到一定高度时安装补偿片。

(6)叠片至压紧高度时,安装上压板。按照图纸要求,安装压紧螺栓,整圆 832 根。套管共 3 种规格,共计 832 套。磁轭压紧前测量磁轭高度、圆度并进行调整。利用 8 个风动扳手对称压紧磁轭。磁轭压紧后,检查磁轭间隙,在下段叠片时调整补偿片数量。转子磁轭分 4 次压紧。叠片高度分别为:504 mm、1 524 mm、2 785 mm、(3 190±5)mm。

(7)用风动扳手及液压扳手压紧磁轭,压紧力至 50%。将工具压紧螺母更换为永久压紧螺母。液压扳手对称压紧磁轭,达到设计压紧力。静置 24 h,再次压紧磁轭。磁轭设计压紧力 582 kN,螺栓伸长值 6~6.8 mm。

(8)检查磁轭半径、高度满足设计要求。检查磁轭压板水平度及磁轭冲片间隙。磁轭设计半径 9 043 mm,公差要求±1 mm,磁轭高度(3 190±5)mm。

(9)磁轭压紧前,用液压扳手将键槽板顶靠磁轭,至百分表显示磁轭位移,用6组楔块将键槽板楔紧。磁轭压紧后,打紧磁轭副键,割除多余部分,将主副键焊接,并重新检查楔紧键槽板楔块。

(10)为防止磁轭热套时,磁轭与主键发生相对位移,将主键与磁轭焊接在一起。转子键槽板采用二氧化碳混合气体保护焊。焊前预热温度为 140~160 ℃。焊接后对焊缝进行 100%PT 及 100%UT 检查。

(五)转子磁轭热套

转子磁轭热套见附图 16。

附图 16　转子磁轭热套

(1)拔除主键与键槽板之间 3 mm 垫片,测量加垫间隙,根据磁轭 5 mm 胀量要求,计算 32 根键槽板部位的实际垫片厚度。

(2)单张垫片分 0.3~5 mm 7 种规格,配置后对垫片进行焊接,并检查垫片厚度满足要求。

(3)安装转子磁轭加热保温棚,布置热电耦及计算机监测装置。安装磁轭加热器,加热器共 20 台,单机功率 20~39 kW。

(4)磁轭胀量达到要求后,安装垫片,并使磁轭自然冷却,冷却速度 2 ℃/h。完全冷却后,割除多余垫片。安装磁轭轴向止推块。检查磁轭半径满足(9 045±1)mm 要求。

(5)制动板安装。测量制动板高差,通过 4 种规格垫片调整其水平度,使其整圆高差满足 0.5 mm 要求。

(六)转子磁极安装及试验

转子磁极安装见附图 17。

(1)磁极挂装前,测量磁极并对磁极进行耐压和绝缘测试。

(2)根据磁轭热套后实测半径及定子铁芯实测半径,计算磁极加垫厚度,使磁极各部空气间隙满足 31 mm 设计要求。安装垫片,并与磁极铁芯焊接。焊接后,检查磁极垫片

附图 17　转子磁极安装

水平度。

(3)根据下机架及定子实际安装高程,调整磁极顶丝高程,使定子磁力中心线高于转子磁力中心线2~3 mm。顶丝允许调整量±1 mm。

(4)磁极共计80个,单重5.11 t。按照磁极配重要求,对称挂装4个磁极,测量磁极半径,并根据测量结果调整垫片厚度,使转子半径满足要求,并按照调整后的垫片厚度依次对称挂装所有的转子磁极。在磁极接头处的铁芯槽内,安装固定块,并在现场钻定位孔。

(5)对磁极挂装调整完成的转子进行试验电压5 000 V、1 min的整体耐压试验。

至此,转子组装完成,转入下道工序。

(七)新工艺

(1)使用液压拉伸器拉紧磁轭螺栓,磁轭压紧力均匀。

(2)磁轭键、磁极键垫片为分块式,厚度可调,磁轭、磁极圆度调整方便。

五、水轮机组装

(一)水轮机结构简介

水轮机结构示意图见附图18。

(1)ALSTOM供货的700 MW水轮机由转轮、水轮机主轴、导轴承及导水机构等组成。

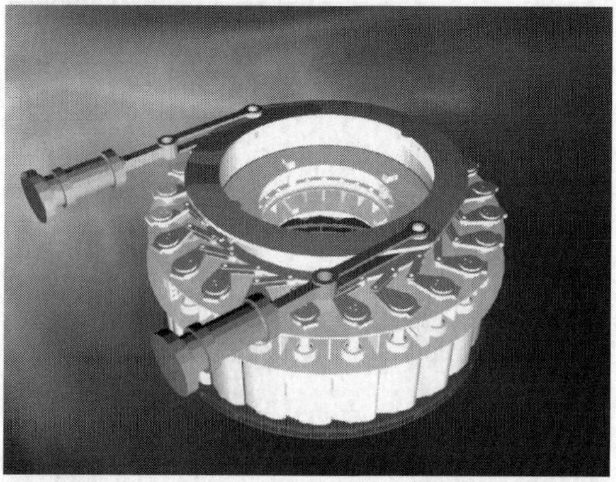

附图18　水轮机结构示意图

(2)转轮重445 t,高5 060 mm,下环直径10 600 mm。

(3)导水机构由底环、顶盖、24片活动导叶及其操作机构组成。

(4)底环和顶盖安装在未经机械加工过的座环安装面上。高程、导水机构的净空高度是通过加在底环与基础环,顶盖与座环上平面间的圆垫片来达到的。

(5)活动导叶及底、顶环面上的抗磨环用耐腐蚀、抗磨损的不锈钢材料制造。下、中、上导叶轴套轴衬是含油铜基无润滑轴衬,长期运行中无需做特殊润滑处理。

(6)导叶传动机构由拐臂、圆柱锥销、连接板、拉断螺栓、悬挂板、抗重螺栓、上下双连板等组成。

(7)悬挂板与导叶轴端面间填有一层可撕的垫片,该垫片由多层铝合金材料压合而成,可根据导叶上端部间隙的大小,适当撕去多余层垫片,再拉紧抗重螺栓,把导叶悬挂在拐臂上。

(8)连接板与拐臂间有一层摩擦材料,其后端有一个4 mm与内圆环铣通的小隙,拧紧组合螺栓后其摩擦力应大于开闭导叶的传动阻力且小于导叶被卡阻时的拉断力。

(9)连接板与双连臂间由偏心销连接,通过偏心销对导叶立面间隙做有限的调节。

(二)水轮机安装流程

水轮机安装流程见附图19。

(三)底环组合及安装

底环组合及安装示意图见附图20。

(1)水轮机安装是在埋件部分已经完成的情况下开始的。首先进行固定平台和活动平台的安装,然后进行机坑测定,检查埋件的安装质量,并且确定机组的安装标准点(线)。

(2)采用电测法,用内径千分尺分别测量座环上、下镗口的半径,并计算出最佳中心作为机组的安装中心,今后底环及其他固定部件的安装中心将依此为依据。

(3)底环为4瓣到货,现场进行组装,为钢板焊接结构,抗磨环是不锈钢材料。

(4)安装间底环分瓣组圆。底环安装间组圆完毕后,测量其止漏环半径,设计值为

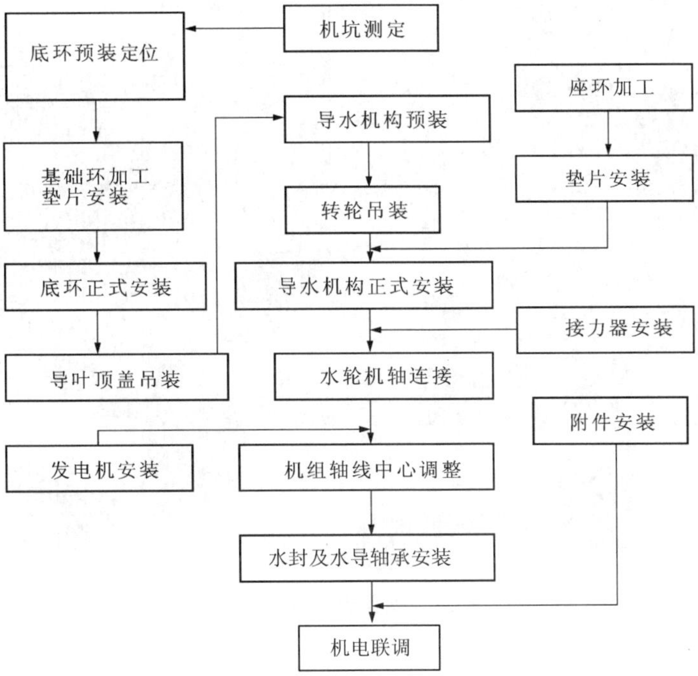

附图 19　水轮机安装流程

5 305 mm。

(5)底环吊入机坑参加预装。

(6)根据机坑测定时机组的中心,确定底环安装中心。测量从底环轴套中心线与机组 X 轴线之间的弦距,计算对应的角度值,设计为 0.5°,确定底环的方位。

(7)底环调整结束后,钻铣底环与基础环之间的连接销钉孔,并标记底环与基础环连接螺栓孔的中心位置,之后底环预装结束,底环吊出机坑,开始基础环与底环之间连接螺栓孔的加工以及垫板位置的锪平。

附图 20　底环组合及安装示意图

(8)基础环垫板位置锪平。锪平直径 170 mm,深度 1~2 mm。对锪平位置进行测量,计算永久垫板厚度并加工。底环吊入机坑正式安装。安装底环与基础之间的密封及压板。

(四)顶盖组合及导水机构预装

顶盖组合现场示意图见附图 21。

附图21 顶盖组合现场示意图

(1)在安装间组装顶盖。顶盖组圆后,在安装间用电测法进行上止漏环及水封支撑位置的圆度测量,并且将止漏环中心标注在水封支撑位置,用于今后安装间水导瓦架及水封部分预装需要。

(2)安装间实测导叶长度,然后挑选8个最高的导叶准备参加预装。导叶起吊,单片导叶重10.4 t,总长5 710 mm,宽1 724 mm。导叶吊入机坑参加预装。

(3)按照座环上永久垫板厚度确定的方法,配置16对临时垫板,用以保证顶盖吊装后的水平及导叶端部间隙。

(4)顶盖吊入机坑参加预装,主要是在顶盖中心、方位调整后,钻铣顶盖与座环连接定位销钉孔,核对连接螺栓孔位置进行冲孔。中轴套吊入参加预装。

(5)以底环安装中心为基准,找正顶盖中心,要求上、下止漏环的同心度满足0.50 mm。检查轴套的同轴度,确定顶盖的方位。

(6)钻铣顶盖与座环连接定位销钉孔。准备进行座环与顶盖把合螺栓孔的钻孔及攻丝工作。

(7)导水机构预装结束后,顶盖吊出机坑,转入座环机加工和转轮安装。

(五)转轮安装与座环机加工

转轮安装现场示意图见附图22。

(1)转轮进厂。转轮重445 t,高5 060 mm,下环直径10 600 mm。转轮吊入机坑正式安装。推动转轮,使其处于中心位置。

(2)测量转轮与下止漏环之间的间隙,单边间隙5~6 mm。

(3)转轮安装完毕,将专用的液压钻床吊入,开始座环与顶盖连接螺栓孔加工。

(4)机加工座环与顶盖连接螺栓孔。

(5)检修密封吊装。

(6)水导瓦架吊装。

(7)安装间预装水导瓦架及水封。当各部件中心满足设计要求时,开始水导瓦架、检修密封、水封支座与顶盖之间连接销钉孔的加工。

(8)以上部件预装结束后,工作密封支撑与瓦架吊出,其他部件将随顶盖一起吊入机坑安装。

(六)导水机构安装

导水机构安装示意图见附图23。

附图22　转轮安装现场示意图

附图23　导水机构安装示意图

(1)安装顶盖永久垫板。垫板表面用抛光机抛平。永久垫板安装后测量水平和高程,确保垫板水平满足0.20 mm和顶盖安装后导叶端部间隙。

(2)导叶全部吊入机坑,置于关闭位置。机坑内已具备顶盖安装条件。

(3)顶盖吊入机坑正式安装。顶盖吊装过程中,检查顶盖的方位。顶盖就位后,配装顶盖与座环连接销钉,并安装螺栓。

(4)导叶端部间隙测量,设计为1.5~2.5 mm。导叶过流面高度测量,设计要求为2 990 mm。

(5)中轴套安装,包括与轴套孔间的密封和导叶之间的密封安装。

(6)上轴套吊装就位后,用力矩扳手拧紧上轴套安装螺栓。检查上轴套与轴颈之间的缝隙,单边间隙0.05~0.147 mm。

(7)安装完上轴套与顶盖之间的螺栓,开始上轴套与顶盖之间的销钉孔钻铣工作,配装销钉。

(8)安装转轮轴向抗磨环,用水准仪检查水平。抗磨环安装后,检查检修密封与转轮之间的间隙,设计值为3.5~4 mm。

(9)主轴立起与补气管导向锥体连接。主轴重109 t,全长6 650 mm,轴领直径ϕ4 000 mm。

(10)主轴从安装间起身吊入机坑,与转轮连接。测量调整水轮机轴与转轮的同心度及轴垂直度。

(七)控制环与调速器安装

控制环安装示意图见附图24。

附图24　控制环安装示意图

(1)拐臂在安装间清扫。拐臂吊装,拐臂安装就位。

(2)安装导叶悬挂板,连接双连杆与控制环之间的偏心销和圆柱销。

(3)拉断螺栓,俗称"剪断销"。连接板的背面与拐臂间用拉断螺栓连接。

(4)控制环为2瓣到货,现场清扫后组装。控制环把接力器的操作力和力矩同时均匀地分配给所有导叶,并与接力器推拉杆以及所有的导叶连杆和销相连接。打磨控制环铜瓦背后的位置,使得安装后与顶盖径向间隙满足设计要求。

(5)安装控制环,推动控制环使其处于关闭位置,检查控制环与顶盖之间的径向间隙,安装承压板并检查安装后的轴向间隙。

(6)在控制环安装同时,进行导叶端部间隙分配。它是用一层可撕垫片来调整导叶的间隙。用拉伸器拉紧导叶的抗重螺栓,提起导叶。

(7)导叶间隙分配后,上端部间隙检查,要求大于1 mm。导叶下端部间隙检查,要求满足0.4~0.7 mm。

(8)检查导叶与下轴套的间隙。检查导叶立面间隙。测量导叶联臂与控制环之间的孔距,调整控制环于中心位置,连接双连板。安装用于控制双连杆上偏心销不转动的锁板。

(9)连接双连板。安装导叶和底环及顶盖之间的端面密封。安装拉断螺栓信号器。

(10)导水机构部件安装的同时,清扫接力器里衬。安装推拉杆。安装推拉杆与控制环之间的圆柱销。检查接力器水平。测量接力器行程。回油箱、油泵电动机组、双向油过滤器安装就位。

(八)导轴承系统安装

导轴承系统安装见附图25。

(1)水导轴承系统由水导瓦、上油箱、下油箱、顶盖上的主油箱及润滑冷却系统等

附图 25　导轴承系统安装

组成。

(2)安装间预装下油箱和水导瓦架,调整水导瓦架与下油箱的同心度,合格后配钻连接销钉孔。

(3)水导瓦架吊入机坑安装。

(4)工作密封支撑在安装间组圆、预装后,整体吊入机坑。

(5)机组盘车后,清扫水导瓦,并将其放入安装槽内,依次安装铬钢垫、铬钢垫板连接板、水导,瓦调整楔放置到位,调整各块瓦与轴间隙为 0. 30 mm。

(6)安装下油箱,安装挡水环,安装水箱。

(7)上油箱盖提起,调整水导瓦间隙为 0. 30 mm,并安装测量水导瓦温及油温的温度计。

至此,水轮机安装完,转入下道安装工序。

(九)新工艺

(1)底环、顶盖采用分块垫板,使用小型加工工具在座环的相对位置加工,加工面积小,底环、顶盖的水平容易保证。

(2)拐臂与连板夹紧螺栓拧紧力矩通过实际的摩擦试验确定,比计算值更精确。

六、下机架组装及安装

(一)下机架及推导轴承结构简介

下机架及推导轴承结构见附图 26、附图 27。

(1)发电机下机架由 1 个中心体和 16 条斜支臂组成,中心体与支臂用螺栓把合,不需焊接。中心体和支臂连接法兰面之间设有轴向键,防止中心体与支臂产生相对轴向位移。

(2)下机架推力油槽位于中心体内,其内挡油圈到货时已焊接好,挡油圈表面设有铝质螺旋形密封油沟,增加轴承油爬行阻力,防止甩油。

附图 26　下机架

附图 27　推导轴承

(3)斜支臂与中心体夹角小于90°,机组运行过程中,当中心体推力油槽产生径向热膨胀时,会使斜支臂产生周向扭曲,吸收掉膨胀力,从而减小了基础受力。同时,保持了中心体的中心和圆度,维持下导瓦间隙处于均匀状态。

(4)推力轴承的支撑方式为刚性支柱螺栓支撑结构。支柱螺栓中心孔内安装有推力负荷测量传感器和测杆,当推力负荷发生变化时,传感器将位移信号传递到终端计算机上。在计算机和负荷测量元件监控下,可以对推力负荷进行调整。机组安装时,当24块推力瓦在承受机组转动部分全部重量时,调整诸块瓦受力,使每个支柱螺栓的变形差值控制在0.03 mm以内。

(5)推力瓦主要由托架、厚瓦、薄瓦以及厚薄瓦之间的小支承柱组成。厚瓦的厚度237 mm,薄瓦厚度64 mm,表面巴氏轴承合金厚度4 mm,瓦表面开有两个深度为0.5 mm的12 mm×60 mm高压油孔。

(6)下导瓦共计16块,在进油边设计深度为1 mm的进油室,该进油室与轴颈面之间产生自泵泵隙。机组运行时,通过推力头旋转的自泵功能将通过推力瓦的大部分热油甩入下导瓦中间的排油孔中,使热油通过油管路注入油槽外部冷却器中,另一部分润滑油对下导瓦进行冷却。

(7)推导轴承冷却方式为外循环冷却。未设置循环油泵,依靠自泵式下导瓦,通过机组旋转动力,自动形成冷热油交换回路。

(二)下机架及推力下导轴承安装程序

下机架及推力下导轴承安装程序见附图28。

(三)下机架本体组装

下机架本体组装见附图29。

(1)将下机架中心体置于支墩上,以推力瓦支承面为基准,调整水平,满足0.02 mm/m。检查挡油圈和螺纹密封圆度、垂直度符合要求。中心体重225 t,外形尺寸8 100 mm×4 870 mm。

(2)按装配标记对称挂装斜支臂。斜支臂共16个,单重6.493 t。支臂和中心体之间安装1个直径60 mm轴向定位销,1个轴向键及3对楔子板。

(3)轴承冷却器共8个,平均分布在下机架支臂上。冷却器热交换功率125 kW,最低水流量262.5 L/min。

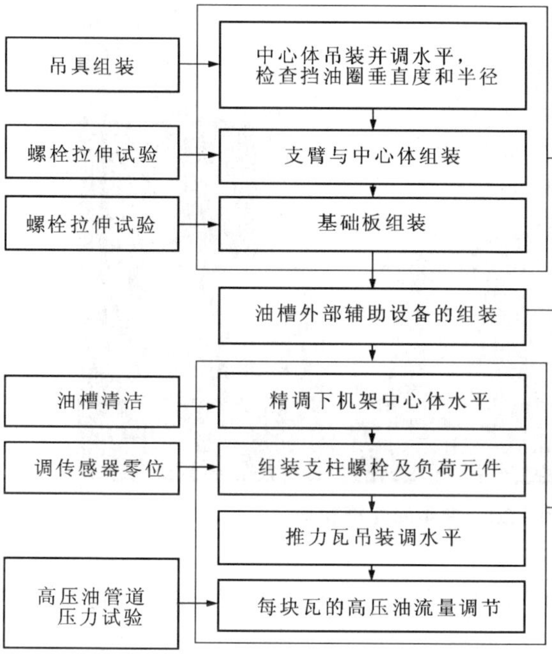

附图28　下机架及推力下导轴承安装程序

附图29　下机架本体组装

(四)安装间油槽内工作

安装间油槽现场见附图30。

附图30 安装间油槽现场

(1)下机架吊入机坑预装。为便于基础螺栓二期混凝土的浇筑和振捣,对下机架进行预装,下机架以水轮机轴为基准进行调整。

(2)基础螺栓固定。下机架定位后,调整M42×900基础螺栓中心位置,将其固定,浇筑二期混凝土。下机架预装后,吊至组装支墩上,调整其水平,安装推力外循环管路。

(3)支座与中心体通过6个M24×180螺栓相连接,螺栓拧紧力矩405 N·m。安装时调整支柱与支承座高差满足要求。检查支承座分布位置及支承座与挡油圈同心。

(4)推力瓦共24块,组装后单重1.062 t。推力瓦吊装就位后,调整其方位,检查支承座及限位销钉配合间隙。

(5)油槽内部高压油系统由1根$\phi 20$环管及24根$\phi 6$支管组成,每个支管处安装1个流量调节阀。

(6)在高压油系统安装后进行压力试验。试验压力300个大气压,时间10 min。合格后,做流量试验,检查调整每块推力瓦喷油高度满足30~35 mm要求。

(五)吊入基坑后的工作

吊入基坑后的工作示意图见附图31。

(1)发电机下端轴吊装,下端轴总重112.8 t。轴长4 935 mm,下法兰直径4 000 mm。在下法兰上均布30个$\phi 200$通孔。

(2)水轮机与发电机大轴通过销套定位,并用30个M110×6螺栓连接在一起。铣孔前测量调整水轮机、发电机大轴整体水平度及垂直度满足0.02 mm/m要求,用铣床同铣联轴孔。

(3)安装联轴螺栓,用液压拉伸器拉伸螺栓,使螺栓伸长值满足(1.87±0.13)mm要求(拉伸力3 983 kN)。

(4)下机架起吊重量460 t。吊入机坑后,以发电机下端轴为基准,对其高程、中心及水平进行初步调整,待推力头安装后进行精确调整。

附图 31　吊入基坑后的工作示意图

(5)清扫检查推力头及镜板。推力头及镜板总重 68. 27 t,最大外径 5 200 mm,高 1 100 mm。镜板厚度 82 mm,通过 M 20×340 螺栓与推力头组合成整体。

(6)吊装推力头。

(7)在镜板摩擦面与推力瓦接触之前,启动高压油系统,使镜板与推力瓦之间形成油膜,避免机械接触。

(8)下导瓦共 16 块。设计单边间隙 1. 2 mm,机组盘车前对称抱 6 块瓦,单边间隙 0. 02 mm。

(9)为保持推导轴承的清洁度,搭设防尘棚。

至此,下机架组装及安装完成,转入下道安装工序。

(六)新工艺

(1)推力轴承负荷测量使用传感器及计算机,测量方便,数据还原性好。

(2)每块推力瓦均有高压油流量调节阀,可以单独对某块瓦的高压油流量进行调整。高压油流量调节在推力头吊装前进行,以油喷出的高度基本一致为判定流量均匀的标准,无需测量每块瓦的油膜厚度,操作简便。

七、机组总装

(一)发电机安装程序

发电机安装程序见附图 32。

(二)转子吊装及调整

转子示意图见附图 33。

水电站机组安装,通常以发电机转子吊装作为机组总装开始的标志。在转子吊装前,

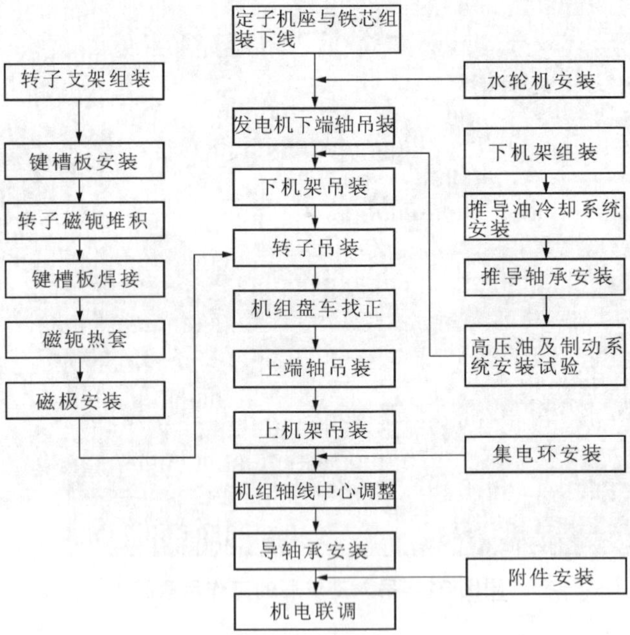

附图 32　发电机安装程序

附图 33　转子示意图

还要做一些调整工作。

(1)在下端轴上安装测圆架,测量定子圆度及定子与下端轴同心度,并根据大轴垂直度和转轮与底环的偏心值，计算调整定子与底环同心度满足 0.5 mm 要求。

(2)发电机制动器共 32 个，制动气压 7 kg/cm^2。制动器安装后，以下机架为基准，调整制动器高程，使高程差控制在±1 mm 范围内。调整确定下机架及定子高程。测量调整下机架中心及水平。

(3)转子组装后重量 1 780 t，起吊重量约 2 000 t。

(4)转子吊入定子过程中，用 20 根 12 mm×80 mm×3 500 mm 木板条置于空气间隙中，防止转子与定子相碰撞。

(5)机组盘车前，对推力轴承受力进行调整。在计算机监测下，用制动器起落转子，测量 24 个支柱螺栓受力数据，调整支柱螺栓高程，使 24 个支柱受力差值控制在 0.03 mm 范围内。

(6)转子吊装前，下端轴低于推力头约 30 mm，转子吊装时，启动高压油减载装置，在镜板与推力瓦之间形成油膜，对正销钉位置，将转子落于推力头上，通过 20 根 M30 螺栓将推力头与转子连接。转动转子，对正转子与下端轴连接标记，利用下导瓦精确调整止口同心度，利用液压拉伸器均匀提升下端轴，使其与转子准确对位。

(三)机组盘车检查调整

机组盘车检查调整现场见附图 34。

附图 34　机组盘车检查调整现场

(1)机组盘车采用人力驱动方式。盘车前，在摆度检查部位安装百分表，启动高压油，转动转子，分别读取各检查部位在 0°、90°、180°、270°及 360°状态下的百分表位移值，计算轴线摆度。必要时松开联轴螺栓，对各部摆度进行调整，使摆度满足 0.2 mm(70 % 单边轴瓦间隙)要求。

(2)转子与下端轴定位采用销套定位结构，通过联轴螺栓把合。机组轴线调整合格后,用铣床同铣转子与下端轴销套孔。

(3)转子与下端轴联轴螺栓共20个,安装前检查销孔与销套配合尺寸满足要求。按照图纸要求装配联轴销套及螺栓。用液压拉伸器对称拉伸螺栓,使伸长值满足(1.87±0.13)mm要求。

(4)启动高压油,转动转子,分别读取转轮在0°、90°、180°、270°及360°状态时上、下止漏环间隙值。计算转轮旋转中心偏心,调整推力头位置,使转轮旋转中心偏心满足0.1 mm要求。

(5)在转轮中心调整合格后,测量定、转子上下部空气间隙,使定子、转子同心度满足0.5 mm要求,各测点空气间隙差值满足±8 %平均空气间隙要求,必要时调整定子。设计空气间隙31 mm。

(6)在转轮中心调整合格后,通过转子中心体内设置的10个测量孔,测量推力挡油圈间隙,使各部间隙满足(2.3±0.4)mm要求。必要时调整下机架。

(7)测量转轮上冠、下环与导叶上下抗磨环高差,计算转轮与导叶过流中心线高差,必要时调整下机架,使转轮下环与下抗磨环高差满足(80±2)mm要求。

(8)测量定子、转子上下端铁芯高差,计算定子、转子磁力中心线高差,满足±5 mm要求,必要时调整定子。

(9)定子基础混凝土在机组中心、高程及磁力中心线调整合格后进行浇筑。首先浇筑二期混凝土,养生合格后,对称拉伸基础螺栓,再浇筑三期混凝土。

(四)上机架、导轴承安装调整

上机架安装现场见附图35。

附图35 上机架安装现场

(1)发电机上机架为斜支臂支撑结构,由20个斜支臂和1个中心体组成。中心体与斜支臂在现场组装焊接成整体。

(2)上端轴通过20个M110螺栓把合在转子中心体上法兰上,安装时调整上端轴与转子中心体同心度。

(3)通过调整机架支臂与定子连接环之间的顶丝，使上机架与上端轴高差控制在±1 mm 范围内。上机架水平要求 0.02 mm/m，瓦架与轴颈同心度要求 0.5 mm。

(4)焊接上机架基础环基础拉筋，浇筑二期混凝土。

(5)发电机联轴螺栓安装完成后，安装大轴补气管，并对补气管进行水压渗漏试验。

(6)集电环采用双环螺旋槽结构。最大外径 2 100 mm，重 3.590 t。集电环安装后测量其绝缘，并进行摆度检查。

(7)上导轴承共有 12 块上导瓦，安装前测量瓦架至轴颈距离，根据间隙要求，加工安装上导瓦键块，安装后对键进行锁定。上导瓦设计单边间隙(0.3±0.02)mm。

(8)下导轴承共有 16 块下导瓦，安装前测量瓦架至推力头距离，根据间隙要求，加工安装下导瓦键块，安装后对键进行锁定。下导瓦设计单边间隙(1.2±0.02)mm。

(9)安装发电机上端罩。

(10)安装水轮机补气阀。

至此，三峡巨型水轮发电机组全部安装完毕，进入调试运行阶段。

八、运行及总评

机组运行及总体评价如下。

到 2004 年 7 月 16 日，三峡水电站最早投入商业运行的阿尔斯通机组 5#机组已安全运行 12 个月。4 台机组累计发电近 130 亿 kWh，创造了巨大的经济效益。监测数据表明，机组的振动、摆度、噪声小于国内外同类机组。在三峡电站低水头运行条件下，夏季推力瓦最高温度为 76 ℃，秋季最高温度为 71 ℃(报警温度为 85 ℃)，这表明三峡机组的设计、制造、安装都是成功的。

葛洲坝集团三峡机电安装工程施工项目部创造了新的安装纪录：①年安装投产机组总容量 2 100 MW；②单机容量 700 MW；③单机安装时间 307 d(10#机组)；④从转轮吊入到转子吊入 20 d；⑤从转子吊入到机组充水 36 d。

参考文献

[1] 周厚全.汪俊.水轮机机组安装与检修[M].黄河水利出版社,2009.
[2] 徐招才,陈建农.水轮发电机组运行与维护[M].北京:中国计划出版社,1999.
[3] 陈可一.水电站概论[M].北京:水利电力出版社,1986.
[4] 郑源,鞠小明,程云山.水轮机[M].北京:中国水利水电出版社,2007.
[5] 于兰阶.水轮发电机组的安装与检修[M].北京:中国水利水电出版社,1995.
[6] 盛国林.水轮发电机组安装与检修[M].北京:中国电力出版社,2008.
[7] 林亚一.水轮发电机组的安装与检修[M].北京:中国水利水电出版社,2000.
[8] 富丹华,等.水轮发电机组及辅助设备运行与维修[M].南京:河海大学出版社,2005.
[9] 白林.小型水电站发电设备手册[M].成都:成都科技大学出版社,1990.
[10] 刘启钊.水电站[M].北京:中国水利水电出版社,1998.
[11] 陈造奎.水力机组安装与检修[M].北京:中国水利水电出版社,1998.
[12] 全玲琴.水轮机及其辅助设备[M].北京:中国水利水电出版社,1999.
[13] 汤正义.水轮机调速器机械检修[M].北京:中国电力出版社,2003.